이재우 지음

복잡계 과학 이야기

하나 더하기 하나가 ——— 둘이 아닌 것들에 대한 이야기

자유아카데미

머리말

자연현상에 대한 호기심은 인류가 과학적 발전을 이룩하는 원동력이었다. 자연의 본성을 이해하지 못하는 시대에 자연현상은 경외의 대상이었고, 갑작스러운 천둥, 번개, 일식, 폭풍우, 가뭄, 지진은 신의 분노로 여겨졌다. 그러나 17세기 과학혁명을 거치면서 인류는 과학적 사고를 바탕으로 자연현상을 바라보는 방법을 알게 되었다. 뉴턴이 지상의 운동과 천상의 운동을 똑같은 자연법칙으로 설명하는 데 성공함으로써 자연현상은 더 이상 신의 영역이 아니게 되었다. 또한 18세기부터 20세기 초까지 역학, 열역학, 통계역학, 전자기학 법칙, 진화론, 화학반응 이론 등을 확립하며 자연현상을 이해하는 다양한 체계를 갖추었다. 20세기에는 미시세계를 묘사하는 양자역학의 발견으로 원자들이 가지는 성질과 원자들이 모여서 형성된 물질세계를 이해할 수 있게 되었다. 아인슈타인의 상대성이론으로 물질과 시공간의 관계를 묘사할 수 있게 되었으며, 우주의 구조를 이해하는 실마리를 찾을 수 있었다.

사물의 본성을 이해하려는 인류의 노력은 여기서 그치지 않았다. 현대과학의 근간에는 환원주의적 사고가 자리하고 있다. 돌멩이를 깨트려 파편을 만들고, 그것을 점점 더 작게 쪼개 보자. 그러면 우리는 돌멩이가 원자의 결합으로 이루어진 물질이라는 사실을 알게 된다. 원자도 마찬가지이다. 원자를 작게 쪼갬으로써 인류는 원자가 양성자와 중성자로 구성된 핵자와 전자로 만들어져 있다는 사실을 알게 되었다. 또한 양성자와 중성자는 각각 세 개의 쿼크가 결합한 구조라는 사실도 알아내었다. 이러한 환원주의적 접근으로 인류는 물질세계를 지배하는 다양한 과학 법칙을 발견하였다.

한편 우리 주변에서 보는 사물은 원자, 분자, 고분자들의 결합으로 이루어져 있다. 이제 인류는 물질의 구성단위들이 결합하여 나타나는 거시적 특성을 이해하기 위해 부단히 노력하는 중이다. 그리고 20세기 중반부터 사회, 경제, 생태학, 물리, 생물 등 다양한 영역에서 '복잡계(complex systems)'에 관심을 보이기 시작했다. 복잡계는 '행위자 자체는 단순하지만, 행위자들 사이의 상호작용이 복잡한 다체계'이며, 시스템을 구성하는 행위자 하나에는 없는 '창발 현상'을 일으킨다. 인간 사회 시스템, 생태계 시스템, 경제 시스템, 무리 지음 현상 등이 대표적인 복잡계이다.

필자는 1987년 KAIST에서 혼돈 현상, 프랙털, 비선형 동력학, 스미기 모형, 강자성 상전이 현상을 연구하면서 복잡계 연구에 첫발을 내디뎠다. 그때는 마침 미국에 산타페 연구소가 설립되어 복잡계 연구가 막 전 세계로 확산하였을 시기였다. 그렇다 보니 우리나라에는 아직 복잡계 연구자가 별로 없었고, 필자는 거의 독학으로 연구를 해야 했다. 1990년대부터는 통계물리학자, 사회학자, 경제학자 등이 자신의 분야에서 복잡계를 연구하기 시작했는데, 1998년에 왓츠와 스트로가츠가 좁은 세상망을 재발견하고, 1999년에 바라바시, 알버트, 정하웅이 축척 없는 네트워크 발견하면서 복잡계 네트워크에 대한 연구가 폭발적으로 늘어났다. 통계물리학은 다체 시스템을 연구하는 분야이기에 복잡계 연구가 막 시작되었을 때부터 긴밀한 관계를 맺어왔으며, 경제물리학은 1991년에 맨테그나가 밀란 주식시장의 수익률을 분석한 논문을 발표하면서 관심이 증폭되었다. 필자도 1990년대부터 경제물리학 연구를 시작했으며, 다양한 논문을 발표해왔다. 행위자 기반 모형과 시스템 다이내믹스의 발전에 따라 사회 시스템에서 행위자 기반 모형을 적용하는 사회 물리학 연구자들이 속속 출현하였고, 덕분에 이제는 경제물리학, 사회 물리학 같은 용어를 일반적으로 사용하고 있다.

2000년대 초에는 복잡계 과학을 연구하는 통계물리학자, 경제학자, 사회학자 등이 삼성경제연구소의 지원을 받아 연구모임을 시작하였고, 이 모임은 2012년 '한국복잡계학회'로 발전하였다. 한국 복잡계학회는 다양한 분야의 연구자들이 협력하는 학제적 연구 학회로, '복잡계 여름학교'를 운영하며 대중과 전문가들에게 복잡계를 재미있게 소개하고 있다.

외국에는 복잡계를 다룬 다양한 책들이 출판되었고, 그중 몇 권은 국내에도 번역되어 들어왔다. 하지만 국내 저자가 집필한 복잡계 교양서는 매우 드문 실정이다. 필자 역시 학생이나 지인에게 마땅히 추천할 만한 책이 없어 몹시 아쉬워하던 차였는데 마침 기회가 되어 자유아카데미에서 〈복잡계 과학 이야기〉를 출간하게 되었다. 책 내용 중 일부는 저자가 '네이버 프리미엄 콘텐츠-이재우의 복잡계 이야기(https://contents.premium.naver.com/complexsystems/knowledge)'에 연재한 내용을 다시 정리한 것이다. 네이버 프리미엄 콘텐츠는 모바일(https://naver.me/xjLN9I0b)로도 접속할 수 있으니 관심 있는 독자는 참고하길 바란다.

이 책이 완성될 때까지 많은 사람의 도움을 받았다. 네이버 프리미엄 콘텐츠 애독자들과 브런치(https://brunch.co.kr)에 '솔바람'이란 필명으로 올린 복잡계 글을 읽고 소감을 보내 주신 분들 덕에 즐겁게 집필할 수 있었다. 초고를 읽고 다양한 의견을 제시해 준 인하대학교 통계물리/복잡계 연구실의 연구원들과 학생들에게도 큰 도움을 받았다. 특히 김두환 박사, 레안쾅, 비세코주마 마프웰레, 조창희, 박지훈, 김동빈 대학원생에게 감사드린다. 또한 국립생태원의 이경은 박사, 정남 박사, 이현민 연구원에게도 많은 도움을 받았다. 이렇게 이 책의 완성에 도움을 주신 모든 분께 감사의 마음을 전한다.

2023년 인천 용현벌에서

이재우

차례

1장 / 이머징

지인들과 밥을 먹다 필자가 복잡계 과학의 이머징 현상을 연구한다는 말을 꺼내면, 다들 벌써 머리가 복잡해진다고 하면서 이머징과 복잡계가 무엇이냐고 물어본다. 사실 '이머징(emerging, 떠오름, 창발)'과 '복잡계(complex systems)' 분야의 연구자들은 용어 때문에 불이익을 받곤 한다. 이름이 너무 어렵기 때문이다. 만약 이머징이나 복잡계 과학에 관한 내용을 읽고 이 용어를 대체할 수 있는 우리말이 떠오른다면 제안해 주길 바란다. 이머징을 '떠오름', '부상', '창발' 등으로 번역할 수 있지만 완벽한 번역이라고 할 수는 없으니, 여러분의 감사한 제안을 기대하겠다.

한편 복잡계 과학 이야기는 평소에 필자가 친한 사람들에게 들려주곤 하던 복잡계에 관한 이야기이다. 사실 복잡계 과학은 재미난 이야깃거리지만, 전달력의 한계 때문에 더 재미있게 풀어낼 수 없음이 안타까울 따름이다.

복잡계를 설명하려다 보면 어디서부터 얘기를 시작해야 할지 망설여질 때가 많다. 사실 복잡계 내용을 딱 부러지게 한마디로 말하기는 어렵다. 그 이유는 복잡계를 연구하는 사람들이 다양할 뿐만 아니라 각자 복잡계에 대해 정의하는 방식이 다르기 때문이다. 또한 이 분야는 과학의 다른 분야에 비해 비교적 최근에 탄생하였으며, 다양한 분야에서 뻗어 나와 발전해왔다. 필자와 같은 통계 물리학자들을 복잡계 연구의 선도자라고 말하기도 하지만, 다른 분야에서도 자신들의 분야 나름의 복잡계 비슷한 연구를 시작한 학자들을 찾아낼 수 있을 것이다. 복잡계에 관한 본격적인 연구는 1970년대 말에 시작하여 1980년대 이후로 광범위하게 확산되었다. 위키피디아에 'complex systems'라고 검색해보면 복잡한 설명과 함께 아주 다양한 분야가 열거된 것을 볼 수 있다. 이런 형편이니 사람들은 복잡계를 이해하기 어려운 것으로 여긴다거나, 잘못된 지식을 습득하기 쉽다.

본격적으로 복잡계를 다루기 전에 과학에서 쉽게 설명할 수 있는 것들을 먼저 살펴보자. 현실 세계는 매우 복잡하지만, 과학으로 쉽게 이해할 수 있는 개념이 있다. 먼저 규칙성이나 대칭성(symmetry)을 갖는 시스템을 생각해 볼 수 있다(이재우 2022). 똑같은 운동을 반복하는 주기적 운동 역시 이해하기 쉬울 것이다. 우리가 좋아하는 보석의 원자 구조를 들여다보면 원자들이 규칙적으로 배열되어 있다는 사실을 알게 된다. 그런가 하면 NaCl 분자식을 갖는 소금은 나트륨과 염소 원자가 정육면체의 각 꼭짓점을 번갈아 차지하면서 규칙적으로 배열되어 있다. 이러한 규칙적인 구조는 전체를 쉽게 이해할 수 있게 한다. 그저 규칙의 단위와 대칭성을 고려하면 되기 때문이다. 규칙적인 것은 질서(order)가 있다고 할 수 있는데, 질서 있는 시스템은 과학적으로 취급하기 수월하다. 〈그림 1.1〉에 나타난 그래핀(graphene)은 탄소 원자들이 벌집 모양으로 결합하여 2차원에 주기적으로 배열된 구조이다. 이 구조는 1960년대에 예측되었지만 실제로는 발견되지 않았는데, 2004년에 마침내 앙드레 가임(Andre Geim)과 콘스탄틴 노보셀로프(Konstantin Novoselov)에 의해 발견되었다. 검댕에 스카치테이프를 붙였다 떼어 내는 과정을 반복하면서 탄소 한 층을 분리해 내는 데 성공했기에 이 발견을 '스카치테이프 물리학'이라고 부르기도 한다. 이 발견으로 가임과 노보셀로프는 2010년에 노벨 물리학상을 받게 된다. 이렇게 자연에 존재하는 새로운 규칙적인 구조를 발견하면 노벨상을 탈 수 있다. 규칙적인 구조로 새로운 물성을 발현하고 그 물리적, 화학적, 전기적, 기계적 특징을 쉽게 알 수 있게 되었으니 과학에 큰 공헌을 했다고 볼 수 있기 때문이다.

질서 있는 것과는 반대로 질서가 전혀 없는 무질서(disorder)한 경우를 생각해 보자. 무질서한 운동의 대표적인 예는 브라운 운동(Brownian motion)이다. 물에 떠 있는

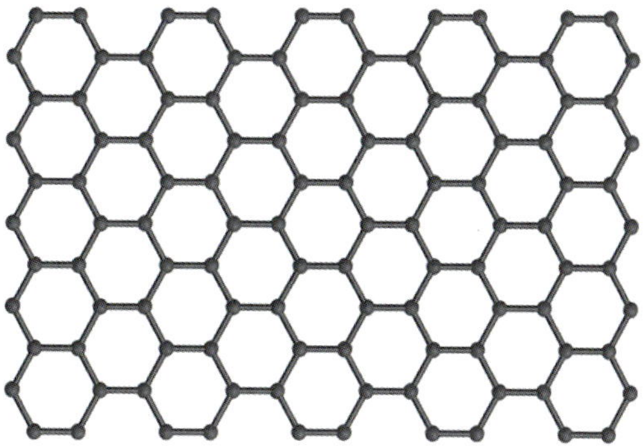

그림 1.1 그래핀의 구조. 탄소 원자가 이차원 면에서 육각형을 이루며 형성된 구조로서 독특한 물리적, 화학적 성질을 갖는다. 탄소 원자들이 질서가 있게 배열되어 있다.

꽃가루는 가만히 있지 않고 지그재그로 움직이는데, 이 움직임이 바로 브라운 운동이다. 브라운 운동의 다른 예를 살펴보자. 우리 눈에는 보이지 않지만, 방안에는 공기 분자들이 충만해 있다. 이 공기 분자들은 서로 제멋대로 충돌하면서 불규칙하게 움직이고, 주변의 물체나 벽에 충돌하기도 한다. 공기 분자들 역시 브라운 운동하듯 멋대로 움직이는 것이다. 여기서 잠시 중학교 과학 시간에 배운 보일-샤를의 법칙을 떠올려 보자. 기체의 압력, 부피, 온도에 관한 내용이었는데, 혹시 기억할지 모르겠다. 이 식을 이상기체의 상태 방정식(equation of state)이라고 하며 기체 분자들이 무질서하게 운동하고 있을 때 성립한다. 이렇듯 무질서한 운동 역시 열역학이나 통계역학을 이용하여 이해할 수 있다. 브라운 운동에 대한 이론은 1905년에 알베르트 아인슈타인이 발견했다고 알려졌지만, 사실 1900년에 푸앵카레의 제자인 바슐리에가 더 일찍 발견하였다. 복잡계는 질서와 무질서 사이에 존재하는 시스템이다. 사회나 생태계는 대표적인 복잡계이며, 이런 시스템에는 질서, 무질서, 그리고 복잡계가 공존한다.

1.1 많으면 다르다!

자, 그럼 본격적으로 복잡계 과학을 살펴보자. 처음에 나온 "복잡계 과학이 뭐예요?"라는 질문에 한마디로 대답할 수는 없다. 통계 물리학자와 사회학자의 정의가 다르기 때문이다. 필자는 통계 물리학자이므로 통계 물리학의 관점에서 복잡계의 정의를 살펴보겠다. 복잡계는 많은 구성인자로 구성된 다체계(many-body system)이다. 따라서 복잡계를 이해하려면 다체계를 구성하는 구성인자들의 성질을 잘 알아야 하며, 구성인자들 사이의 복잡한 상호작용을 전일적(holistic)으로 살펴보아야 한다(정형채, 이재우 2012). 복잡계는 다양하게 정의할 수 있지만, 필자는 다음과 같이 정의해보겠다.

복잡계(Complex Systems)는 행위자(agent)들 간의 얽힌 상호작용(interaction) 때문에
구성인자(element) 하나에는 없는 성질들이 나타나는 시스템이다.
새롭게 나타나는 성질을 이머징 현상(emerging phenomena, 창발 현상)이라 한다.

노벨 물리학상 수상자 필 엔더슨(Philip Anderson, 1923-2020)은

많으면 다르다!

라는 한 마디로 복잡계 과학의 특징을 얘기한다. 가장 대표적인 복잡계는 '사회'이다. 사회는 인간 개개인의 성질로는 설명할 수 없는 많은 특징을 가진다. 대표적인 특징으로는 '가족', '학교', '정치', '경제활동', '시장', '기업' 등을 들 수 있는데, 이는 사람 한 명에게는 없던 성질이지만 사람이 하나둘 모이고 상호 작용하면서 사회를 형성한 결과 나타난 성질이다. 따라서 '복잡계 과학'이란 '복잡계가 나타내는 다양한 성질을 과학적으로 탐색하는 분야'라고 할 수 있다.

현재의 과학기술 혁명은 분석적 사고 또는 환원주의(reductionism) 사고의 성공이라 해도 과언이 아니다. 환원주의는 대상을 식별하고 그 대상이 어떤 것들로 구성되어 있는지 파악한다. 예를 들어 아름다운 다이아몬드를 생각해 보자. 다이아몬드를 전자 현미경으로 관찰하면 규칙적으로 배열된 삼차원 구조체를 볼 수 있다. 이 구조체는 탄소 원자들이 특별한 방식으로 배열되어 큰 규모로 성장한 결정(crystal)이다. 이러한 결정은 지각의 깊은 곳에서 고열과 15기압 이상의 고압 상태가 되어야 만들어지며, 이렇게 만들어진 다이아몬드가 지표면으로 나와야 비로소 채굴을 할 수 있다. 그렇다 보니 천연 다이아몬드는 희귀할 수밖에 없고, 이를 증명이라도 하듯 값도 비싸게 매겨진다.

환원주의는 우주를 구성하는 궁극의 구성인자를 찾고자 한다. 시스템의 구성인자를 찾고 이들 사이의 상호작용이 무엇인지 알면 모든 것을 이해할 수 있으리라는 기대를 품고 있다. 이러한 환원주의적 탐색 과정 덕분에 현재의 과학기술이 성립했다고 해도 과언이 아니다. 첨단 과학기술 문명의 혜택을 받는 인류는 과학적 환원주의에 감사해야 한다. 그러니 과학자들이 아름다운 다이아몬드를 보고 감탄하지도, 문학적 소질을 발휘하지 못해도 조금 용서해 주자.

복잡계에서 구성인자들이 많아지면 시스템은 전혀 다른 특성을 나타낸다. 복잡계는 하나 더하기 하나는 둘이 되는 시스템이 아니다. 즉 선형적 더하기 성질은 더 이상 성립하지 않는 시스템이다. 이제 복잡계가 갖는 다양한 성질을 살펴보자.

1.2 멱함수 법칙

복잡계 과학의 유명한 예로 책에 나오는 단어의 빈도수를 생각해 보자. 〈그림 1.2〉는 지프의 법칙(Zipf's law)을 따르는 예를 나타낸 것이다. 여러분이 좋아하는 책을 한 권 선택한 다음 그 책에 나오는 단어의 빈도를 조사해 보자. 이때 너무 얇은

책보다는 적당한 두께를 가진 책이 좋고, 영어로 된 책이면 더 좋다. 우리의 한글은 말뭉치와 조사들이 혼재되어 있어서 분석할 때 전처리를 해야 하는 어려움이 있다. 조사를 제거하거나 조사 자체를 하나의 단어로 생각해야 한다. 그러니 여기에서는 자랑스러운 한글은 잠시 내려놓고 영어를 중심으로 살펴보자.

어떤 단어가 가장 많이 등장할까? 〈그림 1.2〉에 답이 있지만, 그 전에 한번 상상해 보길 바란다. 만약 영어로 책을 쓴다면 가장 많이 사용하는 단어는 무엇일까? 바로 'the'이다. 정관사인 the는 거의 모든 명사 앞에 감초같이 사용되기 때문에 가장 빈번하게 쓰인다. 실제로도 단어 the는 영어책의 단어 빈도수 1위를 차지하고, 약 7% 정도 나온다. 영어로 글을 쓰다가 the를 붙여야 할지 잘 모르면 무조건 붙여보자. 그러면 맞을 확률이 높다. 한편 빈도수가 2등인 단어는 'of'인데, 약 3.5% 정도 등장한다. 두 개의 명사를 접속하는 단어이니 많이 나올 법하다. 3등은 'and'이다. 단어 and가 자주 나오는 이유도 쉽게 짐작할 수 있을 것이다.

〈그림 1.2〉는 중학교에서 배운 반비례 함수 $y=1/x$에 로그를 취하여 그린 그래프이다. 세로축 y가 단어의 빈도수 비율이고, 가로축 x가 단어의 등수이다. 독립변수 x가 커지면 종속변수 y 값은 그 크기에 비례하여 줄어든다. 반비례 함수에 상용로그를 취하면 $\log_{10}y=-\log_{10}x$가 된다(상용로그에 익숙하지 않은 사람은 구글링해보자). 〈그림 1.2〉의 그래프가 바로 로그를 취해서 그린 그림이다. 로그-로그 그래프에서 기울기는 -1이다. 신기하게도 책에 나오는 단어의 빈도수가 정확히 이 $y=1/x$ 함수 꼴이다. 그림 속의 동그라미 기호는 실제 데이터를 나타내는데, 동그라미들이 직선에서 거의 벗어나지 않고 일치하는 것을 볼 수 있다. 어떤 사람들은 이 그림을 보고 감동을 할 수도 있고, 어떤 사람들은 그냥 지나칠 수도 있을 것이다. 필자와 같은 과학자들은 이러한 그래프를 보면 무한히 감동한다. 영어로 "Amazing!" 그 자체이다.

이 지프의 법칙은 미국의 언어학자인 조지 지프(George Kingsley Zipf, 1902-1950)가 1932년에 발견한 법칙이다(Zipf 1932). 지프는 이 법칙을 발견했지만, 책에 나오는 단

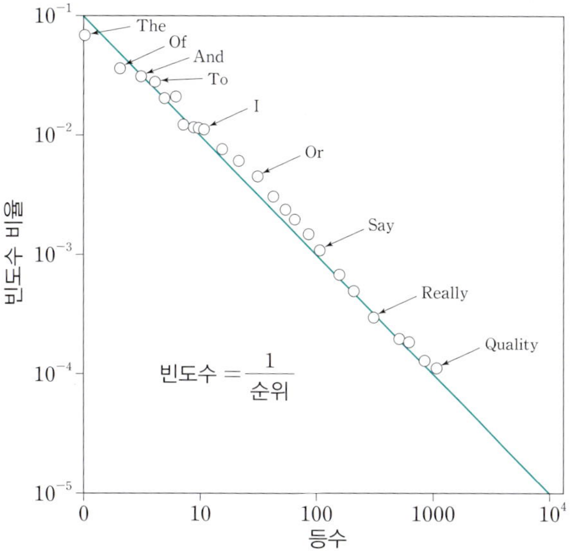

그림 1.2 어떤 영어책에 나오는 단어의 빈도수를 센 다음 가로축을 순위로, 세로축을 그 단어의 빈도수 비율(=단어의 등장 횟수/책에 나온 단어 총수)로 하여 그렸다. 가로축과 세로축에 각각 로그를 취하여 그렸다.

어의 빈도수가 왜 이러한 법칙을 따라야 하는지 설명할 수는 없었다. 재미있게도 과학자들은 이처럼 설명하지 못하는 문제 앞에서 열광한다. 필자가 아는 한 아직도 지프의 법칙을 정확히 설명하는 이론은 없다. 지프의 법칙은 대표적인 복잡계의 예이다. 언어, 문자, 문법은 인간의 진화 과정에서 자연스럽게 창출된 복잡계 시스템이다.

이것이 왜 복잡계 시스템에서 창출되었다고 하는 걸까? 수학과 통계학에는 '중심 극한 정리(central limit theorem)'라는 것이 있다. 어떤 사건이 무작위로 발생하고 한 사건이 다른 사건에 영향을 주지 않는 경우를 말한다. 예를 들어, 동전을 연속해서 100번 던져서 나온 값을 합한 평균을 생각해 보자. 이때 앞면이 나오면 1, 뒷면이 나오면 0이라고 한다. 만약 뒷면이 연속해서 100번 나온다면 합은 0이 된다. 연속해서 앞면이 100번 나오면 값의 합은 100이다. 중심 극한 정리는 이렇게 독립적인 사건에서 발생한 평균값의 분포는 사건의 시도 횟수가 많아질수록 그 분포함수가 정규분포(normal distribution)로 수렴한다는 것을 의미한다. 정규분포는 가우씨안 분포(Gaussian distribution)라고도 하는데, 이 분포함수의 모양은 종을 뒤집어 놓은 것과 같은 형상이다(이재우, 2022). 즉, 평균적인 사건은 자주 일어나고 극단적인 사건들은 급격히 감소하는 것으로, 우리 주변에는 이러한 모습을 자주 발견할 수 있다. 그런데 책에 나오는 단어의 빈도수는 정규분포를 따르지 않는다. 단어를 무작위로 사용한 게 아니라 문법에 맞게 단어를 사용했기 때문이다. 우리끼리 정한 약속을 지키고자 의도적으로 영어 단어를 골라 사용하니 특정한 단어가 다른 단어보다 훨씬 자주 나오는 현상이 일어나게 되었다.

인류는 사회를 형성하면서 복잡한 상호작용을 하게 되었다. 그 과정에서 정보를 주고받기 위해서 언어와 문자를 발전시켰다. 단어의 사용 빈도는 사람들 사이의 의사소통에 어떤 숨은 원리가 있다는 것을 말하고 있다. 복잡계를 소개하면서 아직 해결되지 않은 미해결 문제(open problem)를 예로 든 것은 복잡계에서 아직도 풀지 못한 문제가 엄청나게 많이 남아 있기 때문이다. 누군가는 인간의 언어 습득 능력과 문자 해독 능력이 다른 동물은 따라올 수 없는 엄청난 진화의 산물이라고 한다. 우리의 뇌가 어떻게 이렇게 복잡한 언어를 자유롭게 구사하게 되었는지는 다음 기회에 얘기해 보기로 하자. 여기서 필자가 얘기하고 싶었던 것은 인간의 언어 사용이 복잡계의 대표적인 예라는 사실이다.

복잡계의 가장 큰 특징 중의 하나는 어떤 분포, 빈도수 또는 측정량들이 멱함수 법칙(power law)을 따른다는 것이다. 멱함수 법칙이란 $y=Cx^{-\alpha}$와 같은 함수 꼴을 말한다. 여기서 C는 상수이고 지수 α는 보통 실수이다. 어쩔 수 없이 수학식을 쓰게 되면 아주 쉬운 수학만 얘기할 것이다. 만약 어렵게 느껴지는 수학을 쓴다면, 그것은 필자가 이야기 재주가 없어서이다. 지프의 법칙은 전형적인 멱함수 법칙이라 할 수 있다. 과학에서 가장 유명한 법칙이 무엇일까? 다양한 대답이 나올 텐데, 그중에서도 물리학 법칙인 뉴턴의 만유인력의 법칙(또는 중력 법칙)을 들어본 적이 있을 것이다. 만유인력의 법칙 역시 멱함수 법칙이다. 태양과 지구 사이에 작용하는 인력은 태양의 중심과 지구의 중심 사이 거리의 제곱에 반비례한다. 즉, 지수가 α=2이다. 멱함수 법칙은 앞으로 복잡계를 풀어나갈 때 자주 얘기할 것이다. 멱함수 법칙의 이면에는 사실 심오한 과학적 원리가 숨어 있다.

이탈리아의 라퀼라시(L'quila)는 중세 신성로마제국 때에 건설된 이탈리아의 첫 계획도시로, 중세의 보석이라 불리던 도시지만 2009년 대지진으로 초토화되었다. 이 지진 때문에 2012년 이탈리아의 물리학자 6명이 과실치사죄로 징역 6년을 선고받았다. 그들의 죄목이 무엇이었을까? 왜 물리학자들이 감옥에 갇혔을까? 사실 이 재판은 '제2의 갈릴레이 재판'이라고 비판받은 재판이다(중앙일보 2011; Guardian 2012; Science 2015). 이 재판은 "현재의 과학 수준으로 100% 지진을 예측할 수 없다는 과학적 사실"을 받아들이지 않은 재판으로 알려져 있다. 6명의 과학자 중 3명은 지진학자, 1명은 화산학자, 2명은 지진공학자였으며, 클라우디오 에바 제노바대학 물리학과 교수들이었다. 이 재판에서 배심원들은 이들이 2009년 3월 31일에 시청주관의 민방위청 주최 회의에 참석하여 "대지진은 일어나지 않을 것"이라는 부정확하고, 불완전하며, 모순된 정보를 제공해 많은 인명 피해를 불러왔다고 평결하였다. 참사를 부른 지진은 2009년 4월 6일에 발생하여 309명이 사망하였으며 많은 건물이 파괴되었다. 이 재판이 열릴 때 전 세계 5,200여 명의 과학자들이 현재의 과학으로는 지진을 100% 예측할 수 없다고 탄원하였지만, 이 물리학자들은 끝내 징역형을 선고받고 말았다. 이 평결 이후 이탈리아에서는 지진에 대해 과학적 자문이나 언론 인터뷰를 하는 과학자들이 사라질 것이라는 우려가 커졌다. 왜 이런 일이 발생했을까? 그 이유를 살펴보기 위해서 지진의 규모와 지진의 강도에 따른 발생 비율을 생각해 보아야 한다.

지진의 세기는 규모라는 단위를 사용한다. 규모는 리히터 스케일(Richter scale)이라 부르며 발생한 지진의 에너지의 로그값에 비례한다(지진연구센터). 규모가 1 단위 증가하면 발생한 에너지는 약 30배 증가한다. 예를 들어 작은 핵폭탄의 위력인 규모

표 1.1 가장 강력한 지진 목록. 지진계가 발명된 이후 기록한 가장 강력한 지진은 규모 9.5의 지진이다. *EQ=earthquake

순위	규모	지진 이름	발생 시기	발생지점
1	9.4~9.6	칠레대지진(The great Chile EQ, Bio-Bio EQ, 1960 Valdivia EQ)	1960. 5. 22	Valdivia, Chile
2	9.2	알래스카 대지진(1964 Alaska EQ)	1964. 3. 27	Prince William Sound, Alaska, USA
3	9.1~9.3	인도양 대지진(2004, Indian Ocean EQ)	2004. 12. 26	Indian Ocean, Sumatra, Indonesia
4	9.1	동일본 대지진(2011 Tohoku EQ)	2011. 3. 11	Pacific Ocean, Tōhoku region, Japan
5	9.0	캄차카 대지진(1952 Kamchatka EQ)	1952. 11. 4	Kamchatka, Russian SFSR, Soviet Union

4.0 지진은 TNT 1천 톤의 위력에 해당하지만, 규모 5.0의 지진은 TNT 3만 톤의 위력에 해당한다. 〈표 1.1〉은 지진계가 발명된 이후 관측된 가장 강력한 지진 5개를 보여준다. 동일본 대지진은 규모가 9.1이었으며, 바다에서 발생한 해일로 후쿠시마 원전을 침수시켜서 원자로 격납용기에 수소 폭발을 일으켜 대규모 방사선 누출이 일어났다.

지진의 발생 이유에 대한 이론 하나를 잠깐 살펴보자. 지각판이 운동하면서 맞물리다 보면 지각에 변형력(stress)이 쌓이는데, 이 변형력이 임계값(critical value) 이상으로 높아지면 지각이 미끄러지면서 에너지를 급격하게 방출하게 된다. 비유를 들어 좀 더 쉽게 말해보자면, 거친 돌덩이 위에 놓여 있는 커다란 바위를 민다고 생각해 보자. 두 지각판이 맞물려서 미는 것은 이와 비슷하다. 작은 힘으로 바위를 밀면 바위는 전혀 움직이지 않을 것이다. 하지만 많은 사람이 함께 바위를 밀면 어느 순간 갑자기 바위가 밀리면서 운동하기 시작한다. 그리고 그 과정에서 지진이 발생한다고 볼 수 있다. 지진의 규모와 발생 빈도를 조사해 보면 그 유명한 구텐베르크-리히터 법칙(Gutenberg-Richter's law)을 발견하게 된다. 지진의 규모 m보다 큰 지진의

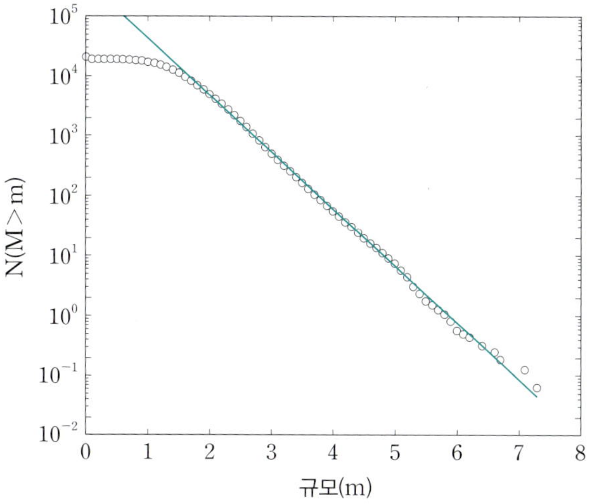

그림 1.3 지진의 규모 *m*보다 큰 지진의 누적 발생 횟수는 구텐베르크–리히터 법칙을 따른다. 가로축의 규모 *m*은 에너지의 로그를 취한 것이므로 로그 스케일이며, 세로축은 $\log_{10}N(M>m)$을 나타낸 것이다. 가로축과 세로축에 로그를 취하여 그렸을 때 그래프가 직선이면 함수가 멱함수 법칙을 따른다.

누적 발생 횟수(accumulative occurrence frequency)를 $N(M>m)$이라 하자. 이 누적 발생 횟수는 발생한 지진 중에서 진도가 m보다 큰 지진의 횟수를 모두 더해서 누적한 값을 말한다. 지난 백 년 동안 규모 9.0보다 큰 지진의 발생한 횟수는 〈표 1.1〉에서 볼 수 있듯이 $N(M>9)=5$이다. 이렇게 발생 지진의 규모 m을 점점 감소시키면서 누적 발생 횟수를 계산해 본다. 지진의 규모를 작게 하면 당연히 누적 발생 횟수는 급격히 늘어날 것이다.

누적 발생 횟수에 로그를 취하면 $\log_{10}N(M>m)=a-bm$의 법칙을 따른다. 즉, 지진의 누적 발생 횟수는 $N(M>m)=10^{a-bm}$이다. 〈그림 1.3〉은 미국 남캘리포니아 지역에서 발생한 지진의 누적 발생 횟수를 규모에 따라 나타낸 것이다(Christensen et al 2002). 실제 데이터는 이 그래프에서 직선에 맞출 수 있다. 지진의 규모 m은 그 지진의 발생 에너지 E의 로그값에 비례하므로 $m \simeq \log_{10}E$이다. 〈그림 1.3〉에서 가로축과 세로축이 모두 상용로그를 해서 그린 꼴이고, 지진의 누적 발생 횟수가 규모에 대해서 직선이다. 따라서 규모 m보다 큰 지진의 누적 발생 횟수와 발생 에너지의 관계는 $N(M>m)\sim 1/E^b$이 된다. 지진의 누적 발생 횟수는 발생 에너지에 대해서 지수가 b인 멱함수 법칙을 따른다. 구텐베르크와 리히터가 발생한 지진으로 구한 b의 값은 $b\simeq 1$이었다. 필자가 우리나라에서 발생한 지진을 대상으로 구한 b 값은 약 0.91 정도이다. 지각에서 발생하는 지진의 규모(scale) 역시 멱함수 법칙을 따른다. 사실, 지진은 거대한 판과 암석들이 상호작용하는 대표적인 복잡계의 한 예라 할 수 있다. 지진 규모의 멱함수 법칙을 설명하는 완벽한 이론은 아직 존재하지 않으며 여러 가지 모형들이 제시되고 있다. 어떤 과학자들은 지각의 각 부분이 마치 스프링으로 연결되어 있고 지각이 밀리면 이 스프링들이 변형되며 지각에 큰 변형력이 축적된 순간에 지각을 연결하고 있던 스프링들이 한꺼번에 끊어지면서 지각이 일시에 미끄러지는데, 이것이 지진으로 이어진다고 말한다.

멱함수 법칙의 또 다른 예로 생명체의 대사율에 대한 상대성장 축척(allometric scaling)을 살펴보자. 여러분은 대사율(metabolic rate)이라는 말을 들어보았을 것이다. 특히 기초 대사율(basal metabolic rate, BMR)은 한 생명체가 아무런 일도 하지 않고 편안하게 쉬고 있을 때 생명체가 소모하는 에너지를 말한다. 개인마다 기초 대사율은 조금씩 다를 수 있지만, 평균적인 기초 대사율은 성인 남성을 기준으로 약 107 W 정도이다. 아무런 일을 하지 않는다 해도 우리 인체의 모든 장기와 세포는 영양을 공급받아야 하기에 에너지를 소모한다. 그 에너지가 바로 기초 대사율이다. 이러한 에너지는 우리가 매일 먹는 식사에서 얻으며, 섭취한 에너지가 많으면 체내에 지방의 형태로 축적된다. 즉, 살이 찌거나 몸무게가 늘어나는 것이다. 여러분도 알다시피 많은 동물은 크기가 다르다. 사람보다 큰 동물도 있지만 작은 생명체들도 많다. 학자들은 생명체의 평균 무게 대비 생명체 대사율의 관계를 조사해 보았다. 〈그림 1.4〉는 세로축은 포유류의 대사율을 나타내고 가로축은 포유류의 평균 질량을 나타낸 것이다. 기초 대사율은 단위 시간당 개체가 소모한 산소의 양을 mL 단위로 나타내었다(West 2017; White and Seymour 2005).

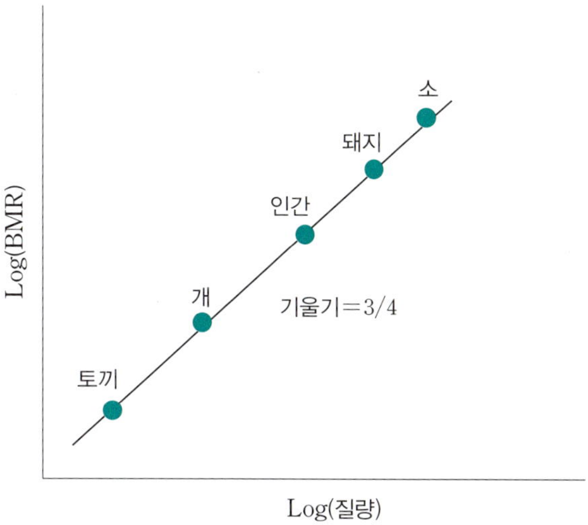

그림 1.4 포유류의 기초 대사율 대 질량 그림. 기초 대사율은 단위 시간당 개체가 소모한 산소의 양을 mL 단위로 나타낸다. 그림에서 직선의 기울기는 3/4이다.

〈그림 1.4〉는 기초 대사율(BMR)과 질량(M)을 로그-로그 함수로 나타낸 것이다. 동물의 질량은 수 g 단위부터 수백 kg까진 거의 10^6배 정도 변하고 있다. 기초 대사율 역시 수 mlO_2h^{-1}부터 수만 mlO_2h^{-1}까지 변한다. 기초 대사율의 단위로 mlO_2h^{-1}를 사용했는데, 이는 1시간당 소모한 산소의 부피를 밀리리터로 나타낸 것이다. 로그-로그 그림에서 기초 대사율 BMR과 질량 M은 직선 $\log(BMR)=\log(a)+b\log(M)$이다. 따라서 기초 대사율과 질량은

$$BMR=aM^b$$

이다. 〈그림 1.4〉에서 보듯이 많은 생명체에 대해서 기초 대사율과 질량은

$$BMR=aM^{3/4}$$

의 관계를 따른다. 즉, 멱함수 법칙 지수가 $b=3/4=0.75$이다. 이를 기초 대사율에 대한 상대성장 축척(allometric scaling) 관계라 한다.

기초 대사율에 대한 축적 관계를 예측해 보자. 동물의 부피 V를 길이 L인 정육면체라고 가정하면 $V=L^3$이다. 물론 동물들은 형상이 있어서 정육면체라고 할 수 없지만, 과학자들은 계산할 때 이런 가정을 자주 한다. 밀도가 일정하다고 가정하면 $M \propto L^3$이다. 한편 표면적 A는 $A=6L^2$이다. 여기서 6을 곱한 이유는 정사각형이 6개 있기 때문이다. 따라서 $A \propto L^2 = M^{2/3}$이다. 동물의 에너지 손실률은 신체의 표면에서 가장 많이 일어나기 때문에 기초 대사율은 인체의 표면적에 비례한다고 가정할 수 있다. 사실 휴식 상태에서 인체의 에너지 손실률의 약 50%가 복사로 일어나는데 인체의 복사는 피부에서 일어나므로 피부의 전체 면적에 비례할 것이다. 또한 주변 공기가 대류에 의해서 빼앗아 가는 인체의 에너지 손실률은 약 25%에 달한다. 나머지 인체의 에너지 소모는 발한 때문에 일어난다. 그러므로 동물의 기초 대사율은 $BMR \propto M^{2/3}$이라고 예상할 수 있다. 그렇지만 〈그림 1.4〉에서 보듯이 실제 동물들의 기초 대사율은 지수가 2/3가 아니라 3/4의 지수로 축적된다. 즉, 동물의 질량이 2배 늘면 기초 대사율은 2배 늘어나는 것이 아니라 $2^{3/4} \simeq 1.68$배로 늘어난다. 상대성장 축적에 대한 최초의 소개는 1932년에 맥스 클라이버(Max Kleiber)가 동물의 대사율 Q가 동물의 질량에 대해서 $Q \propto M^{3/4}$로 변한다는 실험적 관측을 발표한 후에 알려졌으며, 이를 클라이버의 법칙(Keibler's law)이라 한다(Kleiver 1947). 현재는 클라이버의 법칙에서 지수 3/4는 모든 동물에 대해서 맞지는 않으며 생명체의 분류에 따라서 조금씩 변하며 축척도 특정한 질량 영역에서만 성립하는 실험적 법칙으로 받아들여지고 있다.

1.3 파레토의 법칙과 80-20 법칙

이탈리아의 경제학자 파레토(Vilfredo Pareto, 1848-1921)는 1909년에 이탈리아 가계의 소득을 분석하여 이탈리아 전체 부(wealth)의 약 80%는 약 20%의 사람들이 보유하고 있다는 80-20 법칙을 발견하였다. 80-20 법칙은 마태의 원리(Matthew principle)

라고도 한다. 이는 성서의 마태복음에서 "부자는 더 부자가 되고 가난한 자는 더 가난해진다(The rich get richer and the poor get poorer)"라는 구절에서 따온 이름이다. 이러한 가계 소득의 분포를 파레토 분포(Pareto distribution)라 한다(Amoroso 1938). 파레토는 이 분포가 이탈리아뿐만 아니라 유럽 여러 나라의 소득에도 비슷하게 나타난다는 사실을 발견하였다. 지프의 법칙과 같이 분포함수는 $P(x) = \frac{c}{x^{\alpha+1}}$와 같은 멱함수 법칙으로 나타낼 수 있다. 지수 α를 꼬리 지수(tail exponent)라 부르며 α가 꼭 1일 필요는 없다. 부(wealth)의 분포를 나타내는 지수를 파레토 지수(Pareto exponent)라 한다. 각 나라에서 개인이 차지하는 부의 분포함수는 α=2인 파레토 법칙(Pareto's law)을 따르는 경우가 많다. 누적 확률(cumulative probability)을 $C(x) = \int_x^\infty P(x)dx$로 정의한다. 분포함수와 누적 확률은 $P(x)=-dC(x)/dx$인 관계를 갖는다. 분포함수가 멱함수 법칙을 따르면 누적 확률 분포는 $C(x) \sim \frac{1}{x^\alpha}$이다.

사람들이 소유한 재산에 대한 데이터는 얻기 어렵다. 재산은 시시각각 변할 뿐만 아니라 특별한 일이 일어나지 않는 한 재산 내용을 공개하지 않기 때문이다. 그러니 여기서는 상속세를 통해 살펴보기로 하겠다. 사람이 사망한 경우에는 국세청이 사망한 사람의 재산을 꼼꼼하게 조사하는데, 상속자에게 상속세를 받아야 하기 때문이다. 두 통계 물리학자인 드라굴레스쿠(A. Dragulescu)와 야코벤코(V. M. Yakovenko)는 2001년에 영국에서 발표한 상속세 데이터를 분석하였다. 재산은 자산(현금, 주식, 증권, 부동산 등)과 부채(빚, 담보대출 등)의 합으로 구성된다(Dragulescu and Yakovenko 2001). 개인의 순자산을 개인이 소유한 부(wealth) w라고 하고, 개인의 부의 분포함수를 구해 보았다. 두 과학자는 순자산을 파운드화로 나타냈다. 그들은 누적분포함수(accumulated distribution function) P(w)를 구했다. 누적분포함수란 데이터에 속한 전체 사람 중에서 순자산이 w보다 큰 사람을 누적하여 구하고, 그 수를 전체 사람의 수로 나눈 비율을 의미한다. 〈그림 1.5〉에서 가로축은 파운드(pound, ₤) 단위로 나타낸 순자산을 의미한다. 단위에 붙은 k는 1000을 뜻한다. 돈으로 나타낸 순

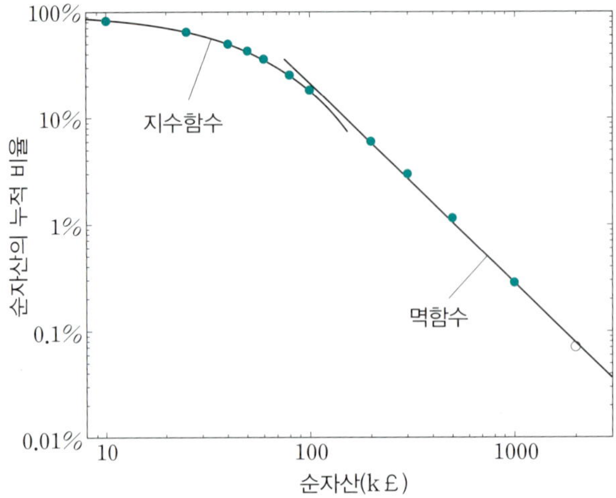

그림 1.5 개인이 순자산과 누적분포함수를 로그-로그 축으로 그린 그림. 직선 부분이 파레토 법칙이다. 소득이 낮은 사람들은 지수함수 분포를 따른다.

자산의 값은 큰 범위에서 변하기 때문에 〈그림 1.5〉에서 가로축과 세로축에 모두 상용로그를 취해서 그렸다. 드라굴레스쿠(A. Dragulescu)와 야코벤코(V. M. Yakovenko)는 이 그래프를 보고 깜짝 놀랐다. 부의 분포가 완전히 다른 두 영역으로 나뉘었으며, 각 영역은 멋진 함수로 곡선 맞춤을 할 수 있었기 때문이다.

〈그림 1.5〉에서 가로축과 세로축에 모두 로그가 취해져 있으므로 직선이 되는 부분이 파레토 법칙, 즉 멱함수 법칙을 따르는 영역이다. 기울기가 α=2인 파레토 법칙을 관찰할 수 있다. 다만 소득이 낮은 사람의 경우 파레토 법칙을 따르지 않고 지수분포함수(exponential distribution)를 나타낸다(Yakovenko and Rosser 2009). 소득에 대한 이러한 분포는 자본주의 사회의 전형적인 특징이다.

멱함수 법칙은 80-20 법칙과 잘 일치한다. 이러한 분포가 왜 나타날까? 멱함수 법칙은 정규 분포함수와 비교해서 상대적으로 긴꼬리(long-tail) 또는 두꺼운 꼬리(fat-tail)를 가지고 있다. 정규분포의 독립변수가 아주 큰 값에서 발생할 확률은 극히 낮다. 하지만 멱함수 법칙은 정규분포와 비교해서 매우 느리게 감소하는 함수이다.

멱함수 법칙의 지수 α가 작을수록 감소율이 더 느려서 분포함수의 큰 값을 가질 확률이 정규분포와 비교해서 상대적으로 큰 값을 갖는다. 〈그림 1.5〉의 누적 소득분포 함수에서 소득이 큰 사람들이 존재할 확률이 매우 크다. 많은 나라의 개인 소득을 분석해 보면 상위 20%의 사람이 전체 국부의 80% 이상을 차지하는 경우가 많다. 즉, 한 나라에서 소득 불평등이 자연스럽게 나타나는 것이다. 〈그림 1.5〉에서 10만 파운드 이상의 부를 차지하면서 멱함수 영역에 속하는 사람은 순자산의 90%를 차지하고 있다. 80-20 법칙은 극단적인 부의 불평등(wealth inequality)을 의미한다.

80-20 법칙의 예는 다양하다. 한 기업에서 20%의 사원이 전체 매출의 80%를 창출한다. 웹사이트를 방문한 80%의 사람들은 웹페이지의 20% 정도만을 살펴본다. 범죄자 20%가 전체 범죄의 80%를 차지한다. 백화점의 20% VIP 고객이 전체 매출의 80%를 차지한다. 80-20에서 상위 20%라는 값은 고정된 값이 아니다. 어떤 회사에서 상위 30%의 사원이 70%의 매출을 낼 수도 있다. 부의 분포가 이러한 분포를 따르는 데는 어떤 원리가 숨어 있을까? 필자의 연구그룹은 사람들 사이에서 부의 흐름 모형을 개발했다. 이 모형에서 80-20 법칙은 가난한 사람의 일정한 부가 부자에게 흘러가는 부의 자연 흐름(natural flow of wealth)이 있을 때 나타난다는 사실을 발견하였다. 노동자가 벌어들인 돈은 자신보다 가난한 사람들에게 가기보다는 더 부유한 사람에게 가는 경향이 있다. 예를 들어 우리는 우리보다 더 부자인 대기업에 돈을 지불해 핸드폰을 산다. 이러한 경제활동으로 돈이 대기업 회장에게 흘러 들어가므로 가난한 노동자의 돈은 간접적으로 부자에게 이전된다. 그런데 대기업 회장에게 이전되는 부의 규모는 내가 나보다 가난한 사람들에게 이전한 부보다 훨씬 크다. 이렇게 한 개인이 자기보다 더 부자인 사람들에게 부를 이전하는 부의 순흐름이 나타나면 큰 부를 가진 사람들은 더욱더 부자가 되고, 상대적으로 가난한 사람들은 계속 가난한 채 남아 있게 된다. 이것이 소득에서 파레토 법칙 또는 80-20 법칙이 생기는 근본적인 이유이다.

자유경쟁을 허용하는 순수한 자본주의 사회에서는 적은 수의 초부자들(super rich)

이 나타나는 80-20 법칙이 매우 자연스럽게 발생한다. 현대의 복지국가에서는 이러한 부의 집중을 완화하기 위해서 많은 장치들을 마련하고 있으며 그중 하나가 바로 세금이다. 차등적으로 징수한 세금을 모든 사람이 공유할 수 있는 형태의 복지 또는 사회 인프라에 투자함으로써 부를 재분배하는 방식인데, 이렇게 세금의 재분배로 멱함수 법칙의 임계지수 α를 조절하여 멱함수 법칙의 구조를 아예 다른 형태의 분포함수를 가지도록 만들 수 있다. 요즘 활발하게 논의되고 있는 '기본소득' 역시 부의 불평등을 줄이는 방법이다. 물론 그 경제적 효용성에 대한 논의는 꾸준히 필요하다.

멱함수 법칙은 한정된 자원을 이용하여 가치를 창출한 다음 그렇게 생긴 잉여소득과 한정된 자원을 각 개인에게 분배하는 어떤 메커니즘에 의해서 발생한다. 인류는 다양한 방법으로 부를 분배하는 방법을 연습하였다. 봉건제도에서 일부의 귀족, 관료, 왕에게 부를 몰아주는 방식은 현대의 산업사회에서 유효하지 않음이 입증되었고, 공산주의 계획경제는 고도의 복잡성을 지닌 시장 경제 시스템을 관리할 수 없어 실패하였다. 결국 부의 이전을 시장에 맡겨서 자연스럽게 사회 전체의 구조가 자기조직화 하는 자본주의 체제와 시장 경제가 큰 강점을 가지고 있음이 판명되었다. 그러나 자유를 지나치게 허용한 자본주의와 극단적 시장 경제는 초부자들에게 부를 집중함으로써 스스로 시스템의 위기를 누적하여 결국 어떤 단계에서 경제적 붕괴(economic crisis)를 발생시킨다. 우리가 목격한 IMF 위기, 글로벌 금융위기는 이러한 모순이 한순간에 붕괴로 나타난 것이다. 포스트 자본주의 사회에서 이러한 모순을 어떻게 해결할 것이냐가 인류의 커다란 과제이다.

1.4 스케일 없는 도시

도시가 정확히 언제 출현했는지 의견이 분분하지만, 기원전 4천 년 중반에 메소포타미아 지역에서 출현한 우루크는 작은 성읍이었을 것이다. 과거에 도시는 물을 구하기 쉽고, 양식을 구하기 쉬운 큰 강 주변에서 나타났다. 우리나라도 한강, 대동강, 압록강, 금강, 낙동강 등의 유역에서 고대도시가 출현했던 것을 볼 수 있다. 경주는 삼국시대 이래로 형성되었으며 서울은 조선이 건국되면서 그 모습을 갖추었다. 현대의 대도시는 대부분 바다에 접해있거나 가까운 항구를 둔 위성도시를 거느리고 있다. 문명과 경제가 발전하면서 도시화는 자연스럽게 형성되었고 많은 사람이 도시에 살게 되었다. 도시의 크기와 경계도 자연스럽게 구획되었다(물론 계획도시는 인위적으로 경계가 확정되었지만). 도시의 구조가 발전하는 모습, 도시에서 도로의 구조, 인프라 시설의 구조가 다양한 복잡성을 가진 자기조직 현상이라는 연구가 현재 활발하게 진행 중이다. 특히 도시에서 도로의 모습은 일종의 프랙털 구조임을 발견하였는데, 프랙털에 대해서는 나중에 자세히 얘기할 것이다.

세계에서 가장 인구수가 많은 도시는 어디일까? 〈그림 1.6〉은 UN에서 순위를 매긴 전 세계 도시의 인구수와 순위(ranking)를 그린 그림이다. 도시의 인구수는 메트로폴리탄 주변의 인구를 포함하며 가로축은 순위, 세로축은 해당 순위 도시의 인구수를 나타냈다. 전 세계 인구수는 순위에 대해서 멱함수 법칙을 나타낸다. 도시에 사는 인구를 강제로 조절한 적이 없는데도 불구하고 도시 규모는 축척 없는 구

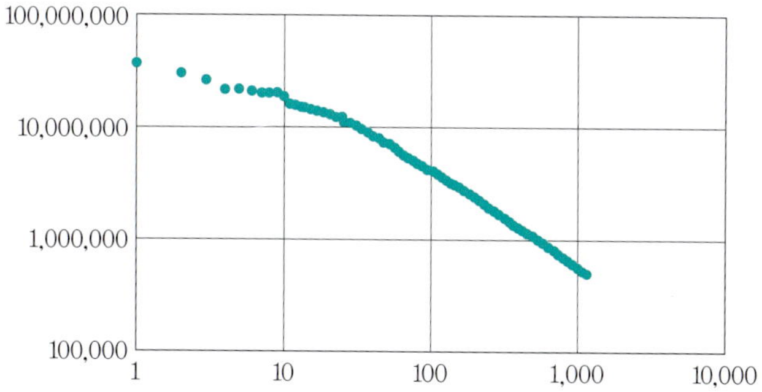

그림 1.6 전 세계 인구수와 순위 그림. 가로축과 세로축은 모두 로그 단위이다. 상위 10개 도시의 축척과 그 하위 도시의 축척이 다른 다중 축척 구조를 보인다.

조를 나타낸다. 왜 그럴까? 사실 그 이유에 대한 명확한 답을 아직 알지 못한다. 복잡계 이론이 해결해야 할 열린 문제 중 하나이다. 인구가 증가하고 산업화가 이루어지면서 자연스럽게 사람들은 돈을 벌거나 편리한 삶을 누리기 위해서 도시에 집중되었다. 이러한 자율적인 행동이 도시의 크기를 결정한다. 각 나라마다 인구수가 제한되어 있고 경제성장의 단계가 다름에도 불구하고 이러한 구조가 출현하는 것이 놀랍다. 도시의 인구 순위 분포는 정규분포도 아니고, 푸아송 분포도 아닌, 멱함수 법칙을 따른다는 것은 지프의 법칙이 발견되고 나서 밝혀졌다(West 2017).

그런데 인구가 아주 많은 상위 10여 개 도시 구간과 순위 30위 이하 도시의 함수 의존성은 다르다. 즉, 단일 축척을 하지 않는 상위 구간에서는 축척이 좀 더 느리게 감소하는 반면 30위 이상의 도시에서는 축척이 그보다 더 빨리 감소한다. 전 세계 도시의 인구수 순위가 왜 이러한 다중 축척을 가지는지 그 이유 역시 규명되지 않았다.

1.5 여섯 번째 대멸종

약 46억 년 전에 태어난 지구에 생명체는 언제쯤 출현하였을까? 첫 생명체는 약 35억 년 전에 탄생한 것으로 추측된다. 지구에 출현한 생명체는 진화와 변화를 거듭하면서 발전하였다. 지구의 생태계는 대표적인 복잡계이다. 생명체 개체들은 주변의 환경에 적응할 뿐만 아니라 다른 개체들과 경쟁하거나 협력하면서 서로 발전한다. 어떤 환경에서 최적으로 적응한 개체도 환경이 변하면 더 이상 최적인 상태에 있지 못한다. 예를 들어 환경 온도가 평균 20℃로 유지되는 상황에서 많은 생물종은 평균온도에 맞추어 적응한다. 그런데 갑자기 어떤 대륙에서 대규모 화산폭발이 발생해 생명체들이 사는 곳의 평균온도를 18℃로 떨어뜨렸다고 해보자. 온도가 2℃ 변화함으로써 20℃에서 최적으로 적응한 생명체는 더이상 최적인 개체가 아니게 된다. 반면 20℃에서 번성하지 못하던 어떤 종은 18℃에서 더 번성할 수 있다. 생태계는 끊임없이 변하는 환경에서 생명체가 계속해서 적응해 가는, 소위 '붉은 여왕 효과(red Queen effect)'가 동작하는 곳이다. 이는 루이스 캐럴의 '거울 나라의 앨리스'에 등장하는 붉은 여왕이 앨리스에게 한 말에서 유래하였다. 소설에서 붉은 여왕이 앨리스에게 다음과 같이 말한다. "우리나라에서 제자리에 있고 싶으면 힘껏 달려야 한다. 만약 다른 곳으로 가고 싶으면 지금보다 2배는 빨리 달려야 한다." 생명체는 현재의 상태에 머물러 있기 위해서 끊임없이 달려야 하고 다른 적응상태로 발전하기 위해서는 더 빨리 변해야 한다. 그런데 생명의 진화는 유전자의 돌연변이에 의해 일어나므로 생명체가 아무리 끊임없이 변화한다 해도 어떤 경우에는 적응할 수 없을지도 모른다.

지질학 역사에서 지구 생물 종의 폭발적 증가와 갑작스러운 대멸종은 여러 번 일어났다. 오늘날 생물 종의 숫자가 일정하게 유지된다고 생각하는 사람은 없을 것이다. 존 셉코스키(J. John Sepkoski)는 지난 6억 년 동안 해양생물의 멸종 기록을 조사했다. 그는 화석자료를 바탕으로 4백만 년 단위로 해양생물 멸종을 조사하였다. 보통 종의 출현이나 멸종은 지층에서 화석을 찾고 종의 출현과 사라지는 시점을 분석하여 알 수 있다. 라웁(David Raup)은 현장에서 지층이나 화석을 조사하여 종의 출현과 멸종을 조사하기보다는 도서관에서 생물 종의 멸종 기록을 찾아냄으로써 고생물학을 공부하였다. 라웁과 셉코스키는 1982년에 Science 지에 〈해양 화석 기록에서 대멸종(Mass extinction in marine fossil record)〉이란 논문을 발표하였다(Raup and Sepkoski 1982, 1986, 1991). 〈그림 1.7〉은 라웁과 셉코스키가 발견한 결과를 나타내었으며 생물 분류의 과(family)에 속한 해양생물 멸종 수를 지질연대에 따라 나타낸 것이다. 라웁은 지난 6억 년의 세월 속에서 뚜렷한 5대 대멸종(five mass extinctions)을 구별할 수 있었다. 이들 대멸종은 배경 멸종(background extinction)과는 다른 대멸절이었다. 대멸절의 조건은 명확하지 않지만, 배경 멸종과는 통계적으로 구분되어야 한다. 대멸절은 보통 전체 종의 약 30%, 여러 생물의 종이 한꺼번에 멸종하며 지리적으로 여러

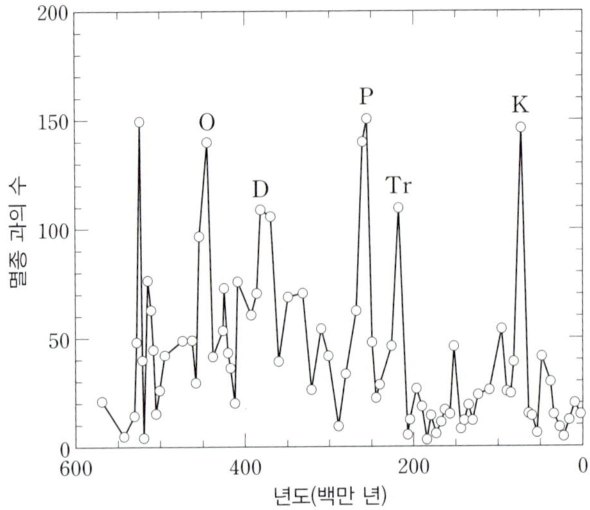

그림 1.7 셉코스키의 화석 기록 자료를 바탕으로 라웁이 발견한 해양생물 종의 대멸종. 백만 년 단위로 해양 생물체의 과(family)에 해당하는 생명체의 멸종 수를 백만 년 단위로 기록하였다. 고생대와 중생대에 발생한 5대 대멸종은 배경 멸종과 확연히 구별된다. 그림에서 O(Ordovician)는 오르도비스기 대멸종, D(Devonian)는 데본기 대멸종, P(Permina)는 페름기 대멸종, Tr(Triassic)는 트라이아스기-쥐라기 대멸종, K(cretaceous)는 백악기 대멸종을 나타낸다.

곳에서 일어나는 멸종을 말한다. 이때 멸종은 지질학적으로 짧은 시간에 발행한다(Britannica 2023). 첫 번째 대멸종은 약 4억 4,500만 년 전의 고생대 오르도비스기(Ordovician) 대멸종이다. 첫 번째 멸종은 너무 오래전에 발생했기 때문에 원인을 특정하기 어렵지만, 갑작스러운 빙하기가 발생했을 것으로 추정된다. 두 번째 대멸종은 약 3억 7천만 년 전인 고생대 데본기(Devonian) 대멸종이다. 데본기 대멸종이 일어날 때는 산소의 양이 감소하고 메탄의 양이 증가했다. 세 번째 대멸종은 약 2억 5,100만 년 전인 고생대 페름기(Permian) 말 대멸종인데, 이 시기에 대륙판이 하나로 합쳐져 초대륙인 판게아(Pangea)가 형성되면서 대규모 화산활동이 발생한 것으로 추정된다. 네 번째 대멸종은 약 2억 500만 년 전인 중생대 트라이아스기(Triassic) 대멸종이며, 트라이아스기-쥐라기 대멸종이라고도 불린다. 이 시기에는 초대륙 판게아가 로렌시아 대륙과 곤드와나 대륙으로 분열되면서 화산활동이 급등한 것으로 추정된다. 라웁과 셉코스키는 1980년대에 발견된 멕시코 유카탄반도에 충돌한 칙술루브 소행성 충돌(Chicxulub asteroid impact)이 6천6백만 년에 일어난 백악기-팔레오기(Cretaceous-Palaeogene) 대멸종과 관련되어 있다고 주장하였다. 백악기 대멸종이 일어났을 때 공룡은 멸종하였다. 그들은 대멸종이 화산폭발, 지각변동, 소행성 충돌과 같은 우연한 불운 때문에 발생한다고 생각했지만, 원인을 정확히 알기는 어려웠다.

대멸종 그림에서 볼 수 있듯이 생물의 증가는 일정하게 일어나는 것이 아니라 어떤 시기에 폭발적으로 증가하기도 하고 지질학적으로 상대적으로 짧은 시기에 대멸종이 일어나기도 한다. 이러한 진화의 과정을 단속평형(구멍 뚫린 평형, punctuated equilibrium)이라 한다. 1972년에 굴드(Stephen Jay Gould, 1941-2002)와 엘드릿지(Niels Eldredge)는 생명체의 진화가 일정한(stasis) 상태에서 간헐적이고 단속적이며(intermittent punctuated) 폭발적으로 일어난다고 주장하였다. 이는 찰스 라이엘이 주장한 점진적 주의(gradualism) 진화와 정면으로 배치되는 주장이었다(Eldredge and Gould 1972).

생명체의 멸종 기록에서 가로축을 멸종의 크기로, 세로축을 멸종 크기의 빈도수로 그리면 어떤 모습일까? 졸(Sole)과 배스콤트(Bascompte)는 멸종의 크기 대 멸종 빈도수의 그래프가 멱함수 법칙임을 발견하였다(Sole and Bascompte 1996). 멸종의 크기 S와 빈도수 $P(S)$는

$$P(S) \sim S^{-\tau}$$

의 멱함수 법칙을 따른다. 라웁의 데이터를 이용하여 얻은 멱함수 법칙의 지수는 〈그림 1.8〉과 같이 $\tau=2.0\pm0.2$였다. 종의 발현과 멸종은 생물 종 사이의 경쟁과 자연선택에 의한 생태계의 내적 요인에 의해서 크게 변할 수 있다. 이를 내적 변화 이론이라 한다. 한편, 화산활동, 운석의 충돌, 기후변화 등 생태계의 외부에서 발생하는 외부적 요인에 의해서 생태계가 변화할 수 있는데 이를 외적 변화 이론이라 한다. 사실 생태계의 변화는 내적 요인과 외적 요인 모두가 작용할 것이다.

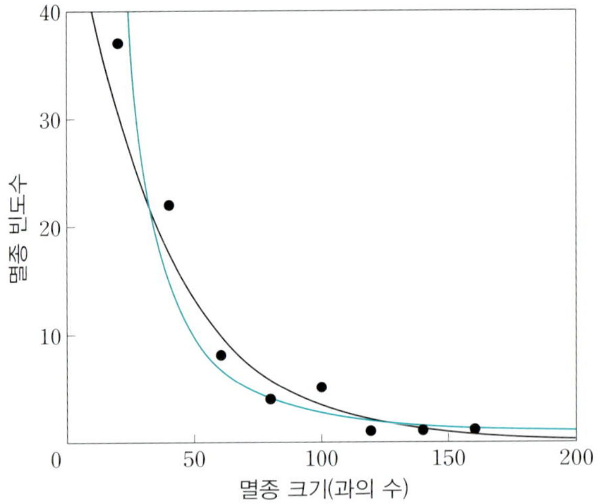

그림 1.8 지난 6억 년 동안 발생한 생물과의 멸종 크기와 멸종 크기의 빈도수 그림. 초록선은 멱함수 법칙으로 맞춤한 것이고 검은선은 지수함수 맞춤선이다. 멸종의 빈도수는 멱함수 법칙 $P(S) \sim S^{-2.0}$의 멱함수 법칙을 따른다.

1.6 시장의 축척

1987년 11월 19일 월요일 미국의 다우존스 주가지수(DJIA)는 하루에 22.68% 급락하였다. 증시는 어떤 이유가 없음에도 갑작스럽게 붕괴하였으며, 월요일에 일어났기 때문에 이날을 블랙 먼데이(Black Monday)라고 부른다. 역사적으로 시장의 붕괴는 여러 번 일어났다. 증권시장이 활성화되면서 전 세계적인 증권시장 붕괴가 자주 일어났다. 블랙 튜스데이(Black Tuesday)라고 불리는 월스트리트 붕괴는 1929년부터 1939년까지 대공황(Great Depression)을 불러왔으며, 이는 제2차 세계대전의 발발로까지 이어졌다.

경제 불황, 증권시장의 붕괴, 거품경제, 시장의 활황은 왜 일어날까? 시장의 변화는 시장 내부의 역동적인 상호작용에 의한 내부의 동력학적 변화와 시장 외부의 충격(shock) 때문에 발생한다. 다양한 정보가 시장에 반영되어 주가지수, 환율, 금리, 물가, 선물, 옵션 등의 가격이 결정된다. 주식시장은 일종의 제로섬 게임(zero sum game)으로 이익을 보는 사람이 있으면 그에 상응하는 손실을 보는 사람이 존재한다. 주식시장은 개인, 주식 브로커, 기관투자자, 연기금, 외국인 투자자 등 다양한 행위자들이 참여하는 이질적인 시장(heterogenous market)이다. 이러한 행위자들은 다양한 방법으로 정보를 취득하여 주식을 사고파는 데 활용한다. 기업의 정보를 빨리 취득할 수 있거나 시장에서 재빨리 행동할 수 있는 행위자들이 유리한 고지를 점할 수 있다. 하지만 블랙 먼데이와 같은 갑작스러운 주식시장의 붕괴를 예측할 수는 없다. 이처럼 주식시장이 붕괴하는 상황이 오면 행위자 대부분은 주식을 팔려고 하므로 주식은 더욱더 급하게 하락한다. 주식을 팔려는 행위자들의 집단행동(herding behavior)이 시장을 더욱 악화시키는 것이다. 이러한 주식시장 역시 대표적인 복잡계로 볼 수 있다.

브누아 망델브로(Benoit B. Mandelbrot, 1924-2000)는 1944년에 프랑스 에콜 폴리테크닉에서 박사학위를 시작했다(Mandelbrot 1999). 박사학위 동안에 그는 폴 레비의 영향을 많이 받았다. 레비(Paul Pierre Levy, 1886-1971)는 20세기 초에 확률론의 발전에 지대한 공헌을 했으며 브라운 운동을 이해하는 데 큰 영향을 주었다. 레비는 입자의 막 걷기(random walk)에서 걸음 길이가 레비 분포(Levy distribution)를 따르는 레비 비행(Levy light)을 발견하였다. 레비 비행에서 막 걷기는 일정한 길이의 걸음을 걷지 않고 먼 거리까지 날아갈 수 있다. 〈그림 1.9〉에서 볼 수 있듯이 가끔 먼 거리의 비행이 발생한다. 길이가 l인 걸음이 일어날 확률이 $p(l) \sim l^{-\alpha}$와 같은 멱함수 법칙을 따른다. 레비는 일정한 걸음 길이를 갖는 브라운 운동과는 전혀 다른 일반적인 걸음 길이 분포를 가지는 레비 비행을 소개하였다. 확률론에 관한 레비의 연구는 망델브로에게 큰 영감을 주었다.

1963년에 망델브로는 시장에서 거래되는 면화의 가격 변화를 분석하여 보았다. 면화 거래 시장에서 시간 t일 때 면화 가격을 $p(t)$라 하자. 망델브로는 가격 자체보다는 가격의 로그 변동 $z(t)=\log[p(t)]-\log[p(t-1)]$의 변화를 살펴보았다(Mandelbrot

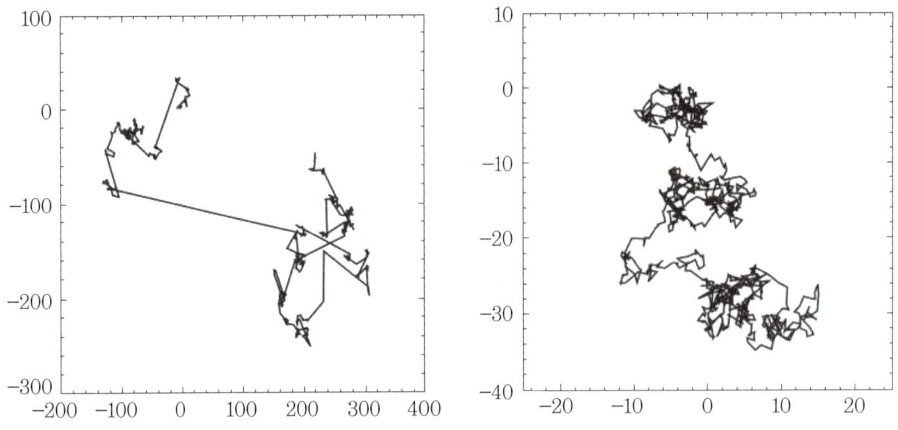

(a) (b)

그림 1.9 (a) 걷기 길이가 레비 분포를 따르는 레비 비행 (b) 걷기 길이 분포가 정규분포를 따르는 막 걷기

1963). 상품의 가격은 물가상승률 때문에 요동을 치면서 꾸준히 증가하는 경향성을 보이지만 가격의 변동은 시장의 고유한 특성을 반영할 것이다(Mandelbrot 2001).

〈그림 1.10〉은 면화 가격의 로그 변동률의 분포함수를 나타낸 그래프이다. 가로축은 로그 변동률의 절댓값을 나타낸다. 로그 변동률의 누적 분포함수는 $P(Z>z)\sim z^{-\alpha}$인 멱함수 분포를 나타낸다. 분포함수는 누적 분포함수를 미분하여 구할 수 있다. 즉, $p(z)=-dP(Z>z)/dz$이다. 따라서 로그 변동률의 분포함수는 $p(z)\sim z^{-(\alpha+1)}$이 된다. 망델브로의 발견은 매우 놀라운 발견이다. 주류 경제학 이론에 따르면 면화 가격의 변동에 대한 분포함수에서 큰 변동은 발생하지 않아야 한다. 그러나 망델브로가 관찰한 것과 같이 실제 면화 가격의 변동 분포함수는 레비 분포와 비슷하게 큰 변동이 자주 발생하고, 가격 변동 규모의 분포함수가 멱함수 법칙을 따른다. 면화 가격의 변동은 막 걷기보다는 레비 분포함수를 따르는 레비 걷기(Levy walk)와 비슷하다.

면화 가격에서 발견한 멱함수 법칙 분포함수는 다른 다양한 가격 변동에서 속속

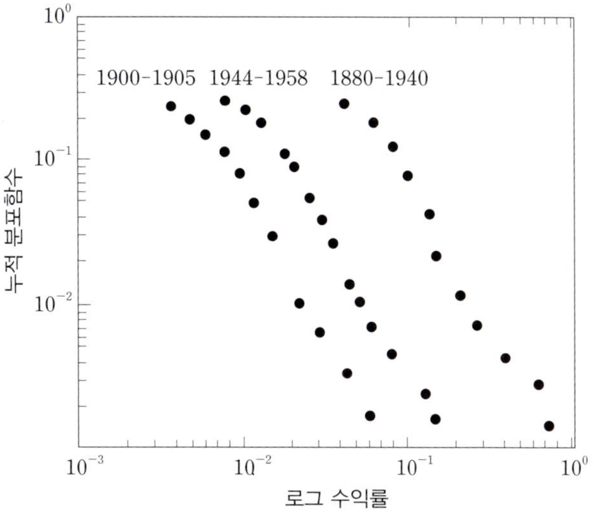

그림 1.10 면화의 로그 수익률 대 누적 발생 빈도수

발견되었다. 특히 주식시장에서 주가지수의 로그 수익률의 분포함수와 휘발성(volatility)의 분포함수는 꼬리 영역에서 멱함수 법칙을 나타냄이 발견되었다.

멱함수 법칙은 복잡계의 대표적인 특징이다. 멱함수 법칙은 서로 상관이 없어 보이는 다양한 분야에서 발견되었다. 복잡계는 멱함수 법칙 이외에도 다양한 특징을 나타낸다. 앞으로 다양한 복잡계를 하나씩 살펴볼 것이다.

2장

/

복잡계 과학의 역사

환원주의 과학에서 우리는 시스템을 구성하는 행위자의 특징을 자세히 탐색한다. 사회현상을 이해하기 위해서는 사람의 속성을 잘 파악해야 하고, 경제 현상에서 시장의 성질을 알기 위해서는 경제 주체들의 행동을 알아야 한다. 공기의 성질을 파악하려면 공기를 구성하고 있는 분자들이 무엇이며 분자들은 서로 어떤 관계를 맺고 있는지 알아야 한다. 이때 열역학과 통계역학이 결정적인 역할을 한다. 현대의 과학기술은 시스템을 구성하는 행위자들의 특성을 잘 이해함으로써 발전할 수 있다는 것을 보여 주었다. 예를 들어 양자역학으로 트랜지스터의 동작 원리를 알게 된 인류는 트랜지스터를 집적한 집적회로를 이용하여 컴퓨터를 만들어 냈다. 컴퓨터는 트랜지스터 하나하나를 연결한 것이지만, 트랜지스터 하나에는 없는 성질을 가지고 있다. 사회현상도 대표적인 복잡계인데 사회를 구성하는 사람이 모여서 사회를 만들면 한 개인에게는 없는 성질이 나타난다. 노래하는 소녀 여러 명이 모이면 걸그룹을 만들 수 있고, 걸그룹이 콘서트를 열면 많은 관객이 모여서 떼창이 가능해진다. 걸그룹 공연이나 떼창은 한 개인에게는 없는 특징이다. 이렇듯 개인과 개인이 모여서 서로 얽힌 상호작용을 함으로써 사회의 특징들이 나타난다. 사람들이 모여서 사회를 형성하는 과정에서 마을이 생겨나고, 지식을 전수하기 위해 학교를 만들고, 시장, 기업, 상점이 나타나 경제활동이 발현되었다. 그리고 규범, 법, 제도, 윤리 등을 만들어 냈는데 이러한 것들이 모두 '창발 현상' 또는 '떠오름 현상(emerging phenomenon)'이다.

복잡계는 비평형 상태의 다체계에서 나타나는 창발 현상을 연구하는 학문이다. 역사적으로 복잡계가 발전해 온 과정을 간략히 살펴봄으로써 복잡계가 우리 곁에 자리 잡게 된 배경을 살펴보자.

2.1 결정론에서 혼돈으로

17세기의 과학혁명을 거치면서 기계론적인 세계관은 확고하게 자리를 잡았다. 뉴턴의 운동법칙과 미적분학을 결합하면 힘을 받는 물체의 운동은 미분방정식으로 표현되고, 이 미분방정식을 풀면 물체의 미래 상태를 결정할 수 있었다. 뉴턴의 운동법칙은 행성의 운동을 완벽하게 설명해주었다. 심지어 그 당시에 발견되지 않았던 토성 너머 행성들의 존재를 예견하였고, 실제로 예견한 위치에서 행성이 발견되었다. 그랬기에 과학자들은 세상의 상태가 기계적으로 결정될 수 있다고 생각했다.

뉴턴의 운동법칙은 19세기까지 더욱 정교하게 발전하였다. 라그랑주, 해밀턴, 라플라스, 푸아송, 푸앵카레 등은 물리학의 역학 체계를 수학적 기반 위에 올려놓았다(이재우 2022). 19세기에 맥스웰은 전기와 자기 현상을 설명하는 맥스웰 방정식을 발견하였고, 이어서 여러 과학자에 의해 열역학 법칙이 발견되었다. 역학, 전자기학, 열역학 법칙이 확립되자 세상을 설명하는 이론이 완성된 듯이 보였고, 당시 유럽의 과학자들은 물리학에서 새로 연구할 것이 없다고 생각했다. 그러나 19세기 말이 되면서 물리학은 어려운 문제들에 직면하게 된다. 한 예로, 빛을 연구하는 분광학자들이 빛을 프리즘에 통과시켜 보았더니 여러 색으로 분리된다는 사실을 발견하였다. 그중 태양에서 오는 빛의 스펙트럼에는 검은색 줄이 규칙적으로 나타났다. 검은색 줄을 흡수 스펙트럼이라 불렀고, 발머 계열(Balmer series)은 가시광선 영역에서 나타나는 흡수 스펙트럼이다. 그런데 당시의 물리학 법칙으로는 이 검은색 줄을 설명할 수 없었다. 원자의 구조와 관련된 이 문제가 해결된 건 20세기 초, 양자역학이 발견되면서이다.

역학 분야에서도 풀리지 않은 문제들이 속속 발견되었다. 예를 들어, 세 개의 물체가 묶여서 운동하는 삼체문제(three-body problem)는 손으로 풀 수 없다. 비록 앙리 푸앵카레(Henry Poincare, 1854-1912)가 특수한 경우의 해를 구했지만, 사실 그의 해답은 안정성이 없는 답이었다. 물체의 초기 상태가 조금만 변해도 물체의 운동 상태는 엄청나게 달라졌기 때문이다. 삼체문제에서 궤도의 불안정성은 뒤에서 다루어 볼 혼돈 현상과 밀접한 관계를 맺고 있지만, 20세기 초의 과학자들은 운동의 불안정성을 혼돈과 연계시키지 못했다.

혼돈 현상은 컴퓨터의 발전 덕에 발견되었다. 기상학자 에드워드 로렌츠(Edward N. Lorenz, 1917-2008)는 기상 현상을 연구하면서 표층 대기의 운동을 묘사하는 간단한 미분방정식을 유도했다. 그가 유도한 방정식을 로렌츠 방정식(Lorenz equation)이라 부른다(Lorenz 163, 1993). 로렌츠 방정식은 세 개의 독립변수를 가진 세 개의 결합한 일차 미분방정식이었다. 간단한 형식의 로렌츠 방정식은 비선형 방정식이었고, 답을 손으로 구할 수 없었다. 미국 MIT대학교 교수로 근무하던 로렌츠는 그 당시에 가장 좋은 컴퓨터를 이용하여 이 방정식을 수치적으로 풀었다. 로렌츠는 뜻하지 않은 행운으로 이 방정식이 초기조건에 극히 민감하다는 사실을 발견하였다(3~4장 참조). 변수가 단 세 개뿐인 비선형 미분 방정식인 로렌츠 방정식이 혼돈 영역에 있으면, 방정식의 해는 초기조건에 따라서 아주 다른 결과를 나타낸다. 초기조건에 아주 작은 잡음이라도 들어간다면, 전혀 다른 미래를 예측할 것이다. 혼돈 상태에서 초기조건의 민감성을 나비효과(butterfly effect)라 한다. 나비의 날갯짓과 같은 사소한 초기조건을 포함하지 않으면 기후 예측이 전혀 다른 결과를 가져올 것이다. 나비효과란 용어가 붙은 이유는 4장에서 살펴본다.

혼돈(chaos)이라는 용어가 널리 쓰이게 된 것은 이론물리학자인 로버트 메이

(Robert May, 1936-2020)가 생태계의 인구 동력학 모형(population dynamics model)을 연구하기 시작한 1970년대 초의 일이다(May 1974, 1975, 1976). 호주의 시드니대학교에서 이론물리학으로 박사학위를 받은 로버트 메이는 1973년 미국 프린스턴대학교에 부임하면서 생태계에서 인구 동력학(population dynamics)을 연구하기 시작하였다. 1974년에 메이는 사이언스지에 〈세대 겹침이 없는 생물의 개체 수: 안정점, 안정순환, 그리고 혼돈〉이라는 논문을 출판하면서 여기에 '혼돈'이라는 용어를 사용하였다. 1975년에 파이겐바움(Feigenbaum)은 로지스틱 사상(logistic map)의 갈래질(bifurcation)에서 조절변수 사이의 비가 파이겐바움 수(Feigenbaum number)로 수렴함을 발견하였다. 1976년에 파이겐바움은 자신의 논문을 저널에 투고하였지만 거부되었다. 이후 파이겐바움은 자신의 발견을 1,000명의 과학자에게 우편으로 보냈으며, 마침내 1976년 통계역학 저널(Journal of Statistical Mechanics)에 논문이 실림으로써 그의 발견은 가치를 인정받게 되었다. 1980년대에 이르자 혼돈 현상에 관한 연구가 광범위하게 확산되었으며, 복잡계 연구를 자극하였다(Feigenbaum 1978).

1967년에 브누아 망델브로(Benoit Mandelbrot, 1924-2010)는 자기 닮음성 또는 자기 유사성(self-similarity) 개념을 처음 소개하였다. 자기 유사성 개념은 프랙털(fractal)의 발견으로 이어졌으며, 프랙털 구조의 발견은 기하학적 구조에서 나타나는 자기 닮음성에 대한 새로운 시각을 제시해 주었다(Mandelbrot 1982). 1장에서 소개했듯이 망델브로는 1961년에 면화 가격 시계열의 수익률의 분포함수가 가우씨안 분포에서 벗어나 안정한 레비 분포(stable Levy distribution)를 따른다고 주장하였다. 이것은 1990년대 말에 경제물리학(Econophysics) 또는 금융 물리학(financial physics) 분야의 개척에 결정적인 기여를 하였다. 레비 분포는 분포함수가 멱함수를 따르는 분포로 정규분포보다 느리게 감소한다. 1977년에 노벨 화학상을 받은 일리야 프리고진(Ilya Prigogine, 1917-2003, 벨기에 출신 미국 물리학자)은 소산 구조(dissipative structure)에서 문양의 발현 현상을 발견하였다. 프리고진은 《있음에서 됨으로(from being to becoming)》와 《확실성의 종말(The end of Certainty)》과 같은 대중 저서로 널리 알려져 있다(Prigogine 1980, 1997). 1967년에 프리고진은 미국 텍사스 오스틴 대학에 '열역학과 통계역학 연구센터(Center for thermodynamics and statistical mechanics)'를 설립하여 복잡계 연구자들을 길러냈으며, 지금은 '복잡계 양자 시스템 연구센터(Center for Complex Quantum Systems)'로 발전하였다. 로렌츠, 메이, 파이겐바움, 프리고진 등의 연구 결과는 1960~1990년대에 물리학 분야에서 혼돈 현상에 관한 폭발적 연구를 이끌었다. 필자가 비선형 동력학과 혼돈 현상에 관한 연구를 시작한 건 1987년, 이러한 세계적인 연구 동향 속에서였다.

2.2 시스템 다이내믹스와 행위자 기반 모형

시스템 다이내믹스(systems dynamics)는 1950년대에 제이 포레스트(Jay W. Forrester, 1918-2016, 미국, 컴퓨터 공학자, 시스템 다이내믹스 학자)에 의해 개발되고 발전한 복잡계 연구 방법의 한 분야이다.

시스템 다이내믹스는 독립변수 사이의 인과관계를 기술하는 '시스템 사고(systems thinking)'와 변수들의 동태학을 기술하는 '시뮬레이션(simulation)'으로 이루어져 있다. 요즘은 '벤심(Vensim)'과 같은 여러 가지 시뮬레이션 툴이 개발되어 있다. 통계 물리학적 관점에서 시스템 다이내믹스는 다수의 종속변수와 독립변수들이 결합한 미분방정식(coupled differential equation)을 푸는 것이다. 미분방정식의 종속변수와 독립변수 사이에 연결선을 그어 인과 지도(causality digram)를 그리면 시스템 전체를 전일적(holistic)으로 조망할 수 있게 해 준다. 〈그림 2.1〉과 같이 사람은 인과관계 그림을 더 직관적으로 이해하기 때문에 인과관계를 그리면 미분방정식을 수립하기가 더 쉽다. 시스템 다이내믹스는 뒤에서 다시 살펴볼 것이다.

시스템 다이내믹스의 변수들이 사회나 경제 현상의 거시적인 변수들 사이의 관계를 동력학적으로 표현한 것이라면 행위자 기반 모형(agent-based model or individual-based model)은 시스템을 구성하는 행위자 하나하나의 속성과 행위자들 사이의 상호작용을

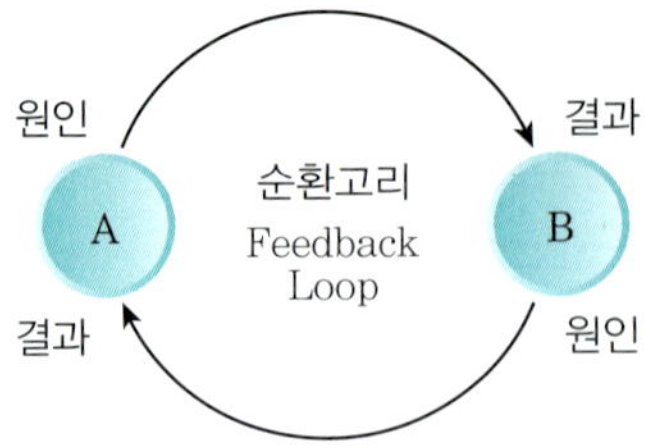

그림 2.1 시스템 다이내믹스의 인과 지도(causal map)의 예

고려한 미시적 동력학(microscopic dynamics) 시뮬레이션 기법이다(Quang et al 2018). 뒤에서 더 자세히 살펴보겠지만, 행위자 기반 모형은 복잡계를 구성하는 인자들을 행위자(agent)로 생각한다. 사회나 경제 현상에서 행위자는 사람이 될 수도 있고 기업이나 기관투자자도 될 수 있다. 행위자 기반 모형은 행위자 하나하나를 직접적으로 다루기 때문에 행위자를 '사회적 원자(social atom)'라고 부르기도 한다(Buchanan 2007). 행위자 기반 모형에서 중요한 요소는 행위자의 속성을 규정하고 행위자들 사이의 상호작용 규칙을 부여하는 일이다. 연구의 대상이 되는 시스템을 잘 확립시키고 그 시스템 내부 행위자의 속성과 상호작용 등을 파악하면 시스템 전체의 성질을 시뮬레이션할 수 있다. 이 시뮬레이션 결과로 시스템의 창발 현상을 이해할 수 있다.

행위자 기반 모형은 생태학에서도 널리 사용된다. 생태학에서는 행위자 기반 모형을 개체 기반모형(Individual based model, IBM)이라고 부르며 생태계의 생물을 하나의 개체로 나타낸다. 예를 들어 먹이-포식자 사이의 관계를 행위자 기반 모형으로 시뮬레이션할 수 있다. 여우와 토끼가 함께 사는 넓은 초원을 생각해 보자. 여우는 토끼를 잡아먹고 살기 때문에 토끼가 많아지면 개체 수가 늘어난다. 여우의 개체 수가 늘어나면 토끼는 줄어들 것이다. 토끼의 수가 줄어들면 여우는 따라서 줄어든다. 여우가 줄어들면 토끼의 수는 늘어난다. 이러한 먹이-포식자 관계를 행위자 기반 모형으로 컴퓨터에서 쉽게 시뮬레이션할 수 있다. 요즘은 넷로고(Netlog)라는 행위자 기반 모형 시뮬레이션 프로그램을 이용하면 여러 가지 행위자 기반 모형을 시뮬레이션해 보고 그 결과를 볼 수 있다.

2.3 몬테카를로 방법

복잡계 과학을 공부하다 보면 행위자들이 어떤 결정을 할 때 난수(random number)를 발생시켜서 결정을 내리는 경우가 많다. 예를 들어, 두 개의 갈림길이 나왔을 때 어떤 쪽을 선택할 것인지 결정하는 문제를 생각해 보자. 사람이라면 자의적으로 두 개의 길 중에서 하나를 선택할 것이다. 이러한 결정을 컴퓨터 프로그램에서 구현하기 위해서는 두 길 중에서 한쪽을 선택할 확률을 생성해 주어야 한다. 두 길 중에서 한쪽을 멋대로 선택한다면 동전을 던지는 문제와 같게 된다. 0과 1 사이의 실수 난수를 생성하여 그 난수가 0.5보다 작으면 왼쪽 길을 택하고 0.5보다 크면 오른쪽 길을 택하면 된다. 이렇게 난수를 발생시켜서 확률적으로 어떤 결정을 하는 방법을 모나코 북부에 있는 도박 도시의 이름을 따서 몬테카를로 방법(Monte Carlo method)이라 한다(Benov 2016).

2차 세계대전 중에 핵폭탄을 개발한 '맨해튼 프로젝트(Manhattan project)'의 총본부는 로스앨러모스 연구소(Los Alamos National Laboratory)였으며, 2차대전 이후에도 이곳에서 핵 개발을 총괄하였다. 맨해튼 프로젝트에는 수학자들과 물리학자들도 상당수 참여했으며(Benov 2016), 여기에는 로스앨러모스 연구자들과 함께 초창기 컴퓨터인 에니악(ENIAC)을 열핵무기(thermonuclear weapon) 개발에 이용할 수 있다는 사실을 발견한 천재 수학자 폰 노이만(Neumann 1945)과 스탄 울람(Stanislaw Ulam, 1909-1984)이 속해 있었다. 울람은 형식에 얽매이지 않고 물리학, 수학, 게임 등 다양한 분야에 관심을 가진 과학자였다. 전쟁 중에 컴퓨터의 개발이 이루어졌다는 사실을 알았던 그는 쉴 때 혼자서 하는 카드 게임인 캔필드 솔리테어(Canfield solitaire)를 즐겼으며, 이 게임을 이기는 추상적 사고(abstract thinking)를 해보곤 했다. 그러던 중 그는 핵분열의 중성자 확산 문제가 통계적 샘플링(statisitcal sampling technique)과 연관이 있음을 깨달았다. 1946년에 울람은 이러한 아이디어를 폰 노이만과 토론하였고, 폰 노이만은 컴퓨터를 이용하면 이러한 확률계산을 더 빨리할 수 있음을 알았다. 〈그림 2.2〉

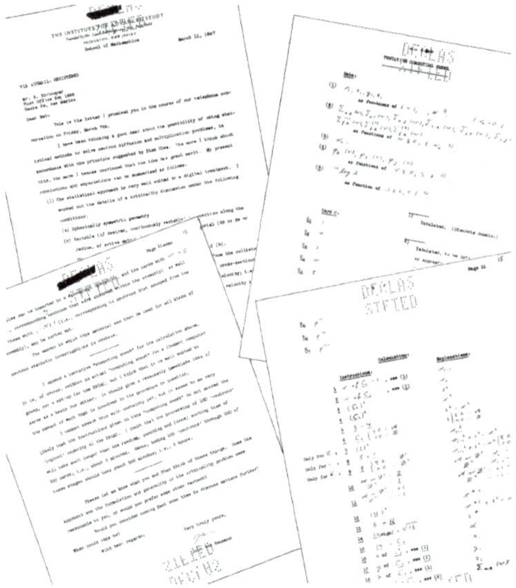

그림 2.2 폰 노이만이 리치마이어에게 보낸 편지. 울림과 논의했던 몬테카를로 방법의 유용성과 중성자 확산에 응용 및 가능한 에니악 코드를 포함하고 있다. (자료: Eckhardt, 1987)

와 같이 폰 노이만은 1947년 3월에 로스앨러모스의 이론 부문 책임자인 로버트 리치마이어(Robert Richtmyer)에게 '디지털 컴퓨터가 통계적 방법'에 아주 유용하며, 이 방법을 핵분열 과정에서 중성자 확산과 증폭률 계산에 사용할 수 있다는 편지를 보낸다. 이 서신이 몬테카를로 방법[1]에 관한 생각이 담겨있는 최초의 문서였다(Metropolis 1987; Gubernatic 2005; Eckhardt 1987).

몬테카를로 방법을 구현하기 위해서는 무작위로 생성되는 난수가 필요했는데, 폰 노이만이 1947년에 울람에게 보낸 편지에 정수를 나누어 나머지를 취한 다음에 재입력하여 연속적인 난수를 생성하는 방법인 선형 합동적 난수생성 방법(linear

1 울람과 폰 노이만이 발견한 통계적 샘플링 방법에 몬테카를로(Monte Carlo)라는 이름을 붙인 사람은 니콜라스 메트로폴리스(Nicholas Metropolis)이다(Eckhardt 1987). 로스앨러모스 연구그룹은 한가한 시간에 포커 게임을 즐겼고, 울람이 돈만 생기면 몬테카를로로 달려가서 도박하던 자기 삼촌 얘기를 자주 했기 때문에 메트로폴리스는 무작위로 표본을 뽑는 이 방법에 도박 도시의 이름인 몬테카를로 방법(Monte Carlo method)이란 이름을 붙여주었다.

congruential random number generation)을 소개했다. 이렇게 생성한 난수는 균일한 분포함수(uniform distribution function)를 갖는다. 사실 디지털 컴퓨터는 난수를 생성할 때 대부분 선형 합동적 방법을 사용한다. 핵분열 현상을 몬테카를로 방법으로 구현하기 위해서는 지수함수 분포함수(exponential distribution function)가 필요하였다. 지수함수 분포는 분포함수의 역함수를 구해서 쉽게 구할 수 있었다. 역함수를 구하기 어려운 분포함수는 허락-거절 방법(accept-rejection method)을 이용하여 쉽게 구현할 수 있었다. 이러한 방법은 후에 고차원 함수를 적분하는 몬테카를로 적분(Monte Carlo integration)으로 발전하였다.

1930년에 엔리코 페르미(Enrico Fermi, 1901-1954)가 몬테카를로 방법에 대한 아이디어를 다른 학자들에게 피력한 적이 있지만, 문서로 남기지 않았다. 따라서 몬테카를로 방법을 공식적으로 발견한 사람은 스탄 울람과 폰 노이만이라 할 수 있다. 몬테카를로 방법이란 용어가 처음으로 등장한 것은 1948년 제1회 몬테카를로 심포지엄으로, 울람이 처음 언급하였다. 저널에는 1949년 메트로폴리스와 울람이 Journal of the American Statistical Association에 발표한 〈The Monte Carlo Method〉 제목의 논문을 통해 소개되었다(Metropolis et al 1953).

물리학에서 실용적이고 혁신적인 몬테카를로 방법은 1953년에 발표된 '메트로폴리스 알고리즘(Metroplois Algorithm)'이다. 니코라스 메트로폴리스(Nicholas Metropolis), 아리아나 로센블루쓰(Ariana W. Rosenbluth), 마샬 로센블루스(Marshall N. Rosenbluth), 오거스타 텔러(Augusta H. Teller), 에드워드 텔러(Edward Teller)가 Journal of Chemical Physics에 〈빠른 계산 기계에서 상태 방정식의 계산(Equation of state calculated by fast computing machine)〉[2]이란 제목의 논문을 발표하였다(Metropolis et al 1953). 이 논문에 지

2 한동안 이 논문에 주요한 아이디어를 제공한 사람이 메트로폴리스라고 알려져 있었다. 하지만 메트로폴리스 알고리즘 발견 50주년을 기념해서 2003년에 열린 미국 플라즈마 분과의 62회 미국 물리학회 모임(APS Meeting)에서 마샬 로센블루쓰는 메트로폴리스가 아무런 역할을 하지 않았으며, 단지 MANIAC 컴퓨터 사용 시간을 할애해 주는 역할만 했다고 폭로하였다(Gubernatis 2005). 마샬은 실제 메트로폴리스 알고리즘의 개념을 제시한 사람은 에드워드 텔러와 자신이었다고 밝혔다.

금은 메트로폴리스 방법(Metropolis method) 또는 메트로폴리스 알고리즘(Metropolis algorithm)이라 부르는 몬테카를로 계산 방법이 소개되어 있다(Metropolis et al 1953). 이 논문은 2022년 현재 약 50,000번 이상 인용되었으며, 메트로폴리스 알고리즘과 이를 개선한 방법은 과학, 공학, 경제학, 금융공학 등 다양한 분야에서 널리 쓰이고 있다.

몬테카를로 방법은 컴퓨터를 이용하여 난수를 생성할 수 있게 됨으로써 손으로 풀 수 없는 문제를 계산할 수 있게 해주었다. 이 몬테카를로 방법은 후에 마르코프 체인(Markov chain) 몬테카를로 방법으로 발전하였고 과학, 공학, 금융공학을 넘어서 다양한 분야에 응용되고 있다. 예를 들어, 브라운 입자와 같이 멋대로 움직이는 입자들의 운동을 시뮬레이션하거나, 긴 사슬 형태의 중합체(polymer)가 꼬이는 현상, 반도체를 에칭하여 회로 구조를 만들 때 컴퓨터로 미리 실험해보는 경우, 주식시장에서 주가지수가 오르내리는 현상을 시뮬레이션하여 주가지수를 예측하는 등 다양한 현상에 적용할 수 있다.

2.4 산타페 연구소

1980년대에 복잡계 연구가 크게 확산된 계기는 미국에서 '산타페 연구소(Santa Fe Institute)'가 설립되면서부터이다. 산타페 연구소가 설립된 배경을 살펴보자. 1933년에 나치가 집권하자 아인슈타인(Albert Einstein, 1879-1955)을 비롯한 많은 독일의 물리학자들이 미국으로 이주하였다. 헝가리 출신 물리학자들인 유진 위그너(Eugene Wigner, 1902-1995), 레오 실라드(Leo Szilard, 1898-1964), 에드워드 텔러(Edward Teller, 1908-2003), 수학자 폰 노이만(John von Neumann, 1903-1957) 등도 미국으로 이주하였다(이기영, 차동우 1995). 한편 독일의 카이저 빌헬름 연구소에서는 오토 한(Otto Hahn, 1879-1968), 리제 마이트너(Lise Meitner, 1878-1968), 프리츠 슈트라스만(Fritz Strassman, 1902-

1980)이 우라늄 238에 중성자를 쪼여주는 실험을 하고 있었다(이재우 2022). 그런데 1938년, '안슐루스(Anschluss)'라고 불리는 독일-오스트리아 합병 때문에 유대계인 마이트너는 오스트리아 시민권을 박탈당했으며, 신변의 위협을 받았다. 급히 스웨덴으로 탈출하기로 결정한 마이트너는 여느 때와 같은 모습으로 오토 한의 연구실에 출근했다가 출장을 가듯 단출한 짐만 꾸려 베를린을 떠났다. 이때 오토 한은 자신의 다이아몬드 반지를 그녀에게 건네면서 탈출을 도왔다. 마이트너는 스웨덴에 체류하면서도 오토 한과 서신 교환을 통해 연구 결과를 공유하였다.

1938년 12월에 한과 슈트라스만은 우라늄에 중성자를 쪼여주면 라듐(Ra)이 생성될 것으로 예측했다. 그런데 그 특징을 조사한 결과 생성된 물질은 라듐이 아니라 바륨(Ba)이었다. 이 발견이 우라늄 핵분열을 처음 관찰한 연구이다. 오토 한은 이 발견을 마이트너에게 편지로 전하면서 물리학자라면 설명할 수 있을 거라고 덧붙였다. 스웨덴에 체류하고 있던 마이트너와 그의 조카 프리슈는 1939년에 우라늄이 중성자를 흡수하여 두 개의 핵자로 붕괴하면서 또다시 중성자들을 내놓는 핵분열(neuclear fission) 과정을 발견하였다(이재우 2022). 이 핵분열 과정에서 질량 결손이 발생하였다. 이 발견은 즉시 물리학자들에게 알려졌으며, 핵분열 과정에서 질량 결손으로 막대한 에너지가 방출된다는 사실이 밝혀졌다. 질량이 줄어들면 그만큼의 에너지가 발생한다는 사실은 1905년 아인슈타인의 특수상대성 이론에서 잘 알려져 있었다. 실라드는 핵분열이 발견되기 전인 1933년에 이미 핵 연쇄 반응(nuclear chain reaction)이 가능하며, 이때 막대한 양의 에너지가 발생할 수 있음을 발표하였다.

나치의 박해로 미국에 체류하던 여러 물리학자는 독일보다 먼저 핵폭탄을 만들어야 한다는 생각을 가지게 된다. 1939년에 위그너, 실라드, 텔러는 핵 연쇄 반응에 관한 연구를 촉구하는 실라드-아인슈타인 편지(Szilard-Einstein letter)를 보내는 데 일조하였다(이기영, 차동우 1995). 위그너와 실라드는 상대성 이론으로 세계적인 명성을 떨치게 된 아인슈타인을 방문하여 루즈벨트 대통령에게 핵연쇄반응 연구를 촉구하는 서한을 보내도록 설득했다(Cowan 2010). 아인슈타인은 취지에 적극적으로 동조하면서 그 즉시 독일어로 편지 내용을 구술하였다. 위그너는 독일어로 받아적은 아인슈타인의 구술내용을 영어로 번역하였으며, 여기에 아인슈타인의 서명을 받아 1939년 8월 2일에 알렉산더 삭스(Alexander Sachs)의 도움으로 루즈벨트 대통령에게 서한을 전달하였다. 이 편지에는 우라늄을 이용한 강력한 폭탄에 대한 필요성과 독일도 이러한 폭탄을 개발하고 있는 것을 우려하는 내용을 담고 있다. 그리고 이로 말미암아 마침내 맨해튼 프로젝트(Manhattan Project)가 실행된다.

1941년 미국 매세추세츠주에 있는 우스터공과대학(Worcester Polytechic Institue) 화학과를 졸업한 조오지 카원(George A. Cowan, 1920-2012)은 프린스턴대학교 물리학과에서 유진 위그너 교수 그룹의 사이클로트론 프로젝트(cyclotron project)에 참여하였다(Cowan 2010). 2차 세계대전이 발발하고 맨해튼 프로젝트가 시행되자, 1942년에 카원은 위그너와 함께 맨해튼 프로젝트에 참여하기 위해서 엔리코 페르미(Enrio Fermi, 1901-1954)가 이끌고 있던 시카고 대학교의 '야금학 실험실(Metallurgy Laboratory)'에 참여하였다. 위그너는 1963년에 양자역학에서 대칭성에 대한 업적으로 노벨 물리학상을 수상한다. 페르미의 야금학 실험실은 '메트랩(Met Lab)'이라 불리면서 핵연쇄반응을 검증하는 중요한 소임은 수행하였다. 1942년 12월 2일에 페르미 더미(Fermi pile) 또는 시카고 파일 1(Chiago pile 1, CP-1)이라 부르는 우라늄을 쌓은 우라늄 더미에서 인류 최초로 인위적으로 조절 가능한 연쇄핵반응을 확인하였다. 페르미는 시카고 대학교의 풋볼 스타디움인 스태그구장(Stagg Field)에 우라늄 더미를 쌓아놓고 연쇄핵반응을 성공시켰다. 이 실험의 성공이 원자폭탄과 핵발전소의 시발점이 되었다.

2차 세계대전이 끝나고 핵폭탄 관련 연구는 뉴멕시코에 있는 로스앨러모스 국립연구소(Los Alamos National Laboratory, LANL)로 일원화되었다. 1946년에 카원은 로스앨러모스 연구소의 연구원이 되었다. 1949년에 카네기텍(Carnegie Tech)에서 박사학위를 받은 카원은 다시 로스앨러모스로 돌아와 연구를 계속한다. 카원은 로스앨러모스에서 주로 핵폭발에서 발생하는 무거운 핵자 동위원소를 분석하는 일에 참여했다. 그는 소련 국경에서 채집한 물질을 분석하여 소련이 수소폭탄 실험에 성공한 것을 검증하기도 하였다. 로스앨러모스 연구소는 실험물리학자와 이론물리학자들이 대규모로 함께 일하는 연구소였다. 실험물리학자이고 화학자인 카원은 이곳에서 다양한 분야의 이론물리학자들과 교류하였다.

카원은 1982~1983년에 레이건 행정부에서 백악관 과학위원회(WHSC, The White House Science Council)의 위원을 역임하였다(Cowan 2010). 카원의 WHSC에서 활동은 후에 산타페 연구소를 설립하는 데 큰 도움이 되었다. 1983년에 WHSC 위원을 끝내고 LANL에 복귀한 카원은 학제 간 연구의 필요성을 깨닫고 '단순성과 복잡성(simplicity and complexity)'에 대한 연구를 추진하였다. 평생을 핵폭탄 개발, 핵폭발 검증 등에 종사하던 카원이 복잡성 과학에 착안한 것은 의외의 일이었다. 그는 아스펜 연구소(Aspen Institute)의 정규적인 모임에 참여하였는데 아스펜 콘퍼런스에서는 정치, 철학, 윤리, 인간성, 과학 등 다양한 분야를 다루었다. 아스펜 연구소는 1950년에 시카고의 사업가 월터 페이프치크(Walter Paepcke)가 설립한 연구소로서 당파를 떠나서 인문학과 과학 등 다양한 분야의 융합을 추구하였다. 카원은 사회의 비선형을 이해하기 위해서 자연과학, 인문 사회과학, 경제학 등의 결합이 필수적이라고 생각하였다. 카원은 일이 되게 하는 데 재능이 있는 사람이었다. 그는 노벨상 수상자 머레이 겔만(Murray Gell-Mann, 1929-1919, 1969년 노벨 물리학상 수상), 응집물질 물리학자 데이비드 파인즈(Davis Pines, 1924-2018) 등의 참여를 끌어냈다. 1984년에 LANL에 근무하면서 몬테카를로 방법(Monte Carlo Method)을 발견한 닉 메트로폴리스와 함께 미국 뉴멕시코주의 전 주지사였던 잭 캠벨(Jack Cam bell)을 방문하여 지원을 끌어냈으며 사무실, 전화 등을 지원받았다. 처음 생각한 연구소의 이름은 '산타페 연구소(the Santa Fe Institute)'였는데 알코올 약물 중독자를 지원하는 단체가 같은 이름을 쓰고 있어서 산타페 연구소 대신 '리오그란데 연구소(the Rio Grande Institute)'로 명명하였다. 리오그란데는 미국 뉴멕시코주의 산타페가 위치한 곳의 이름이었다. 1984년에 알코올 약물 중독자 지원 단체가 문을 닫고 산타페 연구소의 소유권이 소멸하자 연구소의 이름을 산타페 과학연구소(the Santa Fe Instutute of Science)로 명명하였다. 이 연구소를 우리는 보통 '산타페 연구소(SFI)'라 부른다. 초창기에 산타페 연구소를 대학으로 만들 것인지 연구소로 국한할 것인지에 대한 논란이 있었다. 겔만이 주장한 "학과가 없고 학문의 경계가 없는 캠퍼스" 제안을 적극적으로 수용하였다. 연구소 설립을 위한 발기인 회의로 '과학에서 창발적 통합(Emerging synthesis in science)'이란 이름의 회의를 개최하기로 하였다. 겔만은 "삼백만 불을 기부할 사람이 필요하겠네"라고 중얼거렸는데 이것을 "세 자릿수(3 digit) 기부"라고 불렀다. 카원은 자신의 친구인 스피겔 카탈로그사(Spiegel Catalogue Company) 창업자 아들인 아서 스피겔(Arthur Spiegel)의 도움으로 25,000달러를 모금하였고, 머레이 겔만은 맥아더 재단(MacArthur Foundation)에서 25,000달러를 모금하여 회의를 열 수 있었다. 이 워크숍은 1984년 11월 5~6일과 11월 10~11일에 걸쳐서 2회 개최되었다. 메레이 겔만이 입자물리학에서 우주론까지의 분야에서 과학의 창발적 융합에 대해서 개괄하였고 최고로 복잡한 시스템인 생명과학을 다루어야 한다고 주장하였다. 다양한 논의 끝에 산타페 연구소의 키워드를 '복잡성(complexity)'으로 선정하였으며 후에 '복잡 적응계(complex adaptive systems)'로 변경하였다. 1984년에 앞을 내다본 물리학자들은 다양한 분야가 융합한 학제 간 연구의 중요성을 알아보았다. 학제 간 연구를 주장한 과학자들이 자신의 분야에서 일가를 이루고 노벨상을 받은 과학자들이란 것이 중요하다. 학제 간 연구를 달성하기 위해서는 적어도 한 분야에서 자신의 확고한 지식의 틀을 갖추고 있어야 한다. 그러한 틀이 없이 학제 간 연구를 시작하면 죽도 밥도 되지 못하는 상태가 되어 길을 잃기 쉽다.

복잡성이란 용어는 1948년에 워런 위버(Warren Weaver, 1894-1978)가 아메리칸 사이언티스트(American Scientist)에 발표한 논문에서 처음 소개되었다. 그는 확률이나 통계역학으로 설명할 수 있는 문제들을 '비조직적 복잡성(disorganized complexity)'이라 불렀고 생명, 사회, 정치, 경제 등에서 나타나는 문제들을 '조직화한 복잡성(organized complexity)'이라 불렀다. 후자의 문제들이 사실 현재 복잡계 과학에서 추구하는 것들이다(Weaver 1948).

1984년에 산타페 연구소는 조지 카원, 데이빗 파인스, 스터링 콜게이트(Stirling Colgate), 머레이 겔만, 닉 메트로폴리스, 헤브 앤더슨(Herb Anderson), 피터 카루더스(Peter A. Carruthers), 리차드 슬랜스키(Richard Slansky)를 발기인으로 설립되었으며 머레이 겔만이 이사장으로 선출되었다. 발기인의 대부분은 이론물리학자들이고 특히 통계물리학자들이 섞여 있었다. 카원은 연구소 소장으로 선출되었다. 카원은 국립과학재단(National Science Foundation) 위원장인 에릭 블로흐(Eric Bloch)를 방문하여 산타페 연구소를 지원해 주도록 요청하여 공감을 얻었지만, 그 당시 학제 간 연구에 대한 학문분류 코드가 없어서 공식적인 지원이 어렵고 대신 1년에 250,000달러 지원을 끌어냈다. 카원은 원자력위원회(Atomic Energy Comission)의 연구책임자인 알 트리벨피스(Al Trivelpiece)로부터 250,000달러의 지원을 받아내었다(Cowan 2010). 오늘날 복잡계는 '물리학-통계물리학-복잡계'로 학문 분류되어 있지만 1984년도에는 복잡계에 대한 개념조차 없었다. 이러한 시기에 카원과 산타페 연구소를 설립한 과학자들의 개척성을 읽을 수 있다.

처음에 머레이 겔만은 입자 물리에서 우주의 생성 초기까지를 연구 주제로 삼아야 한다고 주장하였지만, 카원은 연구소의 방향이 복잡성과 관련된 방향으로 갈 수 있도록 방향을 잡아 주었다. 겔만의 주장은 요즘 인기 있는 용어인 '빅히스토리(big histroy)'와 맥이 닿아 있다. 여러 논의를 거쳐서 연구소는 학위를 주지 않는 연구소로 방향을 잡았다. 정책적 조언을 하는 씽크탱크가 되는 것은 당분간 연기하기로 하였다. 연구소는 작은 규모의 뛰어난 학자를 중심으로 다수의 박사후과정생이 함께 연구하는 연구 기관으로 방향을 잡았다. 연구소가 원활히 운영되고 연구원들에게 행정적 부담이 없도록 행정 지원인력을 갖춘 연구소 모형을 채택하였다. 연구년 교수나 방문 교수들이 단기간 머물면서 연구할 수 있는 방향으로 운영하였으며, 이러한 기조는 현재까지 유지되고 있다. 필자는 우리나라에도 이런 연구소가 생겨나길 소망해 본다.

카원은 산타페 연구소가 자연과학과 사회과학의 갭을 메꾸어주는 역할을 하길 원했으며 모든 것을 연구하는 연구소가 아니길 바랐다. 연구 주제를 확대하기 위해서 1987년 6월에 조오지 벨(Jeorge Bell)과 알랜 페렐슨(Alan Perelson)이 조직한 '이론 면역학(theoretical immunology)' 워크숍을 열어서 바이러스가 면역체계를 공격하는 문제를 토론하였다. 1987년 7월에 예일대학교 생물물리학과 교수인 해럴드 모로위치(Harold Morowitz)의 주관으로 '생물학 지식의 모체(The matrix of biological knowledge)'라는 여름학교를 열었다. 9월에는 스탠퍼드대학교의 마크 펠드만(Marc Feldman)이 '전산 진화생물학(computational evolutionary biology)' 워크숍을 열었으며 같은 달에 크리스 랭턴(Chris Langton)은 '인공생명(artificial life)'에 대한 학술회의를 개최하였다. 이러한 학술회의의 주제만 보더라도 산타페 연구소의 방향성을 알 수 있다.

카원은 펜실베이니아 대학교(University of Pennsilvania)의 스튜어트 코프먼(Stuart Kaufman)과 접촉하였다. 그는 의사이며 이론물리학자이며 SFI에 참여하길 원했다. 그는 '생명의 기원(origin of life)'을 '자기조절 작용(self-regulation)'하는 '자기촉매작용의 연쇄반응(autocatalytic chain reaction)'에서 찾으려고 하였다. 해럴드 모로비치 역시 긴 탄소 분자가 복잡한 연쇄반응으로 자기조절 단백질로 진화한다고 주장하였다. 카원은 코프먼과 모로비치를 SFI로 초빙하였다.

1987년 9월에 SFI는 연구 주제를 경제학으로 확대하였다. 워싱턴 스미소니언 박물관 관장이자 SFI 위원회 위원인 밥 애덤스(Bob Adams)가 우연히 시티그룹(Citicorp, 씨티은행을 소유한 미국의 대형 금융회사)의 대표인 존 리드(John Reed)에게 산타페 연구소를 설명하였다. 밥 애덤스는 리드에게 씨티그룹의 임원들이 산타페 연구소를 방문하여 '국제금융'과 씨티그룹이 당면한 문제들에 대해서 발표해 달라고 요청하였고, 리드는 흔쾌히 수락하였다. 당시 리드는 주류 경제학인 신고전학파 경제이론이 현실 경제 현상에서 한계에 이르렀음을 현장에서 느끼고 있었다. 특히 1986년에 일어난 금융위기가 일어났을 때 주류 경제학은 아무런 역할을 하지 못했다. 이 회의에서 다양한 경제 문제들과 관련된 사회적 문제들을 논의하였고 회의가 끝날 때쯤에 존

리드는 국제경제 프로그램에 장기간의 연구비를 제공하겠다고 제안하였다. 이렇게 큰 기업이 조건 없이 연구소에 자금을 지원함으로써 산타페 연구소는 복잡계 과학을 선도하는 연구소로 발전하게 되었다.

이를 계기로 1987년 9월에 데이비 파인즈, 노벨 물리학상 수상자 필 앤더슨과 노벨 경제학상 수상자인 켄 애로우(Kenneth Arrow, 1921-2017)가 공동 조직한 '국제경제의 진화과정(Evolutionary paths in the global economy)'이란 학술회의를 개최하였다. 이 학술회의에서 애로우가 애로우-드브뢰 모형(Arrow-Debreu model)에 관해서 설명하였다. 이 모형은 완벽한 정보와 합리적 행위자(rational agent)를 가정한 경제 체제에서 일반적인 균형에 대한 것이었다. 이 모임에서 참석자들은 불완전한 정보와 비합리적 행위자로 구성된 시스템을 탐구해야 한다는 것에 의견을 같이하였다. 1987년에 벌써 이러한 관점을 확립했지만 40년이 지난 지금 시점에도 불완전한 정보와 비합리적인 행위자에 대한 경제이론이 매우 드물고 완전한 정보와 합리적 행위자를 가정한 주류경제학자들의 강력한 저항에 직면하고 있다.

산타페 연구소 설립에 참여했던 애로우는 고전 경제학 이론으로 노벨상을 받았지만, 고전 경제학 및 신고전 경제학(Neoclassical Economics)이 돌파해야 할 벽이 남아있음을 잘 알고 있었다. 고전 경제학은 19세기 물리학에서 확립한 상태의 평형, 안정점, 결정론적 세계관을 경제학에 그대로 확대한 것이었다. 고전 경제학의 핵심 이론인 '효용체감 이론', '수요와 공급의 균형', '시장의 안정성' 등은 물리학의 개념과 상통해 있다. 고전 경제학은 모든 경제 행위자가 같고, 외부의 간섭이 없으며 모든 행위자가 동일한 능력을 갖추고 있다고 가정한다. 모든 행위자는 시장의 모든 정보를 알고 있어서 항상 합리적으로 행동한다. 따라서 시장에서 경제 주체들은 항상 합리적 행동을 하므로, 합리적 시장 가격이 형성되고 가격의 변화가 없는 평형 상태에 도달할 것이다. 즉 시간에 따른 동력학적 변화가 일어나지 않는 균형 상태에 도달할 것이다. 그러나 여러분이 알고 있듯이 사람의 행동은 비합리적이고, 시장의 정보를 부분적으로 알고 있으며, 돌출행동을 하곤 한다. 애로우는 당시에 특이한 이론을 주장하고 있던 스탠퍼드의 경제학자 브라이언 아서(Brian Arthur, 1945~)를 SFI의 1987년 콘퍼런스에 초청하였다. 1987년 산타페 콘퍼런스는 경제학자들과 물리학자들이 모여서 서로 융합적 연구를 탐색하는 자리였다. 아서는 SFI 콘퍼런스에서 그의 새로운 경제학적 관점을 제시하였다(Arthur 2009).

브라이언 아서는 1973년 캘리포니아 대학교 버클리에서 경영학으로 박사학위를 받았다. 1974년에 뉴욕에 있는 씽크탱크인 '인구문제 심의회(Population Council)'에 참여하였다. 1975년 방글라데시를 방문하여 제삼 세계에서 인구과잉 문제를 조사하였다. 당시 방글라데시는 어린 나이에 취업하는 것이 일반화되어 있었고 자식을 많이 낳았다. 특히 여성은 남편이 일찍 죽는 경우를 대비해 자신을 부양해줄 아들을 많이 낳으려 했다. 1978년에 아서와 맥니콜은 다산을 사회의 한 패턴으로 인식한 보고서를 제출하였는데 그 당시로서는 매우 새로운 시각이었다. 아서는 1977년에 국제응용시스템 분석 연구소(International Institute for Applied Systems and Analysis, IIASA)의 연구원이 된다. IIASA는 동서 화해의 상징으로 소련의 브레즈네프 서기장과 미국의 닉슨 대통령에 의해서 창설되었으며, 오스트리아 빈에서 약 10마일 떨어진 락센부르크의 마리아 테레사 성에 자리 잡고 있었다. 1979년에 아서는 IIASA에서 생물학과 DNA에 의한 발현 현상에 관심을 가지게 되었고, 특히 동료 물리학자들의 조언으로 1977년에 비평형 열역학으로 노벨상을 받은 일리야 프리고진(Ilya Prigogine, 1917-2003)의 글을 읽고 감명받았다. 프리고진은 감쇠를 하는 비평형 시스템에서 질서와 구조의 발현에 관한 대중적인 책들을 출판하였다. 아서는 물리학과 생명과학에서 영감을 얻어 "경제는 자체 조직화하는 시스템이다"라는 생각을 받아들였다. 어떤 경제 시스템은 자체 강화(self-reinforcement) 과정에 의해서 양의 되먹임(positive feedback) 현상을 보였다. 1980년대에 그는 주류 경제학에서 주장하는 '효용체감(diminishing returns)' 이론과는 반대로 '효용체가(increasing returns)' 이론을 주장하였다. 1982년 IIASA 세미나에서는 우연에 의한 '고착화(lock-in)' 현상을 주장하였으며, QWERTY 자판과 시계방향으로 도는 시계를 예로 들었다. 컴퓨터의 키보드는 사실

타이프 라이트 자판에서 발전한 것이다. 1873년 신문사를 경영하던 크리스토퍼 숄즈(Christoper Scholes)는 타이피스트가 타자를 빨리 치다 보면 타자기의 리본이 꼬여서 처음부터 다시 쳐야 하는 일이 빈번하게 발생한다는 사실을 알아차렸다. 이를 방지하기 위해 숄즈가 선택한 방법은 자판의 순서를 불편하게 바꾸는 것이었다. 그러면 타자 치는 속도는 느려지지만, 전체 작업 속도는 오히려 빨라질 수 있다. 그렇게 해서 만들어진 자판이 오늘날까지도 널리 쓰이는 QWERTY 자판이다. 시계방향으로 회전하는 시계 역시 고착화의 예라 할 수 있다. 중세 시대에는 반시계 방향으로 회전하는 시계도 있었지만, 어느 순간에 거의 모든 시계는 시계방향 회전으로 고착화하였다(Waldrop 2006).

1982년 레이건 행정부가 집권하면서 체재 경쟁이 가속하였고 미국은 IIASA에서 탈퇴했다. 레이건은 악의 제국과 교류를 금지하였다. 1983년 아서는 스탠퍼드대학교의 방문 교수로 미국으로 되돌아왔다. 이때 아서는 인구문제에 관한 연구로 상당한 명성을 얻고 있었다. 1983년에 아서는 스탠퍼드대학교의 최연소 석좌교수로 임용되면서 인구학과와 경제학과의 학장을 겸하게 된다. 효용체가에 대한 논문은 1983년에 IIASA 내부 논문으로 출간되었다. 아서는 자신의 효용체가에 대한 논문을 그 당시의 뛰어난 경제학 저널에 투고했지만, 매번 거부되었다. 미국경제학리뷰(American Economic Review), 경제학 저널(The Economic Journal) 등에서 '게재 불가' 판정을 받은 아서의 논문은 14번의 수정을 거친 끝에 마침내 1989년에 경제학 저널에 〈경쟁기술, 효용체가, 역사적 사건에 의한 고착화〉란 제목으로 효용체가에 대한 논문의 출판 허가를 받았다. 1980년대 초만 해도 아서의 효용체가와 고착화 개념은 경제학자들의 관심을 끌지 못했고, 심지어 냉소적인 반응을 받기 일쑤였다. 주류 경제학 이론에 반하는 새로운 이론을 좀처럼 받아들이지 않으려 했기 때문이다.

아서의 새로운 생각은 1987년 케네스 애로우가 SFI 워크숍에서 '양식 고착(mode-locking)'에 대해 발표해 달라고 요청하면서 새로운 전기를 맞이하게 된다. 카원의 요청으로 물리학 분야는 노벨 물리학상 수상자 필 앤더슨이, 경제학 분야는 노벨 경제학상 수상자 애로우가 워크숍에 참석할 학자들을 섭외하였다. 이 워크숍은 물리학자 진영과 경제학자 진영이 각 분야에서 자신들의 관심사를 발표하고 융합연구의 가능성을 탐색하도록 조직되었지만, 초반에는 마치 두 분야 간 전쟁이라도 하는 듯한 분위기를 풍겼다. 참석한 물리학자들은 노벨 물리학상 수상자 필 앤더슨, 노벨 물리학상 수상자이며 쿼크 이론을 정립한 메레이 겔만, 고체물리학 분야에서 준입자(quasi-particle)들의 협력적 상호작용을 연구한 데이빗 파인즈(David Pines), 혼돈이론을 정립하는 데 크게 공헌한 데이빗 루엘(David Ruelle), 인공생명을 주장한 존 홀랜드(John H. Holland) 등을 꼽을 수 있다. 애로우가 섭외한 경제학자들은 켄 애로우, 브라이언 아서, 씨티코프의 회장 존 리드(John Reed), 사적인 경제 집단의 합리적 경제정책 이론을 정립한 톰 사전트(Tome Sargent), 전 세계은행 총재이고 하버드대학교 명예교수인 홀리스 채너리(Holis Chenery), 미국 대통령 후보 두카키스(Michael Kukakis)의 선거운동 경제 보좌관이고 하버드대학교의 천재로 알려진 래리 서머즈(Larry Summers), 혼돈이론을 경제학에 적용한 선구자인 시카고 대학교의 호세 샤인크먼(Jose Scheinkman) 등이 참석하였다.

1987년 이후 산타페 연구소에 다양 분야의 학자들이 참여하면서 복잡계 연구의 폭이 확대되었다. 〈표 2.1〉에 대표적인 학자들을 요약하였다. 몇 명의 학자는 뒤에 다시 언급할 것이다.

지금까지 초창기 산타페 연구소에 참가했던 주요한 과학자들을 살펴보았다. 그들이 복잡계 연구의 방향을 안내해 주었으며 복잡계가 발전할 수 있는 기반을 마련하였다. 그러한 기틀을 마련하는 데 카원은 가장 적합한 코디네이터였다. 1991년 조오지 카원은 SFI 소장에서 물러났으며 카원이 소장으로 있는 동안에 산타페 연구소의 방향이 확립되었고 오늘날까지 그 기조가 유지되고 있다. 산타페 연구소는 그동안 산발적으로 연구하고 있던 복잡계 과학(Science of Complex Systems)에 대한 전 세계적인 관심을 불러일으켰으며 다양한 연구센터, 연구소들이 설립되는 계기를 마련하였다. 1990년대는 복잡계 과학이 꽃피우고 새로운 분야를 창출하는 시대가 되

표 2.1 산타페 연구소에 참여했던 다양한 분야의 학자

이름	분야	대표 연구 내용
브라이언 아서 (Brian Arthur)	경제학자	• 경제학에서 자체 강화(self-reenforcing) 동작 원리 주장 • 엘파롤바 게임(EL Parol Bar Game) 소개 • 효용 체가(increasing returns) 이론과 양식의 고착화(mode-locking) 현상 발견 • 복잡계 경제학(complexity economics) 촉발
스튜어트 코프먼 (Stuart Kauffman)	이론 생물학	• 불 네트워크(Boolean network)를 변형하여 유전자 불 네트워크에 대한 NK 모형 제안 • NK 모형은 N개의 개체로 이루어져 있으며, 각 개체는 K개의 유전적 특성(genetic trait)을 가짐 • NK 모형은 스스로 '임계상태(critical state)'에 도달하며, 유전자 조절 네트워크는 자기 조직화(self-organization)함 • 《질서의 기원(The origin of order)》 출간
존 홀랜드 (John H. Holland)	컴퓨터 과학자	• 경제 현상을 행동하는 많은 '인자'들의 그물망으로 봄 • 복잡 적응계는 여러 계층적 조직 단계를 구성하는 기초 단위로 구성됨 • 행위자들은 학습하고, 진화하며 적응함 • 복잡 적응계는 어떤 생태적 지위(ecological niche)를 차지함 • 산타페 연구소는 복잡계 연구의 방향을 '복잡 적응계'로 전환 • 생명체 진화과정을 '유전자 알고리즘(neural algorithm)'으로 컴퓨터 시뮬레이션 • 유전자 알고리즘은 돌연변이, 적응도(fitness), 교차(crossover) 현상이 일어남 • 게임이론 학자 로버트 액셀로드(Robert Axelrod)에 영향을 줌
페르박 (Per Bak)	통계 물리학	• 자기조직화 임계현상(Self-Organized Criticality)을 창시함 • 모래사태(sand pile avalanche) 패러다임 창안 • 진화 현상에 대한 박-스네펜 모형(Bak-Sneppen model) 소개

었다. 복잡계가 개척한 새로운 분야가 소위 '복잡계 네트워크(complex network)'와 '척도 없는 시스템(scale-free system)'이다. '경제물리학(Econophysics)'과 '사회 물리학(Social Physics)'은 통계물리학에서 발전한 또 다른 복잡계 분야이다. 사회 물리학과 경제물리학은 뒤에서 간단히 살펴볼 것이다. 1998년에 왓츠와 스크로가츠는 '좁은 세상망(small-world network)'을 재발견하였고, 1999년에 알버트와 바라바시는 인터넷 연결구

조와 같은 기술적 연결 시스템에서 '축척 없는 네트워크(scale-free network)'를 발견하였다. 축척 없는 네트워크에서 한 노드(node)에 연결된 연결선(link) 수의 연결선 분포(degree distribution)는 멱함수 법칙을 나타내었다. 무작위망, 좁은 세상망, 축척 없는 네트워크와 같은 구조를 갖는 네트워크를 '복잡계 네트워크(complex network)'라 한다. 복잡계 네트워크 역시 후에 자세히 다룰 것이다. 2000년대 이후에 복잡계 네트워크에 관한 연구는 복잡계 연구의 한 축을 형성하였다(강병남 2002).

우리나라에도 2006년에 '한국 복잡계학회(Korea Academy of Complexity Studies)'가 설립되어 꾸준히 학제 간 연구를 진행하고 있다. 필자는 2020~2021년에 한국 복잡계학회 회장을 역임하였다. 현재 한국 복잡계학회는 통계물리학, 경제학, 사회학, 정치학, 공학, 도시공학, 철학 등 다양한 주제를 전공한 학자들이 학제 간 연구를 하고 있다. 국내에서 복잡계 연구자들이 어떻게 성장하고 발전했는지 밝히는 것은 방대한 작업일 것이다. 여기서는 필자 주변에서 복잡계 연구가 어떻게 진행되었는지 살펴볼 것이다.

필자는 1987년에 서울 홍릉에 있는 한국과학기술원 물리학과에 입학하였다. 상계동 빈민가 출신의 가난한 대학생이었던 필자는 물리 연구를 계속하고 싶어서 한국과학기술원에 들어갔다. 당시 한국과학기술원은 학비와 기숙사비가 무료이고 식대까지 대주어서 아무 걱정 없이 공부와 연구에 집중할 수 있었다. 이런 조건에서 공부한 많은 과학기술자가 우리나라 곳곳으로 퍼져나가 과학기술 발전에 크게 이바지하였다. 한국과학기술원에서 받은 혜택을 국가의 발전에 헌신하는 것으로 보답한 셈이다. 필자가 KAIST 물리학과 석사에 들어갔을 때, 통계물리학을 전공한 교수님이 없었다. 우리나라 통계물리학의 대부이신 조순탁 교수님이 KAIST 물리학과에 근무했지만, 은퇴하시고 한양대학교 석좌교수로 물러나셨다. 당시 물리학과의 김종진 교수님이 이끌던 '강유전체 연구실'은 상전이에 관심을 가지고 연구하던 실험실이다. 전기를 통하지 않는 부도체 중에서 전기적 극성이 강한 물질이 강유전체이다. 우리가 마시는 물 역시 유전성 물질이다. 이 물질은 전기적 스위치나 반도체를 만드는 데 활용할 수 있다. 물질의 물리적 조건에 따라서 보통 유전체에서 강유전체로 전이하는 현상이 있는데, 이를 유전체-강유전체 상전이 또는 강유전체 상전이라 한다. 이 상전이는 나중에 얘기해 볼 자성 상전이인 상자성-강자성 상전이와 유사한 성질을 가지고 있다. 상전이가 일어나는 상전이 점(critical point) 근처에서 물질의 성질을 조사하다 보면 자기 닮음성(self-similarity)이라는 현상에 도달한다. 상전이 점 근처에서 강자성체 물질이 가지는 미세한 자석의 상태는 자석 위에 쇳가루를 뿌려 보면 알 수 있다. 쇳가루들은 자석이 만든 자기장 방향으로 정렬하기 때문이다. 상전이 점 근처에서 미세한 자석들의 배열 상태는 자기 닮음성이 있다. 자기 닮음성 구조를 맨눈으로 볼 때나, 돋보기로 볼 때나, 현미경으로 볼 때나 그 구조가 똑같이 보이는 것을 말한다. 과학자들은 상전이 점 근처의 자기 닮은 구조와 자연에서 쉽게 볼 수 있는 프랙털 구조 사이의 연관성에 관심을 가지게 되었다. 프랙털은 자기 닮음성을 가진 구조인데, 상전이가 일어나지 않는 곳에서도 쉽게 발견할 수 있다.

이런 맥락에서 강유전체 연구실의 연구자들은 자연스럽게 프랙털과 자기 닮음성과 혼돈 현상에 관심을 가지게 되었다. 혼돈 현상 역시 자기 닮음성을 나타낸다. 또한 1980년대에 흥미를 끌고 있던 이맞음-엇맞음 상전이(commensurate-incommensurate phase transition), 스미기 모형(percolation model), 분자 동력학(molecuar dynamics), 몬테카를로 시뮬레이션 등 통계물리학 이론 분야의 다양한 현상들이 이 연구실의 관심사였다. 필자는 산타페 연구소의 설립으로 복잡계가 널리 퍼지던 시점에 강유전체 연구실에서 복잡계 연구를 시작했다.

메이와 파이겐바움 등에 의해 촉발된 혼돈 현상에 관한 연구에 이어 1982년에 망델브로가 《자연의 프랙털 기하학(Fractal geometry of nature)》란 책을 출판하였다(Mandelbrot 1982). 필자는 이 책을 탐독하면서 프랙털 연구를 시작했다. 국내에서 이루어진 최초의 프랙털 관련 연구는 강유전체 연구실에서 발표한 '개스겟 프랙털에서 막 걷기' 연구와 '유한확산 응집체 프랙털(Diffusion-Limited Aggregation(DLA) fractal)'

에 대한 연구였다(Witten and Sander 1981). 이 연구를 처음 시작한 김기옥 박사는 컴퓨터 시뮬레이션을 이용하여 DLA 구조를 만들고 프랙털 차원(fractal dimension), 프랙톤 차원(fracton dimension) 등과 같은 프랙털 구조의 특징을 나타내는 차원들을 구했다(김기옥 1987). 1980년대의 컴퓨터는 지금의 핸드폰보다 못한 아주 저급한 컴퓨터였지만, 그러한 악조건 속에서 최대한의 능률을 끌어 올려서 첨단 연구를 수행하였다. 비슷한 시기에 카이스트 연구실에서 분자동역학을 이용한 물질의 물성 시뮬레이션 연구를 하였으며 전기 회로를 이용한 혼돈 현상 연구를 시작하였다. 1980년대 초에 혼돈으로 들어가는 다양한 길(route to chaos)이 이론적으로 알려져 있었는데 몇 가지는 실증되지 못하고 있었다. 뒤에서 얘기하겠지만 강유전체 연구실은 '제2형 간헐성 혼돈 루트(Type-II intermittant route to chaos)'를 세계 최초로 입증하였다. 한편 필자는 트랙털 위에서 막 걷기 문제를 연구 주제로 하여 연구를 시작하였다. 술을 먹고 필름이 끊어진 사람이 넓은 광장에서 마구잡이로 걸어갈 때의 운동을 막 걷기(random walk)라 한다. 이러한 막 걷기가 자기 닮음성이 있는 프랙털 위에서 일어난다면 어떻게 될까? 필자가 얻은 결론은 프랙털의 자기 닮음성 때문에 유클리드 공간의 막 걷기보다 더 느리게 걷게 된다는 것이었다. 프랙털이라는 구조가 확산을 더 늘리고 느리게 하는 정도는 프랙털 차원과 연관이 있음을 컴퓨터 시뮬레이션과 이론 계산으로 밝혔다(이재우 1992). 이는 당시 전 세계 통계물리학자들이 열띤 관심을 기울이던 주제이기도 했다.

필자가 박사학위를 시작할 무렵에는 경희대학교 물리학과에 프랙털과 스미기 모형을 연구한 교수님이 부임하셨고, 서울대학교에 부임하셨던 두 분의 교수님, 고려대학교의 통계물리학 교수님이 비평형 상전이, 자성 상전이, 스미기 모형, 프랙털 모형 등에 관한 연구를 진행하고 있었다. 1980년대 말부터는 우리나라 과학계에 학문적 분위기가 형성되기 시작했으며, 1990년대에는 외국에서 학위를 받은 우수한 연구자들이 속속 귀국하였다. 인하대, 숭실대, 세종대, 부산대, 부경대, 포항공대, 성균관대, 서울대, KAIST, 경희대, 한양대, 가톨릭대, 가천대, 명지대 등에 통계물리학 전공 교수들이 임용되면서 연구진이 확대되었고, 우리나라에서도 통계물리학 기반 복잡계 연구가 확산되었다. 2000년대에 스케일 프리 네트워크를 바라바시와 함께 발견한 정*웅 교수가 KAIST에 부임하면서 통계물리학, 사회학, 경제학, 정치학 등의 다양한 분야에서 복잡계 네트워크에 관한 연구가 시작하였다. 이러한 연구의 확산 속에서 다양한 분야의 복잡계 연구자들이 당시 삼성경제연구소의 윤*봉 소장의 지원으로 한국 복잡계 연구회를 조직하여 정기적으로 모임을 가졌으며, 이 모임에 경제학자, 사회학, 경영학, 정치학, 통계물리학 등 다양한 분야의 연구자들이 참여하였다. 한국 복잡계학회는 실로 융합의 산실이라 할 수 있다. 삼성경제연구소의 연구회는 후에 '한국 복잡계학회(Korean Academy of Complexity Studies)'의 설립으로 이어졌다.

앞서 이야기했듯 복잡계 연구자들은 물리학 이외의 분야에도 많이 있다. 특히 사회학 분야는 복잡계가 발전하던 초기부터 복잡계 연구에 많은 관심을 보였다. 그 외에도 다양한 분야의 연구자들이 우리나라 복잡계의 발전에 이바지하였지만, 필자의 한계로 모든 분을 열거할 수 없음이 안타까울 따름이다. 언젠가 한국 복잡계학회에서 분야별 복잡계 발전의 역사를 기록해주길 기대한다.

3장

복잡계 네트워크

인터넷, 소셜 네트워크와 같은 디지털 네트워크가 알려지기 전에 사회와 자연 분야에서 이미 다양한 네트워크가 발견되었다. 네트워크 연구는 통계물리학의 한 분야로 활발하게 연구되고 있다. 물론 물리 이외의 분야에서도 복잡계 네트워크는 매우 활발하게 연구되고 있다. 최근에는 네트워크 분석 방법을 이용하여 스타트업 회사를 세우는 사례도 종종 볼 수 있다. 네트워크는 우리 주변의 어디에나 있다. 사물이나 인간은 상호 관계를 맺지 않고는 존재할 수 없기 때문이다. 자연과학에서 상호작용은 연결을 의미한다. 사회적, 경제적 관계는 사람들 사이의 연결성을 주며, 생태계에서 생물들 사이의 관계 역시 네트워크를 형성한다. 우리는 한시도 핸드폰을 손에서 놓지 않는다. 그리고 그 핸드폰을 사용하여 관계를 맺는데, 그 관계는 수동적 관계일 수도 있고 능동적 관계일 수도 있다. 핸드폰으로 뉴스포털의 주요 뉴스를 보았다면 수동적인 연결이 형성된 것이고, 카톡으로 친구와 채팅을 주고받았다면 능동적인 연결망이 형성된 것이다. 인터넷이나 핸드폰을 이용한 연결은 직접 사람을 만나는 것이 아닌 간접적인 연결이지만, 학교나 직장에 출근하여 친구나 동료를 만나면 직접적인 연결이 형성된다. 과거에도 그래프, 격자망, 그물 등과 같은 네크워크가 활용되긴 했지만, 네트워크에 대한 관심이 이렇게 폭증한 것은 오늘날의 일이다. 디지털 환경의 발전에 따라 인간들 사이에 초연결이 형성되었기 때문이다. 네트워크를 알면, 아는 만큼 나에게 도움이 되는 시대가 열린 것이다.

네트워크는 점과 선이 연결된 구조를 의미한다. 고체물리학에서 잘 알려진 사각 격자, 입방체구조, 그래핀 등의 격자 구조도 네트워크 구조의 일종이다. 과거에는 규칙적인 네트워크를 연구했다면, 요즘은 그보다 더 얽힌 네트워크 연구가 늘어나는 추세이다. 복잡계 네트워크(complex network) 연구는 무작위망(random network), 좁은 세상망(small-world network), 스케일 프리망(scale-free network), 다층 연결망, 신경세포망 등 규칙성이 없는 다양한 망의 구조, 망의 구조가 시스템에 미치는 영향, 망의 구조와 동력학적 상호작용이 서로 얽힌 문제 등을 통계 물리학적 방법과 복잡계 과학을 이용하여 연구하는 분야이다(Newman 2023). 오늘날 복잡계 네트워크 연구가 폭발적으로 늘어난 이유는 네트워크를 표현할 수 있는 데이터가 늘어났으며 그러한 데이터를 처리해서 네트워크로 구현할 수 있는 컴퓨팅 능력이 대폭 향상되었기 때문이다. 즉, 컴퓨터와 인터넷의 발전이 네트워크 연구의 기반이 된 것이다.

3.1 네트워크의 기초

우리 주변에서 다양한 네트워크를 볼 수 있다. 〈그림 3.1 (a)〉는 가로 19칸, 세로 19칸의 격자 선이 그려진 바둑판을 나타냈으며, 〈그림 3.1 (b)〉는 그래핀의 연결구조를 나타냈다. 〈그림 3.1〉에서 선이 교차하는 점이 노드(node) 또는 꼭짓점(vertex)이다. 모서리를 지나는 선을 제외하고 바둑판의 내부에 있는 점들은 네 개의 이웃한 꼭짓점과 연결되어 있다. 한 꼭짓점과 이웃한 꼭짓점 사이를 연결한 선을 연결선(link)이라고 한다. 그래핀에서 꼭짓점에 탄소 원자가 놓여 있다(이재우 2022). 네트워크 과학에서 점과 선의 이름은 학자들마다 다르게 부른다. 물리학자들에게 점은 노드 또는 꼭짓점이고, 선은 링크 또는 연결선이다. 수학자들에게 네트워크는 그래프(graph)이며 점은 정점 또는 버텍스(vertex), 선은 엣지(edge)이다. 이 책에서 점은 꼭

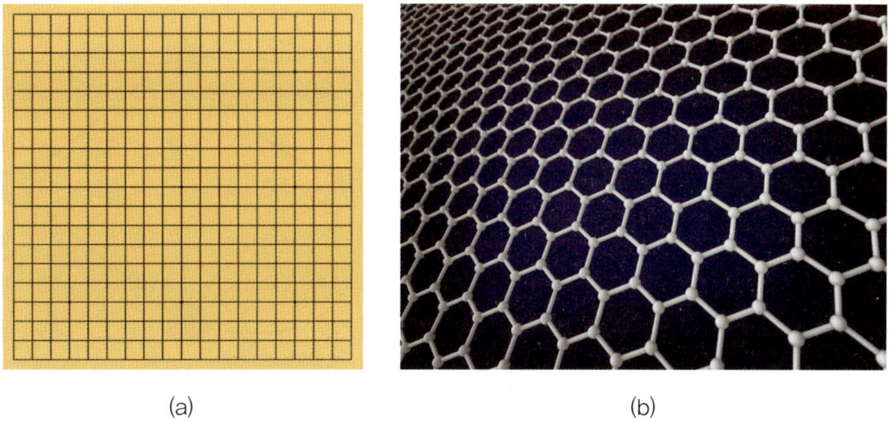

그림 3.1 규칙적인 구조를 가진 정규격자. (a) 바둑판은 대표적인 이차원의 사각격자이다. (b) 탄소 원자들이 연결된 그래핀 구조.

짓점, 선은 연결선이라 부르고, 영어로는 노드(node)와 링크(link)로 나타낼 것이다. 복잡계 과학자들은 네트워크 용어로 노드, 링크, 네트워크를 선호하지만, 수학자들은 정점, 엣지, 그래프라는 용어를 선호한다.

네트워크나 그래프를 꼭짓점과 연결선으로 나타낼 수 있음을 처음 인식한 사람은 수학자 레온하르트 오일러(Leonhard Euler, 1707-1783, 독일의 수학자, 물리학자)이다. 그가 이 문제를 생각하기 시작한 건 1735년 프로이센의 수도 단지히[Danzig, 현재 폴란드의 그다인스크(Gdansk)]의 시장이자 친구인 칼 고틀립 엘러(Carl Leonhard Gottlieb Ehler)의 편지를 받고 나서이다. 동프로이센의 수도였던 쾨니히스베르크(Konigsberg, 현재 러시아의 칼리닌그라드Kaliningrad)에는 〈그림 3.2〉와 같이 프레겔강이 두 개의 큰 섬을 감싸고 흐른다. 당시에 프레겔강에는 7개의 다리가 놓여 있었는데, 시민들은 7개의 다리를 한 번씩만 건너면서 이 아름다운 도시를 산책하고 싶었다. 그래서 엘러는 오일러에게 편지를 보내 쾨니히스베르크의 7개 다리 문제에 대한 해를 구해 달라고 요청했다(Hopkins and Wilson 2004).

오일러는 쾨니히스베르크의 7개 다리 문제가 쉽게 풀리지 않는 문제임을 알아차

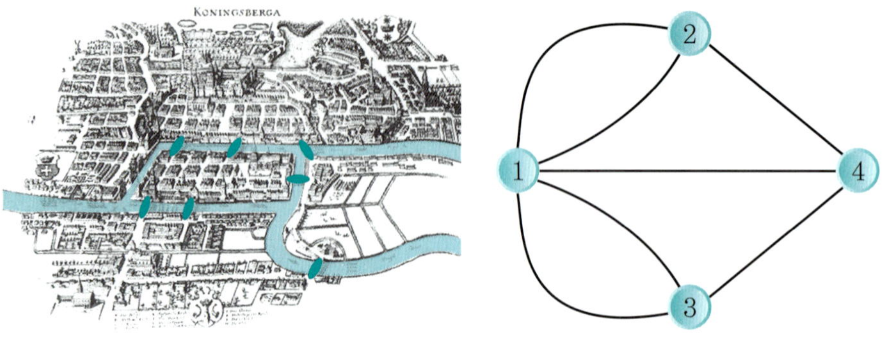

(a) (b)

그림 3.2 세일즈맨 문제(salesman's problem)가 태동한 동프로이센의 수도였던 쾨니히스베르크의 다리 문제. (a) 쾨니히스베르크를 지나가는 강에는 7개의 다리가 놓여 있었다. (b) 세일즈맨이 다리를 한 번만 건너면서 각 지역을 방문할 수 있을까?

렸으며, 1736년에 쾨니히스베르크의 7개 다리를 한 번씩만 건너면서 모두 건너기란 불가능하다는 사실을 증명하였다. 이 쾨니히스베르크 다리 문제는 오늘날 세일즈맨의 문제(salesman's problem)로 널리 알려져 있다. "한 세일즈맨이 다리를 한 번만 건너면서 각 지역을 방문할 수 있을까?"라는 문제이다. 더 친숙한 예로는 그래프의 한붓그리기 문제가 있다(The Science Times 2017).

오일러는 쾨니히스베르크의 지형과 다리의 연결을 〈그림 3.2 (b)〉와 같이 점과 선으로 추상화하여 수학이나 물리학에서 익숙한 그래프(graph)로 바꾸었다(Paoletti 2011). 이렇게 수학에서 최초로 그래프이론과 위상수학(topology)이라는 분야가 탄생했다. 오일러가 구한 답은 다음과 같다. 1) 그래프의 연결선의 수가 홀수인 꼭짓점이 짝수이면 한붓그리기가 가능하다. 2) 꼭짓점의 연결선이 모두 짝수이면 한붓그리기가 가능하다. 또는 꼭짓점의 연결선의 수가 홀수인 꼭짓점이 0이거나 단지 2개이면 한붓그리기가 가능하다. 즉, 연결선이 짝수인 꼭짓점으로 그려진 그래프는 어디에서 출발해도 제자리로 돌아오는 한붓그리기가 가능하다. 반면 연결선의 수가 홀수인 그래프는 한 홀수 꼭짓점에서 출발하여 다른 홀수 꼭짓점에서 끝나는 한붓그리기가 가능하다. 쾨니히스베르크의 7개 다리 문제에서 꼭짓점 4개는 모두 홀수의 연결선을 가지므로 한붓그리기가 불가능하다. 오일러의 이 정리는 1742년에 출판되었다.

• 연결행렬

오일러의 그래프 또는 네트워크를 수학적으로 표현하면 행렬로 나타낼 수 있다. 〈표 3.1〉은 〈그림 3.2〉의 각 지역에 번호를 붙이고 네트워크에서 점으로 표현했으며, 연결선을 숫자로 표현했다. 첫 번째 가로 열과 첫 번째 세로 열에는 노드의 번호를 써놓았다. 엑셀을 사용해 본 사람은 이런 구조의 표를 자주 보았을 것이다. 만약 두 노드 i와 j 사이에 연결선이 있으면 표에 $a_{ij}=1$이라고 써 놓았다. 한편 두 노드 i와 j 사이에 연결선이 없으면 $a_{ij}=0$으로 놓았다. 따라서 〈표 3.1〉은 대각선을 기준으로 대칭적이다. 대각선의 a_{ii}는 자기 자신을 나타내기 때문에 $a_{ii}=0$으로 표현하였다.

이런 표는 사실 수학의 행렬(matrix)이다. 네트워크를 표현하는 행렬을 A라고 하면, 쾨니히스베르크 다리 연결망의 행렬은 다음과 같다. 이 행렬은 대각선을 기준으로 대칭이므로 대칭행렬이다.

$$\begin{bmatrix} 0\,1\,1\,1 \\ 1\,0\,0\,1 \\ 1\,0\,0\,1 \\ 1\,1\,1\,0 \end{bmatrix}$$

표 3.1 행렬로 나타낸 쾨니히스베르크 다리 문제

노드	1	2	3	4	연결선 수
1	0	1	1	1	3
2	1	0	0	1	2
3	1	0	0	1	1
4	1	1	1	0	3

네트워크를 표현한 행렬을 인접행렬(adjacent matrix)이라 부르는데, 사실 연결행렬(connection matrix)이라 부르는 것이 더 적합하다. 앞으로 네트워크를 나타내는 행렬을 연결행렬이라 부를 것이다. 연결행렬 A의 행렬요소는 두 노드가 연결되어 있으면 a_{ij}=1이고, 연결이 없으면 a_{ij}=0이다(Newman 2022).

네트워크에서 한 꼭짓점의 연결선 수(degree)를 k라고 표시하자. 연결선 수를 도수 또는 차수라고 부르기도 한다. 노드 i의 연결선 수는 연결행렬에서 $k_i = \sum_j a_{ij}$로 계산할 수 있다. 즉, 연결행렬의 가로 방향의 행렬요소를 다 더하면 그 값이 바로 연결선 수이다. 바둑판 내부의 각 꼭짓점의 연결선 수는 k=4이다. 바둑판 모서리의 네 꼭짓점은 k=2이고 모서리의 네 꼭짓점을 제외한 변의 점들의 연결선 수는 k=3이다. 〈그림 3.1 (b)〉는 탄소원자들이 육각형의 벌집 모양으로 연결되어 2차원 평면 위에서 형성된 탄소원자 연결망을 나타내며 이러한 구조를 그래핀(graphene)이라 한다. 그래핀 구조는 이차원 평면에서 끝이 보이지 않게 넓게 펼쳐져 있다. 그래핀 구조에서 탄소원자가 꼭짓점이고 각 탄소원자는 세 개의 이웃한 탄소와 연결되어 있다. 따라서 각 꼭짓점의 연결선 수는 k=3이다.

네트워크에서 꼭짓점의 연결선 수 분포함수 $P(k)$를 생각할 수 있다. 연결선 분포는 전체 꼭짓점 중에서 연결선 수가 k인 꼭짓점의 비율이다. 그래핀은 모두 꼭짓점의 연결선 수가 같기 때문에 $P(k)=\delta(k-3)$이다. 여기서 δ는 크로네터 델타함수(Kroneckar delta function)이다. 이 함수를 잘 모르면 구글링해 보자. 바둑판이나 그래핀 구조를 격자(lattice)라 하는데, 우리 주변에서 보는 많은 물질이 격자 구조를 하고 있다. 실제 물질은 원자나 분자가 삼차원에서 어떤 배열 구조를 하고 있다. 소금의 화학식은 $NaCl$이고 정육면체 구조의 각 꼭짓점에 Na^+ 원자와 Cl^- 원자가 번갈아 위치하면서 결합하고 있다. 과포화 상태의 소금물에 실을 담가두면 실에 소금 결정(crystal)이 형성되는 것을 볼 수 있다. 소금 결정은 소금 분자가 삼차원의 정육면체 구조를 형성한 것이다.

연결선이 격자나 결정처럼 규칙적으로 형성되려면 우선 특별한 조건을 만족해야 한다. 물론 바둑판처럼 그림으로 그린 연결구조나 옷감의 직물처럼 실이 연결되어 형성된 구조도 흔히 볼 수 있다. 이제 규칙성이 없는 네트워크를 생각해 보자. 〈그림 3.3 (a)〉는 종이 위에 그린 꼭짓점과 연결선을 나타낸다. 네트워크의 구조는 규칙적이지 않고 불규칙하게 연결되어 있으며 연결선 수가 다른 네 가지 형식의 꼭짓점이 존재한다. 총 8개의 꼭짓점 중에서 연결선 수 k=1인 A형의 꼭짓점은 2개이기 때문에 연결선 분포함수(degree distribution function) $P(k=1)=2/8=1/4$이다. 연결선 수 k=2인 B형 꼭짓점의 수는 3개이므로 $P(k=2)=3/8$이다. 연결선 수 k=3인 C형 꼭짓점은 2개이므로 $P(k=3)=2/8=1/4$이다. 연결선 수 k=4인 D형 꼭짓점은 1개이므로 $P(k=4)=1/8$이다. 이렇게 네트워크에 대한 연결선 분포를 구할 수 있다. 〈그림 3.3 (b)〉는 연결선의 빈도수를 막대그래프로 나타낸 것이다. 이 네트워크는 꼭짓점의 수가 8개로 아주 작은 네트워크이므로 연결선 분포함수가 특정한 함수 꼴을 따르지 않는다. 앞으로 살펴볼 다양한 네트워크는 아주 독특한 연결선 분포를 나타낸다.

네트워크의 연결선 분포를 살펴보면 어느 정도 네트워크의 구조적 특징을 알 수 있다. 앞으로 소개할 무작위망, 좁은 세상망, 스케일 프리 망의 연결선 분포함수는

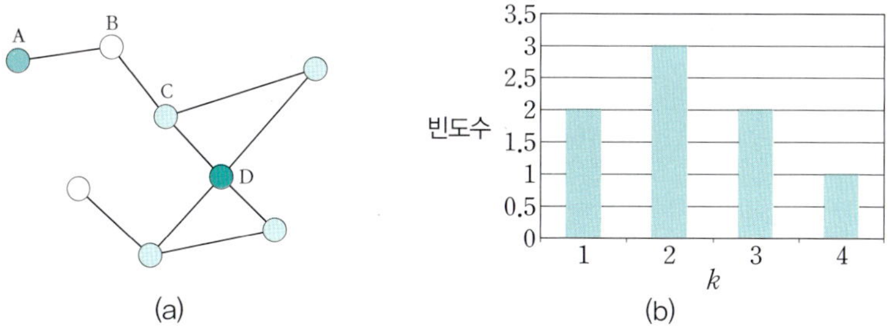

그림 3.3 네트워크의 예와 연결선 분포함수. (a) 8개의 노드와 9개의 연결선으로 연결된 네트워크. (b) 이 네트워크의 빈도수. 연결선수 분포는 빈도수를 총꼭짓점의 수로 나눈다.

서로 다른 특징을 보인다. 초연결 시대에서 흔히 볼 수 있는 사회관계망(social network)은 꼭짓점이 사람이다. 두 사람이 카톡이나 SNS로 서로 친구 관계에 있으면 두 사람은 연결되어 있다고 할 수 있다. 한 사람은 여러 명의 친구를 가질 수 있으므로 사회관계망은 연결선이 상당히 많은 네트워크이고 자발적으로 형성된 네트워크이다.

3.2 무작위 네트워크

폴 에르되시(Paul Erdos, 1913-1996)는 헝가리 출신의 수학자로서 20세기의 유명한 수학자 중 한 명이다. 대부분의 수학자들이 홀로 연구하는 것과는 달리 에르되시는 많은 학자와 공동 연구한 것으로 유명하다. 그는 500명 이상의 과학자들과 공동으로 1,500편 이상의 논문을 발표하였다. 보통 수학자들은 2년에 1편 정도의 수학 논문을 발표하는 것이 보통인데 말이다. 에르되시와 함께 여러 논문을 같이 출판한 알프레드 레니(Alfred Renyi)는 에르되시가 논문 쓰는 것을 일컬어 “커피 마시다가 정리(theorem)를 발견하는 수학 기계와 같다”라고 말했다. 여기서 잠깐 네트워크 과학에서 에르되시 수(Erdos number, EN)라는 재미있는 수를 소개하겠다. 에르되시와 논문을 같이 출판하였다면 외르되시 수는 EN=1이다. 에르되시와 함께 논문을 쓰지 않았지만 에르되시 수 EN=1인 학자들과 논문을 같이 쓴 사람의 에르되시 수는 EN=2이다. 〈그림 3.4〉는 에르되시 수를 나타낸 예이다. 필자의 에르되시 수는 EN=5이다. 에르되시는 이미 사망하였기에, 필자는 그와 논문을 쓸 기회가 없었다. 그런데 에르되시-판 충-알렉산드로 베스피그나니(통계물리학자)-바라바시(통계물리학자)-이덕선(통계물리학자)-이재우(통계물리학자)로 연결되므로 필자의 에르되시 수는 5이다. 에르되시 수는 사회관계에서 사람들 사이의 연결을 나타내는 한 예이다.

20세기 들어서 네트워크 연구를 촉진한 사건은 1959년에 에르되시(Paul Erdos)와

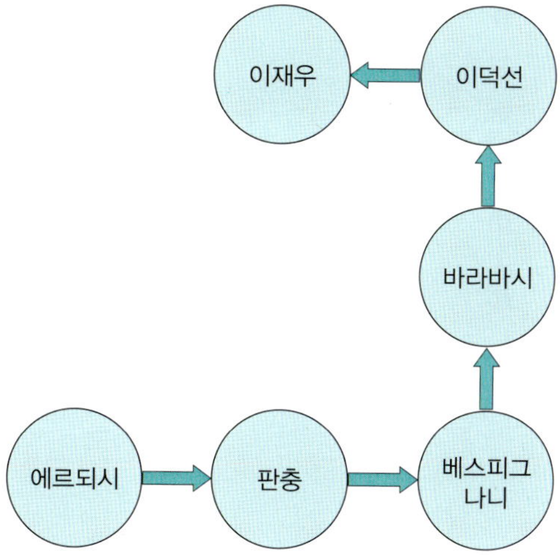

그림 3.4 에르되시 수의 예. 이재우 교수의 에르되시 수는 EN=5이다.

레니(Alfredo Renyi)가 발표한 〈무작위 그래프에 관하여(On random graphs)〉라는 제목의 논문이었다. 이 논문은 무작위 네트워크(random network) 또는 무작위망이라고 하는 에르되시-레니 네트워크(Erdos-Renyi network)를 소개했다(Erods and Renyi 1959). 어떤 네트워크가 n개의 노드(node)와 l개의 연결선(link)으로 구성되어 있다면 네트워크를 $G(n,l)$로 표현한다. 확률 p를 두 꼭짓점을 연결할 확률이라 하자. 꼭짓점 n인 네트워크에서 모든 꼭짓점을 서로 연결할 수 있는 가짓수는 $n(n-1)/2$이다. 꼭짓점 하나를 선택할 가짓수는 n이고 나머지 $(n-1)$의 꼭짓점과 연결할 수 있기 때문에 $n(n-1)$개의 연결선을 그을 수 있다. 하지만 두 꼭짓점을 선택할 때 순서를 바꾸어도 연결선은 하나이기에 중복되게 그은 연결선을 보정하기 위해서 2로 나누어야 한다. 네트워크의 연결선이 l이면 두 꼭짓점을 연결할 확률은 $p=2l/n(n-1)$이다. 모든 가능한 연결선을 스캔해 나가면서 균일한 난수 $r(0 \le r < 1)$을 발생시켜서 $r \le p$이면 두 연결선을 연결하고, 그렇지 않으면 연결선이 없다. 이렇게 생성된 네트워크가 무작위망이다. 생성된 무작위망은 연결이 확률적으로 결정되기 때문에 총연결선의 수가 생성한 앙상블에 따라서 달라진다. 이렇게 무작위로 난수를 발생시켜서 판단하

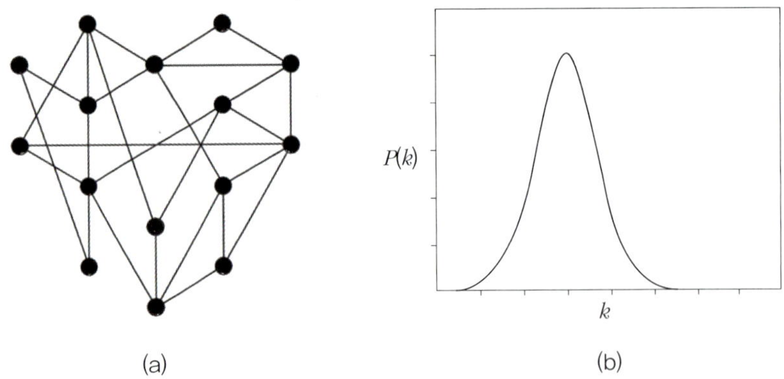

그림 3.5 (a) 컴퓨터 시뮬레이션으로 생성한 무작위망. (b) 연결선 분포함수. 연결선 분포함수는 종 모양으로 분포한다.

는 것은 몬테카를로 방법의 일종이며, 단순 몬테카를로 방법이라 한다. 〈그림 3.5〉는 컴퓨터로 구현한 무작위망의 예를 나타낸 것이다. 우리 주변에서 무작위망은 흔히 볼 수 있다. 여러분이 찾은 무작위망에는 어떤 것이 있는가? 무작위망의 연결선 분포는 푸아송 분포(Poisson distribution function)를 따른다. 〈그림 3.5 (b)〉에 종을 뒤집어 놓은 것 같은 푸아송 분포를 나타내었다. 꼭짓점의 수가 많아지면 푸아송 분포는 정규분포에 가까워진다. 무작위망은 평균적인 연결선 수를 가지는 노드가 대다수이다. 연결선 수가 적거나 너무 큰 것들은 드물게 나타난다.

네트워크의 구조를 파악하는 다양한 양들이 있는데 가장 먼저 생각해 볼 수 있는 양이 네트워크의 성김도(sparsity)이다. 어떤 네트워크는 연결선이 적어서 아주 성기지만 어떤 네트워크는 연결선이 많아서 조밀한 것을 볼 수 있다. 네트워크에서 총노드의 수가 n이고 노드들이 모두 연결된 완전 연결 네트워크(fully-connected network)의 연결선의 총수는 $l_{max}=n(n-1)/2$이다. 노드들이 전혀 연결되어 있지 않다면 총연결선 수는 $l_{min}=0$이다. 일반적인 네트워크의 총연결선 수는 이 두 극한값 사이에 놓일 것이다. 어떤 네트워크의 총연결선수가 l일 때, 네트워크의 조밀도(link density) d는 $d=l/l_{max}$으로 정의한다. 따라서 조밀도는 $0 \le d \le 1$이다. 조밀도가 $d=1$이면 모든 노드들이 서로 연결된 완전 연결 네트워크이고 $d=0$이면 모든 노드 사이에 연결선이 없다.

네트워크의 평균 연결선 수(average degree) $\langle k \rangle$는 $k=l/n$으로 구할 수 있다. 네트워크의 각 노드에 번호를 부여하면 각 노드는 $i=1,2,\cdots,n$이라 할 수 있다. 앞에서 각 노드의 연결선 수를 그 노드와 연결된 이웃의 수라고 정의했으므로 각 노드의 연결선 수는 k_i="노드 i에 연결된 이웃 노드의 수"이다. 노드의 연결선 수를 더하면 $\sum_i k_i = 2l$이다. 여기서 2가 곱해진 이유는 한 연결선에 두 개의 노드가 연결되어 있고 더하기를 할 때 각각 더해지므로 $\sum_i k_i$는 총연결선 수의 2배이다. 따라서 평균 연결선 수는 각 노드들이 평균적으로 가지는 연결선의 수이다. 네트워크가 조밀하면 평균 연결선 수가 클 것이고, 반대로 네트워크가 성기면 평균 연결선 수는 작은 값을 가질 것이다.

3.3 좁은 세상망

여러분은 세상이 좁다는 말을 들어보았을 것이다. 사람들은 나이가 들면서 다양한 인간관계를 형성한다. 어렸을 때는 동네 친구, 학교나 학원에서 만난 친구들이 주를 이루지만 대학교를 들어오면서 다양한 관계가 형성되기 시작한다. 자신이 소속한 학과의 친구들뿐만 아니라 동아리 활동에서 만난 친구, 종교 활동에서 만난 친구, 다양한 봉사활동에서 만난 친구에 교수, 조교, 대학원생들과도 알게 된다. 사회에 나가면 인적 네트워크가 더욱 중요해지며, 지연이나 학연이 암암리에 모종의 역할을 하는 것을 볼 수 있다.

좁은 세상망(small-world network)은 1967년에 사회학자 스탠리 밀그램(Stanley Milgram, 1933-1984)이 설계한 실험에서 최초로 알려졌다(Milgram 1967). 밀그램은 미국

네브라스카주와 켄터키주의 주민 약 296명을 무작위로 선택한 후에 특별히 만든 우편물 꾸러미를 주민들에게 주었다. 우편물 꾸러미는 네브라스카와 켄터키 주민이 전혀 알 수 없는 사람의 이름이 적혀 있었다. 하지만 주소가 적혀 있지 않았는데, 우편물 꾸러미를 받은 사람은 수취인을 알고 있을 만한 친구들에게 꾸러미를 보내도록 하였다. 보낼 때는 꾸러미에 자신의 이름과 주소를 적도록 하였다. 우편물을 받은 사람은 다시 자신이 아는 사람에게 꾸러미를 계속해서 배달했다. 수취인의 정체는 보스턴 근교에 사는 증권 중개업자였는데, 실제로 그에게 무사히 배달된 우편물은 64개였다. 이렇게 많은 우편물이 도착하다니, 놀랍지 않은가? 이어서 밀그램은 각 우편물이 몇 사람을 거치면서 수취인에게 전달되었는지 조사했다. 5번 만에 전달에 성공한 사람이 있는가 하면 17번 만에 전달한 사람도 있었다. 전달된 수의 평균을 구해 보자 평균적으로 5.2단계 내로 목적지에 배달되었다. 소수점 이하의 사람은 없으니 밀그램은 우편물이 평균적으로 6단계 만에 전달되었다고 결론 내렸다. 전혀 모르는 두 사람이 겨우 6단계만 거치면 서로 알게 된다는 뜻이다. 이를 밀그램의 6단계의 분리(six degree of separation)라고 한다(Watts 2002). 사람들 사이의 사회 연결망이 얼마나 좁은지 실감이 날 것이다. 그야말로 세상은 진짜 좁다. 한국에서 비슷한 실험을 하면 어떨까? 페이스북보다 먼저 만들어졌지만 이제는 잊힌 사회관계망 서비스 중에 '싸이월드(cyworld)'가 있다. 연세대학교 김용학 교수 연구팀은 싸이월드의 일촌 연결망을 분석하였다. 밀그램의 우편물 실험과는 다르지만 이 또한 사람들 사이의 연결을 알 수 있는 방법이다. 김용학 교수팀의 분석에 의하면 싸이월드 일촌 연결망은 평균 4.3단계였다. 한국은 미국보다 좀 더 좁은 세상을 형성하고 있다(김용학 2006). 한국의 인구는 미국보다 적으니 좀 더 좁은 세상망을 형성한다. 밀그램의 실험은 잊혀 있다가 뜻하지 않은 과학자들에 의해 새로운 조명을 받게 된다.

1998년에 수학자이면 이론물리학자인 왓츠와 스트로가츠(Watts and Strogatz, 1998)는 전력망, 예쁜 꼬마선충(C-Elegans)의 신경망, 영화배우의 연결망이 좁은 세상망의 성질을 가지고 있음을 발견하였다. 왓츠와 스트로가츠의 좁은 세상망(small-world network)은 복잡계 네트워크 연구의 문을 활짝 연 논문이라 할 수 있다. 이 논문이 발표되고 이듬해인 1999년에 바라바시와 알버트가 스케일 프리 네트워크(scale-free network)를 발견하여 복잡계 네트워크 연구는 급속히 확대되었다. 좁은 세상망과 스케일 프리 네트워크의 발견은 복잡계 네트워크의 연구 분야의 창발 현상이라 할 수 있다(Menczer et al 2022; Albert and Barabasi 2002).

왓츠와 스트로가츠는 〈그림 3.6〉과 같이 링 모양의 정규격자(regular lattice)에서 연결된 두 꼭짓점의 연결선을 끊은 다음 한 꼭짓점에서 다른 꼭짓점으로 p의 확률로 연결하여 지름길(short cut)을 형성하는 네트워크 모형을 제안하였다(Watts and Strogatz 1998). 링 구조의 연결선을 끊고 다른 노드에 연결할 확률 p를 지름길 확률이라 하자. 이 네트워크는 어떤 p 영역에서 좁은 세상망의 특징을 나타내었다. 즉, 좁은 세상망은 지름길의 형성이 결정적인 요소임을 발견하였다. 이 모형에서 지름길을 형성할 확률 p의 값에 따라서 네트워크의 구조가 크게 변한다. 〈그림 3.6〉에서 $p=0$이면, 아무런 지름길이 형성되지 않는다. 〈그림 3.6〉의 맨 왼쪽 그림은 노드가 규칙적으로 연결된 1차원 정규격자이다. 한 노드는 바로 이웃한 노드와 두 번째 가까운 노드까지 연결되어 있어 한 노드에 연결된 이웃은 총 4개이다. 지름길 확률을 0보다 크게 해보자. 〈그림 3.6〉의 맨 왼쪽 정규격자에서 한 꼭짓점을 기준으로 연결선을 끊고, 확률 p로 다른 이웃을 멋대로 선택하여 연결한다. 〈그림 3.6〉의 가운데 그림은 $p=0.1$일 때 생성한 네트워크이다. 이 네트워크에서 기존의 연결을 끊고 새로 연결한 연결선은 멀리 떨어져 있던 노드에 연결될 수 있다. 네트워크에서 멀리 떨어져 있던 꼭짓점 사이에 지름길이 형성되어 꼭짓점들은 서로 더 가까워진다.

지름길 확률 p를 1에 가깝게 크게 하면 네트워크의 구조는 무작위한 연결 네트워크인 무작위망(random network)이 된다. 〈그림 3.6〉의 맨 오른쪽 네트워크는 정규격자 네트워크의 모든 연결선을 끊은 다음 무작위로 다른 이웃을 선택한 네트워크다. 네트워크는 마치 두 노드를 임의로 선택하여 연결선을 부여하는 것과 같다.

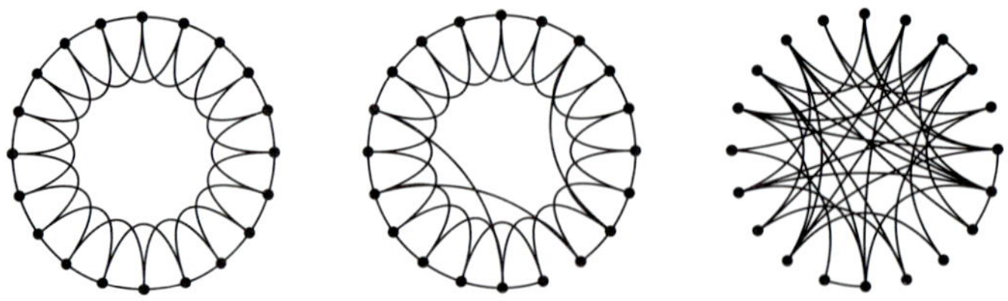

그림 3.6 정규 격자 구조에서 연결선을 끊고 다른 꼭짓점에 새로 연결할 확률을 증가시키면 좁은 세상망을 얻고, 모든 연결선을 모두 끊은 다음 다른 꼭짓점과 멋대로 연결하면 무작위 네트워크를 얻는다. $0.1 \leq p \leq 0.3$일 때 좁은 세상망 성질이 커진다. 여기서 p는 지름길 확률이다.

〈그림 3.6〉의 네트워크에서 총연결선의 개수는 모두 똑같다. 지름길 확률을 증가시키면 연결선의 무작위성이 커지지만 $0.1 \leq p \leq 0.3$인 영역에서 좁은 세상망 특징이 나타난다.

[질문] 일상생활에서 좁은 세상망 구조를 가지는 예를 생각해 보자.

두 꼭짓점 사이의 평균거리(average distance)와 결집계수(clustering coefficient)를 측정하면 네트워크가 좁은 세상망인지 아닌지 알 수 있다. 무작위망, 좁은 세상망, 스케일 프리 네트워크 등과 같은 복잡계 네트워크는 한 노드에서 출발해 연결선을 따라 다른 노드를 거치면서 목표 노드에 도달하기까지 거치는 거리가 매우 짧은 좁은 세상 성질을 가지고 있다. 네트워크에서 임의의 두 노드 사이의 거리는 어떻게 나타낼까? 〈그림 3.7〉은 총노드 수 n=9이고, 총연결선 수 l=10인 작은 크기의 네트워크이다. 네트워크의 각 노드에 번호를 붙여 놓았다. 이제 임의의 출발 노드(starting node)에서 목표 노드(target node)까지 도달할 수 있는 최단경로(shortest path)를 생각해 보자. 예를 들어 출발 노드 i=1로부터 연결선을 따라서 목표 노드 j=9까지 도달하

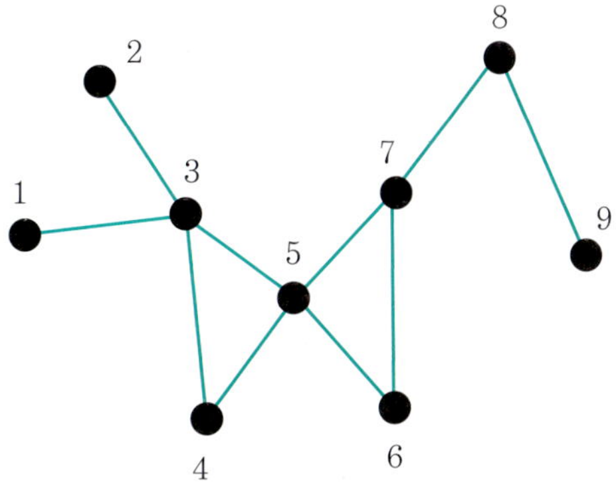

그림 3.7 노드에 번호를 붙여서 나타낸 네트워크. 네트워크의 평균 거리와 결집계수는 좁은 세상망의 특징을 파악할 수 있는 양이다.

는 경우를 생각해 보자. 〈그림 3.7〉의 노드가 친구 네트워크이면 자신이 알고 있는 친구에게 물어볼 것이다. 두 노드 i와 j 사이의 최단경로길이(shortest path length)를 l_{ij}이라 하자. 출발 노드 i=1와 목표 노드 j=9 사이의 최단 경로길이는 l_{19}=5이다. 노드 1에서 출발하여 목표 노드 9에 도달하는 최단 경로는 1 → 3 → 5 → 7 → 8 → 9이므로 연결선을 5번 거쳐 간다. 이제 모든 가능한 노드 두 쌍을 선택하여 최단 경로길이를 구한 다음 그 평균값을 네트워크의 평균 경로길이(average path length) $\langle l \rangle$이라 하자. 복잡계 네트워크는 평균 경로길이가 매우 짧다. 평균 경로길이의 대충 크기는 $\langle l \rangle \sim \ln(n)$ 정도이다. 〈그림 3.1〉의 바둑판 구조나 〈그림 3.6〉의 링과 같은 정규격자에서 평균 경로 길이는 $\langle l \rangle \sim n$이다. 한편 임의의 두 노드 사이의 최단 경로길이 중에서 가장 긴 길이를 l_{max}이라 하자. 이 최대 경로길이는 네트워크 지름(network diameter)이라고 할 수 있다.

〈그림 3.7〉의 네트워크는 2차원 평면 위에 그렸지만, 물리적인 네트워크의 실제 길이는 추상적이다. 만약 네트워크가 친구 관계 네트워크라면 물리적 거리는 의미가 없다. 그림에서 중요한 건 서로 알고 지내는가 하는 것이기에 각각 인천과 광주에 떨어져 살더라도 연결선으로 연결할 수 있다. 그러나 지도 위에 그린 철도

역과 철도역의 연결은 실제 물리적 거리가 반영된 네트워크이다. 이렇게 물리적 거리가 반영되는 경우도 있지만, 대부분은 물리적 거리를 무시한 추상적인 연결만 고려한다.

네트워크가 좁은 세상의 특징을 가지려면 평균 거리와 네트워크 지름이 작아야 한다. 그런데 이 성질만으로는 무작위망과 좁은 세상망이 구분되지 않는다. 그래서 생각해 낸 측정 변수가 결집계수(clustering coefficient)이다. 친구 관계 네트워크에서 내 친구를 모두 생각해 보자. 그런데 내 친구들을 서로 친구인 경우가 많다. 〈그림 3.7〉에서 5번 노드의 친구는 3, 4, 6, 7이다. 그런데 3과 4는 서로 친구이고, 6과 7 역시 서로 친구이다. 이렇게 동시에 친구이면 5를 중심으로 삼각형이 그려진다. 서로 친구인 3, 4, 5는 삼각형을 만들고 5, 6, 7은 삼각형을 만든다. 노드 5의 친구 4명이 만들 수 있는 총삼각형의 가짓수는 $k_5(k_5-1)/2=4\times3/2=6$개이다. 노드 5의 결집계수는 총 6개의 가능한 가짓수에서 2개만 구현되어 있으므로 $C_5=2/6=1/3$이다. 한 노드에 연결된 모든 이웃이 모두 서로 연결되어 있으면 똘똘 뭉쳐있으므로 결집계수는 1이 될 것이다. 즉, 완전 연결 네트워크에서 결집계수는 1이다. 그러나 노드 1번처럼 이웃이 하나뿐인 노드는 삼각형을 만들 수 없으므로 결집계수는 0일 것이다. 한편 노드 8번은 2개의 이웃이 있지만 서로 연결되어 있지 않으므로 $C_8=0$이다. 이제 모든 노드에 대해서 결집계수 C_i를 계산할 수 있다. 결집계수를 구하지 않은 노드에 대해서 각자 노드의 결집계수를 구해보자. 네트워크 전체의 노드가 뭉쳐있는 정도는 각 노드 결집계수의 평균으로 구한다. 평균 결집계수 C는 모든 노드에 대해서 구한 C_i를 평균한 값이다. 좁은 세상망에서 평균 결집계수는 큰 값을 가진다. 〈그림 3.6〉에서 가운데 그림은 결집계수가 크지만 맨 왼쪽의 정규격자나 무작위 망은 결집계수가 작다. 좁은 세상망은 네트워크의 지름이 작을 뿐만 아니라 평균 결집계수가 매우 큰 값을 나타낸다. 〈표 3.2〉는 몇 가지 대표적인 네트워크의 평균 경로길이와 평균 결집계수를 나타낸 것이다(Boccalett et al 2006; Dorogovtsev and Mendes 2002; Newman 2003). 배우망은 IMDb(Internet Movie Database)에 수록된 영화에서 두 배우가 같은 영화에 출연했을 경우, 두 배우를 연결하여 얻은 네트워크이다. 배우망의 특징은 평균 결집계수가 크다는 것이다. 비슷한 영화에 같이 캐스팅되는 배우들이 강하게 뭉쳐있음을 알 수 있다. 인터넷의 라우터는 인터넷에서 데이터 패킷을 전송하는 장치이다. 대학교와 같은 큰 기관은 라우터를 경유해서 외부 인터넷에 접속하게 된다. 인하대학교의 인터넷 IP 주소는 165.246.xxx.xxx와 같은데 바로 대학교 내의 컴퓨터 IP를 총괄한다. 연구자들은 인터넷의 라우터 연결망을 조사하였다. 〈표 3.2〉에서 라우터 네트워크는 상대적으로 평균 결집계수가 작은 것을 볼 수 있다. 미국 항공망은 미국 국내선 공항이 노드이고 두 도시에 비행기가 취항하면 연결되는 네트워크이다. 지리적으로 대도시는 많은 비행기가 취항하지만, 인구가 적은 지역은 비행기 노선이 적을 것이다. 항공망은 도시의 형성과 밀접하게 관계된다. 비행기 노선은 한 도시에서 다른 도시로 연결성이 높아야 하므로 평균 경로길이가 작고, 결집계수는 클 것이다.

생물과 생태계에도 다양한 네트워크가 존재한다. 예쁜꼬마선충은 생물학자들이 예뻐하는 선충으로 길이 1mm의 벌레로 토양, 낙엽 더미에서 박테리아를 잡아먹고 산다. 이 선충은 몸 전체에 신경세포가 분포하며 총 297개의 신경세포와 2,345개의 연결선을 갖는 신경망 구조를 갖추고 있다. 신경망 역시 평균 경로길이는 짧고, 결

표 3.2 대표적인 네트워크에서 평균 연결선 수, 평균 경로길이, 평균 결집계수.

네트워크	총노드 수	총링크 수	평균 연결선 수	평균 경로길이	평균 결집계수
배우망	252,999	1,015,187	8.0	6.8	0.67
인터넷 라우터	190,914	607,610	12.8	7.0	0.16
미국 항공망	546	2,781	11.7	3.2	0.49
예쁜꼬마선충 신경망	297	2,345	7.9	4.0	0.29
플로리다 생태 연결망	69	916	13.3	2.2	0.55

집계수가 크다. 신경망이 원활히 동작하기 위해서는 서로 얽혀 있어야 하고 적절한 입출력을 주고받아야 한다. 마지막 예는 플로리다 에버글레이즈(Florida everglades)의 생태 연결망이다. 에버글레이즈는 미국 플로리다 남부에 형성된 아열대 습지로 땅 대부분이 물에 잠겨있다. 에버글레이즈 동물들의 생태 연결망은 총노드의 수가 작지만, 복잡계 네트워크의 특징을 고스란히 가지고 있다. 생태계는 종들 사이의 상호작용이 강하기 때문에 평균 연결선 수가 크며 평균 경로길이는 짧고 큰 결집계수를 가지고 있다. 네트워크의 구성 요소와 네트워크의 환경에 따라서 복잡계 네트워크의 특징이 달라진다.

3.4 스케일 프리 네트워크

1998년 왓츠와 스트로가츠가 '좁은 세상망'에 대한 연구 결과를 발표하고 1년 후인 1999년에 바라바시(Barabasi)와 알버트(Albert)는 사이언스(Science)지에 '스케일 프리 네트워크(scale-free network)'에 대한 데이터 분석과 '선호붙임(preferential attachment)' 방법에 의한 스케일 프리 네트워크 생성 법칙을 발표하였다(Barabasi and Albert 1999). 같은 해에 바라바시, 정하웅, 알버트(Barabasi, Albert, Jeong)는 월드와이드웹(WWW)이 스케일 프리 네트워크임을 밝히는 논문을 네이처(Nature)지에 발표하였다(Albert et al 2000). 논문의 제2 저자는 한국인 통계물리학자인데, 사실 두 논문에서 가장 중요한 기여를 한 학자가 한국인 학자였다. 노터데임대학교(Univeristy of Norte Dame)의 바라바시 그룹의 연구원인 그는 WWW의 데이터를 컴퓨터 프로그램으로 수집하고 분석하여 꼭짓점(node)의 연결선 분포가 멱함수 법칙임을 실험적으로 구했다. 스케일 프리 네트워크는 '축척 없는 네트워크'로 부르기도 한다. 용어 통일을 위해서 영어 'scale-free network'는 '스케일 프리 네트워크'로 부를 것이다. 〈그림 3.8〉은 WWW의 구조와 논문을 같이 저술한 학자들의 공동저술 네트워크를 나타낸 것으로, 스케

(a) (b)

그림 3.8 스케일 프리 네트워크. (a) 월드와이드웹(WWW)의 연결구조, (b) 논문 공동저술 네트워크.

일 프리 네트워크 구조이다.

스케일 프리 네트워크란 무엇일까? 가장 대표적인 스케일 프리 네트워크의 구조는 인터넷에서 찾을 수 있다. 우리가 어떤 웹페이지를 방문하면 내 컴퓨터와 그 웹페이지가 연결된다. 여기서 웹페이지는 꼭짓점이고, 웹페이지 방문은 꼭짓점을 연결선으로 잇는 것이다. 내 컴퓨터에는 다른 홈페이지를 방문한 로그 정보가 남기 때문에 내 컴퓨터와 다른 웹페이지의 연결을 쉽게 파악할 수 있다. 사람들은 보통 웹브라우저로 어디를 방문할까? 아마 가장 자주 방문하는 곳은 네이버, 다음, 구글 등 검색 사이트들일 것이다. 따라서 전 세계의 많은 컴퓨터와 유명한 검색 사이트는 쉽게 연결된다. 그러나 여러분은 필자의 웹사이트는 알지 못할 것이다. 따라서 필자의 웹페이지는 아주 적은 수의 사람이 방문한다. 아마 필자 연구실의 대학원생 정도가 유지보수를 위해서 가끔 접속할 것이다. 이처럼 웹페이지 연결에서 유명 사이트는 많은 사람이 자주 연결하지만, 인기가 없는 웹사이트는 방문자가 거의 없다. 사람들이 방문한 횟수를 그 사이트의 부(wealth)에 비유하자면 그야말로 "부자는 더욱 부자가 되지만 가난한 사람은 상대적으로 더 가난해진다". 이 원리가 인터넷 웹페이지 연결망에도 그대로 적용된다.

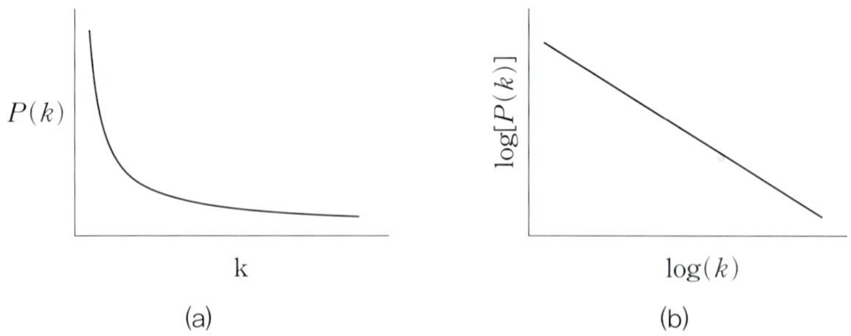

그림 3.9 스케일 프리 네트워크의 연결선 분포. 스케일 프리 네트워크의 연결선 분포는 멱함수 법칙을 따른다. 멱함수 법칙 $P(k) \sim k^{-\gamma}$을 (a) 연결선 수 k의 함수로 그리면 천천히 줄어드는 함수고, (b) 양변에 로그를 취해서 그리면 직선이 된다. 직선의 기울기는 지수 γ이다.

스케일 프리 네트워크는 '*전체 시스템을 디자인하는 디자이너가 없음*'에도 불구하고 자연적으로 네트워크 구조가 발전하면서 연결선 분포가 멱함수 법칙을 따른다. 인터넷은 컴퓨터의 발전, 통신기술의 발전, 소프트웨어의 발전에 따라 자연스럽게 만들어졌다. 인터넷의 웹문서를 연결하는 규약에 따라 WWW이 만들어지고 사람들은 자연스럽게 다른 컴퓨터의 웹문서를 방문하거나 자신의 웹페이지를 링크하였다. 네트워크가 성장할 때 선호연결 이론을 바탕으로 인터넷의 연결 구조를 만들어보면 연결선 분포가 $P(k) \sim k^{-3}$임을 증명할 수 있다. 연결선 분포가 멱함수 법칙을 따르는 네트워크를 스케일 프리 네트워크(scale-free network)라 한다. 일반적인 스케일 프리 네트워크의 연결선 분포 함수는 $P(k) \sim k^{-\gamma}$의 멱함수 법칙(Power law)을 따른다. 많은 실제 네트워크에서 멱함수 법칙의 지수는 $\gamma > 2$이다(Albert and Barabasi 2002).

〈그림 3.10〉과 같은 스케일 프리 네트워크 구조를 그려놓고 살펴보면 많은 정보를 얻을 수 있다. 〈그림 3.10〉에서 H로 표현된 꼭짓점은 연결선이 아주 많은 꼭짓점으로 이러한 꼭짓점들을 허브(hub)라고 한다. 네트워크의 연결선을 인간관계에 비유하면 허브는 '마당발'이다. 아는 사람이 많기에 연결된 다른 꼭짓점이 많다. P는 변방 꼭짓점(peripheral node)이며 연결선 수가 매우 작다. CM은 커뮤니티(Community)를

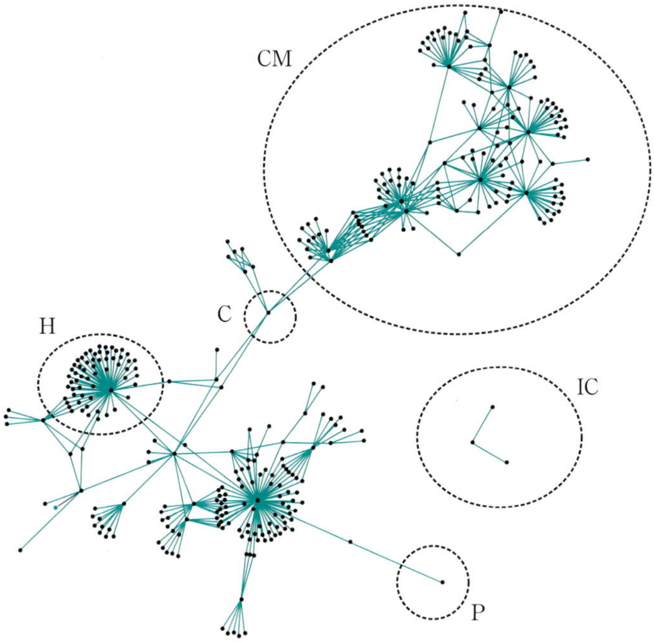

그림 3.10 축적 없는 네트워크의 예. 인터넷상에서 컴퓨터 바이러스가 퍼져나갈 때 감염된 컴퓨터를 이차원 공간에 표시하면 컴퓨터의 연결망이 늘어난다. 인터넷상의 컴퓨터 연결은 대표적인 스케일 프리 네트워크이다. 그림에서 H는 허브(Hub), C는 연결자(Connector), CM은 커뮤니티(Community), IC는 고립된 클러스터(Isolated Cluster), P는 변방 꼭짓점(Peripheral node)을 나타낸다.

뜻하며 그 자체로 강한 결속력을 가지고 있는 군집을 의미한다. 그림을 정치 집단의 연결망이라 하면 진보집단, 보수집단, 중도집단 등으로 나눌 수 있으며, 각 집단은 강한 결속력을 갖는다. IC는 고립 군집(Isolated Cluster)으로 유한한 크기로 쪼개져 있는 고립된 덩어리를 뜻한다. 그림에서 고립 군집은 하나이다. 대부분은 큰 덩어리에 붙어 있다. C는 연결자(Connector)로서 두 커뮤니티를 연결하는 다리 역할을 하는 꼭짓점을 뜻한다. 연결자는 두 커뮤니티 사이에 정보를 전달하는 역할을 할 것이다. 네트워크에서 허브도 중요하지만, 연결자도 그에 못지 않게 중요하다.

• 던바의 수 논쟁

1992년에 던바(R. I. M. Dunbar, 1947~)는 영장류 뇌의 신피질 크기가 한 개체의 인지적 규모를 결정한다는 논문을 발표했다(Dunbar 1992). 그의 논문에 따르면 인간은 인지적 한계로 한 사람당 150명 이상의 그룹 크기를 감당할 수 없다. 즉, 한 사람의 평균적인 친구 수의 최대 크기는 약 150명을 넘지 않는 것이다. 이처럼 한 사람이 안정적으로 인간관계를 유지할 수 있는 사람 수의 최댓값을 '던바의 수(Dunbar's number)'라 한다. 〈그림 3.11〉은 유인원, 원숭이, 인간의 신피질 크기 대 사회집단의 크기를 나타냈다. 흩어져 있는 데이터를 대략적으로 직선에 맞출 수 있는데, 사람의 사회집단 크기는 150명이다. 한 사람이 던바의 수 이상을 지탱할 수 없으므로 각 개인이 모인 집단의 크기도 던바의 수에 머문다. 신피질의 규모가 뇌의 인지적 발전 단계를 나타낸다면 원숭이류는 신피질의 규모가 클수록 더 큰 사회집단을 형성할 것이고, 인간은 가장 고등하고 신피질의 규모도 크므로 가장 큰 집단을 형성할 수 있을 것이다.

사람의 인간관계는 다양하다. 핵가족 시대가 되면서 농경시대보다 가족의 수는 급격히 줄어들었다. 절친의 숫자는 사람마다 다를 것이다. 사람은 성장단계에 따라서 인간관계가 달라진다. 학생일 때는 학교라는 테두리에서 친구 관계를 형성하며,

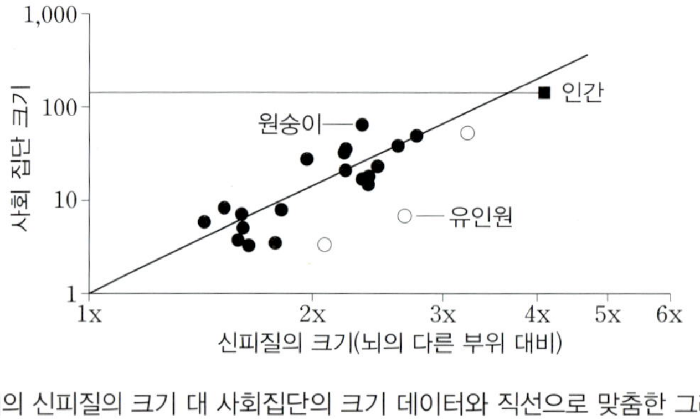

그림 3.11 뇌의 신피질의 크기 대 사회집단의 크기 데이터와 직선으로 맞춤한 그래프

직장인이 되면 인간관계의 폭이 훨씬 넓어진다. 직업의 성격에 따라 만나는 사람의 숫자가 달라진다. 기자나 정치인은 많은 사람과 만나기 때문에 아는 사람이 많을 것이다. 반면 특정한 업무에 종사하는 사람은 인간관계의 폭이 넓지 않을 수도 있다. 필자도 대학에서 처장직을 수행했는데, 다양한 사람들과 만나면서 모은 명함의 숫자가 수천 장에 달했다.

〈그림 3.12〉는 던바가 추정한 사람의 친밀도 정도에 따라 인지 규모를 나타낸 것이다. 던바는 절친의 숫자를 15, 친한 친구의 숫자를 50명, 보통 친구의 숫자를 150명, 아는 사람을 500명, 기억나는 사람의 숫자를 1,500명으로 제시하였다. 던바가 제시한 이 숫자들은 맞을까? 여러분의 핸드폰에 저장된 전화번호의 숫자나 카톡 친구의 숫자를 세어보자. 아마 던바의 숫자에서 많이 벗어날 것이다. 초연결 시대가 되면서 던바의 수에 큰 의미를 부여할 수 없게 되었다.

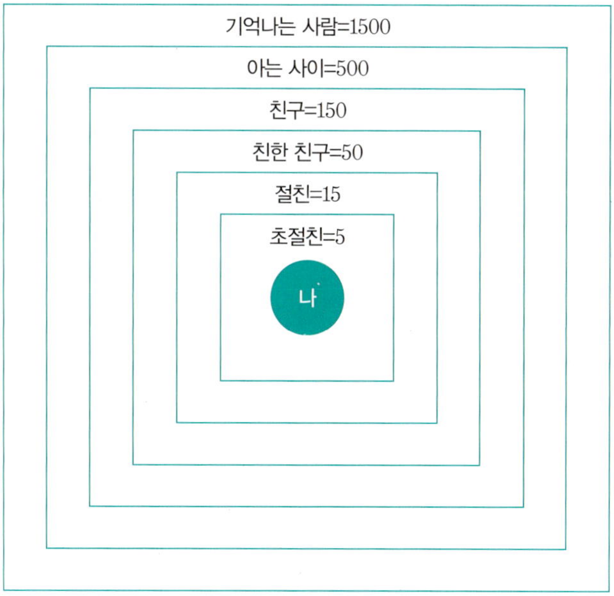

그림 3.12 던바가 추정한 사람의 친밀도 정도에 따른 인지 규모의 크기

• **친구의 역설**

친구 관계를 살펴보면 "내 친구들은 평균적으로 나보다 더 많은 친구를 가지고 있는" 것처럼 보인다. 〈그림 3.13〉에서 D는 허브 노드로 친구가 가장 많고 친구관계망의 중심에 위치한다. 네트워크는 총 7개의 노드와 7개의 연결선을 가진 작은 친구관계망이다. 네트워크 전체에서 사람들이 가진 평균 친구의 수 $\overline{k}=2$ 이다. 이제 내 친구들의 평균 친구 수 $\overline{n}$를 생각해 보자. 예를 들어 B의 친구는 A, C, D인데 각각 친구 수가 1, 2, 4이므로 평균 친구 수는 $n_B=(1+2+4)/3=7/3$이다. 이렇게 각 노드의 친구들의 평균 친구 수를 구하고 전체 노드에 대해서 평균을 구해 본다. 이 네트워크의 내 친구들의 평균 친구 수는 $\overline{n}=2.76$이다. 내 친구의 평균 친구 수 $\overline{n}$는 네트워크 평균 친구 수 $\overline{k}$보다 항상 크다. 즉, $\overline{n}>\overline{k}$이다.

네트워크에서 내 친구들은 항상 나보다 더 많은 친구를 가지고 있다. 이를 '친구의 역설(friendship paradox)'라 한다(Menczer et al 2022). 친구의 역설은 왜 생기는 것일까? 친구의 역설이 생기는 이유는 평균 친구 수를 구할 때와 내 친구의 친구 평균 수를 계산할 때 연결선이 카운트되는 방식이 다르기 때문이다. 평균 친구 수를 계산할 때, 노드에 연결된 연결선은 단 한 번만 카운트된다. 반면 친구의 친구 평균 수를 계산할 때, 자신은 연결선 수만큼 카운트된다. 〈그림 3.13〉에서 D는 친구가 4명인데, D의 친구의 친구 수를 계산할 때, 즉 자신의 친구인 (B, C, E, F)의 친구 수를

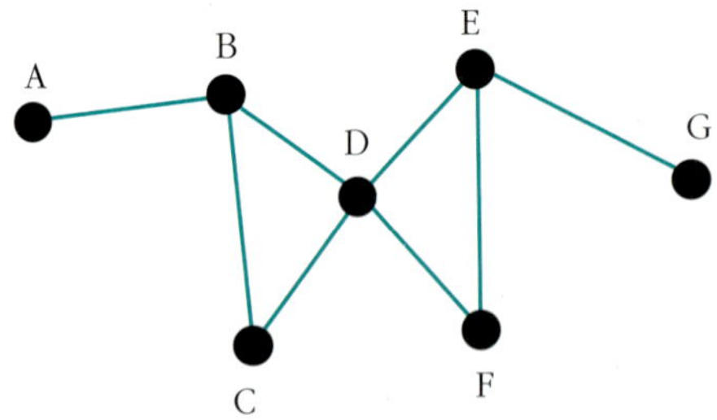

그림 3.13 친구관계망(friendship network)에서 D는 허브이고 관계망의 중심에 놓여 있다.

계산할 때 D는 4번 카운트된다. 이 때문에 내 친구의 친구 수 평균을 구해 보면, 네트워크의 친구 수 평균보다 커진다.

3.5 커뮤니티 구조

네트워크 내부를 세심하게 살펴보면 재미있는 구조가 많다. 커뮤니티(community) 구조도 그중 하나이다. 어떤 대학교 내에서 학생들 사이의 네트워크를 생각해 보자. 학생이 속한 학과 내의 학생들은 서로 친구 혹은 선후배일 가능성이 크기 때문에 서로 연결성이 크지만, 다른 학과와의 연결성은 상당히 약할 것이다. 이렇게 전형적인 대학의 학과 구조에서 네트워크는 학제 구조에 강한 영향을 받는다. 그런데 일반적인 사회적 관계에서는 연결 관계가 뭉쳐있는 경우가 빈번히 발생한다.

웨인 자카리(W. W. Zachary)는 1970년부터 1973년까지 3년 동안 대학 가라테 클럽 회원들의 인간관계를 추적 조사했다(Zachary 1977). 그는 주요 회원 34명의 사회관계 데이터를 얻었다. 클럽은 원래 분쟁이 없이 잘 운영되었으나, 어느 순간에 매니저와 가라테 사범 사이에 분쟁이 발생하여 두 그룹으로 분할되었다. 두

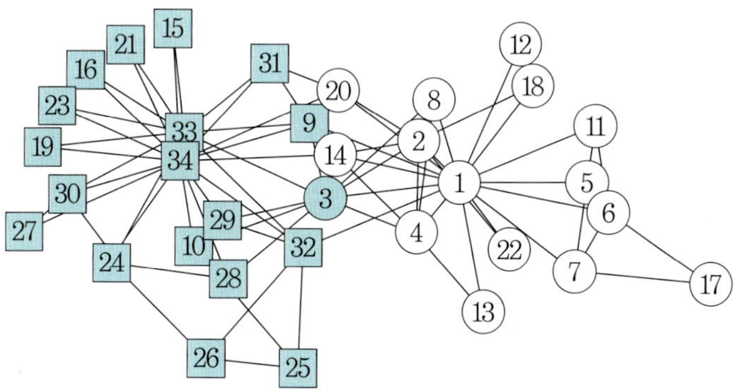

그림 3.14 자카리 가라테 클럽의 커뮤니티 구조

그룹으로 분할된 네트워크는 〈그림 3.14〉와 같다. 네트워크는 두 개의 커뮤니티 구조로 나뉘었다. 2002년에 지르방과 뉴만은 자카리 가라테 네트워크에서 두 노드 사이의 연결 관계에 대한 위상학적 구조만 주고 커뮤니티 구조를 발견해 내는 알고리즘을 제시하였다(Girvan and Newman 2002). 그들은 네트워크의 모듈도(modularity) Q를 측정하는 양을 제시하였다. 〈그림 3.14〉에서 같은 커뮤니티에 속하는 노드 사이의 연결성이 강하면 모듈도는 더 큰 값으로 측정된다. 모듈도는 무작위로 연결된 네트워크에 비해서 고려하고 있는 네트워크가 커뮤니티를 형성하면서 얼마나 뭉쳐있는지를 나타낸다.

〈그림 3.15〉는 세 개의 커뮤니티로 구성된 네트워크이다. 커뮤니티를 찾는 문제는 주어진 네트워크의 위상구조 정보만으로 커뮤니티 구조를 파악하는 문제이다. 즉, 연결행렬의 구조만 알려주고 커뮤니티 구조를 찾는 것이다. 지르방과 뉴만은 모듈도 Q를 최대화하는 커뮤니티 구조를 찾았다. 사실 모듈도로 구한 위상적 커뮤니티 구조가 현실을 반영한 세계의 커뮤니티 구조를 완벽하게 재현할 것인지에 대한 논의가 많다. 친구 관계 네트워크를 생각해 보면 친구끼리 뭉치는 그룹의 구조를 무 자르듯 잘라서 그룹핑하기 어려운 경우도 많다. 네트워크의 위상학적 구조만

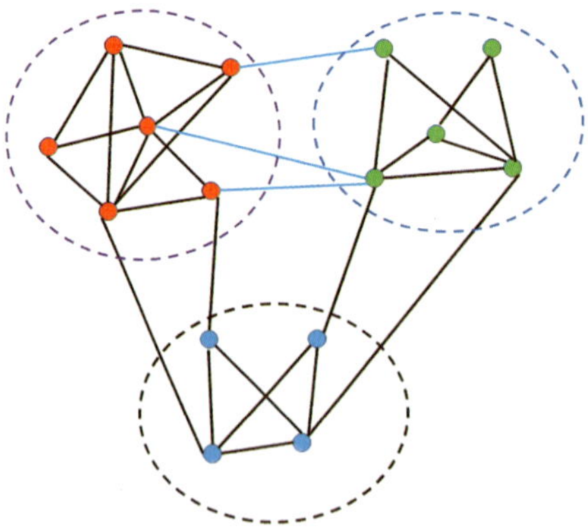

그림 3.15 세 개의 커뮤니티로 구성된 네트워크. 연결의 위상구조만으로 세 개의 커뮤니티 구조를 파악할 수 있다.

으로 커뮤니티 구조를 결정하는 데 한계가 있다는 뜻이다. 그러나 네트워크의 연결 정보만 있을 때, 이를 바탕으로 커뮤니티 구조를 파악해 보는 것은 큰 의미가 있다. 모듈도에 대한 자세한 설명은 전문적인 책을 참조하자.

커뮤니티 구조가 파악되면 각 덩어리에서 연결선 수가 가장 큰 지역 허브들을 확인할 수 있다. 보통 이런 지역 허브들이 그 덩어리에서 주도적인 역할을 하는 노드일 것이다. 한편 커뮤니티의 경계에 있는 노드 역시 상당히 중요한 의미를 지닌다. 가라테 클럽 네트워크에서 노드 1과 3은 각각 오른쪽과 왼쪽에 속해 있지만 커뮤니티 경계에서 다른 그룹과 많은 연결선을 가지고 있다. 사실 이런 사람들이 두 그룹의 소통을 중재하는 사람들일 수 있다. 만약 두 그룹이 정당에 속한 국회의원이라면 커뮤니티의 경계에 있는 사람들은 매우 중요한 역할을 한다. 국회의원들이 법안을 발의할 때 최소 10 이상이 참여해야 하는데, 어떤 국회의원은 다른 당에 속한 국회의원들의 서명을 받아 법을 발의하는 경우가 종종 있다. 이러한 법안은 양당에서 합의할 가능성이 크기 때문에 상임위원회나 본회의에서 통과 가능성이 크다. 그러나 많은 법안은 자기가 속한 정당의 국회의원 서명을 받아 발의하는 경우가 많다. 즉, 자당 중심의 법안이 될 가능성이 크고, 여야 합의에 의해 처리되기보다는 폐기될 가능성이 크다. 이렇듯 여러 커뮤니티 사이의 소통을 가능하게 하는 연결자(connector)는 소통의 창구가 될 수 있다. 그러나 가끔 이런 연결자들은 회색분자로 의심받기도 한다. 다른 그룹과 소통하는 것이 마치 다른 당과 내통하는 것으로 비칠 수도 있기 때문이다. 그래도 민주주의 사회에서는 소통을 활발히 하는 사회가 더 갈등이 적고, 쉽게 안정성을 찾을 수 있다.

3.6 네트워크 중심성

도로 네트워크나 비행경로 연결망과 같은 물리적 연결망은 이차원 또는 삼차원의 공간에서 물리적인 연결을 생각할 수 있다. 그런데 사람의 친구 관계 네트워크는 추상적인 연결 관계이다. 한 시점에 사람들이 머물고 있는 지점에 사람을 위치시켜 놓고 사람들의 친구 관계를 서로 선으로 연결한다면 공간 위에 친구 관계 네트워크를 표현할 수 있다. 그런데 이러한 친구 관계 네트워크를 연결행렬만으로 표현해 놓으면 공간적인 연결 모습을 알 수 없다. 그래서 추상적인 네트워크를 시각적으로 보기 위해서 2차원 공간 위에 네트워크를 그린다. 공간에 표현된 이러한 네트워크는 어떤 면에서 관점을 왜곡할 수도 있다. 네트워크에서 〈그림 3.16〉의 노드 8과 9는 서로 인접해 있지만, 그것이 무엇을 의미하는지 알 수 없다. 만약 이 네트워크가 친구 관계이면 두 사람이 친구인 것을 파악할 수 있다. 한편 노드 9번과 16번은 친구 관계가 아니고, 네트워크에서 멀리 떨어져 있다. 그러나 사실 9번과 16번은 친구는 아니지만 같은 학교에 다니는 다른 반 학생일 수 있다. 네트워크를 해석할 때에는 항상 이러한 제한점이 있다는 것을 인식해야 한다.

일단 네트워크를 그렸으면, 그 네트워크에서 노드들 사이의 연결성을 다양한 방법으로 파악할 수 있다. 연결 중심성(degree centrality) $C_d(i)$은 각 노드의 연결선 수를 의미한다. 즉, 노드 i가 연결선 수 k_i를 가지고 있으면 그 노드의 연결 중심성은 $C_d(i)=k_i$로 정의한다. 최대 연결 중심성(highest degree centrality) 노드의 연결선 수가 가장 큰 노드이므로 네트워크의 허브를 의미한다(Menczer et al 2022). 연결선 수가 가장

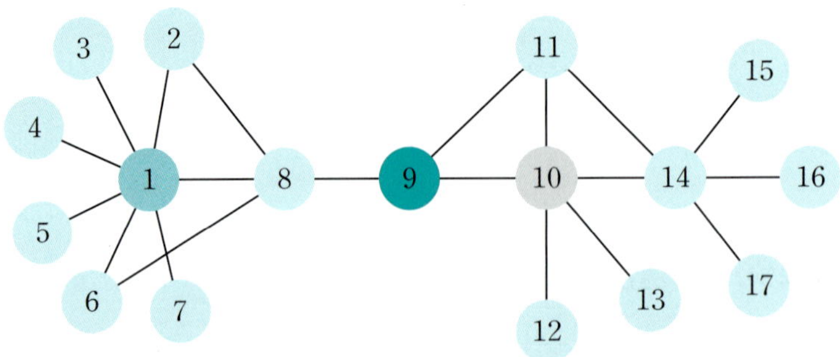

그림 3.16 네트워크에서 중심성은 네트워크의 연결구조에 의해서 결정된다.

큰 허브는 네트워크의 중심이라고 생각하는 것이다. 〈그림 3.16〉에서 노드 1은 연결 중심성이 가장 크다. 그런데 연결선 수가 크다고 해서 연결성의 중심이라고 말할 수는 없다. 노드 1은 연결 중심성이 크지만, 네트워크의 한쪽에 치우쳐 있다.

연결성에 좀 더 의미를 둔 중심성이 근접 중심성(closeness centrality)이다. 근접 중심성을 알아보기 위해서 한 노드에서 출발하여 다른 노드까지 네트워크를 따라서 최단 연결로 도달할 수 있는 최단 거리 $d(i,j)$를 계산한다. 〈그림 3.16〉에서 노드 1과 노드 10 사이의 최단 거리는 $d(1,10)=3$이다. 즉, 1 → 8 → 9 → 10이 가장 짧은 연결이다. 노드 i의 근접 중심성 $C_c(i)$은 노드 i에서 자신을 뺀 다른 모든 노드까지 도달할 수 있는 최단 거리를 모두 구해서 더한 값의 역수에 비례하도록 정의한다. 따라서 한 노드 i로부터 자신을 뺀 다른 모든 노드까지 도달할 수 있는 거리가 짧으면 근접 중심성은 커진다. 만약 네트워크가 조각나 있을 경우, 같은 덩어리에 속하지 않은 노드 사이의 거리는 무한대로 생각한다. 각 노드의 근접 중심성을 구해 보면 네트워크의 변두리(periphery)에 속한 노드의 근접 중심성은 작다. 즉 다른 노드에 도달하는 데 걸리는 거리가 멀다. 반면 네트워크의 중심에 위치한 노드의 근접 중심성은 크다. 〈그림 3.16〉에서 노드 9의 근접중심성은 가장 크다. 근접 중심성이 가장 큰 노드를 최대 근접중심 노드라 부른다. 대개 근접중심성이 큰 노드일수록 네트워크의 중심에 위치한다.

근접중심은 노드 자신을 중심으로 한 개념이다. 나에게서 출발하여 다른 노드로 얼마나 쉽게 도달할 수 있는가를 측정한다. 그런데 네트워크가 그려지면 사실 그 위에서 어떤 정보, 물류, 사람, 바이러스 등이 네트워크를 따라서 이동할 수 있다. 물류 네트워크에서 노드를 물류센터나 중간 집하장이라 하면 실제 배달 차량이 노드 사이를 연결한다. 물류 네트워크에서 물류가 가장 많이 지나가는 노드는 어디일까? 이 질문에 대한 답은 매개 중심성(betweenness centrality) C_b에서 찾을 수 있다. 네트워크에서 세 노드 i, j, k를 생각해 보자. 두 노드 i와 j 사이를 연결하는 최단 거리의 개수를 n_{ij}라 하자. 많은 경우 $n_{ij}=1$이다. 이제 두 노드 i와 j 사이의 최단 거리

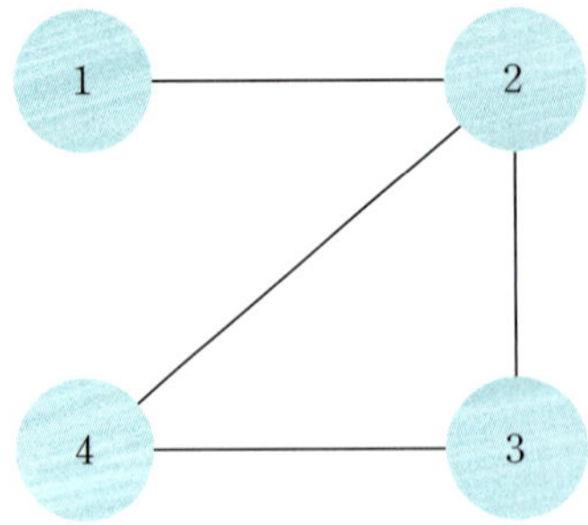

그림 3.17 총노드가 4개이고 총연결선이 4개인 간단한 네트워크에서 매개중심성. 노드 2의 매개 중심성이 가장 크다.

연결 중에서 노드 k를 지나가는 개수를 $n_{ij}(k)$라고 정의하자. 〈그림 3.17〉에서 노드 2에서 4까지 도달하는 길은 2개이지만 최단 거리는 하나이므로, $n_{(2,4)}$=1이다. 노드 3을 경유해서 지나가는 가짓수는 1개이므로, $n_{(2,4)}(3)$=1이다. 매개 중심성 $C_b(k)$는 k를 지나가는 모든 노드 쌍 (i,j)에 대해서 $n_{ij}(k)/n_{ij}$의 값을 합한 것으로 정의한다. 매개 중심성의 의미를 살펴보기 위해서 〈그림 3.17〉과 같은 간단한 네트워크를 생각해 보자. 이 네트워크의 총노드 수는 N=4이다. 노드 2의 매개 중심성은 〈표 3.3〉에 보는 것처럼 매개 중심성은 $C_b(2)$=2이다. 네트워크 내에서 흐름의 중요성을 판별하는 노드를 매개 중심성으로 파악할 수 있다.

배우들이 영화에 출연한 데이터를 기록한 데이터베이스 IMDb를 분석해 보면, 미국에서 연결 중심성이 가장 큰 배우는 케빈 베이컨(Kevin Bacon)였다. 그는 대부분 영화에 조연으로 출연했지만, 여러 배우와 같은 영화에 출연했기 때문에 영화-배우 네트워크(move-actor network)에서 허브였다(Fass et al 1996, Amaral et al 2000). 케빈 베이컨을 중심에 두고 다른 배우들이 몇 단계 연결되어 있는지를 세는 '케빈 베이컨 수(Kevin Bacon number)'는 허브로부터 노드까지의 연결 거리를 나타낸다. 우리나라 프로듀서-감독-배우 네트워크를 분석해 보면 연결 중심성의 허브는 한재덕 프로듀서, 장원석 제작자, 조진웅 배우가 1, 2, 3위를 차지했다. 매개 중심성으로 봤을 때, 임승용 제작자, 유해진 배우, 장원석 제작자가 1, 2, 3위를 차지했다(Cho 2020).

표 3.3 〈그림 3.17〉에서 임의의 두 노드 쌍에 대해서 매개 중심성 계산 예

노드쌍	최단 거리	1	2	3	4
(1,2)	(1,2)	0	0	0	0
(1,3)	(1,2,3)	0	1	0	0
(1,4)	(1,2,4)	0	1	0	0
(2,3)	(2,3)	0	0	0	0
(2,4)	(2,4)	0	0	0	0
(3,4)	(3,4)	0	0	0	0
매개 중심성		0	2	0	0

매개 중심성이 큰 노드를 부르는 여러 가지 용어들이 존재하는데, 대표적으로 조절자(controller), 문지기(gatekeeper), 중재자(intermediator) 등이 있다. 이 용어에서 볼 수 있듯이 매개 중심성이 큰 노드는 네트워크 내에서 임의의 두 노드 사이에서 정보를 전달할 때 중요한 중계 역할을 한다. 만약 이 노드가 망가지거나, 네트워크에서 기능을 상실한다면 네트워크 전체의 소통에 큰 문제를 일으킬 수 있다. 소셜 네트워크에서 플랫폼인 카톡, 페이스북, 틱톡 등이 기능을 상실할 경우에, 우리는 이 플랫폼으로 다른 사람을 연결할 수 없다. 인터넷에서도 매개 중심성이 큰 노드들이 존재하는데, 이러한 노드에 문제가 생기면 인터넷 기능이 상실되는 것을 종종 볼 수 있다.

앞에서 살펴본 세 가지 중심성 이외에도 다른 중심성들이 더 있다. 구글은 Google PageRank라는 연결성을 이용한 알고리즘을 성공적으로 사업화하였다. 인터넷이 네트워크임을 간파하고 한 노드에서 다른 노드를 효과적으로 탐색할 수 있는 알고리즘을 개발하여 오늘날 우리가 아는 구글을 탄생시켰다. 구글 PageRank는 위세 중심성 또는 고유벡터 중심성(eigenvector centrality)을 이용한 알고리즘이다(Newman 2022). 위세 중심성은 여기서 다루지 않기로 한다. 복잡계 네트워크에 대해서 더 자세히 알고 싶은 사람은 전문도서를 참조하자.

4장
/
혼돈 이야기

1993년에 제임스 글릭이 쓴 《Chaos》란 대중 도서가 우리나라에서 '카오스'란 제목으로 번역되어 인기를 끌었다(Gleick 2013). 카오스는 다시 '혼돈'으로 번역되었으며, 많은 과학자가 혼돈 현상에 대한 과학적 원리를 탐색하기 위해 노력하였다. 물론 이 분야에는 여전히 풀리지 않은 문제가 많이 남아 있다. 혼돈이란 개념은 동양과 서양의 신화에서 공통으로 나온다. 스티븐 스필버그 영화 《쥐라기 공원》에서 '나비효과' 때문에 공룡들이 탈출하여 혼란을 일으키고, 사소한 사건들이 결국 파국적 사건을 불러온다. 나비효과는 혼돈 현상과 밀접하게 연관되어 있다. 기원전 7세기의 그리스의 헤시오도스는 《신들의 계보》에서 카오스를 얘기한다. 그리스 신화의 창조론에도 카오스가 나온다. "태초에 4가지 힘이 자연에 나타났다. 가장 처음에 카오스(Khaos)가 나타났다. 다음에 가이아(Gaia, 대지, 땅), 타르타로스(Tartarous, 지하세계)와 에로스(Eros, 사랑)가 순서대로 나타났다." 카오스는 텅 빈 세상, 무(無)의 세상을 뜻한다. 이집트의 창조 신화인 헬리오폴리스 신화에도 혼돈이 등장한다. "아무것도 없는 태초에 '누(Nu, Nun)'라는 혼돈의 바다(심연, 나일강)가 있었고, 그곳에 벤벤(Ben-ben)이라는 언덕이 솟아올라 '아툼'이라는 최초의 신이 탄생하였다." 누는 파란색과 초록색의 피부를 가진 남성과 여성의 경계가 불명한 존재였다. 고대 중국의 신화에 따르면 "태초에 혼돈의 신 제강이 춤추고 노래한다"라고 묘사되어 있다. 이렇듯 혼돈은 세상 이전을 뜻하거나 세상이 처음 창조되었을 때의 상태를 나타낸다. 마치 무언가 심오한 것처럼 느껴지기도 하고, 종교적 색채가 묻어나오기도 하다 보니 과학에 관심이 없는 일반인들도 혼돈이라는 용어에는 무척 흥미를 느낄 것이다. 그렇지만 과학자들에게 혼돈은 매우 좁은 의미로 쓰이며 특정한 대상을 다루는 학문이다.

필자는 1980년대 말에 우리나라에서 혼돈 현상과 프랙털(fractal) 이론을 초창기에 연구한 학자 중의 한 명이다. 필자는 서울시 동대문구 홍릉에 있던 카이스트(KAIST)에서 대학원 생활을 시작하면서 혼돈 현상을 연구하기 시작하였다.[3] 필자가 알기로, 당시에는 아직 순수 국내파로 혼돈 현상과 프랙털 이론을 연구하는 국내 연구자가 그리 많지 않았다. 필자가 들어간 곳은 강유전체 연구의 대가이자 고체 물리 실험 물리학자였던 김종진 교수님의 연구실이었다(지금은 돌아가셨지만 그분께서 학자의 길을 걸으며 남겨주신 가르침은 결코 잊을 수가 없다). 그런데 그곳에서 이론 물리인 '프랙털 이론, 혼돈 이론, 스미기 이론(percolation theory), 상전이 현상'에 대한 연구를 시작하게 되었다. 필자의 지도교수님은 실험 물리학자였지만, 강유전체 상전이를 연구하고 있었던 데다 당시에 관심을 끌고 있던 혼돈 현상에 대한 비선형 동력학 연구를 막 시작했기 때문에 실험뿐만 아니라 이론에도 큰 관심을 가졌던 것이다. 강유전체 연구실에는 분자 동력학, 혼돈연상, 프랙털 이론을 연구하던 선배들이 몇 명 있었다. 필자가 석사과정에서 '프랙털 구조에서 확산 현상'으로 석사 논문을 시작할 때 우리 연구실에서 프랙털 구조로 연구를 한 분은 딱 1명 있었다. 바로 김기옥 박사님으로, '유한확산 응집체(diffusion-limited aggregation)'의 프랙털 특성에 관해서 연구하고 박사학위를 받은 다음 대학교 교수로 부임한 상태였다(김기옥 1987). 필자는 김 박사님을 이어서 프랙털 구조에 관한 연구를 시작했다. 사실 프랙털은 '공간적 혼돈'

---

3 지금은 카이스트가 대전에 자리 잡고 있으나, 필자가 석사과정을 시작한 1987년에 카이스트는 서울 홍릉에 있었다. 홍릉에 있던 카이스트는 1991년에 대전으로 이전을 시작했다. 필자는 연구에 필요한 계산을 하기 위해 컴퓨터를 사용하는 경우가 많았는데, 다행히 컴퓨터 자원은 홍릉에 그대로 남아 있었기 때문에 마지막까지 실험실을 이전하지 않고 홍릉에서 박사학위를 마칠 수 있었다.

현상이라 할 수 있었으므로 혼돈 현상을 포함한 '비선형 동력학' 분야를 연구한 것이다. 1980년대까지 혼돈 이론은 많은 발전을 이루었으며 여러 가지 '혼돈 길(route to chaos)'이 발견되고 있었다. 필자가 석사과정을 시작한 1987년에 김종진 교수님과 황*연 박사(당시 박사과정 학생)는 비선형 pn 접합 다이오드에 구동(driven) 전압을 가한 비선형 강제 진동자에서 '제2형 간헐성(Type II intermittency)'을 세계 최초로 실험적으로 구현하였다(Huang and Kim 1987). 갈래질에서 혼돈으로 전이하는 현상은 강유전체 상전이 점 근처의 KDP(KH_2PO_4) 결정에서도 관찰되었다. 우리 연구실에서는 상당한 크기의 KDP 결정을 성장시켜서 비선형 특성을 연구하였다. 우리 연구실이 세계적인 발견을 하는 시점에 연구를 시작하였으며, 그 주제가 마침 혼돈 이론과 프랙털 이론을 포함한 비평형 통계물리학의 비평형 상전이었으니 퍽 운이 좋았다고 할 수 있다. 혼돈으로 가는 길, 그리고 카이스트 연구실에서의 연구와 발견들은 뒤에서 좀 더 얘기하겠다.

4.1 기계론의 종말

과학자들에게 혼돈은 어떤 의미였을까? 혼돈 현상을 큰 틀에서 보면 소위 고전역학(classical mechanics)이라 부르던 결정론적 뉴턴 역학(deterministic Newtonian mechanics)의 관점을 확 넓힌 연구라고 할 수 있다. 1687년에 뉴턴은 인간의 손으로 쓴 가장 위대한 과학책이라 할 수 있는 《프린키피아(Principia)》를 출판한다. 정확한 책의 이름은 〈자연철학의 수학적 원리(Mathematical Principles of Natural Philosophy)〉이다. 프린키피아는 17세 과학혁명을 이끌었으며 서양 세계에서 '과학적 사고'의 시대를 연 혁신적인 책이다. 필자는 17세기 유럽 세계가 동양을 앞서기 시작한 이유가 바로 '과학적 사고'를 바탕으로 물질세계를 탐구하면서부터라고 믿고 있다. 뉴턴은 스스로 발견한 운동의 법칙, 만유인력의 법칙을 결합하여 수학적인 언어를 바탕으로 물체의 운동 현상을 명료하게 설명하였다. 프린키피아의 출판 이후에 지구가 태양 주위를 돈다는 사실에 이의를 제기할 수 없게 되었으며, 과학적 측면에서 중세가 끝나고 근대 과학의 시대로 들어서게 되었다. 뉴턴 역학의 핵심은 '기계론적 세계관 또는 결정론적 세계관'이라 할 수 있다. 뉴턴은 스스로 발견한 미적분학을 이용하여 물체의 운동을 묘사하였다. 물론 미적분학은 라이프니츠(Gottfried Wilhelm Leibniz, 1646-1716)도 동시에 발견하였는데, 뉴턴이 유명해지면서 누가 먼저 미적분학을 발견했는지 논쟁이 일어났다. 오늘날 우리가 미적분학에서 사용하는 거의 모든 기호는 라이프니츠가 제안한 것들이다. 물체에 작용하는 힘과 물체의 초기 상태, 예를 들어 1차원 운동의 초기 위치 $x(0)$와 초기 속력 $v(0)$을 알고서 뉴턴의 운동방정식(일종의 미분방정식)을 풀면 임의의 시간 t에서 물체의 운동 상태에 해당하는 물체의 위치 $x(t)$와 속력 $v(t)$를 정확히 예측할 수 있었다. 뉴턴의 운동법칙을 풀어서 던진 물체의 궤적, 지구가 태양 주위를 공전할 때 위치, 혜성의 예측, 인공위성의 궤도 등을 예측할 수 있다. 18세기와 19세기를 거치면서 물리학자들은 뉴턴 역학을 더 정교화하여 역학 체계를 에너지의 변화로 묘사하였다(이재우 2022).

라그랑주(J.-L. Lagrange, 1736-1813, 프랑스, 물리학자, 수학자)는 라그랑지안 L을 운동에너지 T와 위치에너지 V의 차이로 정의하였다. 즉, 라그랑지안(Lagrangian)은 $L=T-V$이다. 라그랑주는 변분법을 개발하여 뉴턴의 운동법칙을 일반화한 라그랑주 방정식(Lagrange Equation)을 발견하였다. 1834년에 해밀턴(W. R. Hamilton, 1805-1865, 아일랜드 물리학자, 수학자)은 뉴턴의 운동방정식을 '최소작용의 원리(principle of least action)'로부터 유도할 수 있었다. 해밀턴은 라그랑지안을 시간에 대해서 적분한 작용(action) $S=\int_{t_1}^{t_2} Ldt$을 정의하였고 자연은 이 작용을 최소화하는, 즉, $\delta S=0$인 경로를 택한다는 사실을 발견하였다. 작용을 최소화한 방정식이 해밀턴 방정식(Hamiltonian equation)이고, 이 해밀턴 방정식은 뉴턴의 운동방정식과 같은 표현임을 발견하였다. 자연은 왜 작용을 최소화하는 것일까? 물리학자들은 더 이상 설명할 수 없을 때 원리(principle)라는 말을 붙인다. 최소작용의 원리도 그런 원리 중의 하나이다. 이렇게 뉴턴 역학은 19세기 말에 절정에 다다랐다.

물리학자이며 수학자인 라플라스(Pierre-Simon Laplace, 1749-1827)는 뉴턴 역학을 이용하여 우주의 미래를 결정론적으로 예측할 수 있으며 우주는 마치 기계처럼 움직인다는 확신에 찬 언급을 하였다. 우리의 미래나 우주의 미래는 기계적으로 결정되어 있고, 그 정확한 경로를 따라갈 뿐이며, 따라서 인간의 자유의지 같은 것은 필요치 않다는 뜻이다. 심지어 그 자유의지조차 예측할 수 있다는 것이다. 19세기 말의 과학자들은 이러한 발견은 기뻐했을까, 슬퍼했을까? 과학은 가치중립적이므로 감정이 개입할 여지가 없다. 다만 그 진실을 보고 인간이 기뻐하거나 슬퍼할 뿐이다. 필자가 19세기 말의 과학자였다면 아주 슬펐을 것이다. 인간은 그저 미래의 경로를 따라가는 수동적인 존재일 뿐일 테니까.

그런데 물리학에서 결정론적인 세계관을 흔드는 대반전이 몇 번에 걸쳐서 일어난다. 그 첫 번째가 20세기 초에 발견된 양자역학(quantum mechanics)이며 두 번째가 혼돈 현상이다. 양자역학은 여기서 다루지 않을 것이므로, 만약 관심 있는 독자들은 다른 교양서적을 읽어보기를 바란다. 사실 혼돈 현상의 씨앗은 결정론적 세계관이 정점을 찍던 시기에 뿌려졌다. 19세기 말에 역학에서 난제는 삼체문제(three-body problem)[4]였다(Chenciner 2007). 뉴턴 역학을 이용하여 태양과 지구와 같이 두 물체를 다루는 이체문제(two-body problem)의 정확한 해는 쉽게 구할 수 있다. 그런데 태양, 지구, 달과 같이 세 개의 물체가 관련된 삼체문제에 대한 일반적인 해를 구하는 것은 수학적, 물리학적인 난제였다.

1887년 스웨덴 국왕 오스카 2세는 자신의 60번째 생일을 기념하여 다음과 같은 문제를 내고 상금을 걸었다. 천체 역학에 대한 문제로, 예스타 미타그레플레르(M. G. Mittag-Leffler, 1846-1927)가 주관했으며 그 내용은 다음과 같다. "입자들이 서로 충돌하지 않는다고 가정하고 뉴턴 법칙을 따르는 많은 입자 계에서 각 입자의 좌표를

4 류츠신이 쓴 SF 소설 〈삼체〉는 아마 삼체문제에서 영감을 받았을 것이다.

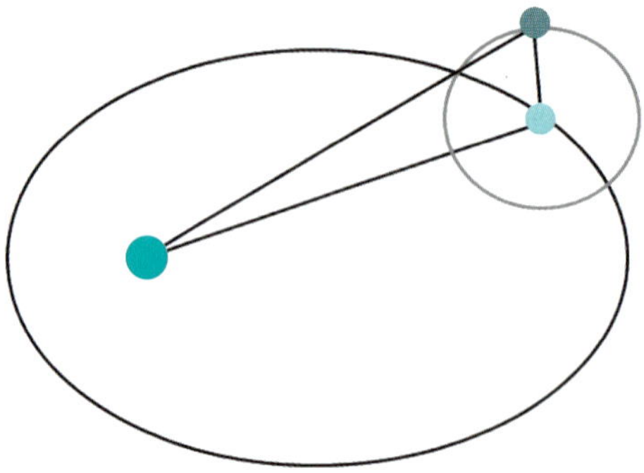

그림 4.1 세 개의 행성이 힘을 작용하며 움직이는 삼체문제. 태양–지구–달은 대표적인 삼체 문제이다. 삼체문제의 궤도를 정확히 구하는 것은 불가능하다.

시간의 함수로 나타내라." 예를 들어 〈그림 4.1〉과 같이 태양, 지구, 달로 이루어진 삼체문제에서 세 물체가 서로 충돌하지 않고 움직일 때, "각 천체는 우주공간에서 시간에 따라 어떻게 움직일까"하는 문제와 비슷하다. 과학자나 수학자들 눈에 오스카 왕은 멋진 왕으로 보였을 것이다. 자신의 생일을 기념하여 인류의 지식을 확장시킬 문제를 냈으니 말이다. 우리나라에도 이런 멋진 사람들이 많이 나왔으면 한다. 물체가 일반적으로 n개 있는 문제를 우리는 n–체(n-body) 문제라 한다. 이체문제(2–물체 문제)는 잘 풀리기 때문에 그다음으로 생각할 수 있는 문제가 세 물체가 관련된 삼체문제이고 삼체 이상의 물체로 일반화한 것이 n–체 문제이다(Diacu 1996).

앙리 푸앵카레(Henri Poincare, 1854–1912, 프랑스, 물리학자, 수학자)도 이 문제에 도전하였다. 푸앵카레는 그 당시에 상당한 명성을 쌓은 물리학자이자 수학자였다. 푸앵카레는 삼체문제에 대한 완전한 해를 구하지는 못했지만, 특수해를 구한 논문을 스웨덴의 Acta Mathematica 학술지에 보냈다. 이 학술지의 편집자가 예스타 미타그레플레르였는데, 그는 오스카상의 문제를 내고 논문심사, 논문출판 과정을 전부 관장하였다. 논문을 심사했던 카를 바이어슈트라스(K. Weierstrass, 1815–1897)는 다음과 같이 평가했다. "문제에 대한 완전한 해는 구하지 못했지만 천체 역학 역사에서 새로운 시대를 연 중요한 결과를 담고 있다." 1889년 1월 21일에 앙리 푸앵카레는 오스카상의 수상자로 결정되었다. 그런데 투고한 논문을 출판하는 과정에서 푸앵카레는 계산에 심각한 오류가 있음을 발견하였다. 그는 즉시 출판을 멈추어 달라고 요청했지만, 이미 학술지 초판이 인쇄된 후였으며 일부는 구독자에게 배달까지 마친 상태였다. 학술지 편집자인 미타그레플레르는 심각성을 깨닫고 즉각 인쇄된 모든 학술지를 폐기하기로 하였다. 폐기 비용은 오스카 상금의 3배에 달했지만, 푸앵카레가 전부 부담하였다. 그는 심리적 부담에도 불구하고 오류를 교정한 새로운 결과물을 제출하였는데, 거기에 바로 오늘날 우리가 이해하고 있는 혼돈 이론의 씨앗이 담겨 있었다. 푸앵카레는 삼체문제의 일반적인 해를 구하지는 못했다. 그는 두 물체를 하나로 묶고 세 번째 문제의 운동을 구하는 방식으로 문제를 풀었다. 푸앵카레가 구한 해는 너무 불안정하여 작은 영향에도 궤도의 안정성이 쉽게 깨졌다. 묶은 두 물체의 초기 상태를 조금만 변화시켜도 세 번째 물체의 운동이 완전히 달라진 것이다. 즉, 물체의 운동은 물체의 초기조건에 극히 민감하게 반응한다는 의미였다. 이처럼 이 발견에는 혼돈 현상의 대표적인 특징인 초기조건의 민감성에 관한 내용이 담겨있었다. 하지만 푸앵카레의 결론은 혼돈 현상의 발견으로까지 이어지지 못했다. 혼돈 현상이 온전히 발견된 것은 그로부터 70여 년이 지난 후, 로렌츠와 메이에 의해서였다.

20세기 중순까지 질서 있는 시스템이 무질서한 운동으로 전이하기 위해서는 입자들이 많아야 한다고 생각했다. 입자 하나하나의 역학적 상태를 묘사하는 데 필요한 독립적 좌표의 수를 자유도(degree of freedom)라 한다. 입자 수가 많은 시스템의 자유도는 크다. 무질서한 운동은 자유도가 클 때 일어날 수 있다고 생각했다. 많은 과학자는 자유도가 아주 큰, 유체의 난류(turbulence)와 같은 방식으로 복잡한 운동이 발생한다고 생각했다. 물과 같은 유체는 많은 입자로 구성되어 있으므로 시스템의 자유도가 아보가드로수[5]보다 훨씬 크다. 〈그림 4.2〉와 같이 유체가 느리게 흐를 때

5 아보가드로수는 6.022×10^{23}개를 의미한다. 화학에서 1mol을 구성하는 분자의 개수이다.

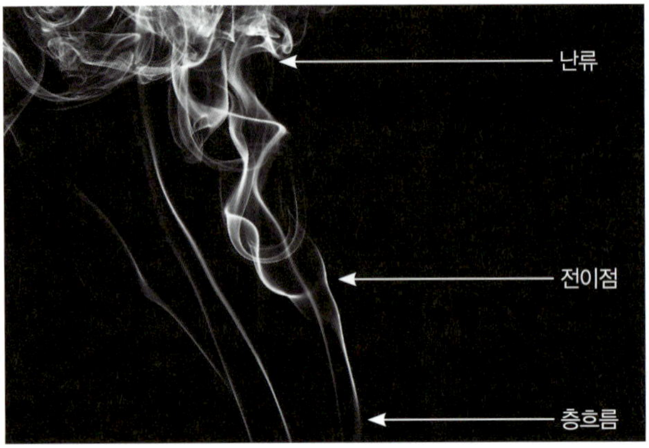

그림 4.2 불꽃에서 생성된 연기가 위로 올라가면서 변하는 모습. 처음에는 연기 분자들이 일정한 속도로 동시에 상승하는 층흐름(laminar flow)을 보이다가 연기가 퍼지면서 전이점(transition)을 넘어서면 갑자기 소용돌이(vertex)가 생기면서 연기의 흐름은 무질서한 난류(turbulence) 상태가 된다.

는 층흐름(laminar flow)을 보인다. 유체의 레이놀즈수(Reynolds's number)가 임계값보다 커지면 유체의 흐름은 소용돌이를 만들면서 매우 무질서한 흐름을 나타낸다(Overmeen 2021). 강물이 빠르게 흐르는 여울목이나 강폭이 좁아지면서 급류가 흐르는 곳에서 난류를 볼 수 있다. 층흐름으로부터 난류로 전이할 때 복잡성과 무질서한 운동이 발생한다고 생각했다. 난류 흐름에서 다음 상태의 예측은 매우 어렵다. 따라서 자유도가 작은 시스템에서 혼돈 운동은 없을 것으로 생각했다.

4.2 나비효과

자연에서 물체는 여러 가지 모습으로 운동한다. 과학자들은 주기적인 운동(periodic motion)을 좋아한다. 주기적인 운동은 규칙적이므로 미래를 정확하게 예측할 수 있다. 정상상태 운동(steady-state motion) 역시 과학자들이 좋아한다. 정상상태는 운동 자체가 시간에 의존하지 않는 운동이다. 무질서한 운동(random motion) 또한

표 4.1 혼돈 현상이 발견될 때까지의 과학적 발견과 과학자들

년도	과학자	내용
1900년 초	H. Poincare	삼체문제에서 혼돈 현상을 언급
1930년대	G. Birkhoff	에르고딕 정리(Ergodic theory)
	B. van der Pol	van der Pol 비선형 진동자 실험
1940년대	M. L. Cartwright J. E. Littlewood	비선형 진동자 이론(nonlinear oscillator theory), 현대 동력학 이론(modern dynamical theory)의 태동
1950년대	A. N. Kolmogorov	Kolmogorov-Champman 방정식 발견 Kolmogorov-Arnold-Mose Theorem(KAM)
1960년대	S. Smale	동력학 계에서 Smale horseshoe map 개념 제시
1963년	E. N. Lorenz	로렌츠 방정식에서 나비효과 발견
1974년	R. May	로지스틱 사상에서 혼돈 현상 발견
1976년	M. J. Feigenbaum	Bifurcation diagram, 파이겐바움 축척 발견

흔히 볼 수 있다. 주기성도 없으며 운동의 모습이 아주 불규칙하다. 한편 혼돈적 운동(chaotic motion)은 운동이 매우 불규칙하지만, 혼돈상태가 되기까지 어떤 구조를 포함하고 있다. 〈표 4.1〉은 혼돈 현상의 발전 과정을 간략하게 나타낸 것이다.

자, 이제 본격적으로 혼돈 현상을 발견하는 과정을 살펴보자. 앞에서 언급했듯이 푸앵카레는 삼체문제의 특수해를 구했으며, 1930년대에 버코프는 에르고딕 정리를 발견하였다. 에르고딕 정리는 통계역학의 앙상블 평균과 시간 평균이 같다는 정리이다. 판데르 폴은 자신의 이름이 붙은 비선형 판데르 폴 진동 방정식을 발견하였다. 1940년대에 카트라이트와 리틀우즈는 비선형 진동자 이론과 현대적 동력학 이론을 발견하였다. 콜모고로프는 콜모고로프-챔프만 방정식을 발견하였다. 1960년대에 스메일은 동역학계에서 스메일 말편자 사상(hoarse shoes map)을 발견하였다. 이 사상은 일종의 빵 반죽 사상과 비슷하다(Hilborn 1994). 빵 반죽 사상은 다음 장에서 살펴볼 것이다. 1963년에 로렌츠는 나비효과를 발견하고 1974년 메이는 인구 동력학 모형에서 갈래질 혼돈을 발견한다. 파이겐바움은 메이의 로지스틱 사상

에서 갈래질 그림(bifurcation diagram)을 구하고, 그 구조에 숨어 있는 스케일 구조인 파이겐바움 축척을 발견하였다.

1963년 기상학자 에드워드 로렌츠(Edward Lorenz, 1917-2008)는 낮은 대기에서 기상 변화를 묘사하는 방정식을 유도하였다. 대기의 대류를 고려한 기후 예측 모형인 로렌츠 방정식(Lorenz' equation)은 다음과 같이 표현된다(Lorenz 1963). 될 수 있으면 수식을 쓰지 않으려고 했지만, 이 방정식을 쓰지 않고 설명할 자신이 없다. 변수 x, y, z는 대기의 상태를 나타내는 변수들이다.

$$\frac{dx}{dt} = \sigma(y - x)$$

$$\frac{dy}{dt} = x(\rho - z) - y$$

$$\frac{dz}{dt} = xy - \beta z$$

상수 σ, ρ, β는 대기의 조건을 나타내는 조절 매개변수(control parameter)이다. 이 방정식은 오른쪽의 비선형 항(예를 들면 xy,xz 항) 때문에 해석적인 해를 구할 수 없다. 즉, 손으로 답을 구할 수 없다. 〈그림 4.3〉은 조절변수를 σ=10, ρ=28, β=8/3으로

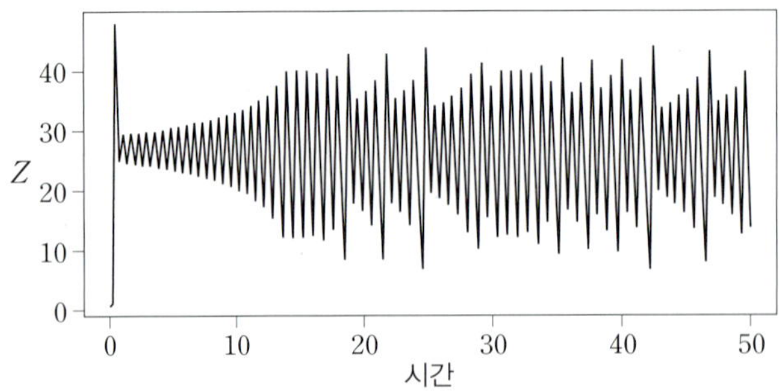

그림 4.3 컴퓨터를 이용하여 로렌츠 방정식을 수치적으로 풀었을 때 변수 z의 변화 모습. 초깃값은 임의로 정했다.

놓고 로렌츠 방정식을 컴퓨터를 이용하여 수치적으로 푼 것을 나타낸다. 변수 z는 시간에 따라서 매우 불규칙하게 변한다.

1960년대에 컴퓨터는 진공관을 사용한 거대한 장치였으며, 그 성능은 현재의 핸드폰에도 미치지 못하였지만, 컴퓨터가 발전하던 초창기에 과학자들에게는 아주 중요한 기계였다. 1963년 로렌츠는 컴퓨터를 이용해서 자신이 유도한 로렌츠 방정식을 수치적으로 풀고 그 결과를 출력해 두었다. 어느 날 그는 출력한 결과의 중간 정도의 한 값을 초깃값으로 입력하여 다시 계산을 해보기로 했다. 계산과정에서 일어나는 상세한 변화를 관찰하고 싶었기 때문이다. 선택한 새 입력값은 z=96.8530이었다. 컴퓨터가 계산을 끝마치기까지 상당한 시간이 걸렸기 때문에 로렌츠는 잠시 커피를 마시러 아래층으로 갔다가 한 시간 후에 되돌아왔고, 그사이 컴퓨터는 약 2달 정도의 날씨를 계산해 냈다. 로렌츠는 예전에 출력해 두었던 결과와 새로 계산한 결과를 비교해 보았다. 계산 결과의 초반부 값은 서로 거의 같았다. 그런데 얼마 후에 두 값은 마지막 자리에서 차이를 보이기 시작했다. 그 차이는 4일이 지날 때마다 2배씩 커지더니, 2달 후에는 완전히 다른 값이 되었다. 계산값은 원래 똑같아야 했지만, 결과는 완전히 달랐다.

당시 로렌츠가 사용하던 컴퓨터는 진공관 컴퓨터였는데, 계산을 많이 하면 진공관이 뜨거워져서 가끔 잘못된 계산을 하곤 했기 때문에 로렌츠는 진공관 컴퓨터의 잘못이 아닐까 하고 의심했다. 로렌츠는 서비스 센터의 엔지니어들에게 컴퓨터가 오작동했는지 확인하려고 했다. 하지만 자신의 실수일 수도 있기에 엔지니어를 만나기 전에 좀 더 세심하게 계산을 살펴보기로 했다. 로렌츠는 프로그램을 꼼꼼히 살펴보다가, 새로 계산할 때 입력값으로 선택한 z=96.8530의 6자리를 모두 입력하는 대신에 값을 반올림해서 z=96.8으로 입력하여 계산했다는 사실을 발견하였다. 소수점 이하 몇 자리는 버려도 큰 차이를 주지 않을 것으로 생각했다. 그런데 그것이 오산이었다. 컴퓨터에는 아무 이상이 없었으며 단지 입력값의 작은 차이 $z_{old}-z_{new}$=0.0530이 날씨 예측에 큰 차이를 주었다는 것을 깨달았다. 로

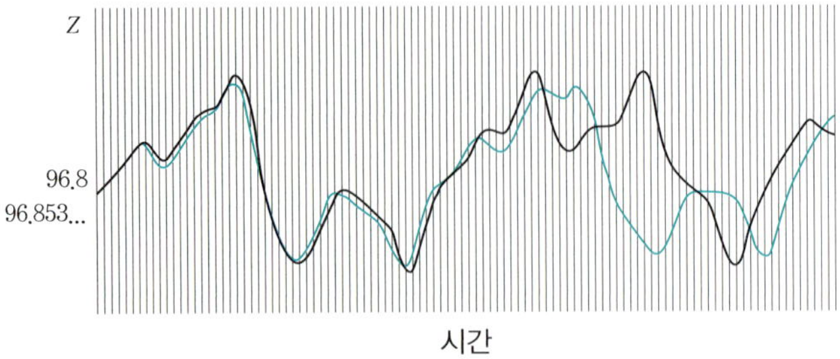

그림 4.4 로렌츠가 발견한 초기조건의 민감성. 초깃값의 작은 차이는 시간에 따라서 증폭되어 나중에는 전혀 다른 상태가 된다. 이를 나비효과(butterfly effect)라 한다.

렌츠가 계산했던 결과의 차이를 〈그림 4.4〉에 나타내었다. 초깃값의 작은 차이가 시간이 지날수록 크게 증폭하여 나중에는 전혀 다른 값이 되었다. 두 계산값은 전혀 다른 기후를 예보하고 있었다. 예를 들어 한 값은 2달 후에 맑은 날씨를 예측하지만, 다른 값은 비가 오는 날씨를 예측하는 식이었다. 로렌츠는 다른 변수들의 값에 작은 차이를 두어 여러 번 계산해 보았지만 같은 패턴을 관찰할 수 있었다. 이러한 결과는 선형 시스템에서는 예상할 수 없는 현상이었으며, 기후는 초깃값에 극도로 민감하다는 것을 깨달았다. 선형 시스템에서 초깃값의 작은 차이는 시간이 지나더라도 그 차이가 계속 유지되거나 줄어든다. 그런데 로렌츠 방정식은 xy 또는 xz 항과 같은 비선형 항을 포함하고 있는 비선형 미분방정식(nonlinear differential equation)이었다. 로렌츠가 방정식을 풀 때 고정값으로 놓았던 조절 매개변수의 값인 σ=10, ρ=28, β=8/3은 마침 비선형 동력학 시스템이 초기조건에 민감하게 반응하는 영역에 놓여 있었다. 어떤 면에서 로렌츠는 참 운이 좋았다고 할 수 있다. 그렇게 열악한 진공관 컴퓨터로 이런 결과를 얻었으니 말이다. 로렌츠는 이 결과를 1963년 《대기과학회지(Journal of Atmospheric Sciences)》에 〈결정론적 비주기 흐름(Deterministic Nonperiodic Flow)〉이란 제목으로 출판하였다(Lorenz 1963).

로렌츠의 발표를 들은 한 기상학자는 "갈매기의 날갯짓 하나만으로도 날씨의 흐름을 영원히 바꿀 수 있다"고 했다. 나비효과가 아니라 갈매기 효과(seagull's effect)라

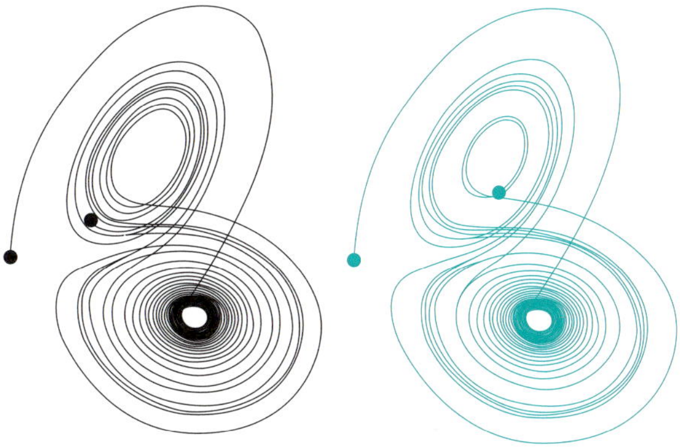

그림 4.5 로렌츠가 처음 관찰했던 로렌츠 방정식의 나비효과를 보여주는 그림. 초기조건의 사소한 차이는 비선형 동력학 시스템에서 미래에 크게 증폭되어 전혀 다른 결과를 준다.

고 할 수 있다. 나비효과(butterfly effect)란 용어는 1972년 로렌츠가 미국과학진흥협회 회의에서 발표할 논문의 제목을 고민하고 있을 때, 한 조직위원이 "브라질에서 나비의 날갯짓은 텍사스에서 토네이도를 일으킬까?(Does the flap of a butterfly's wings in Brazil set off a tornado in Texas?)"라는 제목을 제안하면서 처음 등장하였다. 그 이후 로렌츠의 발견을 나비효과라 부르게 되었다. 로렌츠는 자신의 발견을 혼돈 현상이라 부르지 않았다.

〈그림 4.5〉는 로렌츠 방정식에서 관찰한 '로렌츠 끌개(Lorentz attractor)'를 보여준다. 동력학에서 끌개(attractor)는 이웃에서 시작된 운동을 끌어당기는 점을 의미한다. 사회에서 사람을 끄는 능력이 있는 사람은 인간 끌개라 할 수 있다. 삼차원의 위상공간에서 끌개의 모습이 마치 나비의 두 날개 모양으로 생겼다. 사실 이 끌개가 나비 모양과 비슷한 것은 우연한 결과이다. 끌개는 동력학적 궤도가 시간에 따라 발전할 때 궤도를 끌어들이는 점 주변에서 움직이는 궤도들의 모습을 위상공간에서 그린 것이다. 로렌츠의 연구는 비선형 동력학 시스템에서 혼돈 현상의 가장 큰 특징 중의 하나인 '초기조건의 민감성(initial condition sensitivity)'을 보여준 첫 연구 결과였다.

이러한 초깃값의 작은 차이가 *지수 함수적으로* 증폭하는 현상은 혼돈의 가장 큰 특징이다. 반면 선형 시스템에서 초기조건의 차이는 미래에도 그 차이가 유지된다. 나비효과의 예로 들었던 "브라질 밀림의 나비 한 마리 날갯짓의 영향이 일주일 후에 뉴욕에 폭풍우를 일으킬 것이다"라는 문장은 혼돈 현상에서 작은 차이가 지수함수적으로 증폭된다는 것을 강조하기 위한 문장이다. 사실 혼돈 현상이 일어나기 위해서는 비선형 동력학 방정식의 조절변수가 혼돈 현상이 일어나는 영역에 있어야 하며, 모든 곳에서 같은 동력학 방정식과 조절변수를 가지고 있어야 한다. 그러나 지리적으로 멀리 떨어진 아마존 열대림과 뉴욕시 사이에서 기상 예측 방정식은 단일한 매개변수로 나타나지 않을 것이기 때문에 아마존 밀림에서 나비의 날갯짓은 뉴욕 날씨를 결정하지 못한다. 즉, 혼돈 시스템이 일관성 있게 유지되지 못하기 때문에 그러한 말은 의미를 띠지 못한다.

나비효과는 결정론적 세계관을 다시 생각해 보게 하는 계기가 되었다. 양자역학의 출현으로 미시세계에서는 '불확정성 원리' 때문에 미시 입자의 상태를 결정하는 데 한계가 있다는 사실을 알게 되었다. 그러나 거시 세계에서 일어나는 동력학 시스템은 뉴턴의 운동방정식처럼 결정론적 방정식에 의해 지배되므로 예측이 불확실할 리 없다고 여겨졌다. 그러나 나비효과가 발견됨으로써 로렌츠 방정식과 같은 결정론적 방정식에서도 미래를 예측하는 것은 불가능하다는 사실을 받아들여야만 했다.

현실 세계에서 초기조건을 알려면 측정을 해야 한다. 물체가 어디 놓여 있고, 얼마의 속도로 움직이기 시작하는지 알기 위해선 측정을 해야 한다. 그런데 측정하는 순간 우리는 측정 오차(error)를 피할 수 없다. 키를 재는 경우를 생각해 보자. 아침에 키를 재보니 170.5cm가 나왔다. 그러나 다른 사람이 잿을 때는 170.3cm가 나왔다. 내 키가 갑자기 0.2cm 줄어든 것일까? 그렇지 않다. 보통 막대 자의 눈금은 cm 단위로 눈금이 매겨져 있고, 0.1cm 눈금 사이에는 눈금이 새겨져 있지 않기 때문에 측정하는 사람이 어림해서 눈금을 읽는다. 이것 때문에 측정오차를 피할 수 없다. 우리는 측정 장치의 정밀도를 넘어서는 측정을 할 수 없으며 측정값의 마지막 자리에 오차가 있다. 달리 말하면 측정해서 값을 정할 때 우리는 참값을 알 수 없다는 뜻이다. 오로지 오차의 범위 내에서만 값을 정할 수 있다.

그런데 혼돈 현상을 보이는 동력학 시스템에서 초깃값의 작은 차이는 폭발적으로 증가하여 전혀 다른 미래 상태를 예견한다. 측정한 초깃값을 숫자로 표기하면 어쩔 수 없이 실수(real number)를 써야 한다. 실수로 표시한 값은 측정 장치의 정밀도 내에서 불확실성을 가지게 된다. 우리의 측정값은 사실 참값이 아니란 얘기다. 미래를 정확하게 예측하려면 참값을 초깃값으로 해야 하지만, 측정값은 참값에서 미세하게 벗어나 있다. 따라서 나비효과를 나타내는 혼돈 시스템에서 미래를 예측할 수 없게 된다. 〈그림 4.5〉처럼 처음에 비슷한 위치에서 출발했더라도 똑같은 시간에 미래는 전혀 다른 상태에 도달하게 된다. "*혼돈을 나타내는 시스템에서 결정론은 종말을 맞이했다.*"

4.3 비선형 동력학

로렌츠가 나비효과를 발견한 후 다양한 시스템에서 혼돈 현상이 관찰되었다. 혼돈 현상을 나타내는 비선형 진동자(nonlinear oscillator) 중에 더핑 진동자(Duffing oscillator)가 있다. 더핑 진동자는 감쇠(damping)하는 비선형 스프링에 매달린 물체의 진동을 묘사한다. 감쇠란 말은 에너지를 잃게 만들어 운동을 줄어들게 한다는 뜻이다. 강제로 구동(driven)하는 더핑 진동자 방정식은 비선형 방정식이다.

더핑 진동자는 〈그림 4.6〉과 같이 강제로 구동되고 에너지를 소모하는 감쇠가 있는 비선형 스프링 진동자이다. 이 진동을 지배하는 식에는 선형적인 스프링 힘과 비선형 힘이 들어 있다. 일상생활에서 보는 스프링은 조금 늘렸다 놓으면 조금 진동하다가 원래 상태로 되돌아간다. 이런 스프링을 탄성 스프링(elastic spring)이라 한다. 탄성 스프링이 받는 힘은 스프링의 늘어난 길이에 비례하는 복원력(restoring force)을 받는다. 이러한 복원력을 훅의 법칙(Hook's law)이라 한다. 탄성 스프링에서

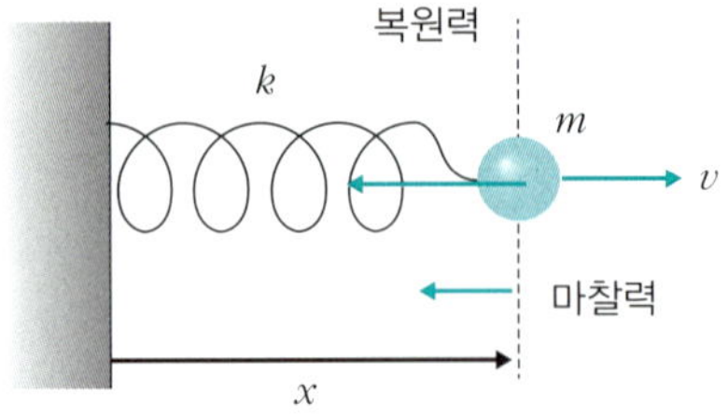

그림 4.6 마찰력을 받는 감쇠 진동자를 강제로 구동시킨 더핑 진동자. 질량 m인 물체를 사인함수 힘으로 강제 구동시킨다.

늘어난 길이를 x라고 하면 스프링의 복원력은 $-kx$와 같이 선형 복원력을 받는다. 그런데 〈그림 4.6〉의 스프링은 선형 복원력 외에 비선형 힘을 포함하고 있다. 선형 탄성력과 비선형 복원력을 함께 받으면, 물체의 운동은 좀 더 복잡해진다. 복원력 이외에 물체가 움직이는 동안 마찰력을 받기 때문에 복원력을 감소시키는 힘이 추가로 작용한다. 이러한 마찰력은 감쇠 항이라 한다. 마찰력은 물체가 움직이는 방향에 반대로 작용하며, 더핑 진동자에서 마찰력의 크기는 물체가 움직이는 속도의 크기에 비례한다. 즉, 물체의 속력이 커지면 비례해서 마찰력도 커진다. 마찰력은 물체의 진동을 지속적으로 줄이는 역할을 한다. 물체를 잡아 늘였다가 놓으면, 물체는 복원력을 받아 진동하다가 마찰력 때문에 에너지가 소모되어 결국 멈추게 될 것이다. 이렇게 복원력과 마찰력만 있는 운동은 물체가 최종적으로 멈추기 때문에 운동이 복잡하지 않다.

그런데 외부에서 흔들어 주는 힘을 가하면 물체는 더 흥미 있는 운동을 한다. 물체를 외부에서 흔들어 주는 힘을 구동 힘(driven force)이라 부르고, 보통 사인함수 모양으로 진동하는 구동 힘을 가한다. 〈그림 4.7〉은 구동 힘으로 흔들어 주는 더핑 진동자의 운동방정식을 컴퓨터를 이용하여 수치적으로 풀어 나타낸 것이다. 가로축은 시간이고 세로축은 직선 위에서 움직이는 물체의 위치이다. 처음에 아무런 힘이 작용하지 않았을 때 물체가 있던 곳의 위치는 $x=0$이다. 〈그림 4.7〉은 더핑 진자가 혼돈 영역에서 진동할 때의 진동 모습을 나타낸 것이다. 어떤 주기성도 없으며

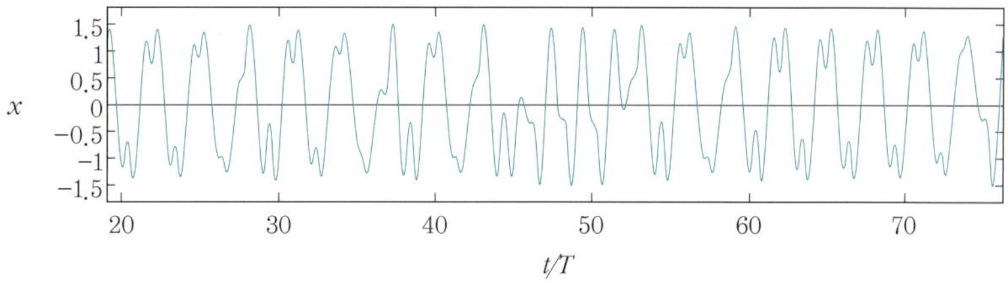

그림 4.7 더핑 진동자가 혼돈 영역에서 진동하는 모습. 주기성을 찾을 수 없다.

진동은 매우 무질서하게 일어나는 것처럼 보인다. 운동이 혼돈 영역에 있지 않으면 진동은 상당히 규칙적으로 보인다.

진동하는 진자의 운동에서 마찰력과 구동 힘이 없고 오직 탄성력만 있을 때 물체의 진동을 생각해 보자. 마찰력과 같은 감쇠 힘이 작용하지 않으면 에너지 손실이 없다. 따라서 진동은 무한히 반복되고 자신의 고유한 진동수로 진동하는데 이러한 진동수를 고유진동수(natural frequency)라 한다. 진동수와 진동의 주기는 역수 관계이다. 진동 주기는 한 지점에서 시작한 진동이 다시 똑같은 상태로 되돌아올 때까지의 시간이다. 예를 들면, 놀이터에서 그네를 탈 때 한번 띄운 그네가 다시 원위치로 되돌아오기까지의 시간이 주기이다. 이 주기의 역수가 진동수이다. 더핑 진자처럼 진자를 강제로 구동시키면 고유진동수와 구동 힘의 구동 진동수(driven frequency)가 서로 경쟁하게 된다. 구동 진동수가 다행히 고유진동수와 일치한다면 진동은 더 강하게 일어나서 공명(resonance) 현상이 일어난다. 그네를 밀어줄 때 밀어주는 타이밍이 잘 맞아야 그네가 더 크게 진동하는데, 이 현상이 바로 공명이다.

비선형 강제 진동을 하는 더핑 진동자는 시스템 내부의 고유한 물리적 속성인 물체의 질량, 스프링 상수, 비선형 스프링 상수, 마찰력의 감쇠 상수가 외부의 강제 진동 속성인 강제로 밀어주는 진동의 진폭, 구동 진동수, 구동 진동의 위상 등의 조건에 따라서 운동의 양상이 완전히 달라진다. 진동은 주기적인 진동에서 완전히 규칙이 없는 혼돈적인 운동으로 전이가 일어날 수 있다.

• 푸앵카레 단면

동력학적 시스템의 운동은 물체의 위치와 선운동량(=질량×속도)을 좌표로 가지는 위상공간(phase space) 또는 상태공간(state space)에서 살펴보면 편리하다. 위상공간이란 말은 물리학자가 선호하고, 상태공간은 수학자가 선호하는 용어지만 서로 같은 말이다. 〈그림 4.7〉과 같은 일차원 진자에서 위상공간은 가로축이 위치이고 세로축이 선운동량인 직각좌표계이다. 물체의 운동을 기술하는 자유도가 증가하면 위상공간의 좌표 수가 늘어나기 때문에 고차원 위상공간에서 운동을 생각해야 한다. 〈그림 4.8〉은 독립적인 좌표가 3개인 위상공간에서 물체의 운동 궤도를 실선으로 나타내었다. 좌표의 수가 3개이면 3차원에서 그림을 그려서 물체의 운동을 파악할 수 있지만, 좌표의 수가 3개 이상이면 4차원 이상의 위상공간을 생각해야 하므로 물체가 어떻게 운동하는지 파악하기 어렵다.

혼돈 현상을 파악하는 한 가지 방법은 동력학적 운동을 한 차원 낮은 단면에 투영하여 보는 것이다. 〈그림 4.8〉은 동력학적 운동을 투영한 푸앵카레 단면(Poincare section)을 나타낸 그림이다(Hilborn 1994). 〈그림 4.8〉에서 3차원 공간보다 한 차원 낮은 푸앵카레 단면인 2차원의 네모난 면을 설정하였다. 물체가 운동할 때 운동 궤도가 푸앵카레 단면의 뒤쪽에서 앞쪽으로 뚫고 나올 때 단면과 만나는 곳에 점을 찍는다. 〈그림 4.8〉에서 주기적인 운동은 푸앵카레 단면에서 유한한 개수의 점을 지

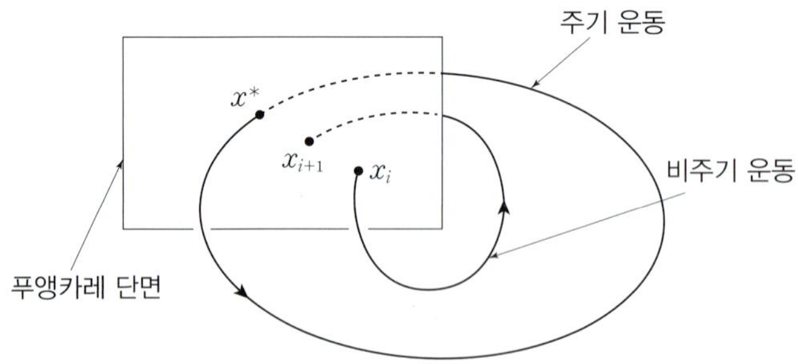

그림 4.8 푸앵카레 단면. 주기 운동과 비주기 운동이 푸앵카레 단면을 지나가는 모습

나게 된다. 운동의 궤도를 푸앵카레 단면에 투영하여 보았을 때 유한한 개수의 점만 찍히면, 그 운동은 주기 운동(periodic motion)이다. 궤도의 운동이 비주기적이면 푸앵카레 단면에 무수히 많은 점이 찍힌다. 우리는 푸앵카레 단면에서 점의 수를 보고서 운동이 주기적 운동인지, 비주기적 운동인지 판단할 수 있다.

혼돈 현상은 다양한 비선형 진동자에서 관찰되었다. 특히 심장의 박동이나 신경세포의 전기신호 발화 현상에서 혼돈이 일어난다. 자연계에서 주기적 운동, 혼돈 운동, 무질서한 운동은 서로 넘나들면서 서로 공존한다. 한창 글릭의 《Chaos》가 인기를 끌었을 때, 한 가전회사는 카오스 세탁기라는 제품을 내놓았다. 아마도 모터가 혼돈적인 비주기 운동을 하도록 설계되었을 것이다. 모터가 혼돈 영역에서 동작해야 세탁을 잘할 수 있는지 궁금하다.

4.4 낙숫물과 혼돈

카이스트 물리학과는 전통적으로 석사 1년 차에 모든 학생이 필수적으로 실험과목을 이수해야 했다. 이론 물리학을 전공하든 실험 물리학을 전공하든 상관없이 모든 학생은 실험과목을 2학기 동안 이수해야 했다. 이는 매우 혁신적인 전통이었다. 카이스트 물리학과 설립에 주도적인 역할을 하신 고(故) 이상수 교수님이 영국 킹스칼리지 런던의 모형을 우리나라에 이식한 것이다. 실험주제는 각 연구실의 주요 연구 주제에 스스로 발굴한 프로젝트로 구성되었으며, 실험은 매주 돌아가면서 조별로 실시되었다. 필자는 이론 물리학을 전공했지만, 이때의 전문적인 실험은 많은 도움이 되었다. 석사 2차 학기에는 팀 프로젝트로 실험을 수행했는데 한 학기 내내 전문적이고 강도 높은 실험을 처음부터 끝까지 완수해 내야 했다. 우리 팀은 카이스트에서 석박사과정을 공부하는 동안 절친한 사이가 된 김종* 박사와 윤용* 박사를 포함한 4명으로 구성되었다. 그때 택한 주제가 당시 뜨거운 주제였던 혼돈 현상

그림 4.9 수도꼭지 물방울 낙하 실험에 사용했던 IBM 286 XT 개인용 컴퓨터와 같은 기종의 컴퓨터

이었다. 우리는 한 학기 안에 끝낼 수 있으면서 실험 과정을 통해 많은 것을 배울 수 있는 '수도꼭지 물방울의 혼돈 현상(chaos of a dripping faucet)'이라는 주제를 선택했다. 달리 말하면 '낙숫물의 혼돈 현상'을 탐구하는 것이었다. 실험 자체는 개념적으로 매우 쉬웠지만, 실험 결과를 컴퓨터 인터페이스로 얻어야 했다는 어려움이 있었다. 요즘은 검출기에서 아날로그 신호를 쉽게 컴퓨터로 받아들이는 다양한 키트나 장치들이 있지만, 1987년에는 그런 장치들이 거의 없었다. 우리는 〈그림 4.9〉와 같은 IMB XT 286 PC(128KB RAM, 360KB 5.25인치 플로피 디스크)를 이용하여 광센서에서 발생하는 전기신호를 기계어 프로그램으로 받아들이도록 하였다. 물론 혼돈 이론을 병행해서 공부하였다.

〈그림 4.10〉과 같이 수도꼭지를 살짝 열면 물방울이 수도꼭지에 맺혀 떨어진다. 수도꼭지를 아주 조금 열면 물방울은 똑같은 시간 간격으로 떨어진다. 우리는 물방울이 떨어지는 시간 간격을 광원, 포토다이오드 광센서, 컴퓨터 인터페이스로 컴퓨터에 기록하고 물방울이 떨어지는 시간을 자동으로 기록하였다. 당시에는 오늘날과 같이 PC가 대중화되지 못했다. 우리 연구실에 있던 컴퓨터에 AC-DC 컨버터를 설치하고 광센서와 연결한 다음 컴퓨터에 신호를 입력하였다. 컴퓨터에 들어온 입

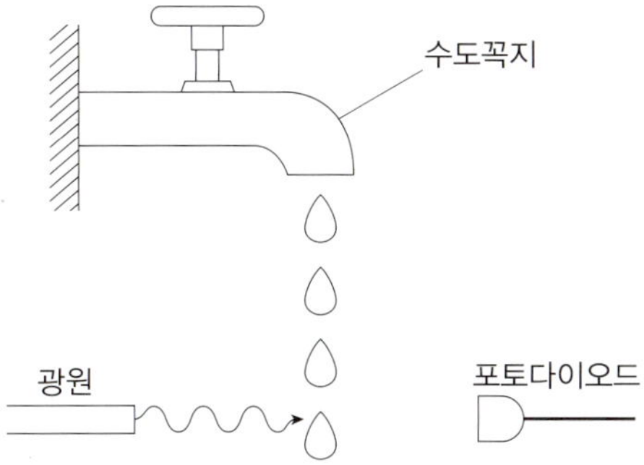

그림 4.10 수도꼭지 물방울 낙하 실험. 수도꼭지에서 떨어지는 물방울의 시간 간격은 수도꼭지의 물의 양을 조금씩 증가시키면 물방울이 규칙적으로 떨어지다가 주기가 늘어나면서 혼돈 상태에 도달한다. 대표적인 주기 배가 혼돈 루트를 따른다.

력 신호는 베이직 언어(Basic language)를 이용하여 읽어냈다. 대학 다닐 때 우리는 컴퓨터를 거의 사용해본 경험이 없으며, 베이직 언어, 컴퓨터 인터페이스를 할 줄 몰랐기 때문에 모르는 것들은 팀원 전체가 서로 공부하여 같이 배웠다. 그러면서 다른 과목 교수님들이 내준 많은 과제를 병행해야 했으므로 시간이 많이 소요되는 실험과목은 사실 매우 버거웠다. 우리는 저녁 늦게까지 실험을 완수하기 위해 많은 밤들을 지새웠다. 다행히 우리는 손발이 잘 맞는 팀이었다. 김종* 박사는 센서, 컴퓨터 인터페이스를 잘 다루었고, 윤용* 박사는 베이직 제어 프로그램을 잘 다루었으며, 필자는 혼돈 이론을 열심히 공부하면서 실험 결과를 베이직 프로그램으로 분석하고 그림으로 그리는 일을 했다. 이런 하드워크는 우리로 하여금 다양한 문제를 독립적으로 탐색할 수 있는 능력을 키울 수 있게 했다. 특히 카이스트는 주어진 주제를 자율적으로 해결하고 모든 실험을 해나가게 하는 데 재정적, 물질적 지원을 아끼지 않았다. 카이스트는 국가 세금으로 운영하는 기관이었기 때문에 카이스트 출신 과학자들은 철두철미한 봉사의 마음을 배양하고 있었다. 필자처럼 가난한 학생도 카이스트에서 먹고 자면서 생활하는 데 지장을 받지 않고 공부와 연구에만 매진할 수 있었다. 덕분에 개인적으로 혼돈과 복잡계 이론을 공부할 기회를 잡을 수 있었다.

수도꼭지에서 혼돈 현상을 목격할 수 있다니 재미있지 않은가? 수도꼭지에서 물방울 떨어짐은 다음 장에서 설명할 로지스틱 사상의 주기 배가 방식과 같은 방식으로 혼돈으로 들어간다. 사실 물방울이 떨어지는 현상을 과학적으로 기술하기란 그리 쉬운 문제가 아니다. 얼핏 당연해 보이는 현상들도 과학적으로 묘사하려면 어려워지는 경우가 많다. 물방울이 떨어지는 시간은 물방울이 광원과 광감지기 사이를 지나갈 때 전기회로에 발생하는 신호로 측정한다. 이 신호를 감지한 시간을 T_i라 하자. 다음 물방울이 떨어질 때 시간 T_{i+1}을 측정한다. 두 물방울 사이의 시간 간격 $t_i=T_{i+1}-T_i$을 측정한다. 광감지기를 사용하지 않으면 물방울이 떨어지는 지점에 마이크로폰을 설치한 후 소리 감지기를 설치하여 물방울 떨어지는 소리가 날 때 시간을 측정할 수 있다. 이렇게 측정한 시계열 $t_1, t_2, \cdots, t_n, \cdots$을 생각해 보자. 수도꼭지가 조금 열리면 이 시계열은 주기적이다. 즉 물방울은 규칙적으로 떨어진다. 수도꼭지를 조금씩 더 열면 물방울이 떨어지는 시간 간격이 2주기, 4주기, 8주기와 같이 주기성이 증가한다. 집에서 수도꼭지를 열고 물방울 떨어지는 소리에 귀를 기울여 보자. 그러면 필자가 말한 주기성을 발견할 수 있을 것이다. 그러다 어느 순간에는 주기성이 사라지면서 혼돈상태가 되고 말이다. 우리는 물방울 혼돈실험으로 로렌츠와 메이가 발견했던 혼돈 현상을 재현하고 그 원리를 배울 수 있었다.

4.5 끌개 지형

로렌츠 방정식이나 비선형 더핑 진동자 방정식은 시간에 따라서 변수들이 변하는 동력학 시스템(dynamical system)이다. 힘을 받아서 움직이는 동력학 시스템의 안정성에 관한 연구는 뉴턴 역학이 발견된 이후 꾸준히 발전하였다. 동력학의 안정성에 대한 획기적인 진전은 러시아의 수학자 알렉산드르 리아프노프(Alexandr Lyapunov,

1857-1918)에 의해서 발견되었다. 리아프노프는 1892년 모스크바 대학교에 제출한 박사학위 논문 〈운동의 안정성에 대한 일반적 문제(The general problem of the stability of motion)〉에서 처음으로 운동방정식을 선형화(linearization)하여 안정성을 논의하였다. 이 논문에서 나온 지수를 1992년에 리아프노프 지수(Lyapunov exponent)라 부르게 되었다(Lyapunov 1992).

동력학 시스템은 앞에서 소개한 위상공간에서 표현할 수 있다. 로렌츠 방정식에서 (x,y,z)로 이루어진 공간이 위상공간이다. 일차원에서 움직이는 입자의 위상공간은 입자의 위치와 입자의 속력이 된다. 입자의 위치를 x, 입자의 속력을 v라고 하면 (x,v)가 2차원의 위상공간이 된다. 〈그림 4.11〉은 이차원 공간에 놓인 두 벡터 $r_1(t)$와 $r_2(t)$가 시간에 따라서 변하는 것을 나타낸 것이다. 이차원 벡터 $r=(x,y)$는 두 값으로 나타낼 수 있다. 시간이 $t=0$인 초기 상태에서 두 벡터 사이의 거리는 $\delta(0)=|r_2(0)-r_1(0)|$이다. 두 벡터는 같은 동력학 방정식을 따르지만 초깃값이 조금 다르다. 동력학 시스템이 선형(linear)이면 초깃값의 작은 차이는 그 차이가 계속 유지되면서 진화한다. 한편 시스템이 비선형 시스템이면 이야기가 달라진다. 로렌츠 방정식에서 시스템이 혼돈적인 영역에 있을 때 초깃값의 매우 작은 차이는 두 시스템에서 어떻게 발전할까? 비선형 시스템이 혼돈 영역에 있을 때 상태공간에서 이웃한 두 벡터의 멀어지는 크기를 생각해 보자. 리아프노프는 시간에 따른 두 궤도의 차이 $\delta(t)=|r_2(t)-r_1(t)|$을 계산했다. 계가 선형일 경우 $\delta(t)\approx\delta(0)$이다. 즉, 시간이 지나도 차이에 큰 변화가 없다. 반면 시스템이 혼돈 영역에서 진화할 때 $\delta(t)=\delta(0)\exp(\lambda t)$와 같이 지수 함수적으로 멀어진다. 리아프노프 지수 λ가 양수 $\lambda>0$이면, 초깃값의 작은 차이가 시간이 지나면서 지수 함수적으로 늘어난다(exponential diverging). 물론 궤도가 서로 멀어지는 현상은 위상공간에서 일어난다. 리아프노프는 지수 λ 값을 가지고 궤도의 안정성을 판단하였다. 지수 λ가 음수 $\lambda<0$이면 시간이 지남에 따라서 두 궤도는 서로 접근한다. 반대로 혼돈 현상에서 리아프노프 지수가 양수 $\lambda>0$이면 동역학계는 혼돈상태에 있다고 한다.

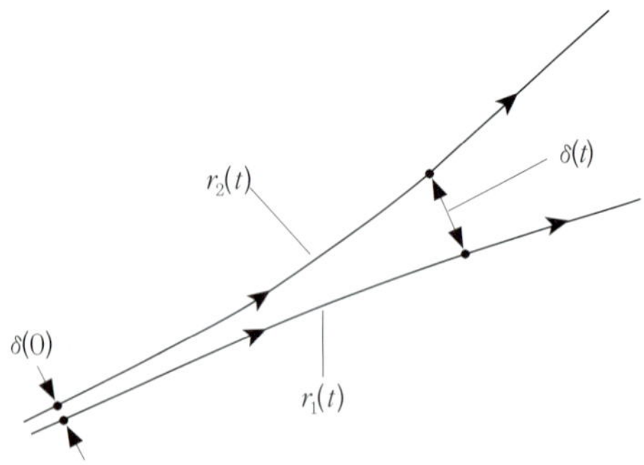

그림 4.11 **리아프노프 지수.** 시간 t=0일 때 이웃해 있는 두 궤도의 차이는 $\delta(0)=|r_2(0)-r_1(0)|$이다. 혼동 현상을 나타내는 동역학계는 이 차이가 시간이 지나면서 지수 함수적으로 커진다. 즉, $\delta(t)=|r_2(t)-r_1(t)|=\delta(0)e^{\lambda t}$이고 리아프노프 지수 $\lambda>0$이면 계는 혼돈상태에 있다.

동역학계 외부에서 에너지가 공급되지 않고 내부에서 에너지 소실이 일어나지 않으면 시스템의 총에너지는 일정하다. 이를 에너지 보존법칙(conservation law of energy)이라 한다. 만약 마찰력과 같은 힘이 작용하면 에너지 소실이 일어나는데, 이때에는 시스템의 에너지가 줄어든다. 마찰이 있는 수평면에서 움직이는 물체는 결국 운동에너지를 모두 잃고 멈춘다. 동역학계에서도 비슷한 현상이 일어난다. 시스템의 에너지 소실이 있고 외부에서 에너지가 공급되지 않으면 시스템의 에너지가 모두 소실되어 운동이 멈추게 된다. 일단 시스템이 멈추면 외부에서 시스템을 건드려 에너지를 공급해 주지 않는 한 더 이상 움직이지 않는다. 이때 궤도의 변화가 없으므로 $dx(t)/dt=0$이 된다. 이렇듯 동력학 변수의 변화가 더 이상 일어나지 않는 상태에 놓인 점을 생각해 볼 수 있다. 만약 동역학계의 진화 방정식이 $dx(t)/dt=f(x)$을 따른다면 변화가 일어나지 않는 상태에서 $f(x)=0$을 만족하는 점을 $x=x^*$라 하자. 이러한 점들의 집합을 고정점(fixed point)이라 한다. 고정점은 그야말로 위상공간에서 $dx(t)/dt=0$이므로 동력학적 발전이 일어나지 않는 점이다. 즉, 시간에 따라서 변화가 일어나지 않고, 시간이 지나도 값이 일정하게 유지된다. 동역학계를 이해할 때 고정점을 구하고 고정점 주변에서 궤도의 운동을 살펴보는 것이 중요하다.

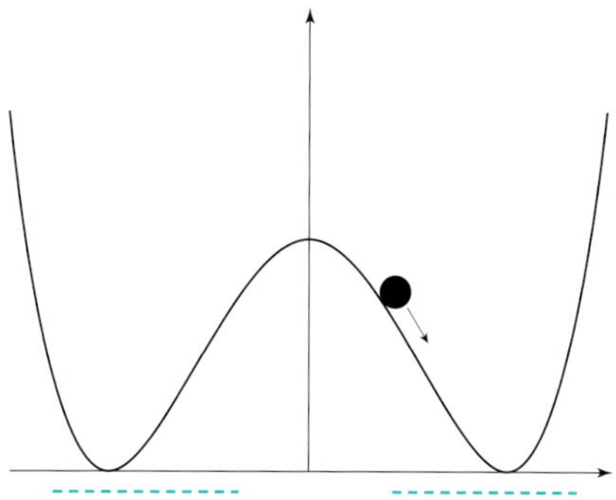

그림 4.12 같은 깊이의 두 계곡이 있는 모습. 매끄러운 표면을 가진 계곡에서 구슬이 움직이는 상태를 나타냈다.

〈그림 4.12〉와 같이 깊이가 같은 두 계곡이 하나의 언덕과 높은 절벽으로 둘러싸여 있는 경우를 생각해 보자. 계곡의 한 지점에 그림과 같이 구슬 하나를 가만히 놓으면 구슬은 계곡을 굴러 내려가다가 오른쪽 절벽 쪽을 만나 올라가고 다시 굴러 내려올 것이다. 계곡의 표면에 마찰이 없으면 구슬은 빗금 친 영역 사이를 벗어나지 못한 채 끊임없이 왕복한다. 반면 표면에 마찰이 있으면 구슬은 왕복 운동을 여러 번 하다가 결국 계곡의 가장 낮은 바닥에서 멈춘다. 구슬이 멈추는 곳이 안정평형점(stable fixed point)이다. 구슬을 왼쪽 계곡에서 똑같이 굴리면 구슬은 왼쪽의 빗금 친 영역에서 왕복 운동을 할 것이다. 볼록한 언덕 꼭대기보다 낮은 지점에서 구슬을 굴리면 구슬은 계곡의 바닥으로 끌려간다. 따라서 계곡의 바닥 점은 구슬을 끌어당기는 '끌개(attractor)'이고, 점선 영역을 '끌개 유역(basin of attraction)'이라 부른다(Ott 2006).

계곡에서 구슬의 움직임과 비슷한 문제로 〈그림 4.13〉의 이중 우물의 위치에너지를 생각해 보자. 이중 우물의 위치에너지는 $+x_0$와 $-x_0$에서 깊이가 가장 깊고, 깊이가 같다. 위치에너지와 입자가 받는 힘은 $F(x)=-dV(x)/dx$인 관계가 있다. 즉, 입자가 받는 힘은 위치에너지 함수의 기울기에 마이너스를 붙인 것이다. 즉 위치에너지의 가파른 정도인 기울기가 입자가 받는 힘의 크기에 비례한다. 마이너스 부호는 힘의 방향이 높은 위치에너지에서 낮은 위치에너지 쪽으로 작용한다는 뜻이다. 산에 올라가면 높이 올라갈수록 중력 위치에너지가 증가한다. 따라서 산에서 돌멩이나 사람을 굴러 내리게 하는 힘은 위치에너지가 낮은 산 아래쪽으로 작용한다. 이중 우물에서 위치에너지가 가장 낮은 점인 $+x_0$와 $-x_0$에서 기울기가 영이므로 입자가 이점에 있으면 힘을 받지 않는다.

이중 우물에 놓인 입자의 에너지를 줄어들게 하는 마찰력이 없다면 역학 에너지는 일정한 값을 유지한다. 역학 에너지는 입자의 운동에너지와 위치에너지의 합이다. 위치에너지는 입자가 어떤 위치에 있는가에 따라서 결정되는 에너지이다. 반면 운동에너지는 입자의 속력에 의존한다. 질량 m인 입자가 속도 v을 가질 때 입자의 운동에너지는 $K=mv^2/2$이다. 즉 입자의 운동에너지는 입자 속력의 제곱에 비례한다. 절벽 위에서 질량 m인 물체를 떨어뜨리면 위치에너지가 줄어드는 양만큼 운동에너지가 늘어난다. 위치에너지를 $U(x)$라 표현하면 역학 에너지(mechanical energy) E는 '$E=K+U=$일정'을 '역학 에너지 보존법칙'이라 한다. 입자에 마찰력이 작용하면 역학 에너지가 마찰력에 의해 에너지 소실(energy dissipation)되므로 물체가 운동하는 동안 역학 에너지는 계속 줄어든다. 결국 역학 에너지는 모두 소실되어 $E=0$인 상태가 된다. 즉 물체는 결국 멈춘다. 소실된 에너지는 환경의 온도를 올리는 것으로 변한다. 〈그림 4.13〉은 마찰력이 없는 상태에서 입자가 이중 우물 위치에너지에 해당하는 힘을 받을 때 입자의 운동 상태에 따른 끌개 유역을 나타낸 것이다. 그림에서 끌개 유역들은 입자의 역학 에너지와 입자의 초기 위치에 따라 정해진다. 입자가 운동을 시작할 때 입자의 초기 위치 $x(0)$와 초기 속력 $v(0)$을 초기조건(initial condition)이라 한다. 초기조건이 주어지면 역학 에너지 $E=mv^2(0)/2+U(x(0))$이므로 역학 에너지값이 결정된다. 끌개 유역은 입자의 초기조건을 다양한 값으로 변화시키면서 위상공간에서 운동이 끌리는 영역을 나타낸 것이다. 〈그림 4.13 (b)〉에서 빗금친 궤도는 오른쪽 우물에 갇혀서 운동하는 궤도를 나타낸 것이다.

혼돈 현상이 큰 반향을 불러온 이유는 시스템의 설명에 필요한 독립적인 좌표

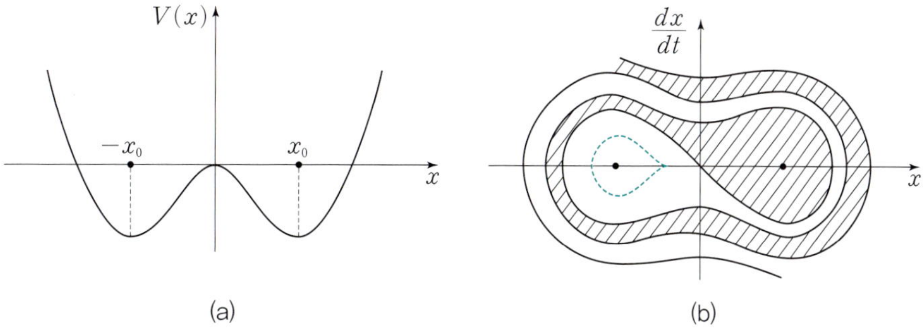

그림 4.13 위치 x에만 의존하는 (a) 이중 우물 위치에너지 함수의 모습과 (b) 끌개 유역. 빗금 친 영역은 고정점 $+x_0$의 끌개 유역이고 흰색 영역은 $-x_0$의 끌개 유역이다. 점선은 왼쪽 우물에서 갇혀서 운동하는 궤도를 나타낸다.

수인 자유도(degree of freedom)가 *몇 개 되지 않아도* 예측할 수 없는 동력학적 현상이 발생한다는 사실 때문이다. 그러면 연속적인 미분방정식으로 표현되는 동력학 방정식의 자유도가 몇 개 이상일 때 혼돈 현상이 발생할까? 물리학자와 수학자들의 연구에 따르면 동력학 방정식을 독립적인 1차 미분방정식으로 나타냈을 때 자유도가 세 개 이상이면 혼돈 현상이 발생할 수 있다. 로렌츠 방정식은 자유도가 3개인 1차 미분방정식이다. 따라서 비선형 로렌츠 방정식은 혼돈 현상을 일으킬 수 있었다.

5장
/
혼돈 길

혼돈 현상에 대한 연구가 진척되면서 혼돈에 대한 이해의 폭이 넓어졌다. 혼돈의 놀라운 점은 독립변수가 몇 개 되지 않는데도 비주기적 운동이 발생한다는 것이다. 앞에서 연속적인 미분방정식으로 표현되는 동력학 시스템에서 혼돈 현상을 살펴보았다. 시스템이 혼돈을 나타내기 위해서는 무엇보다도 비선형 항(nonlinear term)이 필수적이며, 독립적인 1차 미분방정식이 세 개 이상 있어야 한다. 또한 동력학 방정식에 포함된 조절변수들이 혼돈 영역에 있어야만 혼돈 현상이 일어난다. 로렌츠 방정식은 운이 좋게도 세 개의 1차 미분방정식으로 표현되었고, 비선형 항을 포함하고 있었기 때문에 혼돈 현상이 일어났다. '혼돈'이란 말이 본격적으로 쓰이기 시작한 것은 로버트 메이(Robert May, 1936-2020)가 인구 동력학 모형에서 혼돈 현상을 발견한 이후이다. 로렌츠 방정식이 단 세 개의 변수로 표현되는 단순한 결정론적 식이었지만, 메이가 발견한 로지스틱 사상(logistic map)은 단 한 개의 변수로 이루어졌으며, 결정론적인 점화 방정식으로 표현되었다.

동력학 시스템이 주기적 운동에서 혼돈상태로 전이하는 방법은 여러 가지가 있다. 주기 운동이 혼돈 운동으로 변하는 방식을 '혼돈 길(route to chaos)' 또는 '카오스 루트'라고 부른다. 대표적인 혼돈 길은 1) 갈래질(bifurcation), 2) 간헐성(intermittency), 3) 크라이시스(crisis), 4) 준주기 루트(quasi-periodic route) 등이 대표적이다. 우리는 모든 루트를 다 살펴볼 수는 없으므로 갈래질과 간헐성 위주로 혼돈의 길을 살펴볼 것이다.

5.1 빵 반죽 원리

결정론적 동력학에서 혼돈 현상이 일어나는 방식은 여러 가지가 존재한다. 혼돈 현상은 점화식(iterative equation)으로 표현되는 불연속적인 사상(discrete map)이나 연속적인 변화를 나타내는 비선형 미분방정식에서 볼 수 있다. 결정론적인 동력학을 이해하기 위해서 간단한 일차원 사상을 고려해 보자. 먼저 텐트 사상(tent map)을 생각해 보자. 이름에서 드러나듯이 이 사상을 그림으로 그리면 텐트 모양이다(Hilborn 1994). 텐트 사상의 한 표현은 $x_{n+1}=1-2\left|x_n-\frac{1}{2}\right|$이며, 여기서 $|\cdot|$는 절댓값을 뜻한다. 〈그림 5.1〉은 텐트 사상을 그림으로 나타낸 것이다. 이 사상은 점화식 사상으로 x_n 값을 주면 그에 따라서 x_{n+1}이 결정론적으로 정해진다. 앞의 값을 입력하면 다음 값이 나오는 식이다. 계산한 값이 음수가 되면 양수로 바꾸어 준다. 요즘 컴퓨터 프로그램을 많이 사용할 때 $x \leftarrow x+1$과 같은 계산과 비슷하다. 따라서 일차원 사상은 컴퓨터로 계산하기 쉽다.

〈그림 5.1(a)〉은 텐트 사상을 나타낸 것이다. 텐트 사상은 초깃값 x_0로부터 시작하여 계속해서 값을 생성한다. $x_0<0$이면 텐트 사상에서 얻은 시계열은 계속 감소

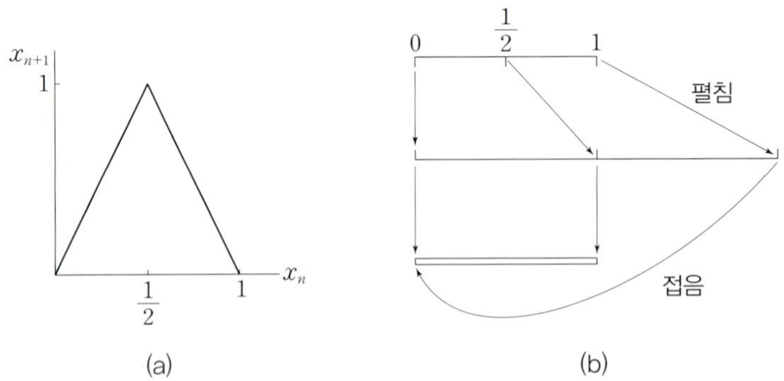

그림 5.1 텐트 사상. 단위 길이에 놓인 값은 늘이고 접어서 다음번 값을 결정한다. 펼쳐서 길이가 1을 넘는 부분은 다시 접어서 길이가 1보다 작게 한다. (a) 텐트 사상의 함수 모양. (b) 텐트 사상은 펼치고 접는 과정과 같다.

하여 $-\infty$ 방향으로 진행한다. 반면 $x_0>1$이면 얻은 시계열은 비례하여 커지면서 ∞로 진행한다. 초깃값이 $0\leq x_0\leq 1$이면 텐트 사상에서 얻은 시계열은 항상 [0,1] 구간으로 제한된다. 따라서 우리는 텐트 사상을 [0,1] 영역으로 국한하여 살펴본다.

텐트 사상은 펼치고 접는 과정으로 생각할 수 있다. 〈그림 5.1 (b)〉에 펼치고 접는 과정을 나타내었다. 초깃값 $x_0=0.3$이면 $x_1=0.6$이 되어 길이가 2배 늘어났다. 이 과정을 늘임 과정(stretching process)이라 한다. 텐트 사상은 시계열이 [0,1] 사이에 묶여(bounded) 있어야 하므로 길이가 계속 늘어날 수 없다. 시계열을 나열해보면 $x_0=0.3$, $x_1=0.6$, $x_2=0.8$, $x_3=0.4$, …이다. $x_1=0.6$일 때 x_2를 구하는 과정을 보면 식 (5.1)의 오른쪽 계산 시 $2x_1=2\times 0.6=1.2$가 [0,1]의 범위를 넘어간다. 늘임 과정에서 제한된 범위를 넘어가면 다시 x_2를 [0,1]인 제한된 구간으로 되돌리기 위해서 접는 과정(folding process)이 필요하며 그러한 예를 〈그림 5.1 (b)〉에 그려놓았다. $x_2=1-2|0.6-0.5|=1-0.2=0.8$이 되어 제한구간 [0,1]로 되돌린다. 접는 사상에서 함수는 역함수가 없는 상태가 된다. 즉, x_{n+1} 값을 주면 x_n이 유일하게 정의되지 않기 때문에 역함수를 구할 수 없게 된다. 이러한 텐트 사상은 빵 반죽을 펼치고 뭉치는 과정과 비슷하므로 빵 반죽 사상이라고도 부른다. 여러 색깔의 빵 반죽을 일렬로 늘어놓은 다음 빵 반죽을 펼쳤다 뭉치기를 반복하면 빵 반죽에 이상한 색깔 무늬가 형성되는 것을 볼 수 있다. 이렇게 빵 반죽하는 과정은 텐트 사상과 유사하다. 일차원 비선형 사상에서 혼돈이 나타나기 위해서는 사상이 다음과 같은 성질이 있어야 한다.

1) 사상은 비선형이다.
2) 사상은 늘리는 과정이 있다.
3) 사상은 접는 과정이 있다.
4) 사상은 시계열을 제한된 구간에 머물게 한다.
5) 역함수가 없는 사상이다.

이러한 성질을 가지는 다양한 사상들이 존재하며 그중에서 일차원 비선형 사상에서 혼돈 현상을 가장 먼저 발견한 모형을 살펴보자. 그러한 사상은 1970년대 초에 이론물리학으로 박사를 취득하고 이론 생물학 분야로 영역을 넓힌 로버트 메이에 의해서 발견되었다. 사람의 인생도 펼침과 접는 과정의 연속인 것 같다. 어떨 때는 일이 잘 풀리지 않고 정체되거나 심지어 축소되기도 하지만 어느 순간에는 일이 순조롭게 풀려서 멀리까지 뻗어나갈 수 있다. 어느 정도 결실을 보면 다시 접어서 내일을 기약한다.

5.2 갈래질

갈래질 혼돈 길(bifurcation route to chaos)을 알아보기 위해서 로버트 메이(Robert May, 1936-2020)의 로지스틱 사상(logistic map)을 살펴보자. 로버트 메이는 24살에 호주의 시드니 대학에서 보손과 초전도체에 관한 연구로 1959년에 이론물리학 박사학위를 취득하였다(Krebs et al 2021). 1969년에 시드니 대학교 이론물리학 교수가 된 메이는 지구의 운명과 사회에 큰 빚을 졌다는 사명감 때문에 생태계의 안정성에 대한 수학적 모형에 관심을 가지게 되었다. 메이는 1970~1971년에 연구년을 지내면서 1년은 영국을 방문했고 나머지 1년은 프린스턴 고등연구소(Institute of Advanced Study)를 방문했다. 1971년 메이는 프린스턴 대학교에서 생태학자 로버트 맥아더(Robert McAthur, 1930-1972)를 방문했다. 맥아더와의 면담은 메이의 인생을 극적으로 바꿔놓았다. 당시 유명한 생태학자였던 맥아더는 메이와 단지 15분만 면담을 할 생각이었으나, 대화를 나눌수록 메이의 능력이 드러나 실제 면담은 30분 동안이나 이어졌다. 그는 말기 암을 앓고 있었기 때문에 자신의 뒤를 이을 학자가 간절히 필요했는데, 그 면담에서 메이가 적임자라는 확신을 가지게 되었다. 맥아더는 메이가 시드니로 떠나기 전에 프린스턴 대학교에서 자신의 뒤를 이어서 교수직을 맡아 달라고 제안하였다.

시드니로 돌아간 메이는 그의 기념비적인 저서인 〈생태모형에서 안정성과 복잡성(stability and complexity in model ecosystems)〉을 쓰기 시작하여 1973년에 발표하였다(May 1973). 이 책에서 메이는 생태학(Ecology)의 창시자인 찰스 엘튼(Charles S. Elton, 1900-1991)이 주장한 "복잡성이 증가할수록 생태계는 더 안정하다"라는 도그마와는 반대되는 "경쟁하는 생태계에서 다양성(diversity)이 증가할수록 안정성이 떨어진다"라는 이론을 주장하였다. 이 주장은 기존의 도그마에 의문을 던지는 혁신적인 주장이었다. 최근까지도 확고한 지위를 누린 이 주장은 그러나 복잡계 과학이 발전하면서 도전받게 된다. 복잡계 이론에 따르면 종의 숫자가 많고 다양성이 높은 생태 시스템은 매우 안정된 상태를 유지할 수 있기 때문이다. 1973년 메이는 프린스턴 대학교의 동물학과 교수가 되었는데, 이 자리는 맥아더의 교수직을 계승한 것이었다. 메이가 프린스턴 대학교의 교수직을 수락한 배경에는 그가 연구년을 보내면서 미국에서 만나서 결혼한 그의 아내도 한몫했다.

1960년대에 인구 동력학 부분에서 몇 가지 발견이 있었다. 첫째, 종의 인구수가 해마다 변동하면서 안정된 상태를 유지하는 경우가 드물었다. 둘째, 어떤 종의 인구수는 몇 년을 주기로 진동하였다. 셋째, 곤충의 수와 같이 어떤 종의 인구수는 폭발적으로 늘어나서 예측하기 어려웠다. 예를 들어, 대규모 메뚜기 떼는 갑자기 창궐하기 때문에 그 시기를 예측하기가 몹시 어렵다. 생태학자들은 종의 개체수 변화를 밀도 의존 요소와 밀도에 의존하지 않는 요소로 나누어 생각했다. 개체들이 먹이 경쟁을 하면 개체 사이의 상호 작용은 밀도에 의존할 것이며 인구밀도가 너무 높으면 사망률이 증가한다. 극단적인 기후 변화는 인구수에 의존하지 않는 요소이다. 메이는 1973년부터 1976년 사이에 생태계 모형에서 혼돈 현상 연구를 새롭게 여는 기념비적인 논문들을 출판하였으며, 1974년 사이언스지에 〈겹치지 않는 세대에서 생물학적 개체수: 안정점, 안정 순환 그리고 혼돈(Biological populations with nonoverlapping generations: Stable points, stable cycles, and chaos)〉이라는 논문을 단독 저자로 출판하였다(May 1974). 사실 메이는 이 논문이 출판되기 전에 메릴랜드 대학교(University of Maryland) 수학과에서 이 논문의 내용을 발표하였는데, 이 논문에서 개체의 인구수를 결정론인 점화식 형태의 비선형 방정식으로 표현했으며 불연속적인 시간을 생각하였다(Krebs et al 2021).

메이의 로지스틱 사상에서 조절변수를 변화시킴에 따라 생태계의 개체수가 주기 2, 4, 8, 16, 32, 64, …으로 증가하면서 혼돈상태로 변하였다(May 1975, 1976). 생태계 인구 동력학 모형에서 혼돈 현상을 발견한 최초의 논문이라고 할 수 있다. 한편 '혼돈(chaos)'이라는 용어는 메릴랜드 대학교 수학과의 제임스 요크(James Yorke)와 요크의 학생인 티엔리엔 리(Tien-Lien Li)에 의해 널리 쓰이기 시작했다. 메릴랜드 대학교에서 메이의 강의를 들은 리와 요크는 로지스틱 사상 모형을 수학적으로 발전시켜 혼돈 현상을 다룬 〈주기 3은 혼돈을 암시한다(Period Three implies chaos)〉라는 논문을 출판하였다(Li and York 1975). 그리고 그들이 제안한 혼돈이라는 용어가 1974년 메이의 논문에 채택되어 처음 학술지에 소개됨으로써 사람들 사이에 알려지게 되었다. 이어서 1978년 파이겐바움(M. J. Feigenbaum)은 로지스틱 사상에서 '주기 배가 혼돈 길(period-doubling route to chaos)'을 처음으로 제안하였다(Feigenbaum 1978). 이후로 혼돈 현상에 관한 연구는 폭발적으로 늘어났다. 메이의 이론은 아주 간단한 모형에서 생태적 미래를 예측하는 것은 불가능하다는 것으로, 오늘날 우리가 알고 있는 나비효과를 생태 시스템에서 발견한 이론이다. 에드워드 로렌츠가 기상 모형에서 나비효과를 발견했다면 메이는 간단한 생태 인구 동력학 문제인 로지스틱 사상에서 나비효과를 발견하였다.

메이가 제안한 로지스틱 사상(logistic map)은 고립된 생태계에서 생물 개체의 인구수 변화를 생각한 것이다. 예를 들어 고립된 섬에 토끼들이 살고 있다. 그리고 어떤 생태학자가 매년 섬의 토끼 수를 조사한다. 지난해 토끼의 수를 N_{n-1}이라 하자. 여기서 첨자 n은 연도를 나타낸다. 올해 측정한 토끼의 수는 N_n이다. 메이는 시간이 불연속적으로 증가할 때 토끼 수를 예측하는 식을 썼다. 그가 쓴 식은

$$N_n = aN_{n-1} - bN^2_{n-1}$$

이었다. 여기서 a는 토끼의 성장률(growth rate)을 나타낸다. 토끼는 새끼를 낳기 때문에 스스로 인구를 늘리거나 줄일 것이다. 성장률이 $a>1$ 이상이면 토끼의 수는 계속 증가할 것이다. 위 식의 오른쪽에 두 번째 항이 없고 성장하는 항만 있는 경우 $N_n = aN_{n-1}$이므로 섬에 토끼를 풀어 놓은 해를 $n=0$으로 놓고 토끼의 개체수를 N_0라 하면 토끼 수는 다음과 같이 성장한다.

$$N_1 = aN_0$$

$$N_2 = aN_1 = a^2N_0$$

$$\vdots$$

$$N_n = a^nN_0$$

토끼의 성장률이 $a>1$ 이상이라면 $a^n \to \infty$이므로 토끼의 개체수는 기하급수적으로 증가할 것이다. 이러한 현상을 맬서스(Malthus)의 인구폭발(population explosion) 현상이라 한다. 그런데 고립된 섬은 먹이가 제한되어 있어서 이러한 일은 일어나지 않는다. 제한된 먹이를 두고서 토끼들은 서로 먹이 경쟁을 할 것이다. 메이는 이러한 경쟁의 효과를 로지스틱 사상의 오른쪽 식의 두 번째 항으로 나타내었다. 두 개체가 서로 만나면 경쟁이 일어나므로 경쟁의 효과를 bN^2_{n-1}으로 나타내었다. 경쟁은 토끼의 수를 줄이기 때문에 $-bN^2_{n-1}$로 나타내어 다음 해의 토끼 수를 줄이는 효과를 준다. 즉, 경쟁은 항상 토끼 수를 줄인다. 따라서 메이의 로지스틱 사상은 토끼가 스스로 성장하는 첫 번째 항과 경쟁으로 토끼 수가 저절로 줄어드는 경쟁 항을 가진 매우 간단한 점화식이다. 성장률 a와 경쟁 맺음 변수 b를 알고, 전년도의 토끼 개체수를 알면 올해의 토끼 수는 결정론적으로 정해지는 결정론 방정식(deterministic equation)이다. 메이 방정식에서 혼돈 현상을 일으키는 결정적인 역할은 바로 둘째 항의 비선형성 때문이다.

메이의 로지스틱 사상은 간단한 변수 변환 과정을 거치면 조절 맺음 변수(control parameter)가 하나인 식으로 쓸 수 있다. 토끼의 개체수는 $N_n > 0$이어야 해서 개체수의 최댓값은 $N_{max}=a/b$이다. 여러분은 간단한 미분으로 이 값을 구할 수 있다. 이제 변수를 변환하여

$$x_n = N_n/N_{max} = bN_n/a$$

라 하자. N_n 대신에 x_n으로 메이 방정식을 표현하면 로지스틱 사상은

동력학 변수

$$x_{n+1} = rx_n(1-x_n)$$

조절변수

으로 쓸 수 있으며 $0 \le x_n \le 1$이고, 조절변수는 성장률 r 하나로만 나타난다(Hilborn 1994). 이 식을 로지스틱 사상(logistic map)이라 한다.

이 사상의 이름에 로지스틱(logistic)이란 이상한 이름이 붙은 이유는 무엇일까? 메이의 로지스틱 사상의 연속적 시간 모형은 $dN/dt=rN(1-N/K)$인 모형이다. 이 연속 미분방정식을 로지스틱 방정식(Logistic equation)이라 하는데, 로지스틱 사상과 혼동하지 않도록 주의한다. 개체의 수가 연속적으로 변하는 모형으로, 여기서 K는 생태계의 환경 수용 능력(capacity)을 나타낸다. 시스템의 최대 개체수는 $N_{max}=K$이다. 이 연속 사상은 $r>0$이면 안정한 평형점을 가지는 동역학 방정식이다. 이 일차 미분방정식의 해는 $N(t)=K/[1+(K/N(0)-1)e^{-rt}]$이고 혼돈 현상을 나타내지 않는다. 이 함수를 로지스틱 함수(Logistic funciton) 또는 시그모이드 함수(sigmoid function)라 부른다. 시그모이드 함수는 요즘 머신러닝과 딥러닝에서 흔히 사용하는 함수이다. 로지스틱 방정식과 로지스틱 함수는 1845년에 생태학자 피에르 베르헐스트(Pierre Verhulst, 1804-1849)가 발견하였다(Verhulst 1845). 이 방정식은 곤충과 같은 개체의 개체수 성장을 묘

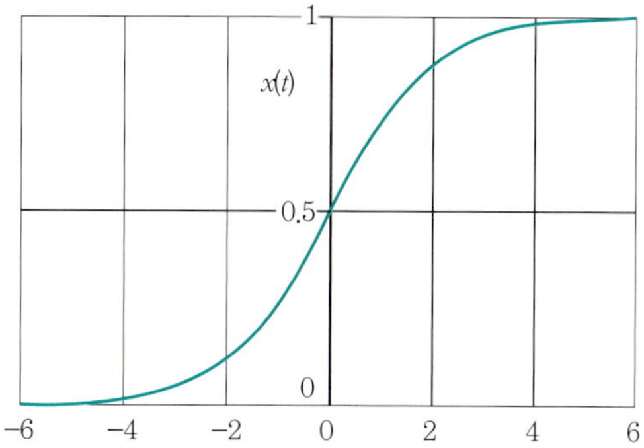

그림 5.2 성장률 r=1.0일 때 로지스틱 함수 그래프. 로지스틱 함수는 독립변수가 작을 때에는 지수 함수적으로 증가하지만, 독립변수가 커지면 급격히 수렴하는 함수이다.

사하는 식으로 지수함수를 포함하고 있다. 〈그림 5.2〉는 r=1.0이고 $x(t)=N(t)/K$로 놓았을 때 로지스틱 함수를 시간에 따라 나타낸 것이다. 로지스틱 함수는 초반부에 지수 함수적(exponential)으로 증가하지만, 시간이 증가하면 급격히 수렴한다. 로지스틱(logistic)이란 이름이 붙은 이유는 베르헐스트가 사용했던 용어인 로그함수적(logarithmic)에 대비하기 위해서이다. 베르헐스트가 사용한 logarithmic의 뜻은 현대 수학에서 exponential(지수 함수적)을 뜻한다. 〈그림 5.3〉은 베르헐스트가 그린 그림

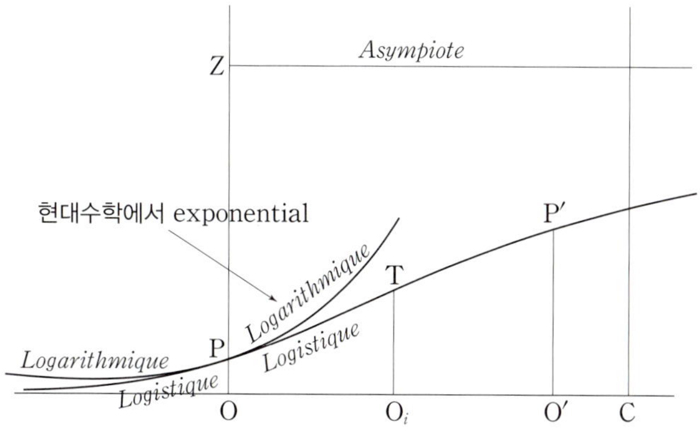

그림 5.3 베르헐스트의 로지스틱 함수. 베르헐스트는 개체수 성장 함수를 Logarithmic(현대 수학의 exponential) 함수에 대비하기 위해서 Logistic 함수란 이름을 붙였다(Verhulst 1938).

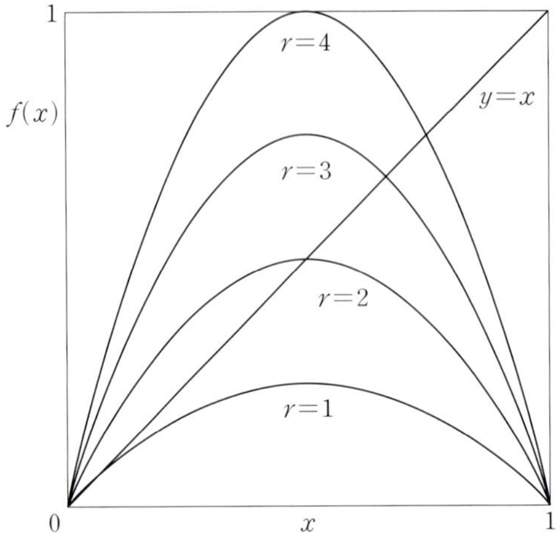

그림 5.4 **로지스틱 사상.** 조절변수 r 값을 증가시키면 이차함수는 좀 더 위로 볼록한 함수가 된다.

을 나타낸다. 이 그림에서 그가 logistic이란 용어를 사용한 의미를 확연히 알 수 있다. logistic growth는 초반에 지수함수(베르헐스트의 용어로 logarithimc)와 비슷하게 성장하지만, 변수가 커지면 두 함수는 확연히 달라진다. 따라서 베르헐스트가 사용한 logistic이란 용어는 군대나 물류에서 사용하는 병참, 물자를 뜻하는 로지스틱스(logistics)와는 아무 관련이 없다. 그런데 용어를 번역하는 과정에서 로지스틱 사상이 병참 사상으로 그대로 번역되기도 한다. 정확한 번역은 '개체성장 사상'이며, 필자는 그냥 '로지스틱 사상'이라고 쓸 것이다.

메이의 로지스틱 사상은 '갈래질 혼돈 길(Periodic doubling route to chaos)'의 전형적인 모습을 보여준다. 성장률 r의 값에 따라 $f(x)=rx(1-x)$의 그래프를 〈그림 5.4〉에 나타내었다. 점화식은 초깃값 x_0에서 출발하여 x_1을 구하고, x_1을 다시 위 식의 오른쪽에 대입하여 x_2를 구한다. 이 과정을 반복하면 시계열을 생성할 수 있다.

로지스틱 사상에서 함수 $f(x)$는 〈그림 5.4〉와 같이 조절변수 r이 커지면 함수의 꼴이 좀 더 뾰족해진다. x 값이 $[0,1]$ 사이에 놓이려면 $0<r\leq4$이어야 하며, r이 커

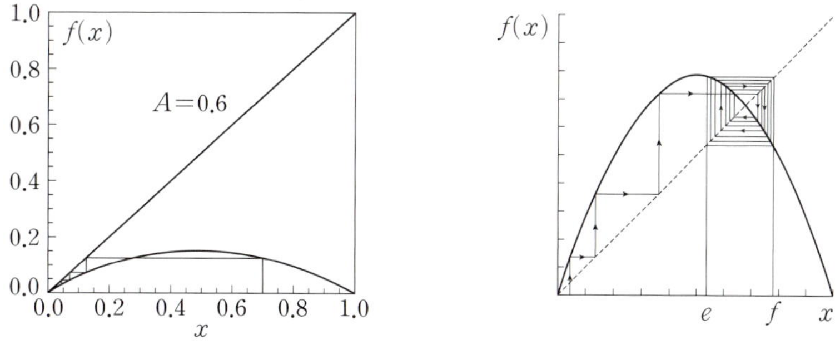

(a) (b)

그림 5.5 코웹그림(coweb diagram). (a) $r<1$이면, 로지스틱 사상은 $x^*=0$인 고정점으로 끌려 간다. (b) $3 \le r < 1+\sqrt{6}$ 이면 로지스틱 사상은 두 개의 고정점을 가지므로 주기가 2가 된다.

질수록 비선형성이 커진다. 사상 함수는 점화식이므로 값을 얻는 과정은 그림 표현을 사용하면 쉽게 구현할 수 있다. 〈그림 5.5〉와 같이 x_{n-1}을 알 때 x_n을 구하는 방법은 다음과 같다. 사상 함수(포물선)와 $y=x$인 직선을 그림에 함께 그린다. 〈그림 5.5〉와 같이 로지스틱 사상에서 $y=rx_{n-1}(1-x_{n-1})$을 구한 다음 이 값을 사상에 대입한 후 x 축과 평행한 선을 그어 y와 만나는 점의 값이 x_n이다. 이제 다시 x_n을 사상에 대입하기 위해서 y 축과 평행하게 직선을 그어 사상과 만나는 점을 새로운 입력값으로 사상에 대입한다. 따라서 사상을 계속해서 구하는 것은 그림과 같이 x 축과 수평한 선, 다음에 y 축과 수평한 선을 연속해서 그려 나가면 된다. 이렇게 그림으로 점화식 사상을 계속 구해나가는 그림을 코웹그림(coweb diagram)이라 한다(Hilborn 1994). 〈그림 5.5 (a)〉는 사상을 계속할 때 고정점인 $x^*=0$인 점으로 끌려가는 과정을 나타낸다. 고정점 $x^*=0$이 끌개이다. 〈그림 5.5 (b)〉는 사상을 계속하면 어느 순간에 사상이 두 개의 고정점을 반복하는 주기가 2인 상태를 나타낸다.

비선형 점화식은 컴퓨터를 이용하여 쉽게 구할 수 있다. 점화식은 파이썬, C언어 등의 컴퓨터 언어에서 루프 계산인 for 문을 이용하여 쉽게 구할 수 있다. 1970년대에 컴퓨터의 성능은 좋지 않았지만 메이는 컴퓨터로 토끼 수의 변화를 계산해 보았다. 성장률 값을 고정하고 〈그림 5.6〉과 같이 개체수의 변동 값을 계산해 보면 개체수가 주기적인 값으로 수렴한다. 초깃값에서 시작하여 개체수를 계산해 보면 과도기 시간(transient time)인 처음 얼마 동안은 개체수가 주기적이지 않지만, 과도기 시간이 지나면 개체수는 주기적인 값으로 수렴하여 몇 개의 개체수 값을 반복하게 된다. 〈그림 5.6 (a)〉와 같이 r=3.3이면 개체수는 6년 후부터 두 개의 값을 반복하여 주기 2가 된다. 즉, 한 해는 개체수가 많다가 다음 해에는 개체수가 줄어들

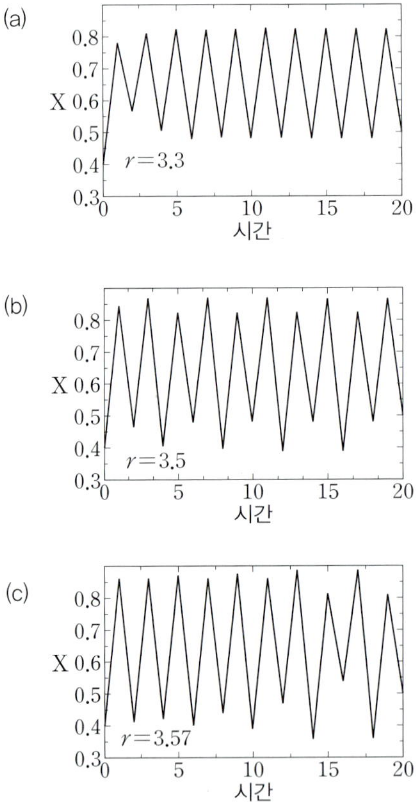

그림 5.6 로지스틱 사상의 조절변수 값에 따른 토끼의 수의 변화. 첫 번째 그림은 주기가 2년, 두 번째 그림은 주기 4년이고 마지막 그림은 주기가 없다. 조절변수의 변화가 조금씩 증가할 때 토끼 수의 동력학적 변화를 관찰하면 주기가 2배씩 증가하는 주기 배가(periodic doubling)에 의한 갈래질(bifurcation) 과정에 따라 혼돈상태(주기 없는 상태)로 들어가는 것을 볼 수 있다.

지만 3년 후에는 다시 2년 전의 값을 회복한다. 〈그림 5.6 (b)〉는 r=3.5일 때의 개체수 변화를 나타낸 것이다. 과도기적인 시간이 지난 후에 개체수는 4년마다 같은 패턴을 반복하게 된다. 즉, 주기 4인 주기가 나타난다. 성장률이 조금 더 커져 〈그림 5.6 (c)〉와 같이 r=3.57이 되면 과도기가 지나더라도 개체수는 주기성이 없어지면서 비주기적으로 변한다. 마침내 개체수는 혼돈상태에 있게 된 것이다.

로지스틱 사상의 놀라운 점은 변수가 하나인 1차원 점화식에서 혼돈 현상이 발생할 수 있다는 것이다. 미분방정식으로 표현되는 연속적인 변수를 가지는 시스템에서 혼돈 현상은 3차원 이상에서 발생할 수 있지만, 점화식으로 표현되는 본뜨기(사상)에서는 1차원 비선형 방정식에서 혼돈 현상이 발생할 수 있다. 계의 무질서(혼돈)는 1차원의 단순한 동력학 방정식에서도 발생한다는 놀라운 사실을 목격한 것이다.

〈그림 5.7〉은 로지스틱 사상의 갈래질 그림(bifurcation diagram)을 그린 것이다. 그림에서 가로축은 혼돈 현상의 조절변수(control parameter)인 성장률 r을 나타낸다. 〈그림 5.7〉에서 주어진 성장률 r에서 주기적인 진동에서 개체수 값을 세로축에 모두 표시하였다. 성장률이 $0 \le r < 1$이면 과도적 시간 후에 개체수는 $x^*=0$으로 수렴한다. 이렇게 수렴하는 값이나 주기적으로 변하는 값을 고정점(fixed point)이라 한다. 성장률이 $0 \le r < 1$이면 고정점이 0이므로 어떤 초깃값에서 시작하더라도 시간이 지나면 개체수는 0인 값이 된다. 성장률이 $1 \le r < 3$이면 $x^*=1-1/r$이 고정점이 되어 임의의 초깃값에서 시작하여도 개체수는 x^*로 수렴한다. 이 영역에서 주기 1인 상태가 유지된다. 성장률이 $3 \le r < 1+\sqrt{6}$ 이면 정상상태에서 주기 2인 상태로 수렴한다. 〈그림 5.6〉에서 주기 1이 분기하여 두 개의 고정점 x^*로 분기되는 것을 볼 수 있다. 성장률이 더 증가하여 $1+\sqrt{6} \le r < 3.54409\cdots$이면 주기가 4가 되고, 성장률을 조금씩 더 증가시키면 주기는 2^n(n=자연수)의 주기로 계속 분기한다. 조절변수가 작을 때는 주기 2인 상태가 보이다가 조절변수 r을 키우면 주기 4인 상태가 나타난다. 이렇게 주기가 2배씩 늘어나는데 이를 주기 배가(periodic doubling)라 한다. 사

실 주기는 주기 1→2→4→8⋯→∞ 상태가 된다. 이런 식으로 주기가 늘어나면서 혼돈상태가 되는 것을 갈래질(bifurcation)이라 한다. 성장률이 r_c=3.56995⋯에 도달하면 주기가 ∞가 되어 고정점이 2^∞가 된다. 즉, 주기가 ∞가 된다는 뜻은 주기가 없어지면서 혼돈상태(chaotic state)에 있음을 뜻한다. 성장률이 $r_c \le r < 4$ 사이에서 혼돈상태와 주기성을 갖는 창(window)이 가끔 열린다. 〈그림 5.7〉에서 $r_c \le r < 4$에서 주기적인 창을 볼 수 있다(Hilborn 1994).

로지스틱 사상은 수학적으로 매우 간단하고 제한된 모형이지만 혼돈 현상을 쉽게 이해할 수 있게 해준다. 로지스틱 사상이 혼돈 영역에 있을 때 시작하는 초기조건이 다르면 토끼섬의 토끼 개체수가 극적으로 변하듯 매우 다른 동력학적 루트를 보인다. 여러분도 어떤 선택을 하느냐에 따라 삶의 궤적이 매우 달라질 것이다. 필자 또한 과거를 회상하며 내가 그때 다른 선택을 했다면 나의 인생이 어떻게 달라졌을까 상상하곤 한다.

남도의 작은 시골 마을인 우리 고향에는 따뜻한 봄이 될 때마다 제비들이 날아와 집을 짓곤 했다. 마을 사람들은 자기 집 처마 밑에 집을 지은 제비들을 극진히

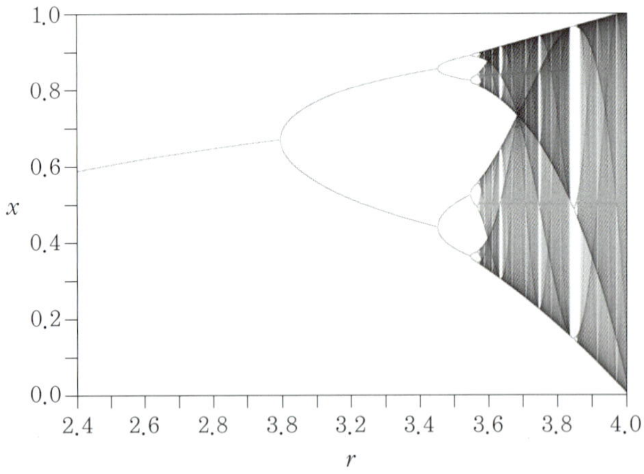

그림 5.7 로지스틱 사상의 갈래질 그림. 가로축을 조절변수 세로축을 주기적으로 나타나는 토끼 수의 값, 즉 고정점 x^*를 나타내었다.

돌보았고, 아이들도 모이기만 하면 자기네 제비들을 자랑하며 이야기꽃을 피웠다.

아지랑이가 피어오르던 어느 따뜻한 봄날, 동네 개구쟁이들은 들판을 뛰어다니다가 지쳐 냇가의 언덕에서 봄볕을 쬐고 있었다. 동네 제비들도 몇 미터 떨어진 물웅덩이 주변에서 집 지을 진흙을 입에 물고 가기 위해서 옹기종기 모여 있었다. 그러다 무슨 바람이 불어서였는지 아이들은 제비들 쪽으로 돌을 던지며 놀기 시작했다. 제비를 해치려던 건 아니었다. 거리가 상당했기에 돌은 거기까지 닿지도 않았다. 당시 어렸던 필자도 무심히 돌멩이 하나를 집어서 큰 포물선을 그리도록 공중으로 던졌다. 그런데 내가 던진 돌멩이는 던진 각도가 알맞았던지 제비들이 앉아 있는 곳으로 곧장 날아갔다. 그리고, 그 돌에 제비 한 마리가 맞아 죽고 말았다.

필자는 큰 충격을 받았다. 다른 아이들도 마찬가지였다. 누구도 그런 일이 벌어질 거라고는 생각하지 못했기 때문이다. 제방에 죽은 제비의 무덤을 만들어주고서도 며칠 동안 큰 죄책감에 시달렸다. 무엇이든 생명과 관련되었다면 결코 가볍게 여기지 말아야 한다는 교훈을 얻었다. 지금도 고향을 생각할 때면 그때의 기억이 떠오르곤 한다. 우연히 던진 돌멩이 하나가 제비의 일생을 완전히 바꾸어 놓은 것이다. 돌멩이를 잡았다는 초기조건 때문에!

혼돈 현상을 이해하고 나서 내가 던진 돌멩이, 내가 삶을 살아가면서 순간순간 선택한 초기조건들이 나와 내 주변의 동력학적 궤도에 영향을 미친다는 사실을, 그리고 어떤 선택은 그 궤도를 혼돈적 영역으로 몰고 갈 수 있다는 사실을 알게 되었다. 이러한 깨달음은 내 삶의 방식에 큰 영향을 주었다.

5.3 방식 고착화

동력학 시스템에서 혼돈으로 들어가는 또 다른 루트는 준주기성(quasi-periodicity)이다. 준주기성은 두 개 이상의 진동이 경쟁할 때 발생한다. 〈그림 5.8〉과 같이 비선형 저항에 진동수가 다른 두 개의 교류 전원을 걸어 준 경우를 생각해 보자. 오른쪽에 찌글찌글하게 그린 것이 저항인데 그 위에 사선을 그려서 전기 저항이 전압에 따라 변하는 비선형 저항임을 나타내었다. 왼쪽 동그라미 안의 물결무늬는 교류 전압이다. 우리가 가정에서 쓰는 220V도 일종의 교류 전압이다. 우리나라 교류는 60Hz 진동수의 교류를 쓴다. 왼쪽의 두 교류 전압은 진동수가 다른 교류를 걸어주었다. 물리학 실험실이나 전자공학 실험실에서 쉽게 진동수가 다른 교류 전압을 생성할 수 있다. A는 전류계를 나타내며 회로에 흐르는 전류를 측정한다.

비선형 저항의 특징은 저항에 걸린 전압에 따라서 저항값이 비선형적으로 변한다. 회로에 걸어준 전압을 각각

$$\varepsilon_1(t)=V_1\sin(\Omega_1 t+\varphi_1)$$
$$\varepsilon_2(t)=V_2\sin(\Omega_2 t+\varphi_2)$$

으로 나타낼 수 있다. 여기서 V_1과 V_2는 전압의 진폭(amplitude)이라 한다. 우리가 220V라고 부르는 전압도 이 진폭과 연관이 있다. 사인 함수 안에 있는 Ω_1과 Ω_2는 각진동수(angular frequency)이다. 우리가 사용하는 교류는 진동수 f=60Hz인데, 각진동수와 진동수는 $\Omega=2\pi f$ 인 관계가 있다. 각진동수에 곱해진 t는 시간이다. 또한

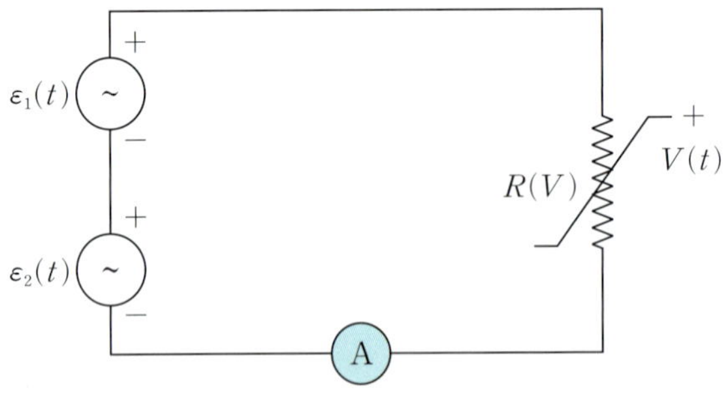

그림 5.8 걸린 전압에 따라 저항이 달라지는 비선형 저항에 연결된 진동수가 다른 두 교류기 전력은 준주기 경로를 따라서 혼돈으로 변한다. A는 전류계(Ampere meter)를 나타낸다.

φ_1과 φ_2는 위상(phase)이라 부르는 임의의 각도를 나타낸다.

두 개 이상의 진동이 경쟁하는 경우는 다음 두 가지를 생각해 볼 수 있다. 첫 번째는 비선형 동역학계가 자신의 고유진동수를 가지고 있고 시스템 외부에서 강제로 흔들어 주는 경우이다. 이 경우 계의 고유진동과 외부에서 걸어준 구동 진동이 서로 경쟁한다. 두 번째 경우는 계의 조절변수를 변화시킬 때 비선형 동역학계가 두 개 이상의 고유진동수로 진동하는 경우이다. 이 경우 비선형계 내부의 진동 모드들이 서로 경쟁하게 되어 혼돈 현상이 일어날 수 있다.

〈그림 5.8〉의 비선형 회로에서 두 개의 구동 진동수가 서로 경쟁한다. 회로에 흐르는 전류 $I(t)$는 교류 전압의 영향을 받아 진동수 잠김(frequency locking)과 혼돈이 일어날 수 있는 상황에 놓일 수 있다. 준주기운동에서 두 개 이상 진동의 독립성은 매우 중요한 요소이다(Hilborn 1995). 〈그림 5.8〉에서 각진동수 $\Omega_1(=2\pi f_1)$과 $\Omega_2(=2\pi f_2)$가 유리수(fractional number)의 비율을 갖는 경우를 생각해 보자. 즉,

$$R = \frac{\Omega_2}{\Omega_1} = \frac{f_2}{f_1} = \frac{p}{q}$$

여기서 p, q는 정수이다. 이렇게 주파수의 비율이 유리수이면 동역학계 진동은 이맞음(commensurate) 상태에 있게 된다. 이맞음은 마치 이빨의 수가 다른 두 태엽의 아귀가 잘 맞아서 서로 조화롭게 도는 것에 비유할 수 있다. 이 경우 동역학계 진동은 주기적인 운동을 한다. 이맞음 진동은 일종의 방식 고착화 또는 모드 잠김(mode-locking)이라 부른다. 두 진동 방식의 모드가 잠겨서 서로 조화롭게 진동한다. 사람의 몸도 모드 잠김을 경험할 수 있다. 하루는 24시간의 주기로 돌아간다. 해가 뜨고 밤이 되면서 주변 빛 환경이 주기적으로 바뀐다. 그런데 생명체는 개체마다 고유한 일일 주기 리듬(circadian rhythms)이 존재한다. 마치 사람마다 고유한 시계를 가지고 있다. 사람의 고유 시계의 진동 주기와 24시간 빛 환경 주기가 서로 이맞음 상태에 있으면 인체는 모드 잠김 상태에 놓이게 된다. 따라서 인체는 주변 환경의 빛

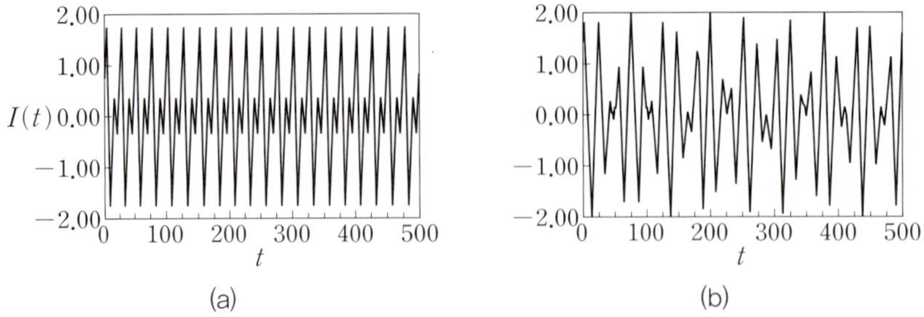

그림 5.9 비선형 전기회로에서 주기적 진동과 준주기적 진동. 세로축은 회로에 흐르는 전류를 나타낸 것이다. (a) 두 진동수의 비가 유리수이면 이맞음 진동이 일어나고, (b) 두 진동수의 비가 무리수이면 진동은 이가 맞지 않는다.

변화에 조화롭게 반응할 것이다. 그런데 어떤 이유에서 사람의 일일 주기 리듬과 24시간 빛 리듬이 엇맞음 상태에 놓이면, 인체는 빛 환경의 변화와 조화를 이루지 못해 건강을 해칠 수 있다.

〈그림 5.9〉는 회로에 흐르는 전류를 시간에 따라 나타낸 것이다. 〈그림 5.9 (a)〉는 이맞음 진동을 나타낸다. 〈그림 5.8〉에서 서로 다른 두 개의 구동 전압에 의해서 전류가 형성되지만, 회로에 흐르는 전류는 주기적으로 변한다. 반면 〈그림 5.9 (b)〉는 두 구동 전압의 이가 맞지 않으므로 회로에 흐르는 전류는 비주기적으로 변한다. 이렇게 두 구동 전압의 이가 맞지 않는 진동을 엇맞음(incommensurate)이라 한다.

〈그림 5.10〉은 세 개의 자유도를 갖는 진동 시스템의 시간에 따른 궤도를 나타낸 것이다. 진동이 토러스(도넛 모양의 표면, torus)의 표면에 갇혀 있다. 〈그림 5.10 (a)〉는 이맞음 진동으로 위상공간의 토러스 표면에서 움직이는 동력학의 궤도가 닫혀 있다. 한 지점에서 출발한 궤도는 일정 시간이 지나면 같은 지점을 다시 통과한다. 즉 주기적인 운동이 일어난다. 반면 〈그림 5.10 (b)〉의 궤도는 이가 맞지 않은 엇맞음 운동을 나타내며 토러스의 표면에서 움직이는 궤도가 서로 만나지 않는다. 토러스 표면과 같은 3차원의 운동을 〈그림 5.11〉과 같이 푸앵카레 단면에서 관찰하면 진동의 주기성을 파악하기 쉽다. 〈그림 5.11 (a)〉에서 3차원 궤도를 따라 움직

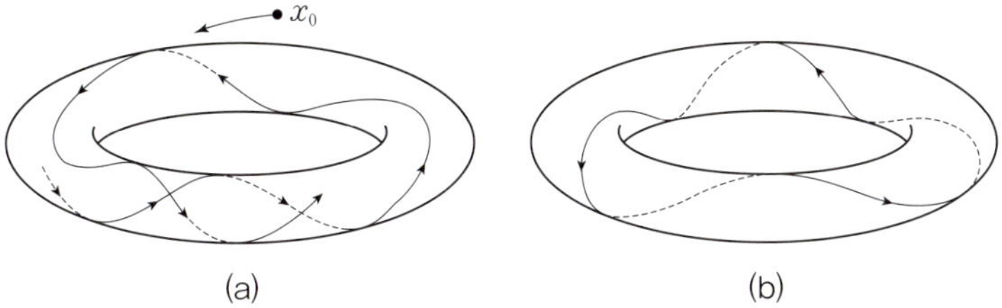

그림 5.10 자유도가 3개인 시스템에서 (a) 이맞음 진동은 주기적이고 (b) 엇맞음 진동은 준주기적이다.

이는 동력학 궤도를 2차원의 푸앵카레 단면에서 관찰할 수 있다. 3차원에서 움직이는 동력학 궤도가 2차원 푸앵카레 단면과 만나는 점을 푸앵카레 단면 위에 표시한다. 〈그림 5.11 (b)〉은 R=2/3인 궤도를 3차원 푸앵카레 단면에 나타낸 것이다. 푸앵카레 단면에 오로지 세 점만이 찍힌다. 주기적인 운동은 푸앵카레 단면에 유한한 숫자의 점을 남겨둔다.

한편 2개의 진동수의 비가 엇맞음(incommensurate) 상태에서 진동하는 경우 궤도는 준주기성(quasi-periodicity)을 갖는다. 준주기 상태에서 진동수의 비 $R=\Omega_2/\Omega_1$는 무리

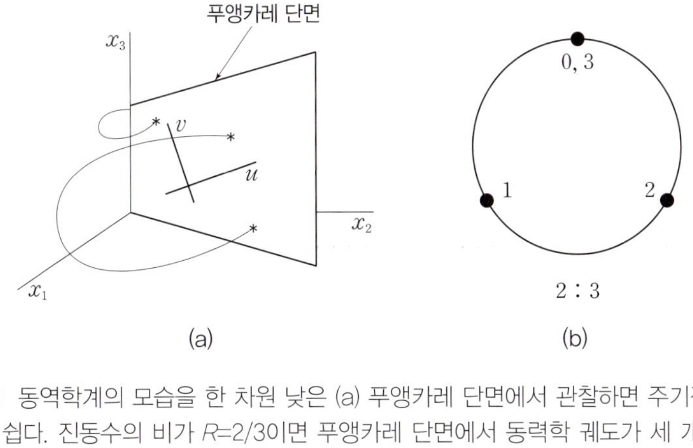

그림 5.11 동역학계의 모습을 한 차원 낮은 (a) 푸앵카레 단면에서 관찰하면 주기적인 운동을 파악하기 쉽다. 진동수의 비가 R=2/3이면 푸앵카레 단면에서 동력학 궤도가 세 개의 점과 만난다.

수(irrational)이다. 준주기적 진동은 〈그림 5.10 (b)〉와 같이 토러스 위에서 궤도의 아귀가 맞지 않고 한 지점에서 시작한 궤도가 결코 다시 그 자리로 되돌아오지 않는다. 그러한 진동의 모습은 〈그림 5.10 (b)〉와 같이 진동이 비주기적으로 보인다. 또한 준주기적인 진동을 푸앵카레 단면에서 관찰하면 진동이 주기적이지 않으므로 푸앵카레 단면에 무수히 많은 점이 찍힌다.

계가 준주기적인 상태에서 운동하다가 조절변수가 바뀌어 혼돈상태로 들어간다. 〈그림 5.12〉는 조절변수의 변화에 따라서 다음과 같은 상태로 변하면서 혼돈상태에 이른다.

주기 운동 → 한계 순환(이맞음 진동) → 준주기운동(엇맞음 진동) → 혼돈

이러한 혼돈 루트를 준주기 혼돈 길(quasi-periodic route to chaos)이라 한다. 준주기 상태는 비록 주기성은 없지만 그렇다고 혼돈상태에 있지도 않다. 준주기 상태에서 비슷한 두 초기 상태는 동력학이 진행하는 동안 여전히 가까이 머문다. 하지만 혼돈상태에서 비슷한 초기 상태는 동력학이 진행되면서 지수 함수적으로 서로 멀어진다. 즉, 초기조건의 민감성을 갖는다. 준주기 혼돈 길에서 엇맞음 진동 상태는 조절변수를 변화시켰을 때 갑자기 혼돈상태로 변한다. 준주기 상태와 혼돈상태를 알

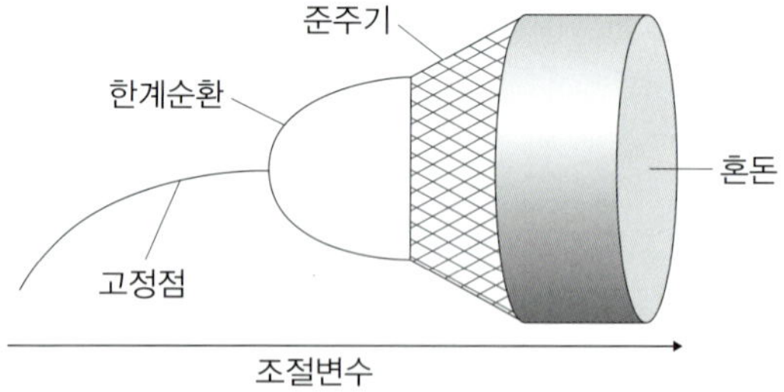

그림 5.12 **시스템의 조절변수 변화에 따른 동역학계의 상태.** 시스템이 준주기 상태에서 혼돈상태로 전이한다.

기 쉽게 남녀 관계에 비유하면 다음과 같다. 준주기 상태는 두 남녀가 '헤어질 결심'을 하지 않았지만, 무언가 서로 자꾸 빗나가는 경우를 말한다. 지속적으로 엇맞음이 일어나지만, 관계는 계속 유지된다. 반면 혼돈상태에서 두 남녀는 서로 헤어져서 영원히 멀어진다. 엇맞음이 너무 심해서 조화를 이루지 못하므로 더이상 가까이 있고 싶어 하지 않는다. 두 사람은 지수 함수적으로 멀어져 영원히 헤어진다.

5.4 간헐성과 파국

에너지 흩어짐(소산, dissipative)을 갖는 비선형 동력학 시스템이 혼돈상태로 들어가는 길 중에서 간헐성(intermittency)과 파국(crises)은 상당히 늦게 발견되었으며 아직도 추가적인 연구가 필요한 분야이다. 간헐성은 4가지 유형의 루트가 존재하지만 여기서는 2가지만 살펴본다(Venkatramani et al 2017). 간헐성은 용어의 뜻에서 유추할 수 있듯이 어떤 상태가 간헐적으로 나타난다는 뜻이다. 어떤 비선형 흩어짐 동역학계에서 모든 조절변수를 일정하게 유지하고 외부에서 잡음이 들어오지 않는 상태를 생각해 보자. 간헐성을 나타내는 시스템은 규칙적인 상태와 무질서한 상태가 번갈아 가면서 나타난다. 한 상태에서 다른 상태가 나타날 때까지의 시간은 매우 무질서해서 예측할 수 없다. 간헐성 타입 I(Type I Intermittency)는 탄젠트 갈래질 간헐성(tangent bifurcation intermittency)이라고도 한다. 시스템은 규칙적인 상태와 혼돈적인 상태가 번갈아 나타난다. 시스템의 조절변수를 바꾸면 혼돈상태에 머무는 시간이 늘어나고 주기적인 상태에 머무는 시간은 짧아진다.

〈그림 5.13〉은 로렌츠 방정식에서 ρ=166와 ρ=166.3일 때 $z(t)$를 시간에 대해서 나타낸 것이다. 이웃한 주기 상태와 혼돈상태 사이의 시간 간격의 크기는 무질서하다. 타입-I 간헐성은 로지스틱 사상, 로렌츠 방정식, 비선형 진동자 등에서 발견된다. 타입-I, II, II 간헐성이 가능하다는 이론적 논문은 1979년 맨네빌(P. Manneville)과

그림 5.13 로렌츠 방정식에서 ρ=166과 ρ=166.3일 때 $z(t)$의 시간에 따른 변화를 나타낸 그림. ρ=166일 때 주기적이던 진동이 ρ=166.3이면 간헐적으로 비주기적인 운동이 나타난다.

포모(Y. Pomeau)가 처음 제안하였다(Manneville and Pomeau 1979). 특히 타입-I 간헐성은 Manneville-Pomeau Scenario라고 부른다. 타입-I 간헐성은 로렌츠 방정식에서 처음 발견되었지만, 1982년에 비선형 전기회로 진동자, 심장박동 뉴런, 다이오드를 포함한 전기회로 진동자에서 실험적으로 발견되었다.

타입-II 간헐성은 시스템이 주기적인 상태와 준주기적인 상태를 번갈아 나타내다가 조절변수가 어떤 임계값을 넘어서면 혼돈상태가 된다. 타입-II 간헐성 역시 맨네빌과 포모가 제안했으며 1987년 카이스트 물리학과 강유전체 연구실의 김종진 교수 그룹에서 처음 실험적으로 관찰하였다(Huang and Kim 1987). 앞에서도 언급했듯이 필자는 1987년에 카이스트 석사과정에 입학하여 김종진 교수님 연구실에 들어갔기 때문에 1980년대에 혼돈 현상에 관한 연구와 세계적인 연구 그룹들 사이의 경쟁을 지켜보았다. 〈그림 5.14〉는 카이스트 강유전체 그룹에서 사용한 p-n 다이오드와 비선형 축전기가 결합한 전기회로를 나타낸다. 바로 이러한 회로 구조에서 세계 최초로 타입-II 간헐성을 관찰하였다. 필자는 연구실에 들어가고 나서 이러한 결과가 세계적인 저널에 출판된 것을 알게 되었다. 1980년대 말에는 국내에서 혼돈 현상을 연구하는 연구 그룹이 거의 없었다. 카이스트 강유전체 그룹은 강유전체의 특성과 상전이 현상을 라만분광학(Raman spectroscopy)을 이용하여 연구하는 그룹이었지만 김종진 교수는 혼돈연상, 이맞음-엇맞음 상전이, 프랙탈, 스미기 모형, 분자동력학(molecular dynamics), 몬테카를로 시뮬레이션(Monte Carlo simulation) 등 비선형 동

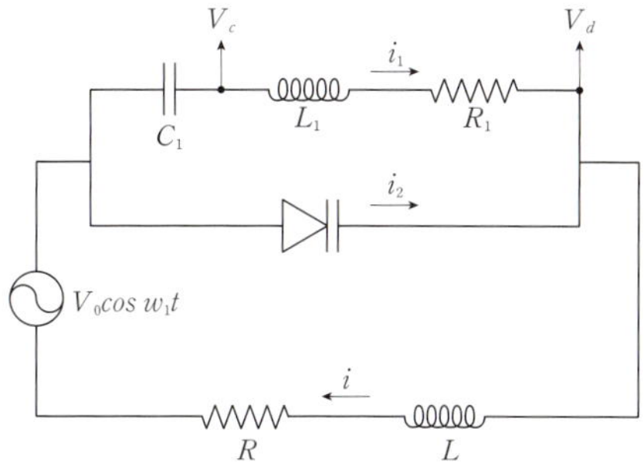

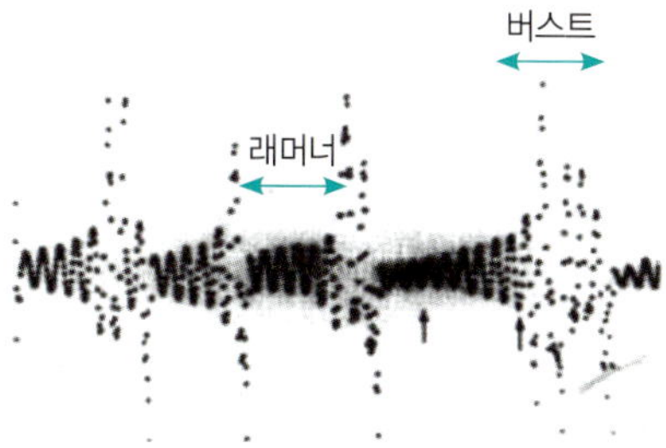

그림 5.14 카이스트 강유전체 그룹에서 세계 최초로 타입-II 간헐성을 관찰한 (a) 실험 장치와 (b) 간헐성 신호. 준기적인 래머너(laminar) 상태와 혼돈적인 상태가 번갈아 가면서 나타난다.

력학 분야와 통계물리학 분야에도 관심을 가지고 연구를 확장하고 있었다. 이러한 분위기에서 연구를 시작한 필자는 혼돈 현상, 프랙탈, 스미기 모형을 집중적으로 연구할 수 있었다. 〈그림 5.14〉의 실험을 생각해 내고 직접 실험을 수행한 사람은 황*연 박사였다. 그는 RLC 회로에 비선형 다이오드, 비선형 축전기를 결합하였고 외부 구동 진동을 걸어주었다. 걸어준 교류 전압은 $V(t)=V_0cos\omega_1 t$이고 (V_0, ω_1)이 조절변수 역할을 한다. 그러면 회로 자체의 고유진동과 외부 구동 진동수가 서로 밀고 당기면서 준주기성이 발생할 수 있다. 외부에서 걸어 준 구동진동수 ω_1을 조절하면서 측정 전압의 준주기성과 간헐성을 관찰하였다. 이러한 회로에서 간헐성을 나타내는 조절변수 영역을 찾기란 매우 어려운 일이었다. 측정 전압 V_c를 오실로스코프에서 관찰하면서 교류 전원의 주파수 ω_1을 세심하게 조정하면서 관찰해야 한다. 이렇게 관찰한 회로의 측정 전압은 맨네빌-포모 시나리오의 타입-II 간헐성에서 예측한 결과였다. 이론적으로 예측한 결과를 실험적으로 관찰함으로써 타입-II 간헐성이 자연 세계에 존재할 수 있음을 보였다. 〈그림 5.14 (b)〉의 시계열에서 볼 수 있듯이 주기적 진동이 일어나는 영역을 래머너 영역(laminar region), 신호가 갑자기 튀는 영역은 버스트(burst) 영역이라고 한다. 간헐성 혼돈이 일어나는 영역에서

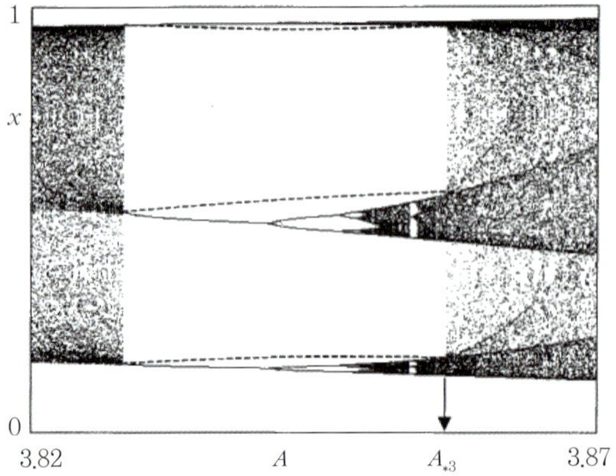

그림 5.15 **로지스틱 사상에서 주기-3 내부 크라이시스 그림.** 조절변수 $A=1+\sqrt{8}$ 보다 큰 영역에서 주기 3이 나타나고 조절변수를 증가시키면 갈래질이 나타난다. 점선은 불안정한 고정점을 나타낸 것으로 실제 동력학에서는 관찰되지 않는다. 임계값 A_{*3}에서 갑자기 혼돈 끌개가 나타난다.

래머너 영역과 버스트 영역은 아주 불규칙하게 나타난다. 특히 간헐성 시계열에서 래미너 영역의 길이 분포가 $p(l) \sim l^{-2}$임을 실험적으로 입증하였다.

간헐성과 비슷한 혼돈으로 가는 루트 중에서 파국(crisis)은 1982년에 그레보기(C. Grebogi), 오토(E. Ott), 요크(J. A. York) 등이 처음 발견하였다(Grebogi et al 1982). 비선형 동역학계에서 조절변수가 변할 때 혼돈 끌개(chaotic attractor)가 갑자기 사라지는 파국을 경계 파국(boundary crisis)이라 하고, 혼돈 끌개가 갑자기 수축하거나 팽창하는 것을 내적 파국(interior crisis)이라 한다. 파국은 동역학계에서 불안정한 고정점(unstable fixed point)과 불안정한 한계 순환(unstable limit cycle)이 서로 충돌할 때 발생한다. 자세한 내용은 본 책의 수준을 넘어가기 때문에 생략한다. 〈그림 5.15〉는 로지스틱 사상에서 파국을 나타낸 것이다.

5.4 혼돈 현상은 복잡계가 아니다

혼돈 현상이 우리에게 던지는 메시지는 무엇일까? 혼돈 현상의 발견으로 동력학 시스템에서 미래 예측 가능성과 불가능성을 가늠할 수 있게 되었다. 모든 예측이 가능하다고 생각한 결정론적인 세계관은 종말을 맞이하였다. 앞에서 지적하였듯이 측정값은 실수로 표현할 수밖에 없으며, 측정값의 마지막 자리에는 오차를 포함하고 있다. 오차가 있다는 말은 참값을 알 수 없다는 뜻이다. 혼돈 영역에서 작은 오차는 지수함수로 증폭하기 때문에 미래 예측을 불가능하게 한다. 그런데 일상생활에서 혼돈과 나비효과를 남용하는 경향이 있다. 혼돈 현상을 말하기 위해서는 시스템에 본질적으로 비선형성이 내재되어 있는지 잘 살펴봐야 한다. 비선형성이 내재되어 있더라도, 혼돈이 일어나기 위해서는 조절변수가 혼돈을 일으키는 영역에 있어야 한다. 외부에서 시스템을 흔들어 주는 경우에도 마찬가지다. 내부와 외부의 조절변수들이 혼돈을 일으키는 영역에 있어야 한다.

혼돈 현상을 나타내는 시스템의 상호 작용이나 구성 요소들 사이의 얽힘은 어떤 면에서 단순하다. 다만 그들 사이의 상호 작용에 비선형성이 내재한다는 것이 큰 특징이다. 로지스틱 사상은 한 고립된 섬의 매우 유동적이고 복잡한 토끼 개체들 사이의 상호 작용을 간단한 비선형 사상으로 나타낸 것이다. 로렌츠 방정식도 대기의 기상현상을 미시적 수준으로 관찰하면서 공기분자들의 엄청나게 복잡한 현상을 묘사한다. 비가 오거나 거센 바람이 불 때 공기분자의 흐름을 보면 많은 소용돌이를 형성하면서 난류 흐름을 나타낼 것이다. 이런 상태에서 대기를 묘사하는 기상 방정식은 더 이상 로렌츠 방정식을 따르지 않는다. 로렌츠 방정식은 극도로 제한된 조건에서 대기의 상태를 묘사한 것이다. 그러한 조건을 항상 유지한다는 조건에서 대기의 현상을 묘사하는데, 놀랍게도 혼돈 현상이 발생하는 상태가 나타난다. 간헐성을 나타내는 비선형 전기회로에서 회로 내부에서 움직이는 전자들은 아주 복잡한 방식으로 움직이지만, 다이오드의 전류-전압 특성은 엄청난 비선형성을 나타내었다. 이렇듯 지금까지 살펴본 거시적 혼돈 시스템은 거시적 측면에서 시스템의 비선형성이 강하게 드러나는 시스템에서 운동의 복잡성이 나타났다.

주식시장은 혼돈 시스템일까? 주가지수는 주식시장 참가자들의 순간적인 거래 상호 작용을 특정한 방식으로 표현한 지표이다. 주가지수나 주식가격이 주식시장의 모든 특징을 대표하는 것은 아니지만, 순간적인 주식시장의 특징을 나타낸다. 주식시장에서 참여자들의 상호 작용은 너무 복잡하게 얽혀있기 때문에 주식시장은 대표적인 복잡계이다. 그런데 주가지수나 주식가격을 나타내는 완벽한 동력학적 방정식은 아직 발견되지 않았다. 지금까지 만들어진 방정식은 불완전하며 극히 일부의 정보만 묘사할 뿐이다. 그런데도 많은 주식 전문가들이 자신이 발견한 방정식, 거래 패턴 규칙, 노하우를 철석같이 믿는 경향이 있다.

주식시장의 거시적 특징을 나타낸 주가지수는 뒤에서 살펴볼 뇌파처럼 어떤 거시적 특징이 있는 것처럼 보인다. 주가지수를 긴 시간 스케일에서 보면 지수가 등락하지만 전체적으로 성장하는 곡선을 따르는 것처럼 보인다. 주가지수 수익률의 요동을 살펴보면 6~7장에서 살펴볼 프랙털 구조를 가진 것처럼 보인다. 뇌파에 알파파나 베타파의 리듬이 관찰한다고 해서 시시각각 변하는 마음의 상태를 예측할 수 없다. 주식시장의 프랙털 구조가 나타내는 어떤 혼돈적 특성을 발견했다고 해서, 우리가 주가지수를 예측할 수 있는 것은 아니다. 우리는 주식시장에 참가하는 행위자들의 집단적 움직임과 마구잡이 움직임을 예측할 수 없기 때문이다. 누군가 시장의 패턴을 파악하여 일시적으로 이득을 보았다면 다음 순간 시장은 그러한 패턴에서 이득을 얻을 수 없게 금방 적응한다.

혼돈 현상은 복잡계가 아니다.

혼돈 현상을 나타내는 시스템은 사실 복잡계가 아니다. 그렇지만 거시적인 시스템의 상태를 묘사하는 단순한 비선형 동력학적 방정식을 찾아내면 복잡해 보이는 시스템을 이해할 수 있다. 생태계처럼 구성요소의 복잡성이 높은 시스템을 단순한 몇 개의 방정식으로 묘사하는 방법을 발견한다면, 생태계의 어떤 특징을 우리는 잘 이해할 수 있게 된다. 그렇지만 로지스틱 사상에서 개체 동력학적 변화를 이해했다고 해서 고립된 섬의 생태적 특성을 다 이해한 것은 아니다. 단지 인구수의 변화를 조금 이해했을 뿐이다. 많은 구성요소 사이의 상호 작용은 적응적으로 변할 수도 있기 때문에 어떤 때에는 시스템을 묘사하는 방식 자체가 변할 수도 있다. 그럴 땐 동력학 방정식을 다시 써야 한다.

6장

내 속엔 내가 너무도 많아

자연은 다양한 대칭성(symmetry)을 가지고 있다. 이동 대칭성(translational symmetry)과 회전 대칭성(rotational symmetry)은 일상생활에서 많이 볼 수 있는 대칭성이다. 이동 대칭성은 위치를 이동했음에도 구조가 이동 전과 똑같이 보이는 대칭을 말한다. 무한히 넓은 바둑판을 생각해 보자. 바둑판의 한 지점에서 오른쪽으로 열 칸을 이동해서 바둑판을 보아도 바둑판의 모습은 똑같다. 바둑판은 회전 대칭성도 가지고 있다. 내가 눈을 감고 있는 사이에 누군가가 무한히 넓은 바둑판을 90도 회전시켜 놓았다고 해보자. 내가 눈을 떴을 때 나는 바둑판이 돌아갔는지 알 수 없다. 이런 경우에 90도 회전에 대한 대칭성을 가지고 있다고 말한다. 물론 시간 대칭성, 카이럴(chiral) 대칭성, 게이지(gauge) 대칭성 등과 같이 과학자들에게 익숙한 대칭성도 많이 존재한다. 자연이 대칭성을 가지면 자연을 기술하는 자연법칙도 대칭성을 반영해야 하기 때문에 자연을 좀 더 쉽게 이해할 수 있다. 이것이 과학자들이 대칭성을 가진 자연현상을 탐구하게 된 이유이다.

물은 0℃에서 얼음으로 변한다. 즉 물질의 상(phase) 변화는 상전이 온도(phase transition temperature)에서 일어난다. 이렇게 상이 변하는 현상을 상전이(phase transition)라 한다. 물체의 상이 변하는 근처에서 시스템은 축적 대칭성을 나타낸다. 축척 또는 해상도를 바꾸어도 시스템은 같게 보인다. 상전이가 일어날 때 시스템이 축적 대칭성(scaling symmetry)을 가지는 현상은 1960년대 말부터 1970년대를 거치면서 활발하게 연구되었으며 소위 재규격화 이론(renormalization group theory)으로 발전하였다. 상전이에서 축척 현상은 뒤에서 좀 더 살펴볼 것이다.

자연에는 자기 닮은 구조가 많다. 겨울에 커다란 나무의 앙상한 나뭇가지를 사진으로 찍은 다음 확대해 보면, 멀리서 본 나무의 모습과 거의 비슷하다. 축척 대칭성을 가진 것이다. 프랙털 구조는 여러 과학자에 의해서 19세기 말과 20세기 초에 발견되었지만 그러한 구조가 프랙털인지 인식하지 못했다. 1967년에 브누아 망델브로가 프랙털 개념을 발견하면서 자기 닮음성을 가진 구조를 인식하기 시작했다. 1970년대에 혼돈 현상에서 프랙털 구조가 숨어 있는 현상을 발견하면서 프랙털 연구가 급속히 확대되었다. 6장과 7장에서 프랙털이 무엇인지 살펴보고, 자연현상에서 나타나는 다양한 프랙털 구조를 소개한다. 프랙털이 실생활에서 어디에 응용되는지도 살펴볼 것이다.

6.1 프랙털

혼돈 이론과 프랙털 이론의 발전으로 과학자들은 축적 대칭성에 대한 새로운 관심을 가지게 되었다. 1967년에 브누아 망델브로(Benoit B. Mandelbrot, 1924-2010)는 사이언스지에 〈영국의 해안선은 얼마나 길까? 통계적 자기 닮음성과 프랙털 차원(How Long Is the Coast of Britain? Statistical Self-Similarity and Fractional Dimension)〉이란 논문을 발표하였다(Mandelbrot 1967). 이 논문이 자기 닮음성(self-similarity)과 프랙털 구조를 다룬 최초의 논문이었다. 이 논문에서 망델브로는 공간의 차원을 다시 생각했으며 하우스도르프 차원(Hausdorff dimension)을 도입하여 자기 닮음성을 수학적으로 표현했다. 프랙털(fractal)이란 말은 1975년에 망델브로가 자신이 발견한 자기 닮음성을 가진 구조를 부르는 이름으로 명명하였다. 프랙털이란 용어는 라틴어로 파편을 뜻하는 'fractus', 영어 fracture를 변형하여 만들었다. 프랙털의 구조들이 마치 파편의 구조를 내부에 계속 가지고 있기 때문이다. 1982년에 망델브로는 〈자연의 프랙털 기하학(The Fractal Geometry of Nature)〉이란 책을 출판하여 다양한 프랙털 구조를 종합하였고, 프랙털 구조의 특징을 나타내는 다양한 프랙털 차원을 소개하였다(Mandelbrot 1982).

프랙털 구조는 "자기 닮음성(self-similarity, 자기 유사성)과 프랙털 차원(fractal dimension)을 갖는 구조"를 말한다. 자기 닮음성은 축척 불변성(scale invariance)을 의미한다. 뒤에서 자기 닮음성에 대해서 자세히 살펴볼 것이다. 자기 닮음성을 표현한 노래 가사가 '시인과 촌장'이 처음 불렀고 조성모가 리메이크한 '가시나무 새(1988)'의 첫 소절에 잘 나타나 있다. 그 첫 소절은 "내 속엔 내가 너무나 많아 당신의 쉴 곳 없네…"이다. 프랙털 구조는 내 속에 내가 너무도 많은 구조이다. 사실 프랙털 구조에서 나 자신이 어디인지 말하기 어렵다. 부분일 수도 있고 전체일 수도 있다. 〈그림 6.1〉은 콩팥의 혈관구조와 수학적인 사상으로 구한 망델브로 집합(Mandelbrot set)을 나타낸 것이다. 인체는 진화과정에서 프랙털 구조를 학습하였으며, 신장의 혈관구조, 폐의 허파꽈리 구조, 신경세포의 구조, 모세혈관의 구조 등이 그 대표적인 예이다. 뒤에서 몇 가지 프랙털 구조의 형성 과정과 망델브로 집합에 대해 다시

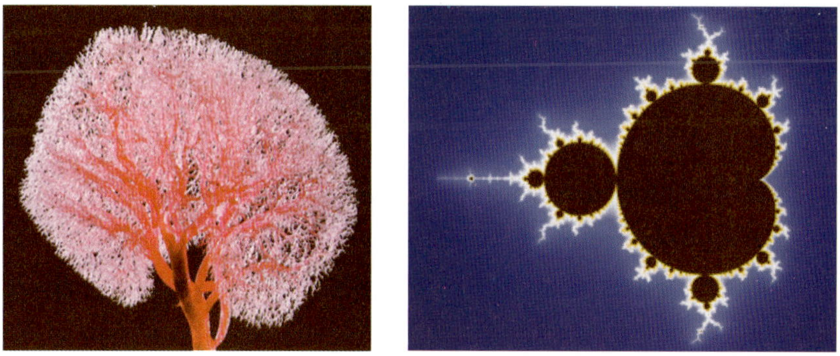

(a) (b)

그림 6.1 프랙털 구조의 예. (a) 신장의 혈관구조, (b) 수학적인 프랙털인 망델브로 집합. 자연의 진화과정은 유한한 공간에서 표면적을 최대로 높이는 구조를 선호하였는데 그 결과로 프랙털 구조가 선택되었을 것으로 추정되고 있다.

자세히 살펴볼 것이다.

프랙털 구조의 특징은 길이, 표면적, 부피 등이 그 구조를 측정하는 해상도의 길이에 대해서 멱함수 법칙을 따른다는 것이다. 신장의 혈관구조는 유한한 공간 안에 형성되었지만 아주 넓은 표면적을 가지고 있다. 이는 신장의 기능을 극대화하려는 진화의 산물이다. 신장의 기능은 노폐물을 체외로 배출하는 것인데 혈관과 조직의 접촉 면적이 넓을수록 유리하다. 신장이 동그란 구형이었다면 표면적은 유한한 값을 갖는다. 반면 같은 공간에서 그 구조가 프랙털 구조를 가지면 구의 표면적보다 훨씬 넓은 표면적을 갖게 된다. 동물들은 진화과정에서 프랙털 구조가 더 효율적이라는 사실을 자연선택의 과정에서 알게 되었으며, 실제로 동물의 신장은 프랙털 구조를 갖도록 진화했다. 지금 우리가 보고 있는 신장과 폐의 구조는 진화의 산물이다.

우리는 주변의 자연 풍광을 오래 쳐다보아도 눈의 피로를 별로 느끼지 않는다. 그러나 인공구조물이나 글자 등을 오랫동안 보고 있으면 쉽게 눈이 피로해진다. 왜 그럴까? 인간이 진화과정에서 자연과 오랫동안 동화하여 살아왔기 때문이라고 할 수 있겠다. 그런데 우리 주변의 많은 자연 풍광에는 어떤 문양이 숨어 있는 경우가 많다. 자연의 구조물 속에 프랙털 구조가 숨어 있는 경우가 많다. 나무, 산맥, 지형의 울퉁불퉁한 모습, 자연의 소음 등은 프랙털 구조를 하고 있다. 프랙털 구조에 오랫동안 노출된 인간은 프랙털 구조를 자연스럽게 받아들이지만, 인위적으로 만든 인공구조물은 매우 거북하게 여긴다.

프랙털은 자기 유사성을 갖기 때문에 프랙털을 볼 때 해상도를 바꿔도 구조에 변화가 없다. 〈그림 6.2〉는 큰 벼룩 등에 붙은 작은 벼룩이 붙어있고 그 작은 벼룩의 등에 더 작은 벼룩이 붙어있는 그림을 나타낸 것이다. 이렇게 더 작은 벼룩들이 계속해서 붙어있다. 등에 붙은 작은 벼룩을 원래 벼룩의 크기만큼 확대하면 큰 벼룩의 모습과 똑같다. 벼룩 등에 벼룩이 계속해서 있으며 확대 또는 축소에 대해서 모양이 똑같다. 이렇게 해상도를 바꾸어도 같은 모습이 반복되는 것을 자기 닮음성이 있다고 한다.

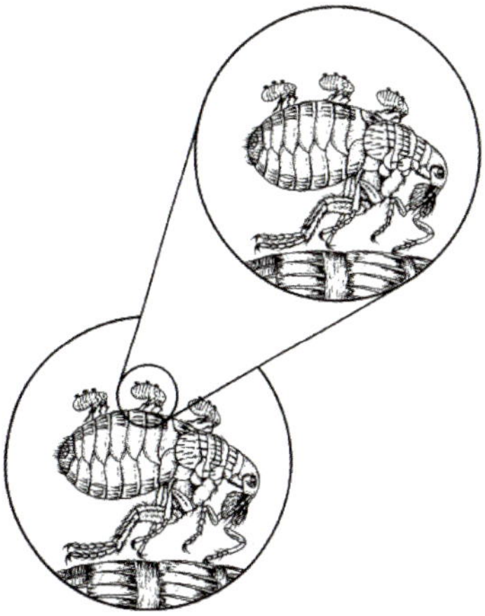

그림 6.2 **자기 유사성.** 큰 벼룩의 등에 작은 벼룩이 있고, 그 작은 벼룩의 등에 더 작은 벼룩이 있다. 등에 붙은 작은 벼룩을 확대하면 확대하기 전의 모습과 똑같다.

〈그림 6.2〉는 조너선 스위프트(Johnathan Swift, 1667-1745)의 시를 형상화한 것이다. 스위프트의 시의 일부는 다음과 같다(Huang 1963).

"큰 벼룩의 등에 작은 벼룩이 피를 빨고 있네.
그런데 작은 벼룩 등에 더 작은 벼룩이 피를 빨고 있고,
그것이 무한히 반복되고 있네.
그런데 큰 벼룩은 사실 더 큰 벼룩의 피를 빨고 있었네.
더 큰 벼룩은 더욱더 큰 벼룩의 등에서 피를 빨고 있고,
그런 일이 무한히 반복되고 있네."

스위프트가 자기 유사성 구조를 알고 있었는지는 알 수 없지만, 시의 운율을 맞추기 위해서 축소와 확대에 대해서 똑같은 구조가 반복되는 모습을 상상했을 것이다. 〈그림 6.2〉의 벼룩 그림은 1963년에 출판된 커슨 황(Kerson Huang, 1928-2016, 중국 출신 미국인 물리학자)의 책에 담겨 있다. 그는 축척 불변성을 표현하기 위해서 이 그림을 소개했다. 당시에는 아직 프랙털 개념이 소개되기 전이다. 프랙털 구조는 마치

그림 6.3 러시아 인형인 마트료시카 인형(Matryoshka dolls). 인형을 열면 그 속에 조금 작은 인형이 들어있다. 그 작은 인형을 열면 조금 더 작은 인형이 들어있다. 이런 일이 계속 반복된다.

러시아 인형인 마트료시카 인형(Matryoshka dolls)을 연상하게 한다. 〈그림 6.3〉에 마트료시카를 나타내었다. 마트료시카를 열면 그 속에 크기가 조금 더 작은 인형이 들어있다. 그 작은 인형을 열면 그 인형보다 조금 더 작은 인형이 들어있다. 이것이 계속 반복된다. 여러분은 몇 번이나 반복되는 마트료시카를 보았는가? 전 세계에서 가장 많은 인형이 나오는 마트료시카는 51개였다고 한다. 비슷한 것으로 중국상자(Chinese Box)도 비슷한 구조를 하고 있다. 이러한 인형들은 일종의 자기 유사성이 있는 구조들이다. 한 단계 작은 인형을 확대하여 큰 인형으로 확대하면 확대 전과 후의 구조가 완전히 일치하게 된다. 즉 확대에 대해서 불변인 구조를 갖는 자기 유사성 구조이다.

〈그림 6.4〉는 필자가 처음 연구했던 프랙털 구조이다. 〈그림 6.4〉는 시에르핀스키 개스킷(Sierpinski gasket) 또는 시에르핀스키 삼각형(Sierpinski triangle)이라 부르는 프랙털이다. 시에르핀스키(W. Sierpinski, 1882-1969)는 폴란드의 수학자로 집합론을 연구했으며 20세기 초에 시에르핀스키 개스킷, 시에르핀스키 카펫(Sierpinski carpet)을 처음 소개하였다. 시에르핀스키는 이러한 구조가 프랙털 구조인지 몰랐다. 개스킷은 구멍이 숭숭 뚫린 구조물을 말하며 자동차의 부속품 중에 개스킷 구조가 있다.

눈먼 개미가 시에르핀스키 개스킷 위에서 기어가는 문제를 생각해 보자. 원점에

그림 6.4 시에르핀스키 개스킷. 시에르핀스키 삼각형이라고도 하며 자기 유사성 구조가 무한히 반복되고 있다. 개스킷의 일부를 확대해 보면 원래 모습과 같다.

서 종점까지 걸어갔을 때, 걸어간 거리의 분산은 시간에 대해서 어떤 함수 의존성을 가질까? 이런 문제를 통계 물리학에서 막 걷기 또는 멋대로 걷기(random walk) 문제라 한다. 균일한 공간이나 바둑판과 같은 규칙적인 구조 위에서 멋대로 걸으면, 걸어간 거리의 분산이 시간에 비례한다. 이것을 수식으로 쓰면 $\langle[R(t)-R(0)]^2\rangle=Dt$이다(Feder 1988). 여기서 t는 시간이고, $R(0)$는 개미의 처음 위치(원점), $R(t)$는 시간 t일 때 원점에서 개미까지의 거리를 나타낸다. 이 관계를 픽스 법칙(Fick's law)이라 한다. 픽스 법칙에서 $\langle[R(t)-R(0)]^2\rangle$은 원점에서 출발한 막 걷기가 시간 t까지 퍼져나간 정도를 나타낸다. 물에 떨어뜨린 잉크 방울을 생각해 보자. 잉크 방울에는 잉크 분자들이 많이 포함되어 있다. 각 잉크 분자들은 막 걷기와 비슷한 양상을 보이면서 퍼져나간다. 잉크 분자들 사이의 충돌 효과를 무시하면 각 잉크 분자들은 하나의 막 걷기라 할 수 있다. 만약 잉크 분자의 총수가 N개이면, 잉크 방울의 확산은 N개의 막 걷기가 서로 독립적으로 움직이는 것에 비유할 수 있다. 물에 떨어뜨린 잉크 방울은 시간이 지나면 물속으로 퍼져나간다. 각 잉크 분자는 다양한 위치에 놓이게 되는데 이 잉크 분자들의 위치를 구한 다음 평균을 취한 값이 픽스의 법칙의 왼쪽 항이 된다.

입자의 무질서한 운동, 눈먼 개미의 운동을 브라운 운동(Brown motion)이라 한다. 1827년에 브라운(Robert Brown, 1773-1858)은 물 위에 떠 있는 작은 꽃가루(pollen)의 운동을 현미경으로 관찰했는데 꽃가루가 〈그림 6.5〉와 같이 제멋대로 움직였다. 브라운은 처음에 꽃가루가 살아 있어서 이러한 운동이 일어난다고 생각했지만 작은 먼지 조각도 똑같은 운동을 하는 것을 보고 생명체에 의한 현상이 아님을 알게 되었다. 사실 이러한 브라운 운동은 눈에 보이지 않지만 물 분자들이 꽃가루와 무질서하게 지속적으로 충돌하기 때문에 일어난다. 온도가 높아지면 물 분자의 운동이 더 활발해지므로 물 분자의 찌글찌글한 운동은 더 활발해진다.

브라운 운동을 하는 입자들은 픽스의 법칙을 따른다. 막 걷기 문제는 1905년 아인슈타인에 의해서 처음으로 해결했다고 믿었다. 그러나 사실 막 걷기 문제는 1900년에 루이 바슐리(Louis Bachelier, 1870-1946)가 먼저 해결하였다. 막 걷기 문제는 통계 물리학, 경제학 등에서 아주 중요한 역할을 한다. 바슐리에의 연구는 뒤에서 다시 소개할 것이다.

필자는 1987년에 KAIST 대학원에서 석사과정을 시작하면서 프랙털 구조와 인연을 맺었다. 1980년대에 미국물리학회에서 발행하는 피지컬 리뷰 레터스(Physical

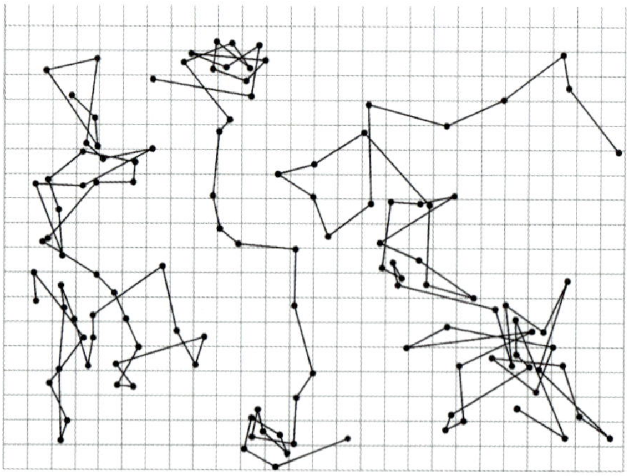

그림 6.5 눈금이 그려진 공간에서 브라운 운동하는 입자의 궤적

Review Letters)에 프랙털과 혼돈 현상에 대한 논문이 절반을 차지할 정도였으며 이 분야가 인기를 끌고 있었다(Halperin 2019). 필자가 프랙털을 만난 것은 우연한 기회 때문이다. 복잡계는 우연이 필연으로 발전하는 현상이 자주 나타나는데 필자가 그런 경우이다. 필자가 과학에 관심을 가지게 된 것은 보통 사람들의 중학교 시절에 해당한다. 사실 필자는 정규 중학교에 다니지 못했다. 초등학교를 졸업할 즈음 가세가 기울었기 때문에 중학교에 갈 수 없는 처지였다. 교복을 입고 중학교에 가는 친구들을 부러워했지만, 이내 나에게도 기회가 생겼다. 1970년대 말에 서울의 대표적인 달동네인 상계3동의 대한적십자사 강당을 활용하여 대학생들이 제1회 야학 학생을 모집한 것이었다. 그렇게 필자는 낮에는 일하고 밤에는 공부하는 무인가 야학에 입학했다.

야학이 끝나면 필자는 매일 야학 근처에 위치한 장의사에서 염하는 염할아버지와 함께 장의사에서 자면서 야간 당직을 섰다. 70~80년대에는 사람이 돌아가셨을 때 병원 영안실이나 장례식장에 가지 않았다. 상은 대개 집에서 치렀으며 상이 나면 맨 먼저 장의사를 방문하여 제반 장의 업무를 맡겼다. 낮에는 염할아버지와 염아저씨 두 분이 장의사를 지켰지만 문제는 밤이었다. 염아저씨는 퇴근하시고 염할아버지만 장의사에서 자면서 장의사를 지켰다. 환절기가 되면 하루 저녁에도 여러 건의 상이 났는데 상을 당한 사람은 집에서 가장 가까운 장의사를 방문하여 장의 업무를 맡겼다. 가끔 야간에 염할아버지가 일하러 나가 있는 동안에 상을 당한 다른 분이 또 장의사를 방문하는 일이 생기곤 했다. 그러면 집에서 잠을 자던 염아저씨를 깨워서 장의사 등불을 상이 난 집에 걸어야 했다. 일단 장의사 등불이 걸리면 다른 장의사가 그 상에 관여하지 않는 것이 당시의 상도의였다. 그래서 매일 야간에 장의사에서 당직을 서면서 염할아버지와 같이 잠을 잤다.

그때 장의사에는 많은 관이 쌓여 있었는데 환절기가 되면 관들이 울곤 했다. 관의 울음이란 관에서 들리는 뚝, 딱 하는 파열음을 말한다. 사람들은 관이 우는 소리를 죽음을 부르는 소리라고 하며 두려워했다. 관이 우는 날이면 영락없이 여러 건의 상이 생겼다. 지금 생각해 보면 환절기의 온도변화 때문에 관이 변형되면서 발생하는 나무 뒤틀리는 소리였다. 보통 사람은 쌓여 있는 관이 무섭다며 잘 쳐다보지도 않으려 했지만 매일 그 옆에서 잠을 잔 나에게 관은 그저 나무 조각에 불과했다.

나중에 혼돈과 프랙털 이론을 공부하면서 '틴크라이(tin cry)'와 '바크하우젠 잡음(Barkhausen noise)'을 알게 되었다. 관 울음은 일종의 틴크라이와 비슷한다. 주석(tin) 막대는 유연해서 쉽게 구부러지는데, 이것을 갑자기 구부리면 따다닥 소리가 난다. 주석의 구조가 변형력에 의해 변형되면서 소리가 나는 현상으로, 이를 틴크라이라고 한다. 한편 강자성 물질에 자기장을 걸어주면 물질 내부에 형성된 작은 자기구역의 경계들이 움직이면서 소리가 발생하는데, 이것이 바로 바크하우젠 잡음이다. 이러한 잡음들은 백색 소음과 달리 진동수에 대해 구조를 가지는 잡음으로 프랙털 구조와 연관성이 있다.

장의사 일을 돕는 일은 필자가 대학원에 진학하기 전까지 계속되었다. 고등학교와 대학에 진학한 후에는 매일 장의사 일을 도울 수 없었지만, 주말이면 장의사를 지켜주곤 했다. 젊은 시절의 경험은 인생관에 큰 영향을 준다. 어려서 장의사 일을 해보았기 때문에 삶과 죽음이 인생의 자연스러운 과정임을 알게 되었다. 또 사람들이 가진 다양한 종교와 그 종교 속에서 죽음을 맞이하는 과정도 지켜보았다. 종교는 죽음을 자연의 과정으로 받아들이게 하는 그 무엇이었다.

6.2 프랙털을 사랑한 자연

필자의 고향은 전라남도 광양이다. 광양에서 초등학교를 다니다가 서울로 이사했는데, 아직도 고향에 대한 기억이 강렬하게 남아 있다. 그런데 그곳에 필자가 평생 연구하고 있는 프랙털 구조가 있다는 사실을 나중에 깨달았다. 그 마을에는 높이가 약 500m에 이르는 가야산이 있었고, 가야산 정상에 올라서면 광양만의 너른 갯벌과 갈대밭이 펼쳐진 광경을 볼 수 있었다. 광양만의 물이 빠지면 엄청난 크기의 갯벌이 드러났는데 가야산 정상에서 본 갯벌의 가지 친 모습은 마치 커다란 나무뿌리나 큰 나무를 닮아있었다. 그 당시에 그런 갯골의 모습이 그저 경이롭고 신기해 보였는데 프랙털을 연구하면서 그 구조가 바로 프랙털 구조라는 사실을 알게 되었다. 갯골의 프랙털은 자연스럽게 형성된 자연의 자기 유사성 구조였다.

어린 시절 광양만은 내게 너무나 친숙하고 즐거운 곳이었다. 어머니는 가끔 광양만 갯벌로 광주리를 이고 나갔다가 풍성한 먹거리와 함께 돌아오곤 했다. 광양만에서 난 꼬막, 바지락, 칠게의 맛은 잊을 수가 없다. 어른 엄지손톱만 한 칠게, 농게, 엽낭게 등 자잘한 게를 볶으면 반찬으로는 물론이고 아이들 간식으로도 제격이었다. 또한 광양만이 내려다보이는 너른 언덕은 우리가 다니던 국민학교의 단골 소풍 장소이기도 했다. 이곳에서 보낸 즐거운 시간에 대한 기억이 아직도 생생하다. 광양만의 급물살이 흐르는 곳 근처를 지날 때마다 오금이 저렸던 일, 갯벌에서 게를 잡으며 놀았던 일, 아이들과 김밥을 나눠 먹고 선생님들이 열심히 준비한 보물찾기를 한 일 등을 아직도 어제 일처럼 떠올릴 수 있다.

안타깝게도 광양만은 1992년에 매립되어 영원히 사라졌다. 매립지에는 우리가 현재 알고 있는 광양제철소가 들어섰다. 지금은 사라지고 말았지만, 프랙털 구조

그림 6.6 갯벌에 형성된 프랙털 구조

에는 그 아름다운 구조가 남아 있으니 그나마 위안이 된다. 또한 지금도 여전히 바닷가에서 갯벌을 보고 살고 있다. 앞으로도 갯벌은 나에게 특별한 의미로 남을 것이다.

해안선 길이와 프랙털

1967년에 망델브로가 소개한 꾸불꾸불한 영국의 해안선 길이를 재는 방법을 생각해 보자. 〈그림 6.7〉과 같이 영국 해안의 길이를 잴 때 사용하는 자의 해상도를 바꾸면서 해안선의 길이를 잴 수 있다. 해상도가 나쁜 눈금이 듬성듬성 매겨진 자를 이용하여 해안선의 길이를 재는 경우는 〈그림 6.7〉의 맨 왼쪽에 해당한다. 좀 더 해상도가 좋은 자를 사용한 경우는 〈그림 6.7〉의 가운데 그림이고, 더 좋은 해상도의 자를 사용하여 해안선의 길이를 잰 경우는 〈그림 6.7〉의 오른쪽 그림이다.

〈그림 6.7〉에서 자의 단위 길이를 해상도라 할 수 있다. 해상도가 나쁜 긴 자를 사용하면 해안선의 꾸불꾸불한 곳을 잴 수 없기 때문에 실제 길이를 조잡하게(coarse

그림 6.7 망델브로가 자의 해상도를 바꾸면서 영국의 해안선의 길이를 잰 그림. 왼쪽에서 오른쪽으로 갈수록 자의 해상도가 좋다. 해안선의 길이는 모두 똑같을까? (출처: originals made by Avsa mixed by Acadac, Wikimedia Commons)

grained) 잴 수밖에 없다. 해상도를 좀 더 올리면 〈그림 6.7〉의 왼쪽에서 잴 수 없었던 곳도 더 잴 수 있게 된다. 이제 해상도를 좀 더 좋게 해서 해안선의 길이를 재면 해안선의 길이는 더 늘어난다. 왼쪽의 자로 잰 해안선의 길이보다 오른쪽의 해상도가 좋은 자로 잰 해안선의 길이가 더 길다.

사실 자의 해상도를 좋게 하면 해안선의 길이가 달라진다는 사실을 먼저 발견한 사람은 리차드슨(Lewis Fry Richardson, 1881-1953)이었다(Feder 1988). 리차드슨은 자의 단위 길이를 줄이면 해안선의 길이가 해상도에 따라서 늘어남을 인식했다. 망델브로는 리차드슨이 사용한 데이터를 재분석하였다. 자의 해상도를 변화시키면서 잰 해안선의 길이 데이터를 〈그림 6.8〉에 나타냈다. 해안선을 측정할 때 측정자의 단위 길이를 줄이면 해안선의 길이가 급격히 늘어나는 것을 볼 수 있다. 이는 해안선의 길이를 알려줄 때는 반드시 측정한 자의 해상도도 함께 알려주어야 함을 의미한다. 한 나라의 해안선 길이가 다른 나라에 비해서 더 길다고 주장하려면 해안선을 측정하는 자의 단위 길이를 줄이면 된다. 이를 해안선 길이 역설(coastline paradox)이라 한다. 망델브로 이전에는 이러한 사실을 인식하지 못하였다. 이러한 현상은 해안선의 구불구불한 모양이 프랙털 구조이기 때문에 발생한다. 해안선이 구불구불하지 않

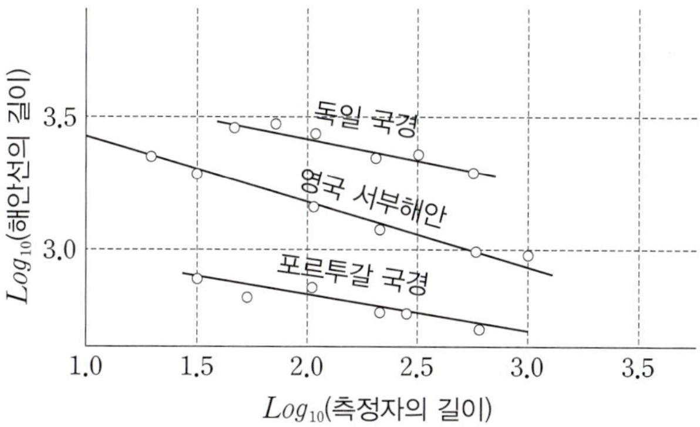

그림 6.8 리차드슨의 데이터를 바탕으로 측정자의 길이 대 해안선의 길이에 로그-로그를 취하여 그린 그림. 측정자의 길이를 줄이면 해안선의 길이는 늘어난다.

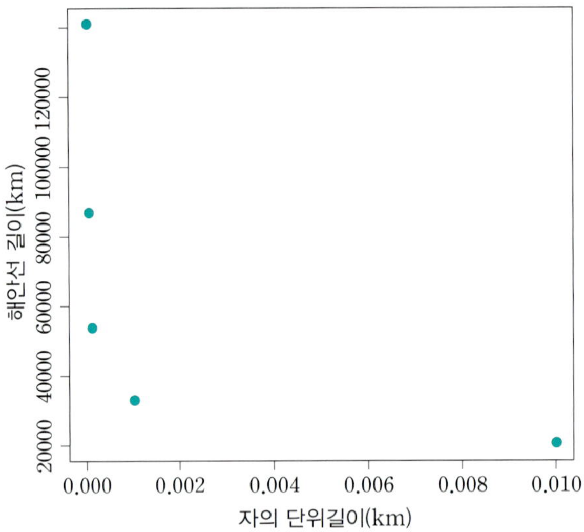

그림 6.9 자의 단위 길이 변화 따른 측정한 영국 해안선의 길이. 자의 해상도를 줄이면 해안선의 길이는 늘어난다. 해안선의 길이와 자의 해상도는 멱함수 법칙 관계에 있다.

고 직선처럼 똑바르다면 측정자의 해상도를 바꾸어도 그 길이가 변하지 않는다. 반면 프랙털 구조를 가지는 구불구불한 해안선의 길이는 측정자의 해상도에 아주 민감하다. 〈그림 6.9〉는 해안선의 길이가 자의 해상도 길이에 대해서 멱함수 법칙임을 나타낸 것이다. 따라서 각 나라의 해안선 길이를 비교하기 위해서는 똑같은 해상도의 자를 사용하여 비교해야만 한다(Huasin et al 2021).

6.3 프랙털 수학

프랙털 구조는 어떻게 생성될까? 프랙털 구조가 생성되는 방식과 프랙털 구조의 특징들을 살펴보자. 〈그림 6.10〉은 수학적인 사상(mapping)에 의해서 프랙털 구조를 생성하는 과정을 나타낸 것이다. 스웨덴의 수학자 코흐(H. von Koch, 1870-1924)는 자

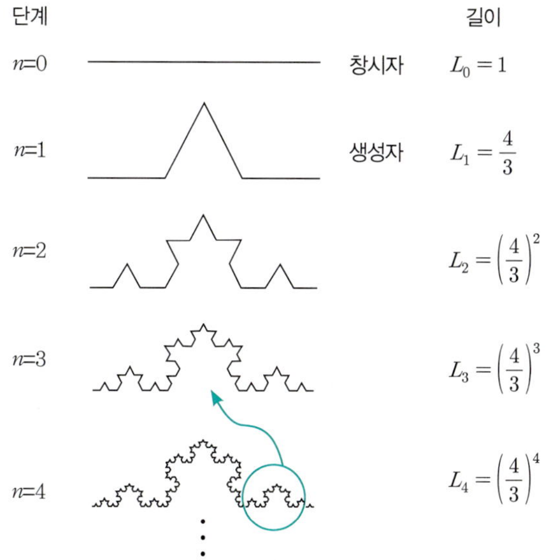

그림 6.10 프랙털 구조인 코흐 곡선을 생성하는 과정. 이 과정을 무한히 반복하여 얻은 구조가 프랙털이다.

신의 이름이 붙은 코흐 곡선(Koch curve)을 발견하였다. 코흐 곡선은 〈그림 6.10〉과 같이 만들 수 있다. 창시자(initiator)는 길이 1인 직선이고, 생성자(gernerator)는 직선을 같은 길이로 삼등분한 구조이다. 가운데 도막을 지우고 그림과 같이 두 변이 정삼각형의 변이 되도록 꺾어 올린다. 이 과정을 무한히 반복하여 얻은 셋(set)이 코흐 곡선이다(Hilborn 1994). 코흐 곡선을 생성하는 과정에서 곡선의 길이는 $\frac{4}{3}$배씩 계속 길어진다. 생성과정을 무한히 반복한다면 코흐 곡선의 길이는

$$L_{n\to\infty} = \lim_{n\to\infty}\left(\frac{4}{3}\right)^n \to \infty$$

이다. 유한한 공간에서 무한대의 길이를 갖는 구조가 생성된다. 또한 코흐 곡선은 자기 닮음성을 가지고 있다. 〈그림 6.10〉과 같이 단계 n=4의 한 부분을 3배 확대하면 부분의 모양이 n=3일 때와 똑같은 모습이다.

표 6.1 프랙털의 발견자와 프랙털 구조

년도	발견자	프랙털
1872	Karl Weierstrass	Weierstrass Curve
1883	Georg Cantor	Cantor Set
1904	H. von Koch	Koch Curve
1915	Waclaw Sierpinski	Sierpinski Gasket
1916	Waclaw Sierpinski	Sierpinski Carpet
1918	Gaston Julia	Julia Set
1918	Felix Hausdorff	Hausdorff dimension
1938	Paul Levy	Levy C Curve
1980	B. Madelbrot	Mandelbrot set

이러한 성질을 축척 불변성(scaling invariance)이라 한다. 코흐 곡선처럼 정확한 수학적 사상에 의해서 만들어지는 프랙털을 수학적 프랙털(mathematical fractal)이라 한다. 수학적 프랙털은 프랙털 이론이 알려지기 전에 이미 여러 구조가 발견되었다. 〈표 6.1〉은 수학자들이 발견한 구조인데 현재는 프랙털 구조임이 밝혀졌다. 바이어슈트라스(Karl Weierstrass)는 연속이지만 어디에서도 미분이 불가능한 바이어슈트라스 함수를 제안하였다(Hilborn 1994). 이 함수로 생성된 바이어슈트라스 커브는 프랙털 구조이다. 칸토어 집합, 코흐 집합, 시에르핀스키 개스켓, 줄리아 집합, 망델브로 집합은 6장과 7장에서 살펴볼 것이다.

[질문] 수학적 프랙털들을 더 조사해 보자.

신장의 혈관구조나 허파꽈리의 구조는 정확한 수학적 사상을 따르지 않는다. 그렇지만 이런 구조들 역시 프랙털인데, 이런 종류의 프랙털을 통계적 프랙털(statistial fractal)이라 한다. 어떤 구조가 프랙털인지 아닌지는 무엇으로 판별할까? 가장 널리

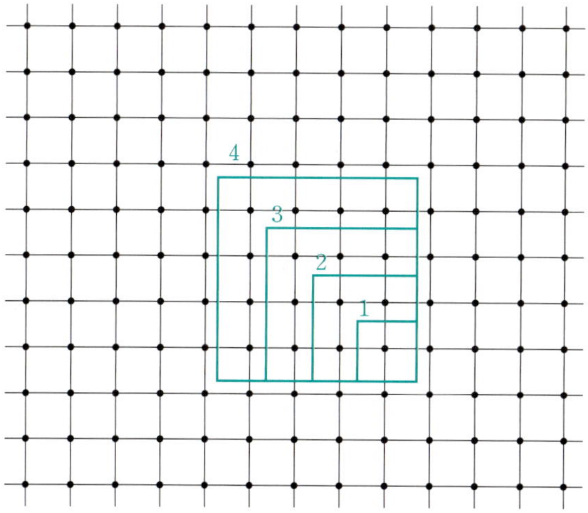

그림 6.11 2차원의 사각격자에서 격자점들을 사각형의 상자로 덮고 그 속에 속한 격자점을 센다. 상자의 크기를 두 배씩 늘리면 격자점은 2^2배씩 증가한다.

사용되는 방법은 프랙털 차원(fractal dimension) 또는 하우스도르프 차원(Hausdorff dimension)을 구해 보는 것이다.

유클리드 공간이나 격자 공간에서 차원의 의미를 생각해 보자. 〈그림 6.11〉은 유클리드 공간 위에 놓여 있는 사각격자를 나타낸다. 사각격자는 무한히 넓은 바둑판이라고 생각하면 된다. 사각격자 위의 격자점에 입자들이 놓여 있다. 이제 정사각형 상자로 격자점들을 덮어보자. 첫 단계 n=1일 때 상자의 길이는 L_1=1이고 상자 속의 격자점 수는 N_1=1이다. 단계 n=2일 때 상자의 길이는 L_2=2이고 상자 속의 격자점 수는 $N_2=2^2$=4이다. 단계 n=3일 때 상 길이는 L_3=3일 때 격자점의 개수는 $N_3=3^2$=9이다. 단계 n=4일 때 상 길이는 L_4=4일 때 격자점의 개수는 $N_4=4^2$=16이다. 2차원 사각격자일 때 사각형 변의 길이와 격자점의 수의 관계는

$$N=L^2$$

이다. 즉 격자점의 수는 상자의 길이에 대해서 지수 d=2로 축척한다. 상자의 길이

를 늘이거나 줄여나가도 같은 축척을 갖는다. 우리는 지수가 2라는 것에 주목해야 한다. 사격격자는 이차원을 채우는 규칙적인 유클리드 구조(Euclidean structure)이다. 일반적으로 유클리드 공간에서 규칙적인 구조들은 격자점의 수가 길이에 대해서

$$N=L^d$$

으로 축적한다. 여기서 d는 유클리드 공간의 차원이다. 우리가 통상적으로 공간의 차원이라고 부르는 그 차원을 말하며 그 값은 정수이다. 그렇다면 프랙털 구조는 어떤 축척 구조를 가질까? 〈그림 6.10〉의 코흐 곡선에 대해서 축척을 줄여가면서 구조의 변화를 생각해 보자. 코흐 곡선에서 꺾어지는 각 선분의 길이는 모두 같다. 이제 축척을 1/3씩 줄여가면서 꺾이는 선분의 개수를 세어보자. 〈표 6.2〉는 각 축척을 줄여갈 때 선분의 개수, 한 선분의 길이를 나타낸 것이다.

코흐 곡선에서 축척을 줄여나가면서 선분을 센 것이다. 단계마다 그 단계의 선분 길이를 갖는 상자로 코흐 곡선을 덮으면서 코흐 곡선을 덮는 상자의 수를 세어 보면, 덮은 상자 변의 길이와 덮는 상자 수의 축척관계(scaling relation)를 구할 수 있다(Feder 1988). 그 축척관계는

표 6.2 코흐 곡선의 각 단계마다 선분의 길이와 선분의 개수

단계	선분의 길이	선분의 개수
$n=1$	$L_1=1/3$	$N_1=4$
$n=2$	$L_2=1/3^2$	$N_2=4^2$
$n=3$	$L_3=1/3^3$	$N_3=4^3$
	⋮	
n	$L_n=1/3^n$	$N_n=4^n$
	⋮	

$$N_n = \frac{1}{L_n^d}$$

이다. 축척을 줄여가기 때문에 길이가 분모에 나타난다. 코흐 곡선에서 차원에 해당하는 d를 구해 보자. 단계 n에서 상자의 개수는 $N_n=4^n$이고 상자의 길이는 $L_n=(1/3)^n$이므로

$$4^n = \frac{1}{(1/3^n)^d}$$

이다. 즉,

$$4^n=3^{nd}$$

이다. 양변에 로그를 취하면

$$\ln 4^n=\ln(3^{nd})$$

이므로

$$n\ln 4=nd\ln 3$$

이다. 정리하면

$$d = \frac{\ln 4}{\ln 3} = 1.2619\cdots$$

이다. 코흐 곡선의 차원은 정수가 아닌 실숫값을 갖는 구조이다. 이렇듯 프랙털 구조는 그 구조의 차원이 정수가 아니고 실수인 값을 갖는다. 프랙털 구조의 실수 차원을 프랙털 차원(fractal dimension) 또는 하우스도르프 차원(Hausdorff dimension)이라 한다(Feder 1988). 축척을 줄여나갈 때 프랙털 차원의 일반적인 정의는

$$N = \frac{1}{L^{d_f}}$$

이다. 즉,

$$d_f = -\frac{\ln N}{\ln L}$$

이다. 코흐 곡선에서 축척을 줄여나감으로 $L_n=1/3^n$으로 분수로 표현되므로 앞에 마이너스 기호가 붙어있고 프랙털 차원은 양수가 된다. 사실 프랙털 차원은 차원을 일반화한 것이라 할 수 있다.

프랙털은 차원이 실수이고 축척 대칭성을 가진 구조이다.

〈그림 6.12〉는 1915년 폴란드의 수학자 시에르핀스키(Wacław Franciszek Sierpiński, 1882-1869)가 소개한 시에르핀스키 개스킷(Sierpinski Gasket)이다(Feder 1988). 이 프랙털은 앞에서 잠깐 소개했듯이 필자가 처음 연구에 사용한 프랙털이다. 이 프랙털은 어떻게 만들어졌을까? 창시자는 속이 꽉 찬 정삼각형이다. 정삼각형의 변의 길이를 1이라 하자. 생성자는 정삼각형의 변을 이등분한 다음 〈그림 6.12〉의 두 번째 그림과 같이 역삼각형을 그리고 그곳을 도려낸다. 창시자가 단계 n=1이다. 창시자 단계에서 남아 있는 삼각형의 변의 길이는 $L_1=1/2$, 삼각형의 개수는 $N_1=3$개다. 〈그림 6.12〉의 세 번째 그림과 같이 단계 n=2에서 전 단계의 삼각형을 다시 이등분하여 각 삼각형에 이등분점을 꼭짓점으로 역삼각형을 그려서 역삼각형들을 모두 도려낸다. 단계 n=2에서 남은 삼각형의 변의 길이는 $L_2=(1/2)^2$, 삼각형의 개수는 $N_2=3^2$이다. 〈그림 6.12〉와 같이 이 과정을 되풀이하면 계속해서 작은 삼각형이 얻어지며 빈 공간이 크기별로 생성되는 개스킷이 만들어진다. 임의의 단계 n에서 가장 작은 삼각형의 변의 길이는 $L_n=(1/2)^n$, 검은 삼각형의 개수는 $N_n=3^n$이 된다. 생성 단계 n을 무한히 크게 해서 얻은 삼각형의 집합을 시에르핀스키 개스킷이라 한

그림 6.12 시에르핀스키 개스킷의 생성과정. 창시자는 변의 길이가 1인 정삼각형이고, 생성자는 상단 왼쪽과 같이 각 변을 등분하는 꼭짓점에서 역삼각형을 그리고 그 부분을 제거해서 남은 삼각형이다. 남은 삼각형에 대해서 각 변을 이등분한 후 각 역삼각형을 제거한다. 이러한 과정을 계속 반복하여 얻은 집합이 시에르핀스키 개스킷이다.

다. 이렇게 생성된 시에르핀스키 개스킷은 부분을 2배 확대하면 원래 구조와 똑같은 구조를 갖는 자기 닮음성을 가지며 프랙털 구조이다. 시에르핀스키 개스킷의 프랙털 차원을 코스 곡선에서 구한 방법으로 구해 보면 d_f=ln3/ln2≈1.585…으로서 프랙털 차원이 $1<d_f<2$이고 무리수이다. 이차원 공간에서 생성한 프랙털 구조는 공간의 차원인 이차원보다 작아진다.

이제 프랙털 차원이 1보다 작은 값을 갖는 칸토어 집합(Cantor set)을 생각해 보자. 독일의 수학자 게오르크 칸토어(Georg Cantor, 1845-1918)는 무한 집합을 소개했으며 집합론 발전에 기초를 놓았다. 그런데 그가 제안한 칸토어 집합은 사실 프랙털 구조였다. 칸토어 집합의 생성자는 길이가 1인 단위 선분이다. 단계 n=1인 생성자는 단위 선분을 삼등분하여 가운데 부분을 제거한 두 선분이다. 남은 두 선분을 다시 삼등분하여 가운데 부분을 제거한다. 생성자의 단계에서 남은 각 도막의 선분 길이는 L_1=1/3이고 도막의 개수는 N_1=2이다. 다음 단계는 남아 있는 각 도막을 다시 삼등분한 다음 가운데 도막을 지운다. 단계 n=2에서(〈그림 6.13〉) 남은 선분의 한 도막 길이는 $L_2=(1/3)^2$이고 도막의 개수는 $N_2=2^2$이다. 단계 n에서 한 도막의 길이는 $L_n=(1/3)^n$이고 총 도막의 개수는 $N_n=2^n$이다. 이러한 과정을 무한히 반복하여 얻은 무한 집합이 칸토어 집합이다. 따라서 칸토어 집합의 프랙털 차원은 d_f=ln2/ln3≈0.6309…으로 차원이 1보다 작은 무리수이다(Feder 1988). 차원이 $0<d_f<1$인 이상한 집합이 만들어진 것이다. 칸토어가 이 집합을 발견할 때 칸토어 집합이 프랙털 구

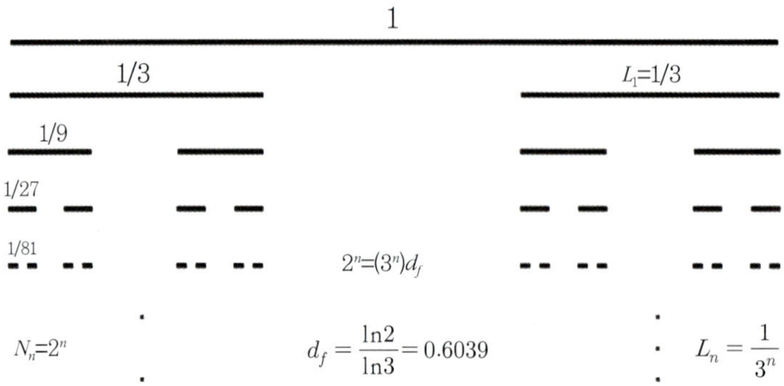

그림 6.13 칸토어 집합의 생성과정. 칸토어 집합의 생성자는 길이가 1인 단위 선분이다. 생성자는 단위 선분을 삼등분하여 가운데 부분을 제거한 두 선분이다. 남은 두 선분을 다시 삼등분하여 가운데 부분을 제거한다. 이러한 과정을 무한히 반복하여 얻은 무한 집합이 칸토어 집합이다.

조인지 몰랐다.

20세기 중반에 자연을 비롯한 다양한 분야에서 프랙털 구조가 다수 발견되었다. 앞에서 예를 든 인체의 프랙털 구조도 그중 하나이다. 더 흔히 볼 수 있는 통계적 프랙털은 나무 구조이다. 〈그림 6.14〉는 나무 구조의 축척 대칭성을 보여준다. 초록의 나무, 초록의 숲, 멀리 떨어진 초록의 산을 보면 편안한 느낌이 들고 눈의 피

그림 6.14 나무의 프랙털 구조와 축척 대칭성. 나무의 부분의 전체의 모습과 닮아있다. 오른쪽은 왼쪽의 한 부분을 잘라서 같은 크기로 확대한 것이다. 두 모습이 서로 흡사하다.

로도 줄어든다. 왜일까? 그 속에는 사실 프랙털 구조가 들어 있기 때문이다. 나무 구조의 자기 닮음성은 나무를 볼 때 피로감을 줄여준다. 숲에 밀집해 있는 나무들은 프랙털의 구조를 가졌으며 산을 따라 울퉁불퉁하게 자라는 나무들 역시 자기 닮음성을 가지고 있다. 자기 닮음성을 가지고 있는 프랙털 구조가 뇌를 자극하여 발생한 신경 신호는 전체 뇌의 활성화를 줄여주고 우리의 인지 기능에 안정감을 가져와 편안한 느낌을 준다. 사실 이 주장은 필자의 주장일 뿐 아직 과학적으로 규명되지 않았다. 누군가 어서 실증해 주었으면 좋겠다.

이외에도 프랙털은 산맥의 구조, 강줄기의 구조, 다양한 식물의 잎사귀, 콜리플라워(cauliflower)와 같은 꽃, 번개 모습, 해안선의 길이, 우주에서 별의 분포, 혼돈 현상에서 이상한 끌개(strange attractor) 등 다양한 자연에서 발견된다.

〈그림 6.15〉은 실제 꽃인 마타리꽃의 프랙털 구조와 수학적 사상으로 얻은 프랙털 구조를 비교한 것이다. 오른쪽의 프랙털 구조는 가지치기 과정과 자기 닮음성을 갖는 구조이다. 그림의 마타리꽃과 비슷한 가지치기 과정(branching process)은 자기 닮음성을 유지하기 위해서 V자 모양에서 시작하여 위쪽의 가지를 붙여갈 때 V 사이의 각도는 유지하면서 V자 가지의 길이가 일정한 비율로 줄어들고 있음을 볼 수 있다. 위쪽에 붙는 가지들은 같은 비율로 가지의 길이가 점점 줄어든다. 반면 마타리꽃은 완벽한 자기 닮음 비율을 유지할 수 없다. 그래도 아래쪽 줄기의 길이는 위쪽보다 길고 위로 올라갈수록 분지되는 지점에서 가지의 길이가 줄어드는 것을 볼 수 있다. 한 마디에서 가지가 분지되는 각도 역시 완벽하게 같지는 않지만 상당히 좁은 영역에서 평균적으로 각도가 비슷하게 유지된다. 가지가 분지되면서 위로 성장할 때 줄기의 비율 역시 수학적 프랙털만큼 완벽한 비율로 줄어들지는 않지만, 평균적으로 그 비율이 유지되고 있어서 통계적인 프랙털 구조를 유지하고 있다. 물론 마타리꽃의 분지는 유한한 분지 후에 꽃봉오리를 피워야 하기 때문에 수학적인 V 가지치기 구조만큼 자기 닮음성을 유지할 수 없다. 이렇게 자연에서 발견되는 프랙털은 완벽한 자기 닮음성을 갖지는 않지만, 통계적인 범위와 유한한 크기 영역에

(a)

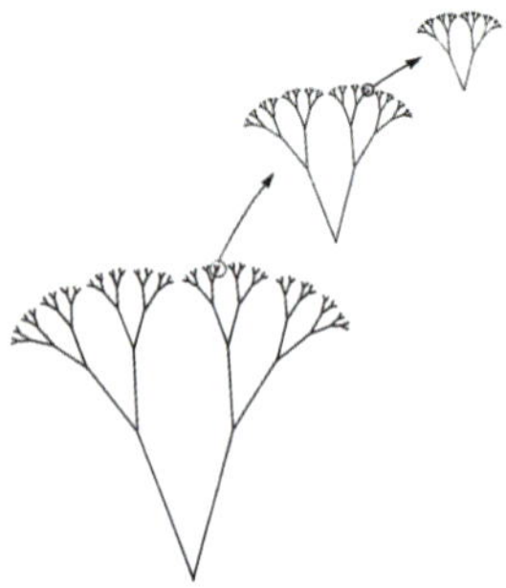

(b)

그림 6.15 실제 꽃과 가지치기 과정으로 생성한 프랙털. (a) 가지치기 구조의 마타리꽃. (b) 가지치기 과정으로 얻은 프랙털 구조의 자기 닮음성.

서 상당한 자기 닮음성을 가지고 있다. 이제 여러분 눈에는 자연에 존재하는 수많은 프랙털 구조가 심심찮게 들어올 것이다.

7장

/

우리 곁의 프랙털

프랙털 구조는 우리 주변에 산재해 있다. 다만 우리가 그 존재를 인식하지 못했을 뿐이다. 공간적인 구조의 프랙털이 있는가 하면 시간적 시계열에 숨어 있는 프랙털도 있다. 이제 우리 주변에서 자주 볼 수 있는 공간적, 시간적 프랙털을 살펴보자. 가장 친숙한 프랙털 구조는 나무, 식물의 구조들이다. 해안선의 구조, 강줄기의 구조, 갯벌에서 갯골의 구조 역시 프랙털 구조임을 살펴보았다. 높은 산에 올라가서 광활하게 펼쳐져 있는 산줄기를 보면 어딘가 닮은 구조인 것을 볼 수 있다. 과학자들이 많이 연구한 프랙털로는 번개가 칠 때 발생하는 유전체 파괴 구조가 있다. 화학자들은 용액에 담근 전극에 전류를 흘려줄 때 붙는 석출물의 구조도 나무처럼 삐죽삐죽하다는 사실을 찾아냈는데, 이 역시 프랙털 구조이다. 에어로졸 덩어리, 먼지 뭉치, 하늘에 떠 있는 구름의 구조 역시 프랙털 구조이다. 맑은 밤하늘에 반짝이는 별들은 하늘에 마구잡이로 흩어져 있는 것 같지만, 어떤 부분에는 별이나 은하가 밀집해 있고 어떤 곳은 텅 비어 있다. 우주 공간에 흩어져 있는 별들의 분포 역시 프랙털 구조이다.

등산하다 보면 넓은 바위에 다양한 종류의 이끼들이 섞여서 성장하고 있는 것을 볼 수 있다. 서로 경쟁하며 성장하는 이끼들의 문양 역시 프랙털 구조이다. 영양 배지에 몇 가지 박테리아를 이식하여 성장시켜 보면 박테리아들이 영양분을 먹으면서 퍼져나가는데, 이 또한 프랙털 구조이다. 우리의 몸 내부에도 프랙털 구조가 다양하게 산재해 있다. 신장의 혈관구조, 허파의 구조, 뇌에서 신경들의 얽힌 신경망 구조, 조직에서 미세혈관의 구조 등도 프랙털 구조이다.

공간적인 프랙털이 있는가 하면 시간 시계열에도 프랙털 구조가 숨어 있다. 주가지수의 수익률 시계열, 환율 변동 시계열, 각종 상품 가격 변동 시계열, 심장 박동수 시계열, 뇌파 시계열, 컬러 노이즈 등에 프랙털 구조가 숨어 있다. 요즘은 프랙털 구조를 활용한 프랙털 아트나 프랙털 음악이 작곡되고 있다. 이제 자연과 사회현상에서 볼 수 있는 몇 가지 프랙털 구조를 살펴보자.

7.1 번개 프랙털

먹구름이 몰려오고 강한 비가 오기 전에 천둥이 치고 강력한 번개가 번쩍인다. 요즘도 번개가 치면 두려움이 생기는데 우리의 조상들은 천둥 번개가 칠 때 아주 큰 두려움에 휩싸였을 것이다. 번개는 대기 중에서 전하가 구름과 땅 또는 구름과 구름 사이에서 방전될 때 발생한다. 높은 전압을 가한 부도체에서 유전체 파괴

그림 7.1 리히텐베르크의 유전체 파괴 그림. 유전체의 하단과 상단 사이에 놓여 있는 전극에 강한 전압을 걸면 유전체에 번개가 친 모습 (출처: Bert Hickman, Wikimedia Commons)

그림 7.2 번개 치는 모습. 구름에서 지상으로 강한 전류가 일시에 흐르면서 번쩍하는 가시광선과 플라즈마 충격파에 의한 천둥이 발생한다.

(dielectric breakdown)가 발생할 때 나뭇가지 모양의 번개 모습을 최초로 기록한 사람은 1777년에 리히텐베르크(G. C. Lichtenberg, 1742-1799, 독일의 물리학자)이다. 유전체에서 발생한 번개 치는 모습의 그림을 리히텐베르크 형상(Lichtenberg figure)이라 한다(Feder 1988). 〈그림 7.1〉은 두 전극 사이에 강한 전압을 걸어서 유전체에 번개가 친 모습을 관찰한 리히텐베르크 형상이다. 마치 나무가 자라듯이 퍼져나가는데, 그 구조는 프랙털 구조이다.

〈그림 7.2〉는 실제로 번개가 치는 모습이다. 대기 중에서 번개 치는 모습은 유전체 파괴 현상과 흡사한 구조이다. 여기서는 리히텐베르크의 형상처럼 뚜렷한 나뭇가지 모습을 보기 어렵다. 번개가 치면 번개가 지나가는 경로를 따라서 공기의 전하가 양전하와 음전하로 분리된 플라즈마(plasma) 상태가 되는데, 여기서 가시광선 영역의 전자기파와 충격파가 형성된다. 그리고 미세한 가지에서 생기는 빛은 사방으로 흩어져 관찰하기 힘들어진다. 또한 가장 큰 전류가 흐르는 뼈대 경로에서 강한 빛이 방출되기 때문에 그 번개 뼈대만 강하게 보이기도 한다.

번개와 유전체 파괴 문양은 유한확산 응집체 프랙털 구조에 속한다. 유한확산 응집체가 무엇인지 살펴보자.

7.2 유한확산 응집체

번개와 유전체 파괴 모습에 대한 이해는 1980년대 초에 프랙털 구조를 연구하면서 극적으로 진전되었다. 1981년 위튼(T. A. Witten)과 샌더(L. A. Sander)는 피지컬 리뷰 레터스 저널에 유한확산 응집체(제한확산 응집체, 제한확산 뭉치, diffusion-limited aggregation, DLA)에 대한 시뮬레이션 논문을 발표한다(Witten and Sanders 1981). 놀랍게도 이 응집체는 나무 모양으로 성장하고 그 기하학적 구조가 프랙털 구조임이 밝혀졌다. DLA를 컴퓨터에서 성장시키는 알고리즘은 다음과 같다. 〈그림 7.3〉과 같이 원점에 씨앗(seed)을 놓는다. 씨앗에 붙은 입자들이 성장하여 클러스터(cluster)를 형성한다. 클러스터의 가장 끝 반지름을 R_m이라 하자. 중심으로부터 클러스터 반지름의 5배인 큰 원을 그린다. 투입할 입자는 이 큰 원의 원주 위에서 생성되어 투입한다. 투입된 입자는 막 걷기 하여 움직인다. 만약 투입한 입자가 움직이다가 원주에서 멀어지면 이 입자는 시스템에서 벗어난 것으로 간주하여 버린다. 투입한 입자가 멋대로 걸어 클러스터 쪽으로 다가와서 클러스터의 이웃에 도달하면 투입된 입자는 클러스터에 붙어서 응집한다. 붙은 입자는 떨어져 나가지 않으므로 성장하는 클러스터는 비가역적으로 성장한다. 투입한 입자가 클러스터에 붙거나 계에서 벗어나면 새로운 입자를 큰 원주 둘레에서 다시 생성하여 계에 투입한다. 클러스터는 성장하므로 입자가 투입되는 큰 원주의 반지름은 계속해서 커진다. 이러한 과정을 계속 되풀이하면 응집체가 점점 성장하여 나뭇가지가 성장하듯이 가지치기를 한 모습이 된다.

〈그림 7.4〉는 앞에서 설명한 성장 기법으로 성장시킨 유한확산 응집체의 모습을 나타낸 것이다. 위튼과 샌더는 이 알고리즘을 이용하여 컴퓨터 시뮬레이션으로 최초의 DLA를 구현하였다. 처음 생성한 응집체는 입자가 3,600개가 붙은 DLA였으며 그 구조는 고리(loop)가 없는 나무(tree) 구조처럼 생겼다(Witten and Sanders 1981). 번개나 유전체 파괴 그림과는 조금 달라도 비슷한 구조임을 알 수 있다. 위튼과 샌더는 이 구조를 더 분석하여 이 구조가 프랙털 구조임을 발견하였다(Hasley 2000).

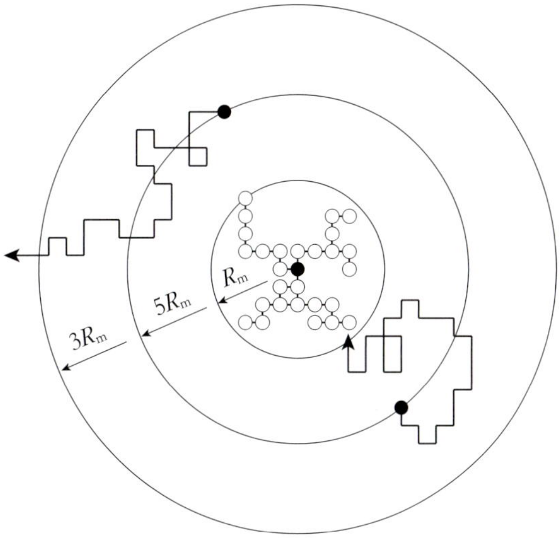

그림 7.3 유한확산 응집체는 씨앗으로부터 성장한다. 입자는 클러스터 최대 크기의 5배 먼 거리에서 하나씩 투입되며, 투입되는 초기 위치는 무작위로 선정한다. 투입된 입자는 멋대로 걸어서 클러스터의 이웃에 도달하면 응집체에 붙는다. 멋대로 걷기가 응집체에서 너무 멀어지면 이 멋대로 걷기는 버리고 다시 시작한다. 투입된 입자가 응집체에 붙거나 계에서 완전히 벗어나면 새로운 입자를 투입한다.

DLA 구조가 가지치기 모양(ramified pattern)의 프랙털 구조를 가지는 이유는 앞서 논의한 무작위성과 비평형 성장 과정 때문이다. 특히 입자가 투입되어 응집체에 붙을 때까지의 시간 스케일 τ_w와 응집체가 성장하는 시간 스케일 τ_g가 완전히 달라서 서로 분리되는 것이 중요하다. 응집체 입장에서 성장은 매우 느린 속도로 일어난다. 성장 속도에 비해서 투입된 입자가 응집체에 붙는 시간은 상대적으로 짧은 셈이다. 이러한 시간 스케일의 분리는 여러 개의 입자가 동시에 응집체에 붙는 확률을 극히 낮게 만든다. 컴퓨터 시뮬레이션 과정에서 멋대로 걷기가 많은 시간을 잡아먹지만 입자가 응집체에 붙을 때마다 하나씩 입자를 투입하면 이러한 두 개의 시간 스케일이 분리된다.

1980년대의 과학자들이 DLA 구조에 열광한 이유는 두 가지이다. 이 구조가 프랙털 구조를 가졌으며, DLA 구조와 비슷한 구조의 응집체들이 다양하게 발견되었기 때문이다. 무작위 과정으로 형성된 프랙털 구조는 공간적인 혼돈(spatial chaos)이기 때문에 더 관심을 끌었다. DLA는 무작위적(random), 비평형적(nonequilibrium), 비가역적(irreversible)으로 물질이 성장(growth)하여 프랙털 응집체(fractal aggregates)를 형성하는 가지치기(ramified pattern) 구조를 대표하는 모형이다. 이러한 가지치기 구조의 내부와 외부를 구별하기 힘든 특징을 가지고 있다. DLA는 번개 모양, 유전체 파괴가 일어날 때의 모양, 금속재료 등에서 나타나는 크랙 전파(crack propagation), 생물학에서의 박테리아 무리(bacteria colony)의 성장, 유전(oilfield)에 주입한 물이 퍼져나가는 문양, 나뭇가지 성장, 뿌리의 모양 등에서 볼 수 있다.

유전체는 구성 물질들이 전기적으로 분극되어 있지만, 전기적으로 부도체이다. 〈그림 7.5〉와 같이 중심 원판 전극과 중심에서 멀리 떨어진 곳에 동심원 원 전극 사이에 유전체 물질이 놓여 있는 경우를 생각해 보자. 두 전극 사이에 강한 전압이 걸리면 부도체인 유전체의 절연 파괴가 발생한다. 강한 전압 때문에 유전체 일부에 도체 채널이 형성된다. 도체 채널의 구조는 그림과 같이 번개 치는 모습으로 발전

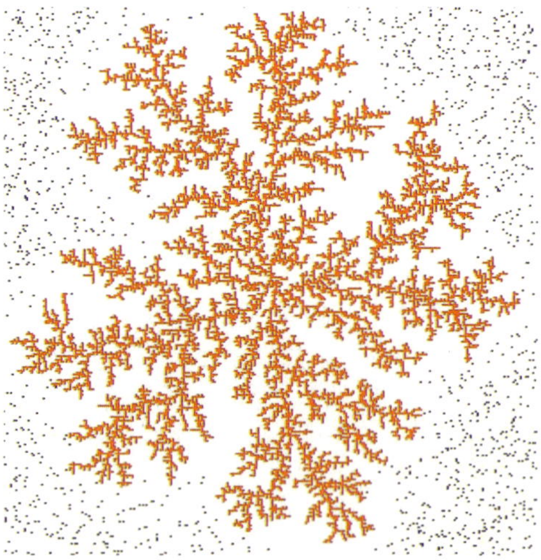

그림 7.4 위튼과 샌더가 컴퓨터 시뮬레이션으로 구현한 유한확산 응집체의 구조. 이 구조는 2차원 격자 위에서 3,600개의 입자를 가진 응집체이며 나무 모양으로 성장한 프랙털 구조이다.

한다. 절연체 파괴 구조는 마치 DLA 구조와 흡사한 프랙털 구조를 하고 있다. 번개치는 모습은 왜 가지치기 과정과 흡사하게 성장할까? 절연체 파괴가 가지치기 과정의 프랙털 구조가 되는 이유를 생각해 보자. 우선 원점 전극과 멀리 떨어져 있는 원형 전극 사이에서 형성된 전압을 구한다. 유전체 파괴가 일어나는 방전은 전위차가 가장 큰 곳에서 발생하기 쉽다. 절연체 내에는 알짜 전하들이 없기 때문에 절연체 내에서 전압은 라플라스 방정식(Laplace's equation)

$$\nabla^2 V = 0$$

을 따른다. 여기서 V는 유전체 내부에서 전압을 나타낸다. 이 식에서 2차원인 경우 라플라시안(Laplacian) $\nabla^2 = \partial^2/\partial x^2 + \partial^2/\partial y^2$은 편미분을 나타낸다.

〈그림 7.5〉에서 원점 전극에 연결된 실선은 절연체 파괴로 인해 도체가 된 부분이므로 전압이 0이다. 그림에서 도체인 검은 점 (i, j)에서 이웃한 절연체 점 (i', j')을

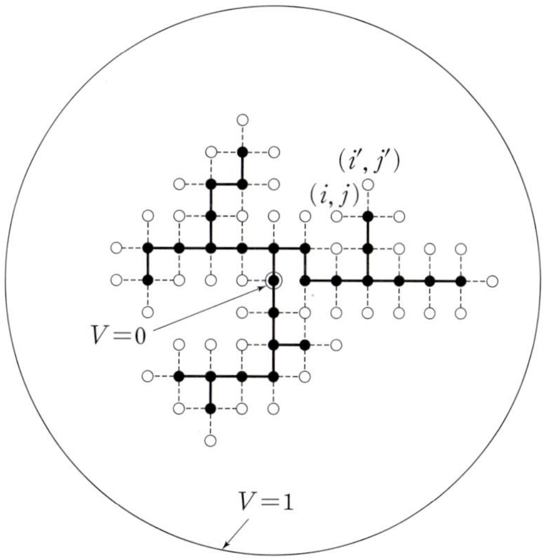

그림 7.5 원형 전극과 점 전극 사이에서 절연체 파괴가 일어나면서 가지치기 과정으로 프랙털 구조가 성장하는 모습. 원점의 점전극의 전압은 0볼트이고 원형전극의 전압은 1볼트이다. 원점 전극에 연결된 실선은 절연체 파괴로 인해 도체가 된 부분이므로 전압이 0이다.

생각해 보자. 두 지점 사이의 전위의 차이는 $\varphi=V(i,j)-V(i',j')$이다. 절연체의 파괴는 전위의 차이가 큰 곳에서 일어나므로 도체가 절연체로 가지치기할 확률은

$$p_{(i,j)\to(i',j')}\propto|\varphi|^{\eta}$$

이고, $\eta>0$인 양의 실수이다. 〈그림 7.6〉은 $\eta=1$일 때 라플라스 방정식을 풀어서 절연체 파괴 문양을 얻은 것이다. 유전체 파괴 문양이 앞에서 소개한 DLA 구조와 매우 흡사하다(Niemeyer et al 1984). 유전체 파괴는 전위차가 가장 큰 값 주변에서 유전체 파괴가 일어난다. 이렇게 극치를 가지는 곳에서 무작위적인 사건이 발생할 확률이 큰 동력학을 극치 동력학(extreme dynamcis)이라 한다. 유한확산 응집체나 유전체 파괴는 극치 동력학의 전형이라 할 수 있다.

절연체 파괴 문양의 형성은 반도체 소자를 만들 때 큰 문제가 될 수 있다. 핸드폰에 들어가는 CPU나 메모리 반도체 칩은 내부에 많은 도선과 절연체 막을 가지고

그림 7.6 점 전극과 원 전극 사이에서 절연체 파괴가 일어날 때 가지치기 과정으로 형성된 유전체 파괴 문양. 이 모습은 라플라스 방정식을 풀고, $\eta=1$일 때 유전체 파괴 송이를 성장시킨 것이다. 프랙털 차원은 약 1.75차원이다.

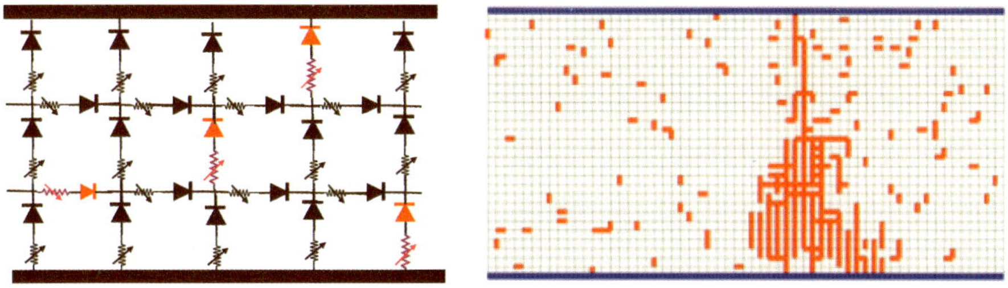
(a) (b)

그림 7.7 나노 크기의 두 도체 전극 사이에 놓인 유전체의 파괴가 일어나는 모습. (a) 유전체를 가변저항으로 모형화한 모습. (b) 컴퓨터 계산으로 유전체 파괴가 일어난 결과. 빨간색 부분은 저항이 작은 부분(도체)을 나타내고 처음에 저항이 작은 부분이 무작위로 분포한 상태에서 유전체 파괴 시뮬레이션 모습을 나타낸 것이다.

있다. 삼성반도체나 하이닉스 반도체에서 생산하는 메모리 반도체에서 전류가 흐르는 도체 선의 선폭은 10나노 이하로 줄어들고 있다. 이렇게 얇은 도선 사이의 전기적 방전을 막기 위해 절연체로 차단하는데, 메모리 반도체의 크기가 매우 작아지다 보니 차단 절연체에 매우 강한 전압이 걸린다. 마치 대기 중에 전하를 잔뜩 머금은 비구름과 지면 사이에 번개가 치기 직전의 상황과 매우 흡사하다. 반도체 도선 사이에 번개가 치면 메모리칩이 타버린 셈이라 메모리가 망가지게 된다. 반도체 공정에서는 번개가 발생하지 않도록 유전체의 재질, 전선의 모양, 유전체의 두께 등을 조절해야 한다. 〈그림 7.7〉은 나노 크기의 도체 전극 사이에 놓인 유전체에서 유전체 파괴 현상이 일어나는 모습을 컴퓨터 시뮬레이션한 모습을 나타낸다. 강한 전압이 걸리기 전에 유전체 내에 저항이 작은 부분이 무작위로 분포해 있다. 이러한 저항이 작은 지점들이 유전체 파괴의 씨앗 역할을 하며, 두 도체 전극 사이의 전압을 올리면 어느 순간에 위쪽 전극과 아래쪽 전극 사이에서 번개가 친다. 유전체 파괴가 일어나면서 전류가 흐르는 도체회로가 형성된다. 이렇게 되면 반도체가 망가진다(Lee et al 2012a, 2012b).

7.3 프랙털 구조의 발현 원리

지금까지 공간적 프랙털을 살펴보았다. 그렇다면 프랙털의 생성 원리는 무엇일까? 〈표 7.1〉은 공간적 프랙털의 발현 원리와 그 예시를 요약한 것이다. 여기서 제시한 발현 원리는 단지 필자가 주장하는 원리이다. 모든 학자가 동의하는 것은 아니며, 추가적인 원리가 더 있을 수도 있다.

첫 번째 프랙털의 발현 원리는 비선형 되먹임(feedback) 현상이다. 5장에서 로지스틱 사상을 살펴보았다. 비선형 동력학 시스템이 혼돈 현상을 나타내면 궤도는 주기가 무한대가 되면서 궤도의 패턴이 이상한 끌개를 형성한다. 이상한 끌개는 기하학적 구조가 프랙털 구조이다. 혼돈 현상이 일어날 때 가장 중요한 점은 비선형 동력학 항이 있어야 하고 궤도가 발산하지 않으며 동력학 영역에 제한되어야 한다는 것이다. 궤도가 묶이기 위해서 펼친 사상은 다시 접히는 과정이 있어야 한다. 즉, 펼치고 접는 사상은 궤도 묶임의 중요한 과정이다. 이러한 비선형 되먹임은 프랙털 구조의 발현에 필수적인 요소이다(Hilborn 1994). 〈그림 7.8〉의 되먹임 과정을 로지스

표 7.1 프랙털의 발현 원리와 예시

발현 원리	주요한 특징	예시
되먹임 원리 (feedback)	• 비선형 되먹임 현상(nonlinear feedback)과 동력학 영역의 묶임(bound) • 펴고 접는(streching and folding) 비선형 되먹임	• 혼돈 현상에서 이상한 끌개
임계성 (criticality)	• 임계점 근처에서 축척 불변성 • 장거리 상관관계와 협력적 상호작용 • 극심한 요동	• 평형 상전이 점 근처에서 축척 • 이징모형의 클러스터
극치 동력학 (extreme dynamics)	• 성장과 경쟁 • 무작위성(randomness) • 시간 스케일의 분리 • 극치 영역에서 성장이 빠름	• 유한확산 뭉치 • 번개 • 유전체 파괴 패턴

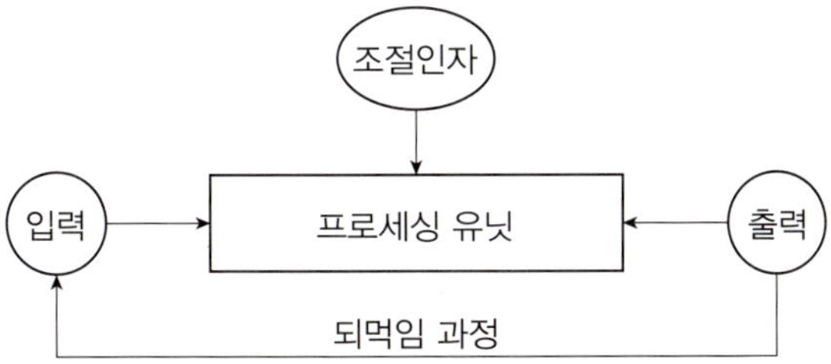

그림 7.8 비선형 동력학 시스템에서 비선형 되먹임 과정은 프랙털 구조인 이상한 끌개의 발현에 필수적인 요소이다. 사상은 프로세싱 유닛에 비유할 수 있다.

틱 사상에 비유해 보자. 로지스틱 사상 $x_{n+1}=f(x_n)$으로 표현하면 $f(x_n)=rx_n(1-x_n)$이다. 이 모형에서 조절인자는 성장률 r이다. 조절인자의 값에 따라서 x_n의 값은 주기적인 운동 또한 혼돈적 운동을 한다. 초깃값 x_0는 입력에 해당하고 함수 $f(x_n)$은 프로세싱 유닛에 해당한다. 로지스틱 함수는 회귀식이기 때문에 출력값이 다시 입력으로 재입력되는 되먹임 과정(feedback process)이다. 값 $0 \le x_n \le 1$이므로 이 사상은 묶인 사상이며 로지스틱 사상에서 x_n^2이 있기 때문에 비선형 사상이다(Peitgen et al 2004).

두 번째 프랙털의 발현 원리는 임계성(criticality)이다. 임계성은 상전이(phase transition)가 일어날 때 나타난다. 주전자에 물을 넣고 끓이면 100℃에서 끓는다. 액체상인 물이 기체상인 수증기로 변한다. 이렇듯 물질의 상태가 변하는 현상을 상전이라 한다. 자성을 띠지 않은 물질의 온도를 낮추면 임계온도(critical temperature) T_c에서 물질은 강한 자성을 띤다. 이러한 상전이를 상자성-강자성 상전이라 한다. 고온 초전도체인 $YBa_2Cu_3O_7$ 산화물은 높은 온도에서 부도체이지만 온도를 -180℃로 얼리면 갑자기 초전도체가 된다. 초전도체는 전기 저항이 영이고, 반자성을 띠는 물질이다. 이를 초전도체 상전이라 한다. 많은 물질은 다양한 조건에서 고유한 상전이를 보인다. 통계 물리학자들의 연구에 따르면 상전이가 일어나는 임계점 근처에서 구성 요소들은 강한 협력적 상호작용을 하면서 장거리 상관관계를 갖는다. 시스템의 에너지를 낮추려는 요소와 반대로 엔트로피를 증가시키려는 요소가 서로 충돌하면서 적절한 합의점을 찾게 되는데 상전이 점(critical point) 근처에서 엔트로피는 시스템의 구성을 매우 불규칙하게 만든다. 〈그림 7.9〉는 상자성-강자성을 나타내는 상전이 점 근처에서 자석들의 방향을 나타낸 것이다. 검은색은 미시적 원자 자석들이 북극을 향하는 것이고 하얀색은 남극을 향하는 상태를 나타낸다. 그림에서 북극을 향하는 자석 덩어리와 남극을 향하는 자석 클러스터가 매우 불규칙하게 섞여 있고 두 덩어리의 경계는 마치 꾸불꾸불한 해안선처럼 매우 불규칙한 경계를 형성하고 있다. 복잡계 과학자들은 상전이 점 근처의 미시 자석 덩어리가 프랙털 구조임을 밝혀냈다. 상전이의 임계성은 자기 닮음성 구조를 유도한다.

세 번째 프랙털의 발현 원리는 극치 동력학(extreme dynamics)이다. 극치 동력학은 앞 절의 유한확산 응집체나 유전체 파괴 현상에서 살펴보았다. 극치 동력학을 따르면서 무작위하게 성장하는 구조는 프랙털 구조를 발현한다. 다음 장에서 살펴볼 자기조직화 임계성을 나타내는 시스템 역시 극치 동력학을 따르는데 자기조직화 임계현상에서도 프랙털 구조가 스스로 발현한다. 복잡계 과학자들은 프랙털의 발현 구조에 대한 몇 가지 원리를 발견하였지만, 한 가지 원리로 귀결되지는 않는다. 애초에 다른 원리들이 더 존재할지도 모른다.

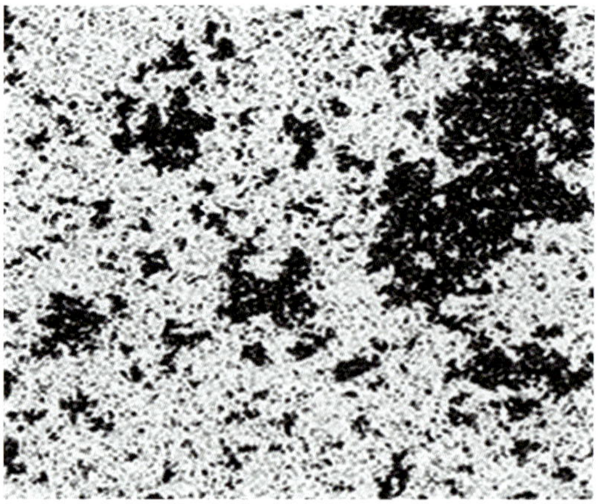

그림 7.9 상자성–강자성 상전이 점 근처에서 원자 자석들의 배열 모습

7.4 프랙털 시계열

요즘은 어딜 가나 멋진 카페를 만날 수 있다. 얼마 전에 지인이 소개해 준 카페에 갔는데, 많은 사람이 담소를 나누고 있었다. 그중에서도 컴퓨터를 켜놓고 공부하는 학생이 눈에 띄었다. 학생은 주위의 소음에는 아랑곳하지 않고 공부에만 열중하고 있었다. 이 학생만이 아니다. 요즘 학생들은 도서관보다는 시끄러운 카페에서 커피 한 잔을 시켜놓고 온종일 공부하는 것을 선호한다. 그런가 하면, 주위가 얼마나 시끄럽든 같이 앉아서 수다를 떠는 사람들끼리는 서로의 이야기를 잘 들을 수 있다. 도떼기시장 같은 시끄러운 카페에서 공부가 잘되고, 대화도 잘 할 수 있는 이유는 무엇일까?

대화로 주고받는 말에는 정보가 담겨 있다. 반면 주변에서 들려오는 의미 없는 소리는 잡음이다. 역사적으로 인류는 생존을 위해 소음과 정보를 식별해 내야 했다. 사바나에서 사냥하던 인간들은 사냥감을 찾는 것 외에도 포식자들로부터 자신을 보호해야 했다. 예를 들면, 풀숲이나 마른 덤불 속에 숨어 있는 사자나 호랑이를 식별하지 못하면 목숨을 잃을 수 있었다. 포식자의 정보를 풀숲이나 덤불의 배경 정보와 구별해야 살아남을 수 있었으므로, 인간은 배경 정보는 무시하고 포식자의 정보를 파악할 수 있는 방향으로 진화하였다. 반면 포식자는 더욱 배경에 녹아들어야 먹잇감을 쉽게 잡을 수 있어서 풀숲이나 덤불의 배경 색과 같은 털 색깔로 진화하였다.

배경 소음을 무시하는 진화의 산물은 오늘날 시끄러운 도시 문명에서도 효과를 발휘하고 있다. 카페에서 공부하고 있는 학생은 바로 배경 소음(background noise), 즉 앰비언트 노이즈(ambient noise)에서 편안함을 느낀다. 우리가 초록색의 숲을 보고 있으면 눈의 피로가 풀리고 편안함을 느끼는 것도 빛의 앰비언트 노이즈 때문이다. 우리는 항상 소음에 노출되어 있어서 마치 없는 것처럼 인식한다. 그런데 이런 앰비언트 노이즈는 백색 소음도 있고 프랙털 시계열의 소음도 있다. 인간은 자연에서 발생하는 프랙털 시계열에 적응되어 있어서 앰비언트 노이즈에 노출되었을 때 더 편안함을 느끼는 것 같다.

이제 시계열(time series)에 숨어 있는 프랙털 구조를 살펴보자. 시계열은 시간에 따라서 데이터 값이 발생하고 그 결과를 데이터로 기록한 것을 뜻한다. 무질서한 시계열의 대표적인 현상은 잡음(noise)이다. 잡음은 마구잡이로 발생하기 때문에 잡음 시계열에 자체 상관관계가 거의 없다. 현재의 잡음은 과거의 영향을 받지 않으며 미래의 잡음에도 전혀 영향을 주지 않을 것이다. 그러나 자연이나 사회에서 발생하는 다양한 시계열은 서로 상관성을 가지는 경우가 허다하다. 한 예로, 어제의 주식 시황은 오늘 내가 주식을 살 때 결정적인 영향을 준다.

시계열의 상관관계는 다양하게 측정할 수 있다. 시계열의 상관성을 측정하는 한 가지 방법으로 시계열의 스펙트럼밀도(power spectral density) 측정이 있다. 스펙트럼(spectrum)은 시계열이 어떤 주파수들로 구성되어 있고 그 주파수가 시계열에서 상대적으로 어느 정도 비율로 있는지를 나타낸 값이다. 〈그림 7.10〉은 소리를 마이크로폰으로 수신한 다음 전기신호로 변화하여 얻은 시계열의 파형을 나타낸 것이다. 말

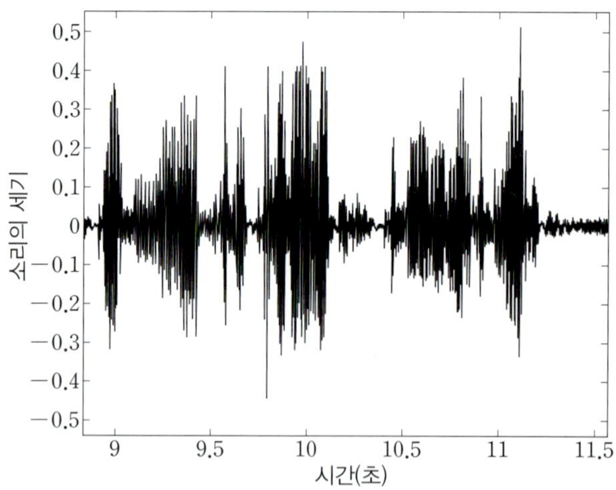

그림 7.10 소리의 시계열. 소리의 세기를 전압으로 나타내서 시간의 함수로 나타내었다.

을 하는 동안에 성대의 떨림이 소리로 변환된다. 소리의 파형은 여러 가지 진동이 합성되어 있다. 소리의 진동을 단순한 사인함수 파동의 선형 결합이라고 생각할 수 있다. 어떤 진동수의 싸인 파동은 어떤 소리를 형성할 때 큰 영향을 주지만 다른 진동수는 그렇지 않을 것이다. 이처럼 시계열을 진동수들의 선형 결합으로 나타내고 영향을 주는 진동수와 그 영향력의 세기에 대한 정보를 뽑아낼 수 있다. 그 방법이 바로 수학에서 푸리에 변환(Fourier transformation)이다. 푸리에 변환을 이용하여 시계열에서 진동수의 영향력을 상대적인 세기로 나타낸 것이 세기 스펙트럼(power spectrum)이다.

〈그림 7.11〉은 소리 시계열의 세기 스펙트럼을 나타낸 것이다. 그림에서 볼 수 있듯이 소리는 다양한 진동수 성분을 가지고 있다. 어떤 진동수의 소리는 세기가 약하지만 어떤 진동수의 소리는 상대적으로 큰 영향을 주고 있다. 인간의 귀는 외이와 중의의 구조 때문에 약 3,000Hz 근처에서 가장 민감하게 반응하는데, 발성 기관인 성대 역시 3,000Hz 근처의 주파수 성분이 많이 발생한다.

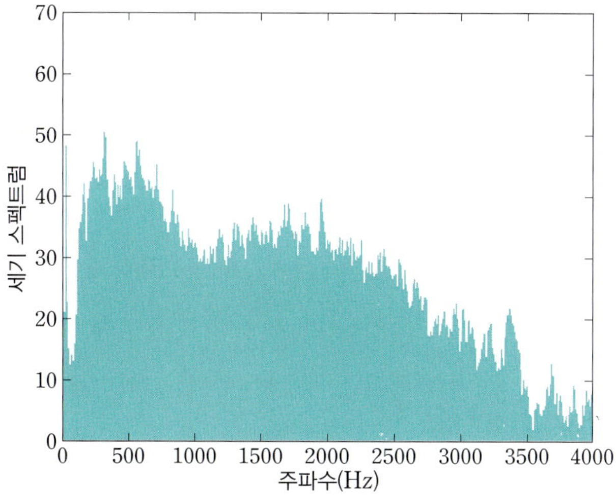

그림 7.11 소리 시계열의 세기 스펙트럼. 목소리가 내는 소리는 다양한 진동수의 결합으로 되어 있다. 어떤 진동수는 소리를 형성할 때 상대적으로 더 큰 영향을 준다.

표 7.2 소음과 브라운 운동 시계열과 대응하는 세기 스펙트럼

소음	시계열	세기 스펙트럼
백색 소음 (white noise)	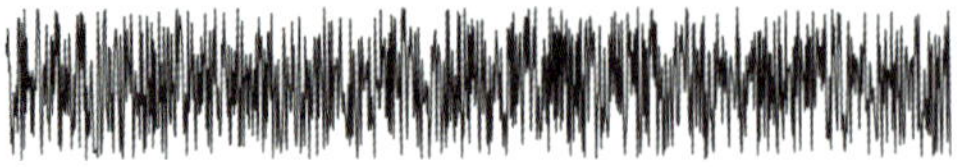	$\frac{1}{f^0}$
핑크소음 (pink noise)	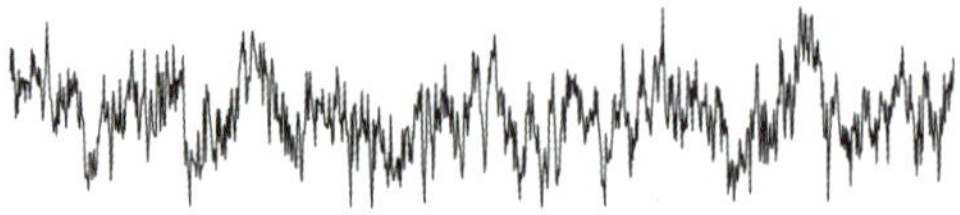	$\frac{1}{f^1}$
브라운 운동 (Brownian motion) 또는 빨강소음 (red noise)	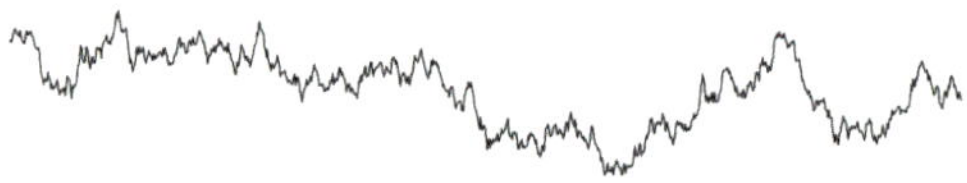	$\frac{1}{f^2}$

세기 스펙트럼은 시계열의 주파수에 에너지가 어떻게 분포되어 있는지를 나타낸다. 시계열의 주파수를 f라 하자. 기타를 치거나 피리를 불면 특정한 주파수의 소리만 난다. 반면 노이즈에는 다양한 주파수가 섞여 있다. 시계열이 프랙털 구조를 가지고 있는 경우, 세기 스펙트럼은 일반적으로 $P(f)\sim1/f^{\beta}$ 형태를 갖는다. 지수 β는 시계열의 프랙털 특성을 반영하고 있다. 거의 모든 주파수에서 제멋대로의 세기를 가진 백색 소음(white noise)은 $\beta=0$이다. 팬이 도는 소리, 방송이 나오지 않는 라디오나 텔레비전 채널 소리, 방열기에서 김새는 소리, 에어컨 소리는 백색 소음의 예이다. 백색잡음은 잠을 오게 하거나 집중력을 높이는 데 사용할 수 있다.

〈표 7.2〉는 소음과 시계열에 대한 세기 스펙트럼을 나타낸 것이다. 백색 소음은 세기 스펙트럼이 주파수 의존성을 갖지 않는다. 모든 진동수가 동일한 세기를 나타나며 서로 상관성이 없다. 핑크 소음(pink noise)은 브라운 운동과 백색 소음의 중간으로 세기 스펙트럼이 $1/f$에 비례한다. 즉, $\beta=1$인 잡음이 핑크 노이즈이다. 핑크 노이즈는 잎사귀가 바스락거리는 소리, 비가 내리는 소리, 바람 소리, 심장의 박동 소리에서 발생한다. 핑크 노이즈 역시 숙면에 도움을 준다.

한편 브라운 운동 시계열 또는 빨강 소음(red noise)의 세기 스펙트럼은 $1/f^2$에 비례

한다. 브라운 노이즈는 β=2인 소음으로, 세게 떨어지는 폭포 소리, 천둥소리 등이 여기에 속한다. 브라운 노이즈는 깊은 수면과 안정을 유발하는 것으로 알려져 있다. 블랙 노이즈(black noise)는 가끔 발생하는 강한 스파이크를 제외하고는 대부분 고요한 상태의 노이즈이다. 이렇게 색깔이 있는 잡음은 백색 소음과는 달리 세기 스펙트럼이 주파수가 높아지면 감소한다. 이렇게 색깔 소음(color noise)은 시계열에 상관성이 숨어 있다. 세기 스펙트럼이 멱함수 법칙을 따르는 소음을 1/*f*-소음(1/*f* like noise)이라 부른다. 이러한 소음들은 특성 시간을 갖지 않는다(Zhou et al 2012).

〈그림 7.12〉는 건강한 사람 심장의 분당 심박수(heart beat rate)를 나타낸다. 심장의 박동 신호를 긴 시간 동안 측정하여 가로축을 시간으로 세로축을 심장에서 측정

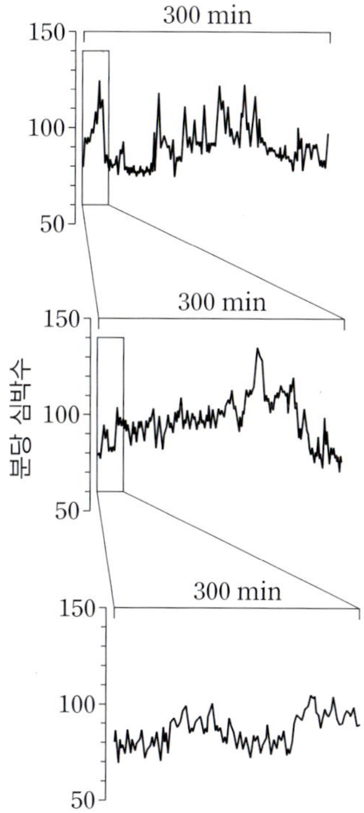

그림 7.12 건강한 사람의 심박수 시계열. 시계열의 일부를 확대해서 보면 확대하기 전과 닮아 있다. 심장 박동수 시계열은 프랙털 구조이다.

한 심박수를 그려본다. 심박수는 항상 일정한 것이 아니라 시간에 따라 변한다. 건강한 사람의 경우 평균 심박수 근처를 오르락내리락한다. 어떤 때는 평균보다 느리게 뛰지만, 어떤 때는 평균보다 빠르게 박동한다. 심박수는 운동을 하거나 긴장을 하면 변하기 때문에 그림의 심박수는 평온한 상태에서 측정한 것이다. 심박수의 시계열은 시간 축척에 대해서 통계적인 유사성을 가지고 있다. 즉, 심장 박동 시계열 역시 프랙털 구조를 가진다. 건강한 사람의 심박수와 심장 이상이 있는 사람의 심박수 시계열의 프랙털 구조가 다르므로 프랙털 구조를 파악함으로써 심장 질병을 진단하는 데 사용할 수 있다(Sen and McGill 2018).

프랙털 구조를 나타내는 인체의 또 다른 시계열로 뇌파가 있다. 뇌의 활동은 신경세포에서 발생하는 전기신호의 흐름이고 전기의 흐름은 뇌파를 발생시킨다. 뇌의 전자기적 특성은 뇌피질(cortex of brain) 신경세포의 전기적 활동의 결과이다. 1924년에 한스 베르거(Hans Berger, 1873-1941, 독일의 정신과 의사)는 사람을 대상으로 처음 뇌전도(EEG, Electroencephalogram)를 측정하는 데 성공했으며 1929년 그 결과를 논문으로 발표하였다. 당시에 이 파를 '베르거파(Berger wave)'라 불렀다.

뇌전도는 뇌에 여러 개의 전극을 부착한 후 두 전극 사이의 전압을 측정하여 얻는다. 뇌전도를 측정할 때 전극은 염화은 원반전극(chloride silver electrode)을 사용한다. 전극은 아무렇게나 붙이는 것이 아니라 국제 표준 10-20 시스템(International 10-20 system)을 사용한다. 기준전극(reference electrode)은 양쪽 귀에 부착한다. 일상적인 검사에서 뇌전도는 8-16 채널을 동시에 기록한다(Cameron et al 1978).

〈그림 7.13〉은 전형적인 뇌파를 나타낸다. 정상 뇌파는 알파파(alpha wave), 베타파(beta wave), 쎄타파(theta wave), 델타파(delta wave)로 나뉜다. 〈표 7.3〉은 뇌파의 이름, 뇌파의 진동수 범위와 뇌의 활동 상태를 나타낸다.

뇌파는 진동수에 따라서 분류한다. 진동수 0.5~3.5Hz의 느린 뇌파는 델타파(delta wave)라 하며 신생아의 뇌나 수면 중인 성인의 뇌에서 관찰된다. 쎄타파(theta wave)는 4~7Hz의 약간 느린 뇌파로 어린이의 뇌, 수면 중인 성인의 뇌에서 관찰된

표 7.3 정상인의 뇌파 이름, 뇌파의 진동수 범위와 활동 상태

뇌파	진동수 폭	활동
델타(δ), 느림	0.5~3.5Hz	신생아, 수면중인 성인
쎄타(θ), 약간 느림	4~7Hz	어린이, 수면중인 성인
알파(α)	3~18Hz	휴식상태, 후두부에서 발생
베타(β), 빠름	13Hz 이상	전두부, 두정부에서 발생

다. 알파파(alpha wave)는 주파수 8~13Hz의 빠른 뇌파를 말하며 휴식상태에서 뇌의 후두부에서 발생한다. 베타파(beta wave)는 13Hz 이상의 매우 빠른 뇌파를 말하며 뇌의 전두엽과 두정엽 부분에서 발생한다.

뇌파를 측정하였을 때 정상적인 뇌파를 벗어나면 뇌질환을 의심해 볼 수 있다. 뇌전증(epilepsy, 간질)은 신경세포의 이상으로 일시적으로 과도하게 흥분하여 전기신호를 발생시켜 뇌가 정상적인 기능을 발휘하지 못해 의식소실, 발작, 행동 변화 등

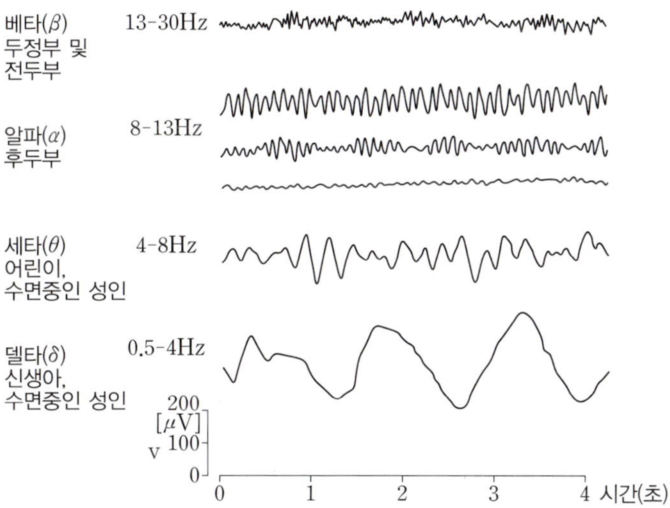

그림 7.13 전형적인 뇌파의 모습. 정상적인 뇌파의 모양에서 벗어나면 뇌질환을 의심할 수 있다.

이 일어나는 것을 말한다. 뇌 기능의 일시적 마비 증상이 만성적, 반복적으로 일어난다. 뇌전증은 다양한 요인에 의해 발생하는데 임신 중 영양 상태, 출산 합병증, 두부 외상, 독성물질에 의한 영향, 뇌 감염증, 뇌종양, 뇌졸중, 뇌의 퇴행성 변화 등으로 발생할 수 있다. 뇌전증의 정확한 발생 방식은 아직 과학적으로 규명되지 못하였다.

뇌전증의 가장 흔한 증상은 경련 발작이며 발작을 일으키는 뇌의 위치에 따라서 증상이 다르게 나타난다. 예를 들어 팔을 조절하는 뇌 영역에 발작이 일어나면 한쪽 팔을 떠는 증상이 일어난다. 측두엽에 뇌전증이 일어나면 멍해지면서 일시적으로 의식을 상실하고 입맛을 다시는 증상이 나타날 수 있다. 양쪽 뇌 전체에 뇌전증이 일어나면 거품을 물고 온몸이 뻣뻣해지면서 대발작이 일어난다. 〈그림 7.14〉는 대발작(grand mal seizure)과 소발작(petit mal seizure)이 일어날 때 측정한 뇌파의 모양을 나타낸 것이다. 뇌파의 모양이 크고 불규칙적이다. 대발작일 경우 뇌파는 뇌의 모든 부위에서 빠르고 높은 전압의 스파이크가 발생한다. 반면 소발작일 경우에는 초당 3개 정도의 둥근 파형이 발생한다. 발작이 심하지 않은 뇌전증은 대발작의 전조

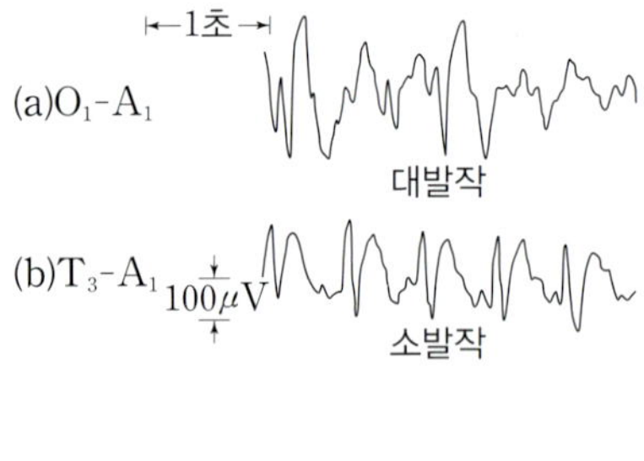

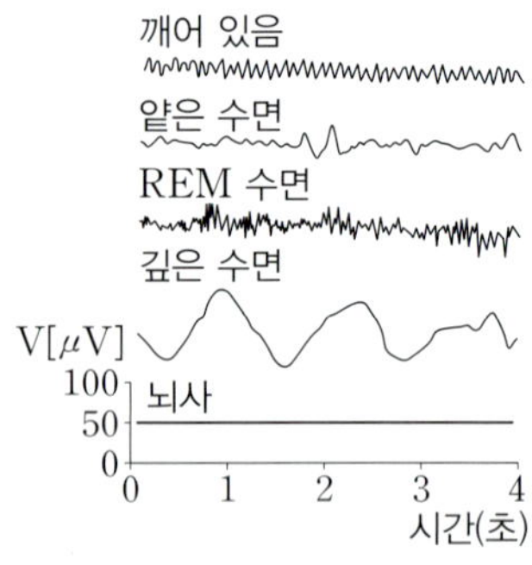

그림 7.14 **발작이 일어났을 때의 뇌파와 수면 중에 관찰되는 뇌파.** (a) 뇌전증이 일어날 때 대발작과 소발작의 뇌파. (b) 수면 중에 관찰되는 뇌파로 REM 수면 중에는 다양한 크기의 뇌파가 관찰된다.

증상일 수 있는데 뇌파에 잘 나타나지 않는 경우도 있다. 뇌전증의 원인을 파악하기 위해 최근에는 뇌자기 공명 영상, 뇌파 검사, 양전자 단층촬영법 등을 이용한다.

수면 상태의 뇌파는 활동 상태의 뇌파와 매우 다른 모습을 하고 있다. 쎄타파와 델타파는 수면 중에 발생하는 대표적인 뇌파의 파형이다. 〈그림 7.14 (b)〉에 다양한 수면 상태에서 관찰한 뇌파의 파형을 나타내었다. 수면 상태의 싸이클은 각성상태(awake) → NREM(비렘수면) → REM → NREM → REM → … 과정이 약 5회 반복된다. REM(rapid eye movement) 수면 상태에서 안구의 운동이 활발하며 꿈을 꾼다. REM 수면은 약 15~20분간 지속된다. 수면파의 싸이클과 REM 수면의 역할 및 기능은 아직 과학적으로 규명되지 않았으나 낮에 했던 활동 중에서 선택적 기억 강화 기능을 할 것으로 추측된다. 인간은 지구의 자전주기에 따라 하루의 1/3 정도 잠을 자기 때문에 잠자는 동안 뇌의 휴식 및 기억력 강화 등 잠이 다양한 역할을 할 것으로 추측하고 있다(Papalambros et al. 2017).

심박수, 뇌파와 같은 실시간 시계열의 자기 닮음성을 파악하는 여러 가지 방법이 소개되어 있지만, 자세한 내용은 소개하지 않는다. 가장 간단한 방법은 시계열의 요동이나 자기 상관관계를 구하는 것이다. 프랙털 구조를 가지는 시계열은 무작위 시계열과 확연히 다른 요동과 자기 상관관계를 나타낸다.

1963년에 망델브로는 면화 가격(cotton price) 변동 시계열을 수집하였다. 그 당시에는 오늘날과 같이 쉽게 데이터를 얻을 수 없었고 컴퓨터의 성능도 좋지 않아서 시계열 분석이 무척 어려웠다. 우여곡절 끝에 수집한 면화 가격 시계열에서 가로축을 시간으로, 세로축을 면화 가격의 변동률로 하여 그림을 그려보았다(Mandelbrot 1967). 그런데 놀랍게도 면화 가격 변동율 시계열은 프랙털 성질을 나타내었다. 〈그림 7.15〉는 어떤 회사의 주식가격 시계열을 나타낸 것이다. 월별 시계열의 일부를 잘라서 일별(축척을 바꿈)로 그려보면 시계열의 구조가 통계적 프랙털 구조를 보여준다. 주식가격은 시간 축척에 대해서 통계적인 자기 닮음성을 가진 프랙털 구조이다(Mandelbrot 1982; Salazar 2016). 시계열이 프랙털 구조라면 프랙털 차원은 얼마일까? 이

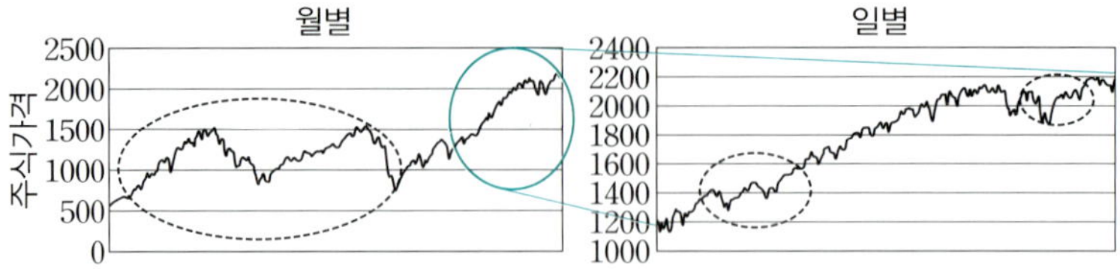

그림 7.15 주식가격의 자기 닮음성. 월별 주식가격의 일부 시계열을 확대하여 일별로 그리면 모습이 거의 비슷하다.

질문에 대한 답은 좀 어렵기 때문에 답을 하지 않고 남겨두겠다. 관심 있는 독자들은 스스로 자료를 찾아보길 바란다.

7.5 프랙털 아트와 프랙털 음악

프랙털 구조의 자기 닮음 구조를 시각적으로 표현하면 색다른 아름다움이 발견된다. 프랙털은 자기 닮음 구조를 가지고 있기에 프랙털 구조의 일부분을 확대해 보면 확장하기 전과 같은 구조들이 반복된다. 프랙털 기하학(fractal geometry)의 대중화에 크게 기여한 망델브로는 1980년에 망델브로 집합(Mandelbrot set)을 시각화하였다. 그는 IBM 왓슨 연구소(Thomas J. Watson research center)에 근무하면서 당시로는 매우 혁신적인 컴퓨터 그래픽을 구현하여 망델브로 집합을 발표하였다. 〈그림 7.16〉은 망델브로 집합을 최신 컴퓨터 그래픽으로 구현한 것이다(Mandelbrot 1982). 1980년에 망델브로가 망델브로 집합의 이미지를 발표하자 과학계가 열광했다. 매우 간단한 복소수 사상이 자기 닮음성을 가진 아름다운 문양을 발현했기 때문이다.

사실 망델브로가 그의 이름이 붙은 아름다운 프랙털 기하구조를 발견한 것은 삼촌인 숄렘 망델브로(Szolem Mandelbrot, 1899-1893)의 영향이 컸다. 망델브로 집안은 1936년에 폴란드에서 프랑스로 이민을 왔다. 망델브로의 삼촌은 조카를 교육시켜

그림 7.16 망델브로 집합과 프랙털 경계. 검은색 영역의 점들이 망델브로 집합이다. 망델브로 집합의 경계 구조는 자기 닮음성을 가진 프랙털이다. (출처: Created by Wolfgang Beyer with the program Ultra Fractal 3., Wikimedia Commons)

야 한다는 책임감 때문에 가스통 줄리아(Gaston Julia, 1893-1878)의 유명한 논문을 망델브로에게 주었다. 그 논문은 줄리아 집합(Julia set)을 소개한 것이었는데, 줄리아의 수학 스타일을 좋아하지 않았던 망델브로는 자기 나름의 방식을 창안하였다.

줄리아 집합은 $z_{n+1}=z_n^2+c$인 이차함수 복소수 사상이다. 여기서 z와 c는 복소수이다. 이 식은 점화식(recursive formula)이기 때문에 복소수 상수 c 값을 미리 입력해 준다. 예를 들어 $c=0$이면 $z_{n+1}=z_n^2$이 된다(Peitgen et al 2004). 초깃값 z_0 값을 임의로 설정해 주고, 점화식을 반복적으로 대입해서 수열을 얻으면 다음과 같다.

$$z_0 \longrightarrow z_0^2 \longrightarrow (z_0^2)^2 \longrightarrow \cdots$$

이 과정을 되풀이하면 어떤 초깃값에서 출발한 수열은 점점 커져서 무한대로 발산하는데 이러한 시계열의 집합을 탈출집합(escape set)이라 한다. 물론 복소수 상수 c 값에 따라서 탈출집합은 달라질 것이다. 반대로 어떤 초깃값에서 출발한 수열은 발산하지 않고 원점 주변에 구속(bounded)될 수 있는데, 이러한 수열의 집합을 죄수집합(prisoner set)이라 부른다. 혼돈 현상의 용어를 빌리면 탈출집합은 미는 고정점의 끌개 유역(basin of attraction)이고, 탈출집합은 당기는 고정점의 끌개 유역(basin of repulsion)이라 할 수 있다. 탈출집합의 경계(boundary of escape set)에 있는 점들은 발산

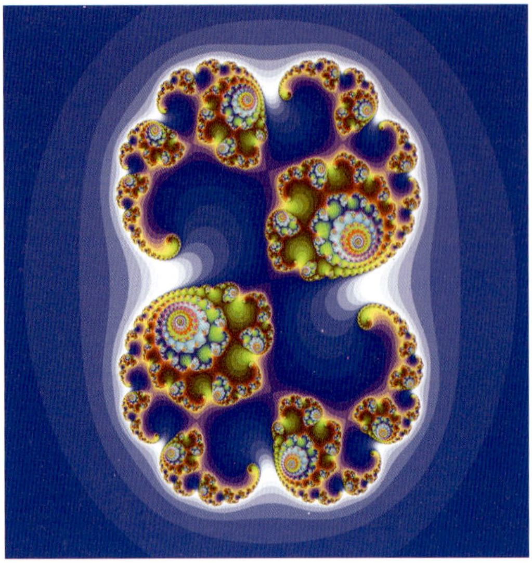

그림 7.17 줄리아 집합. 줄리아 집합은 자기 닮음성을 가진 프랙털이다.

하지도 수렴하지도 않는다. 이 경계에 있는 점들은 죄수집합의 경계이기도 하다. 줄리아 집합은 바로 탈출집합의 경계에 있는 점들의 집합을 말한다. 〈그림 7.17〉은 줄리아 집합을 나타냈으며 전형적인 프랙털 구조이다.

한편 망델브로 집합은 줄리아 집합과 같은 사상 $z_{n+1}=z_n^2+c$에서 정의한다. 초깃값을 $z_0=0$로 놓자. 망델브로 집합은 복소수 c의 값을 변화시키면서 점화식을 반복해서 풀었을 때 복소수 수열이 발산하는 집합과 수렵하는 집합의 경계에 머무는 집합이다. 복소수 c에 대해서 초깃값이 $z_0=0$일 때, 망델브로 사상의 수열은 다음과 같다.

$$0 \rightarrow c \rightarrow c^2+c \rightarrow (c^2+c)^2+c \rightarrow \cdots$$

수열이 발산하지 않을 때 복소수 c의 모든 집합이 망델브로 집합이다. 발산하지 않는 집합은 복소수 평면에서 $|z_n| \leq 2$이다. 〈그림 7.16〉은 복수소 c 값을 변화시키면서 점화식을 반복적으로 적용하였을 때 발산하지 않는 점들의 집합을 나타낸 것이다. 〈그림 7.16〉에서 망델브로 집합의 경계는 해안선처럼 무한대의 길이를 가지

고 있지만, 내부의 면적은 약 1.506484…로 유한한 값을 갖는다. 그러나 내부의 면적은 정확한 값이 아니라 수치적으로 계산한 추정값이다. 〈그림 7.16〉에서 망델브로 집합의 경계에서 색깔은 망델브로 집합에 가까운 정도를 색깔로 수치화하여 표현한 것이다. 경계의 색깔은 소위 탈출시간 알고리즘(escape time algorithm)을 이용하여 정한다. 적당히 큰 탈출 시간을 정해놓는다. 예를 들어 임계탈출 조건(critical escape condition)보다 $|z_n| \geq Z_c$이면 탈출한 것으로 보고, 그때 반복 횟수 n을 구하여 반복 횟수에 따라서 색깔을 다르게 표현하면 〈그림 7.16〉과 같은 그림을 얻게 된다.

프랙털 아트는 프랙털의 구조를 그림에 응용한 것이다. 〈그림 7.18〉은 케빈 둘리(Kevin Dooley)의 '깃털 프랙털(Feather fractal)'이란 작품이다. 프랙털은 자기 닮음성이 있기 때문에 프랙털 구조를 시각적으로 표현하면 복잡한 문양이 나타난다. 〈그림 7.18〉은 망델브로 집합의 일부를 그림에 응용한 작품이다. 망델브로 집합과 깃털의 유사성이 전체적인 그림을 조화롭게 한다. 프랙털 개념이 소개된 이후에 프랙털 구조는 화가들에게 많은 영감을 준 듯하다. 인터넷에서 'fractal art'로 키워드 검색

그림 7.18 망델브로 집합의 한 부분을 응용한 깃털 프랙털 아트(Kevin Dooley, 출처: https://www.flickr.com/photos/pagedooley/36578381671)

해 보면 멋진 그림들을 많이 볼 수 있다. 각 그림에서 어떤 프랙털을 응용했는지 찾아보는 것도 재미있을 것이다.

음악에서 이웃한 옥타브는 12개의 반음이 있다. 이웃한 반음 사이의 진동수의 비는 다음과 같다.

$$f'/f = 2^{1/12} = 1.05946 = \frac{15.9}{15}$$

즉, 이웃한 반음 사이의 진동수비는 거의 16/15이다. 한 옥타브에 반음이 1부터 12까지 있으므로 일반적으로 두 이웃한 반음의 진동수비를 $I_i = f_i/f_{i-1}(i=1, \cdots 12)$이라 하면

$$I_i = 2^{i/12} = \left(\frac{15.9}{15}\right)^i$$

이다. 음악은 음표를 적절하게 배열하여 화음을 만들기 때문에 음표가 나오는 횟수는 무질서하지 않다. 모든 반음을 오름차순으로 표현하고 가장 낮은 진동수의 반음부터 $i=0,1,2,\cdots$ 순으로 번호를 붙인다. 어떤 음악에서 각 반음이 나오는 빈도수를 F_i라 하자. 즉, 음악에서 진동수 f가 진동수 영역 $f_i \le f < f_{i+1}$에 떨어지는 음의 빈도수가 F_i이다. Hsu 등은 음악에서 진동수 빈도가 프랙털 구조임을 발견하였다(Hsu an Hsu 1990).

$$F = \frac{c}{i^{d_f}}$$

〈그림 7.19〉와 같이 바흐(J. S. Bach)의 인벤션 1번 다장조(Invention no. 1 C major), BWV 772를 분석해 보면 $2 \le i \le 10$인 영역에서 프랙털 구조를 나타내며 프랙털 차원은 d_f=2.4184였다. Hsu 등은 바흐의 다른 곡들도 프랙털 구조를 나타냄을 발견하였다. 다만 곡마다 프랙털 차원이 달랐다. 바흐 곡뿐만 아니라 모차르트 소나타 F 장조(W. A Mozart, KV533) 역시 프랙털 구조를 나타냈으며 프랙털 차원은 d_f=1.7322였

그림 7.19 바흐 인벤션 1번 다장조, BWV 772의 진동수 순위에 대한 빈도수

다. 한편 스위스 동요도 프랙털 구조를 나타냈다. 물론 프랙털 구조를 나타내지 않는 작품도 많지만, 음악가가 의도적으로 작곡한 음악에 프랙털 구조가 숨어 있다니 정말 놀라운 일이다.

요즘은 진동수 분포함수가 프랙털 구조를 따르는 프랙털 음악이 인터넷에 많이 게시되고 있다. 어쩐지 음악에서 프랙털 구조가 발현할 때 그 음악이 더 좋게 들리는 것 같다. 보통은 프랙털 구조를 생각하지 않고 작곡을 하지만 말이다. 이는 음악 시계열 속에 숨어 있는 프랙털 구조가 우리의 감성에 큰 영향을 주고 있음을 보여준다.

[질문] 프랙털 뮤직(fractal music)을 조사해 보자.

7.6 DNA 프랙털

생물의 유전정보는 세포의 DNA에 유전 염기서열로 암호화되어 있다. 세포 내에서 단백질을 합성할 때 DNA의 유전정보는 메신저 RNA에 전사되어 사용된다. 생물의 유전정보는 생식 과정으로 다음 세대로 전달된다. DNA는 A, C, G, T 네 개의 염기로 정보를 저장하고 있다. DNA의 이중 나선에서 A-T, C-G가 짝을 이룬다. 과학자들은 DNA 염기의 구조가 무질서하게 배열되지는 않을 것으로 생각했다. 즉, 장거리 상관관계를 가지고 어떤 질서를 유지할 것으로 생각한 것이다. 프랙털 연구가 진행되면서 DNA의 염기서열을 동전을 던져서 앞면(↑ 업 스핀) 또는 뒷면(↓ 다운 스핀)으로 치환해서 생각하면 염기서열을 마치 일차원의 막 걷기처럼 생각해 보았다. 〈표 7.4〉와 같이 DNA 염기서열을 이렇게 바꾼 멋대로 걷기를 DNA 걷기(DNA walk)라고 불렀다(Bunde and Havlin 1994). DNA 염기서열을 DNA 걷기로 사상하는 방법은 여러 가지가 있다. 가장 간단한 방법은 다음 표와 같다.

이러한 사상(mapping)을 이용한 예제 DNA 사상을 〈표 7.5〉에 나타내었다. 〈표 7.5〉에서 왼쪽부터 염기에 번호를 붙여 표시하고 i번째 염기를 걷기로 사상하면 $u(i)=+1$ (C, T) 또는 $u(i)=-1$ (A, G)이다. 여기서 $u(i)$는 한 걸음의 길이를 나타낸다. 염기서열을 DNA 걷기로 사상한 다음 일차원에서 걷기의 알짜 위치를 x로 나타내었다. 염기의 위치가 i일 때 걷기의 알짜 위치는 $x(i)=\sum_{j=1}^{i}u(j)$이다. 〈표 7.5〉의 맨 하단 칸은 DNA 걷기의 알짜 위치를 나타낸다.

표 7.4 DNA의 염기를 멋대로 걷기로 사상하는 방법

스핀	기호	걸음	대응하는 염기
업 스핀	↑	+1 걸음	염기가 피리미딘(pyrimidine) 구조인 C 또는 T
다운 스핀	↓	−1 걸음	염기가 퓨린(purine) 구조인 A 또는 G

표 7.5 염기서열을 DNA 걷기로 사상한 예. 걸음을 +1 또는 −1로 사상한 후에 누적한 위치 x를 나타내었다.

염기	C	A	A	T	T	C	T	G	T	T	C	T
사상	+1	−1	−1	+1	+1	+1	+1	−1	+1	+1	+1	+1
x	1	0	−1	0	1	2	3	2	3	4	5	6

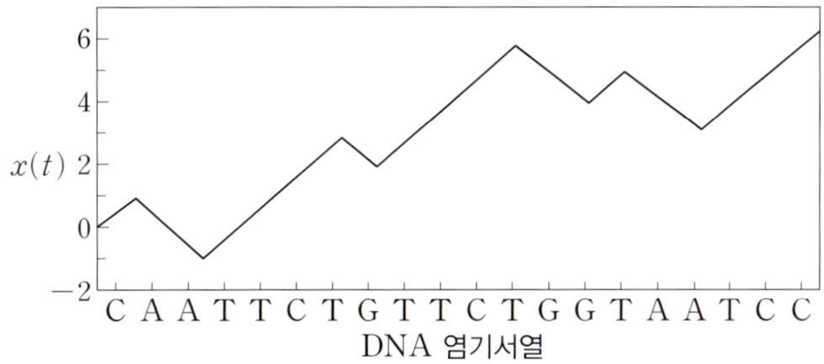

그림 7.20 DNA 염기서열을 일차원 멋대로 걷기로 사상하면 염기서열이 마치 막 걷기처럼 보인다.

〈그림 7.20〉은 DNA 염기서열을 위에 제시한 방법으로 막 걷기로 사상한 후 일차원에서 걷기로 나타낸 것이다. DNA 걷기의 구조는 일차원의 막 걷기 구조와 다르며 장거리 상관관계를 가지는 프랙털 구조이다.

DNA 걷기가 막 걷기와 같다면 걷기의 위치 요동 $\langle (x(t)-\langle x\rangle)^2\rangle \sim t$이다. 여기서 $\langle \bullet \rangle$는 길이 t인 여러 DNA 걷기에 대해서 평균한 값을 의미한다. 브라운 운동은 요동이 시간에 비례한다. 그러나 DNA 걷기는 $\langle (x(t)-\langle x\rangle)^2\rangle \sim t^k$인 멱함수를 따르며 $k \geq 1$인 걷기임이 밝혀졌다. DNA 걷기의 일부를 잘라서 원래 크기대로 확대해 보면 통계적으로 비슷한 것을 볼 수 있으며 DNA 걷기는 프랙털 걷기 구조이다. 자연의 진화과정에서 DNA 정보를 암호화할 때 프랙털 구조로 만들면 더욱 효율적이다.

7.7 프랙털은 복잡계인가?

지금까지 다양한 프랙털 구조를 살펴보았다. 그러면 프랙털 구조와 복잡계는 어떤 연관이 있을까? 프랙털 구조는 수학적 사상, 자연현상, 시계열 등 다양한 시스템에 내재되어 있다. 수학적 사상에서 나타나는 프랙털은 현실 세계와 연관성이 있을 수도 있고 없을 수도 있다. 줄리아 집합이나 망델브로 집합은 놀랍게도 로지스틱 사상으로 변환할 수 있음을 밝혀냈다. 혼돈 현상을 나타내는 동력학 시스템에서 나타나는 이상한 끌개는 시간에 따라서 변하는 시스템이 주기성이 없는 상태로 발전하면서 비주기적이지만 자연스럽게 자기 닮음성 구조를 발현하였다. 번개, 강의 구조, 해안선의 구조, 나뭇가지 모양처럼 통계적인 프랙털은 일정한 스케일의 범위에서만 자기 닮음성을 나타내며, 수학적으로 완벽한 닮음성을 나타내지는 않는다. 통계적 프랙털은 복잡계와 가장 밀접한 관계를 가졌다고 할 수 있다. 주가지수, 뇌파, 심장의 박동, 1/f 잡음처럼 시계열에 숨어 있는 프랙털 역시 복잡계에서 나타날 수 있는 패턴이다.

프랙털 구조는 복잡계가 나타내는 하나의 패턴이다.

프랙털 자체는 시간과 공간에서 나타나는 패턴을 묘사하는 한 방식이므로 그 자체가 복잡계는 아니다. 앞에서 살펴보았듯이 수학적 사상이나, 혼돈 현상의 이상한 끌개는 복잡계가 아니지만 프랙털 구조를 발현하였다. 그러나 통계적 프랙털이나 DNA 걷기처럼 자연에서 나타나는 복잡계에서 프랙털 구조는 자연스럽게 출현했는데, 우리는 아직도 그 이유를 잘 이해하지 못한다.

8장

끓기 직전의 뇌

누구나 어린 시절 해변에서 모래성을 쌓아본 경험이 있을 것이다. 모래를 한 움큼 손에 쥔 다음 모래를 조금씩 떨어뜨려서 모래를 쌓는다. 처음에는 모래더미의 크기가 점점 커지면서 원뿔 모양의 모래더미가 형성된다. 다 쌓이면 모래더미의 빗면이 임계각(critical angle)을 형성하며 무너지기 직전의 아슬아슬한 상태가 된다. 임계각에 도달한 상태에서 모래를 더 쌓으면 어떻게 될까? 이 상태에서 모래를 조금 더 쌓으면 모래더미는 불안정해지면서 무너져 내린다. 모래가 무너져 내린 다음, 모래를 더 쌓으면 모래더미는 또다시 임계상태에 도달하고, 거기서 더 쌓으면 모래더미는 또 무너져 내린다. 모래가 무너져 내리기 직전에 모래 빗면과 수평면이 이루는 각을 안식각(angle of repose)이라 한다. 일단 모래더미가 형성되고 나면 모래더미는 모래사태가 생길 수 있는 위태로운 상태에 계속 머문다. 모래가 더 추가되면 모래가 무너져 내리면서 다시 안정성을 회복한다. 안정성이 회복되더라도 모래가 더 추가되면 모래더미는 다시 위태로운 상태에 접근하고 결국 모래사태가 발생한다. 무너져 내리는 모래사태 규모(the size of avalanche)의 분포를 측정해 보면 그 구조는 어떤 모습일까? 〈그림 8.1〉은 피요르드 경사면에서 무너져 내린 모래사태의 모습이다. 다양한 크기의 모래사태를 볼 수 있다.

모래더미가 무너져 내리는 사태와 비슷한 현상은 흔하게 발견된다. 산사태나 눈사태가 대표적인 예이다. 그러나 이따금 뜻하지 않은 곳에서도 나타난다. 지질학적

그림 8.1 노르웨인 스발바르에 위치한 이스 피요르드에서 흘러내린 퇴적물의 탈루스콘(Talus cone). 퇴적물 더미는 무너지기 직전의 임계각인 안식각 상태에 있다.

인 연대에서 생물들은 갑자기 대규모로 멸종하기도 한다. 갑작스러운 생물의 멸종 규모를 멸종 사태라 할 수 있다. 뇌에는 1,000억 개 이상의 신경세포들이 얽혀있으며, 신경 신호는 한 지점에서 발생하여 퍼져나간다. 어떤 때에는 아주 큰 규모의 뉴런 발화 현상이 생기지만, 작은 규모의 뉴런 발화가 더 빈번하게 일어난다. 뇌의 뉴런 발화사태 또한 독특한 구조를 가진다. 이제 다양한 사태 현상을 살펴보자.

8.1 모래더미 패러다임

무너져 내리는 모래사태 규모의 분포함수를 관찰해보면 놀랍게도 특정한 함수꼴, 즉 멱함수 법칙을 따른다. 〈그림 8.2〉는 모래 대신 쌀알더미가 무너져 내리는 사태 규모의 분포함수를 나타낸 것이다(정형채, 이재우 2012). 쌀알더미 사태 규모는 전형적인 멱함수 법칙을 나타낸다.

모래더미 사태에서 멱함수 법칙의 발현은 자기조직화 임계현상(self-organized criticality)의 전형적인 예이다. 자기조직화 임계현상의 개념은 1980년대 중반에 페르

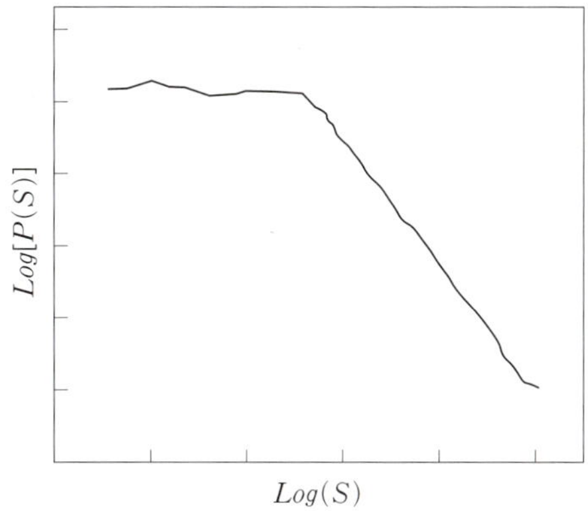

그림 8.2 모래더미 사태 규모 분포함수. 가로축은 모래더미의 규모를 나타내고 세로축은 사태 규모의 분포함수를 나타내었다. 양축에 로그를 취하였다(정형채, 이재우 2012)

박이 이끄는 이론 통계물리학 연구그룹에서 시작되었다. 페르 박은 모래사태, 눈사태, 산사태 등 다양한 사태에 주목하였으며, 사태 현상이 알갱이의 사태에만 국한된 것이 아닌 태양풍 규모, 지진의 규모, 지질학적인 멸종 규모 등으로 확장될 수 있음을 알게 되었다. 페르 박 그룹은 모래더미 사태를 단순화한 모형을 생각했다. 물리학자들은 이론을 전개할 때 모형을 개발하는데, 이때 핵심을 놓치지 않는 것이 가장 중요하다. 복잡한 현상에 대한 모형을 개발할 때는 다음을 염두에 두어야 한다.

아기와 함께 목욕물을 버리지 않는다.

아기를 목욕시킬 때 가장 중요한 것은 아기이고 핵심인 아기에 집중해야 한다는 뜻이다. 페르 박이 생각한 자기조직화 임계현상은 복잡계 과학의 한 개념이다. 복잡계의 이머징 현상은 시스템의 외부에서 조절되는 것이 아니라, 시스템 내부에서 스스로 조직화(self-organized)한다(Bak et al 1987). 대규모 오케스트라가 아름다운 화음을 낼 수 있는 것은 '지휘자'가 음악을 조절하기 때문이다. 즉 조절자(controller)가 있어서 어떤 구조를 만들어 낸 것이다. 그런데 모래사태나 눈사태에는 어떤 조절자도 없다.

자연현상에서 관찰되는 눈사태, 산사태, 모래사태에서 사태 규모의 분포함수는 모두 멱함수 법칙을 따르는 자기조직화 임계현상이다. 사태에서 가장 중요한 요소는 사태를 일으키기 직전의 상태로 스스로 다가가는 것이다. 눈사태에서 눈송이, 모래사태에서 모래알이 쌓이면서 균형이 깨지는 상태까지 몰린다. 즉, 시스템에 작용하는 변형력(stress)이 점점 증가한다. 시스템은 변형력을 지탱하지만, 임계상태에 도달하면 더 이상 안정성을 담보할 수 없게 되어 사태가 발생한다. 알갱이가 쌓이는 현상은 시스템에 따라 상당히 긴 시간이 걸리는 반면 사태는 아주 짧은 시간에 일어난다. 눈이 쌓이면서 시스템이 임계상태로 다가가는 시간 스케일에 비해서 사태가 지속되는 시간은 매우 짧다. 눈사태나 모래사태는 눈 깜박할 사이에 끝난다. 즉, 스트레스가 쌓여서 시스템이 무너지기 직전의 상태까지 도달하는 시간 T와 사태의 지속 시간 τ를 비교하면 $T \gg \tau$이다. 자기조직화 현상에서 두 시간 스케일의 분리는 매우 중요한 요소이다. 자기조직화 임계성의 두 번째 중요한 요소는 시스템에 입력과 소실(dissipation)이 있어야 한다. 입력되는 양과 소실되는 양이 균형을 이루어 시스템은 전체적으로 정상상태(steady-state)에 있는 것처럼 보인다. 모래더미 문제에서 입력은 모래더미에 모래 알갱이가 유입되어 쌓이는 것이고, 소실은 모래사태가 발생하며 무너진 모래 알갱이들이 모래더미를 벗어나서 시스템 밖으로 나가는 것이다. 긴 시간 스케일에서 보면 유입되는 모래 알갱이의 양과 소실되는 모래 알갱이의 양은 평균적으로 같다. 따라서 사태 현상이 발생하는 시스템은 정상상태에 있지만, 알갱이의 흐름이 있는 비평형 시스템이다.

페르 박 그룹은 모래더미의 사태 현상을 흉내 내는 모형을 제안하였다. 1987년 피지컬 리뷰 레터스(Physical Review Letters) 학술지에 박, 탕, 비젠펠트는 〈자기조직화 임계성(self-organized criticality)〉이란 제목의 논문을 출판하였다(Bak et al 1987). 이 모형을 BTW 모형이라 부르는데, 바둑판의 각 칸에 모래알을 쌓은 것이라고 보면 된다. 모래알의 높이가 일정한 수준에 도달하면 모래가 무너져 그 칸에 쌓인 모래알은 모두 이웃한 칸으로 넘어간다. 모래 알갱이가 옆 칸으로 넘어가는 현상을 모래알 넘김

(toppling)이라 부르며, 이는 모래사태가 옆으로 전파되는 것으로 보았다. 페르 박 그룹이 이런 식의 자동세포기계 모형을 제안한 이유를 생각해 보자. 문제를 간단히 하기 위해서 〈그림 8.3〉과 같이 일차원 격자에 모래 알갱이가 쌓이는 모형을 생각해 보자. 왼쪽의 끝은 벽으로 막혀 있고 오른쪽 끝은 열려 있다. 첫 번째 칸의 모래 높이는 b_1이다. 일반적으로 n번째 칸의 모래 높이는 b_{n}이고, 맨 끝 칸의 모래 높이는 b_N이다. 모래가 무너지는 모래알 넘김 조건은 $b_{\mathrm{n}}-b_{\mathrm{n+1}} \geq 2$이면 모래알이 오른쪽으로 한 칸씩 이동한다. 즉 이웃한 칸의 모래알 높이가 2 이상이면 모래알 하나를 오른쪽으로 넘긴다. 모래알이 오른쪽 끝에 도달하면 모래알을 모래더미에서 제거한다. 모래알 넘김과 모래알 제거가 더 이상 일어나지 않으면 외부에서 모래알 하나가 모래더미에 무작위로 투입된다. 이웃한 칸 사이의 모래알 높이의 차이를 $z_n=b_n-b_{n+1}$으로 정의하면, 〈그림 8.3〉에서 $b_n-b_{n+1} \geq 2$이어서 b_n의 모래알 하나가 b_{n+1}으로 넘어가는 과정을 모래알 높이 차 z_n으로 표현하면 컴퓨터 시뮬레이션이 쉬워진다. $z_n \geq 2$이어서 모래알 하나를 넘기면, 모래알 넘김 식은 $z_n=z_n-2$이 되고 양옆의 높이

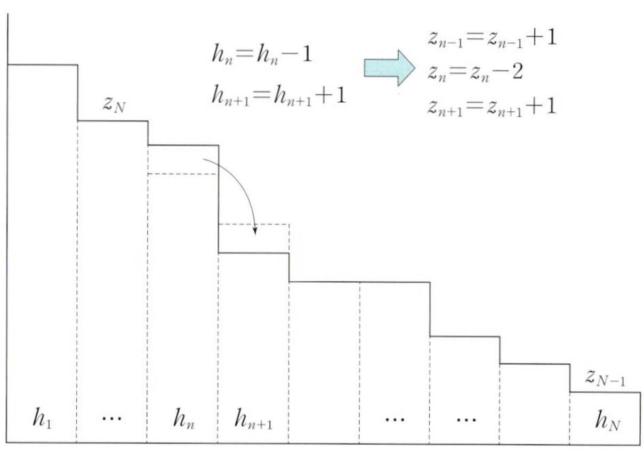

그림 8.3 왼쪽에 벽이 있고 오른쪽 끝은 열려 있는 일차원 모래더미 모형. 모래 알갱이는 왼쪽 첫 번째 칸에 하나씩 떨어지고 이웃한 층의 높이 차이가 2를 넘어서면 그림과 같이 모래알을 오른쪽 칸으로 넘긴다. 모든 칸의 높이 차가 2보다 작을 때까지 모래 넘김이 일어난다. 모래알이 오른쪽 끝에서 오른쪽으로 넘겨지면 모래 알갱이는 시스템에서 사라진다.

는 $z_{n\pm1}=z_{n\pm1}+1$이 된다. 경계 바로 전 높이 $z_{N-1}\geq2$이 되어, 마지막 경계에 모래알이 넘어오면, z_N은 더 증가시키지 않고, $z_N=0$으로 항상 일정하게 유지한다. 즉 z_N에 모래알이 넘어오면 그 모래알을 시스템 밖으로 버린다(정형채, 이재우 2012).

모래더미가 무너져 내리는 현상을 이차원인 바둑판과 같은 사각격자에서 일어나는 경우로 생각해 보자. 이차원 격자이므로 바둑판의 한 귀퉁이를 좌표의 원점이라 하자. 바둑판 위의 한 칸은 좌표 (i,j)로 나타낼 수 있다. 처음 상태에서 바둑판의 각 칸은 모두 비어 있다. 각 칸에서 모래알의 높이를 $b(i,j)$로 나타낼 수 있다. 모래알은 외부에서 바둑판 위에 무작위로 투입된다. 투입할 위치 역시 무작위로 선택한다. 임의로 선택한 위치가 (i,j)이면 그 칸의 모래알 높이를 하나 증가시킨다. 즉, $b(i,j)\rightarrow b(i,j)+1$이다. 각 칸의 모래알의 높이가 문턱 높이(threshold height)에 도달하면 그 칸의 모래알은 이웃한 칸으로 모래알을 한 알씩 넘긴다. 이차원 바둑판에서 문턱 높이는 $b_c=4$이다. 즉, 한 칸의 모래알 높이가 4에 도달하면 모래알 높이가 불안정하여 모래알을 옆 칸으로 넘긴다. 네 개의 모래알은 이웃한 네 칸에 모래알을 한 알씩 넘긴다. 1차원 모래사태 모형처럼 높이 대신 높이의 차이를 $z(i,j)$라고 정의한다. 이차원 모래사태 모형은 높이 b보다 높이차 z로 바꾸어 표현하면 더 쉽게 표현된다. 높이 차이로 모래알 넘김 규칙을 표현하면 다음과 같다.

모래알은 〈그림 8.4〉와 같이 무작위로 선택한 위치 (i,j)의 높이차를 1단위 증가시킨다.

① 규칙 1 - 모래알 입력:

$$z(i,j)\rightarrow z(i,j)+1$$

모래알 입력이나 모래알을 넘겨받아 높이 차이가 $z(i,j)\geq z_c$이면, 이 칸의 높이차를 0으로 줄이고 이웃의 높이차를 1단위씩 증가시킨다. 임계높이 z_c는 $z_c=4$로 놓았다. 사각격자에서 한 격자점의 이웃이 4개이므로 $z_c=4$로 놓았다.

② 규칙 2 - 모래알 넘김 규칙:

$$z(i,j) \rightarrow z(i,j)-4$$
$$z(i-1,j) \rightarrow z(i-1,j)+1$$
$$z(i+1,j) \rightarrow z(i+1,j)+1$$
$$z(i,j-1) \rightarrow z(i,j-1)+1$$
$$z(i,j+1) \rightarrow z(i,j+1)+1$$

③ 규칙 3 - 경계에서 모래알 버림 규칙: 모래알이 경계를 벗어나면 모래알을 외부로 버린다.

〈그림 8.4〉에서 정중앙 (3,3)의 높이차는 $z(3,3)=3$이다. 이 위치에 외부에서 모래알 한 알이 추가되어 $z(3,3)=4$가 되었다. 모래알 높이가 문턱 높이에 도달했으므로 이곳의 모래알은 불안정해져서 모래알을 이웃에게 넘겨준다. 모래알을 넘겨받은 칸의 모래 높이차가 4보다 작으면 안정하지만, 모래 높이차가 4에 도달한 칸은 불안정한 높이이므로 모래 넘김이 일어난다. 이런 연쇄 과정(chain process)이 되풀이된다. 모든 칸의 모래 높이차가 문턱 높이 4보다 작아질 때까지 모래알 넘김이 일어난다. 모래알 넘김이 경계에 도달하면 어떻게 될까? 〈그림 8.4〉의 하단 그림과 같이 경계에 놓인 모래알 높이차가 불안정해져서 모래알 넘김이 일어날 수 있다. 그림과 같이 오른쪽에는 더 이상 칸이 없기 때문에 경계 칸에서 모래알 넘김이 일어나면 시스템 밖으로 넘긴 모래알은 소실된다. 즉, 시스템에서 모래알이 완전히 제거된다. 〈그림 8.4〉에서 두 개의 모래알이 경계 칸에서 제거되었다. 사실 자기조직화 임계현상이 일어날 때 시스템 외부로 소실이 일어나는 것이 핵심적인 사항 중의 하나이다.

〈그림 8.4〉에서 모래알 높이차가 문턱 높이차에 도달하여 모래알을 넘겨주었던 칸은 색깔로 표현했다. 모래알을 넘겼던 연쇄 과정에서 모래알 넘김에 참여했던 모든 칸을 모래사태의 규모라 한다. 모래가 입력되고 모래사태가 일어나면서 모래사

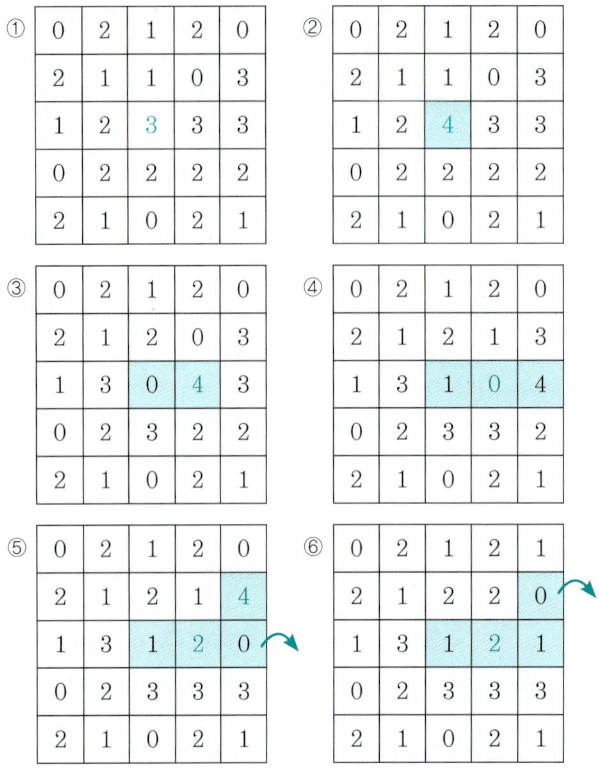

그림 8.4 모래더미 무너짐 현상에 대한 모형. ①의 상태는 모래사태가 발생하기 직전의 임계상태이다. 사각격자 (3,3)인 정중앙 칸에 모래알 한 알이 떨어져서 $z=4$(②번)이 되면 모래알 넘김이 일어난다. 모래알 넘김이 모두 끝나서 다시 안정 상태(⑥번)에 도달한다. 모래알 넘김이 일어났던 칸에 색을 칠하고(⑥번), 색칠된 칸의 수를 세면 모래사태의 크기를 측정할 수 있다.

태가 끝나면, 새로운 모래알 하나를 임의로 선택한 칸에 다시 입력한다. 모래알 입력, 모래알 넘김, 모래사태 과정을 계속해서 되풀이한다. 이때 중요한 요소는 모래사태가 끝나기 전에 모래알 입력이 일어나지 않는다는 것이다. 자연에서 일어나는 사태 현상과 비슷하게 사태는 짧은 시간 동안 일어난다. 〈그림 8.4〉의 컴퓨터 시뮬레이션 과정에서 모래알 입력, 모래알 넘김, 모래알 소실의 과정을 자세히 묘사했지만 사실 이 과정의 시간 스케일은 매우 짧은 시간에 일어난다고 가정하였다.

주로 규모가 작은 모래사태가 빈번하게 일어나지만, 가끔은 시스템 전체에 영향을 줄 만큼 큰 규모로 일어나기도 한다. 해변에서 모래를 쌓을 때에도 이런 현상을 경험할 수 있다. 모래사태가 일어나면 시스템은 일시적으로 안정한 상태가 된다. 이러한 안정 상태는 사실 극히 불안정한 안정 상태이다. 시스템의 여러 곳에서 모래알 높이는 이미 3이므로 이곳에 모래알이 쌓이면 즉시 모래사태가 발생한다. 모래알이 이렇게 불안정한 곳에 떨어지면 모래사태가 발생하면서 국소적인 안정성이 다시 확보된다. 모래알의 높이차가 3 미만인 곳에 모래알이 쌓이면 모래사태는 일어나지 않는다. 〈그림 8.4〉에서 볼 수 있듯이 모래알의 높이차가 3 미만인 곳이 많다. 모래알 입력과 그에 의해서 촉발된 모래사태는 불안정한 곳을 안정 상태로 복원시키지만 동시에 모래알을 넘겨받은 이웃들은 불안정성이 가중된다. BTW 모래더미 모형은 어떤 면에서 자신의 불안정성은 이웃에게 떠넘기는 과정이다. 불안정성을 넘겨받은 이웃은 또 다른 불안정성을 유발하고 그 불안정성이 사태의 형태로 시스템에 퍼져나간다. 불안정성이 촉발된 곳 근처가 국소적으로 안정하면, 모래사태는 멀리 퍼져나가지 못하고 작은 규모로 끝날 것이다. 하지만 불안정한 곳에 모래알이 떨어지면, 연쇄적인 모래알 넘김을 유발하고 모래사태는 큰 규모로 발전한다. 이렇듯 모래더미 모형은 시스템에 스트레스가 쌓였다가 스트레스가 한계를 넘어서면, 시스템에서 스스로 스트레스를 해소하는 과정이라고 할 수 있다. 여기서 시스템 스트레스는 모래알이 무너지기 직전의 높이차를 가지고 있는 모래 칸들, 즉 z_c=3인 칸의 규모라고 할 수 있을 것이다. 시스템의 스트레스가 높은 곳을 살짝만 건드려도 거대한 모래사태가 발생한다.

이러한 현상은 우리 사회의 모습과 흡사하다. 갈등을 겪으며 한껏 커진 스트레스가 어떠한 계기로 인해 해소되는 경험을 해보았을 것이다. 모래알의 높이와 달리 수치화하기 어렵기는 하지만 스트레스가 쌓이고 해소되는 과정 자체는 모래더미 사태와 흡사하다. 실제로, 독일 부퍼탈대학교의 피터 그래스버거는 모래더미 모형을 사회의 일 처리에 비유했다. 이 비유를 페르 박은 그의 책 《자연은 어떻게 움직이는가? 복잡계로 설명하는 자연의 원리》에서 재밌게 설명하였다(정형채, 이재우 2012). 책상이 일렬로 놓인 사무실에서 일하는 사람들이 있다. 누군가가 사무실로 들어와 처리해야 할 서류 하나를 임의의 한 사람에게 건네준다. 사람들은 일을 처리하지 않고 책상 위에 서류를 쌓아 놓는다. 서류의 수가 문턱값인 4개를 넘어서면 사람들은 떠넘기기를 시작한다. 자신이 일을 처리하는 대신 서류 한 장씩을 이웃한 사람들에게 떠넘기는 것이다. 그렇게 서류 떠넘기기 연쇄 과정으로 서류가 건네지면서 서류가 이윽고 창가에 앉은 사람의 책상에 쌓인다. 창가에 앉은 사람의 서류도 문턱값인 4에 도달한다. 이들은 다시 자신의 옆 사람에게 서류를 하나씩 넘겨준다. 그런데 창가에 앉은 사람은 이웃이 3뿐이므로 옆 사람에게 서류를 하나씩 넘겨주고 나면 서류가 한 장 남는다. 이 서류는 어떻게 할까? 창가에 앉은 사람은 이 서류를 직접 처리하는 대신 옆에 있는 창문을 열어 서류를 밖으로 날려버린다. 결국, 사무실에 들어왔던 일거리는 떠넘기기와 창문으로 버리는 과정에서 사라지게 된다.

BTW 모래더미 모형에서 발생한 모래사태의 규모를 측정해 보자. 모래사태 규모란 한 칸에서 촉발된 모래 넘김 과정에서 모래알을 넘겨받은 모든 칸의 수로 정의한다. 한 칸에 여러 번 모래를 넘겨받을 수 있지만, 중복해서 계산하지 않는다. 이렇게 측정한 모래사태 규모는 다양할 것이다. 시스템 크기에 도달하는 모래사태는 아주 가끔 일어나며 작은 규모의 모래사태들은 자주 발생한다. 〈그림 8.5〉는 100×100 사각격자에서 컴퓨터 시뮬레이션으로 구현한 모래사태 규모의 예이다. 겹치지 않는 8개의 모래사태 덩어리를 그림에 나타내었다. 각 덩어리 사태가 발생한 시간은 서로 다르지만, 편의상 한 그림 위에 겹치지 않게 그렸다. 좌측 상단에 규모가 큰 모래사태를 볼 수 있다. 반면 좌측 하단의 두 개의 모래사태는 규모가 매우 작다. 그렇다면 모래사태 규모의 분포함수 또는 빈도수를 모래사태의 크기의 함수로 나타내면 어떤 함수 꼴을 가질까? 페르 박 그룹이 맨 처음 측정했던 것이 바로 모래사태 분포함수였다.

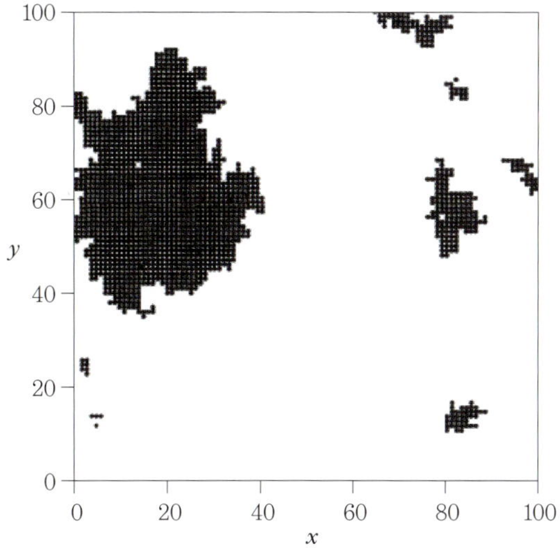

그림 8.5 이차원 100×100 사각격자에서 구현한 모래더미 모형에서 발생한 모래사태 규모의 일부 그림. 작은 규모의 사태와 큰 규모의 사태를 관찰할 수 있다.

모래사태의 규모를 s라 하고, 그 분포함수를 $p(s)$라고 하자. 〈그림 8.6〉은 모래사태 규모 분포함수를 모래사태의 규모에 대해서 그린 그림이다. 가로축과 세로축을 모두 로그를 취해서 그렸다. 모래사태 규모의 분포함수는 놀랍게도 멱함수 법칙을 따른다. 즉, $p(s) \sim s^{-\alpha}$이다. 〈그림 8.6〉은 이차원 사각격자인 50×50 크기에서 시뮬레이션했기 때문에 사태의 규모가 전체 격자의 크기에 가까이 가면 꼬리 부분에서 아래로 약간 휘지만 넓은 범위의 모래사태 규모에 대해서 그래프가 직선이다. 로그-로그 그림에서 그래프가 직선이면 이는 전형적인 멱함수 법칙을 나타낸다. 모래사태에서 사태의 특성 규모는 존재하지 않는다. 모래사태는 외부의 조절변수가 없음에도 불구하고 사태 분포함수 등 여러 가지 물리량이 멱함수 법칙을 따르는 전형적인 '자기조직화 임계현상(SOC, self-organized criticality)'을 나타낸다. BTW 모래사태는 비평형 상태에서 일어나는 동력학적 모형에서 임계현상이 발생한다는 것이다. BTW 모형에서 발생하는 자기조직화 임계성을 '모래더미 패러다임(sand pile paradigm)'이라 부른다. 모래더미 패러다임은 시스템이 스스로 임계상태에 머물면서

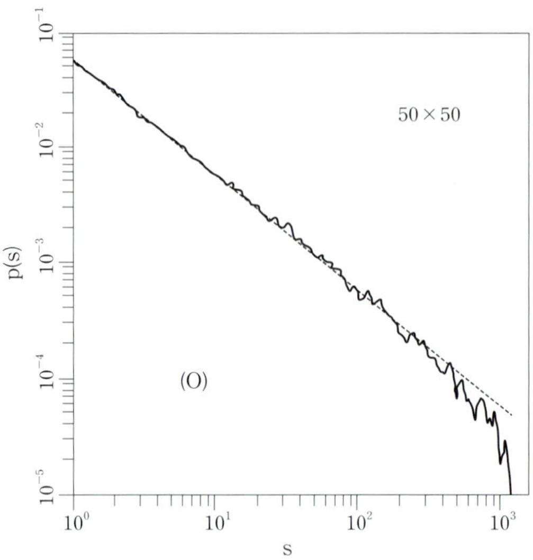

그림 8.6 이차원 사각격자에서 모래더미 모형에서 모래사태 규모 분포함수 그림. 모래사태 규모 분포함수는 전형적인 멱함수 법칙을 나타낸다.

자기조직화 상태를 나타내는 대표적인 모형이다.

8.2 단속평형과 멸종

1972년에 스티븐 제이 굴드(Stephen Jay Gould)와 닐스 엘드렛지(Nies Eldredge)는 '단속평형(punctuated equilibrium)' 개념을 제안했다(Gould and Eldredge 1972). 그들은 다윈의 진화론 이후에 많은 과학자들이 믿었던 '점진진화 이론(gradualism of evolution)'을 반박하였다. 점진진화 이론은 종의 진화는 매우 오랜 시간 동안 몇 세대에 걸쳐 점진적으로 일어난다는 이론이다. 단속평형 이론은 종의 진화가 점진적으로 일어나는 것이 아니라 진화적으로 짧은 시간 동안에 급격한 멸종과 진화가 일어난다는 이론이다. 멸종과 진화는 긴 진화의 역사에서 상대적으로 매우 짧은 시간 동안의 간헐적인 시기에 급격히 일어난다는 주장으로 당시 과학계에 엄청난 파문을 일으켰다.

〈그림 8.7〉은 점진진화와 단속평형을 도식적으로 나타낸 것이다. 점진진화 이론에서 종의 형태 변화는 시간에 따라서 점진적으로 일어난다. 형태가 조금씩 변하다가 어느 순간에 형태적 분화가 일어나면서 종 사이의 구분이 일어난다. 반면 단속평형 이론에서 종의 형태적 변화나 진화는 갑자기 일어난다. 시간이 지나도 행태적 변화가 거의 일어나지 않다가 진화가 갑자기 일어나면서 분화가 일어난다.

종의 진화는 어떤 의도에 의해서 일어나지 않는다. 생물 종이 가지고 있는 유전자의 무작위한 변화, 즉 무작위한 돌연변이가 새로운 변화를 이끈다. 무작위로 일어난 돌연변이는 현시점에서 유익할 수도, 나쁠 수도 있다. 나쁜 돌연변이 개체는 생존이 어렵기 때문에 자연 도태할 것이다. 반면 좀 더 적응도가 높은 돌연변이 개체는 더 큰 생존력을 가지므로 자연선택 과정에서 번성할 가능성이 더 크다. 개체 수준에서 발생한 돌연변이는 종 전체로 파급되어 새로운 종으로 거듭날 수도 있다. 종들이 서로 경쟁하는 관계는 끊임없는 변화를 요구한다. 앞에서 소개한 '붉은 여왕 효과'는 진화 과정을 비유적으로 말한 것이다. 자연계에서 진화는 끊임없는 달리기이다. 한 종이 달리기를 멈추거나 달리는 속도를 줄인다면 그 종은 금세 멸종할 것이다. 현 상태에 머물기 위해서도 계속 달려야 한다.

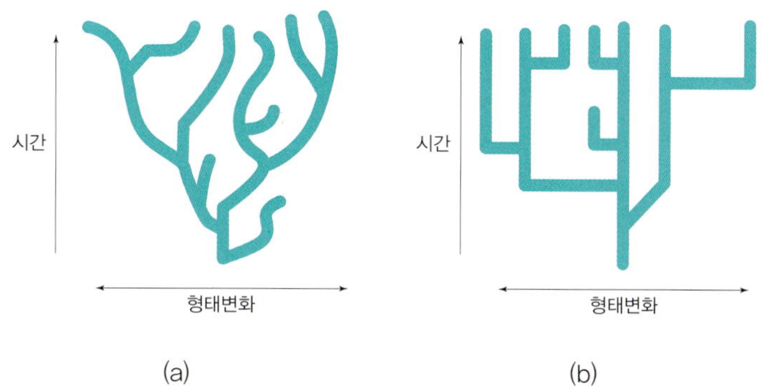

그림 8.7 (a) 점진진화. (b) 단속평형.

생물의 진화에서 종 사이에는 다양한 관계가 존재한다. 어떤 종은 다른 종을 잡아먹기 때문에 먹이-포식자 관계를 형성한다. 꽃과 곤충처럼 상호이득을 가지는 공생 관계(mutualism), 코로나 19 바이러스처럼 숙주로부터 이득만 취하는 기생 관계(parasite relation)도 흔히 볼 수 있다. 생태계에서 종들은 서로 해를 끼치거나 이득을 취하는 관계를 가지는 것처럼 보인다. 당장은 서로 해를 끼치는 것처럼 보이지만 장기적으로는 서로 이득을 가져오는 관계도 있다. 예를 들면 초식동물과 포식동물 사이의 관계가 그렇다. 초식동물의 입장에서 포식자가 많다는 건 해로운 일이지만, 장기적으로 보면 초식동물이 늘어날수록 포식동물의 수 역시 늘어나 초식동물의 숫자가 지나치게 늘어나는 것을 방지해준다. 한 서식지에서 생태계가 붕괴하지 않고 서로 개체수를 조절하면서 개체수가 동력학적으로 변한다. 어떤 면에서 생물들은 경쟁과 협력을 하면서 서로 공진화(coevolution)한다고 할 수 있다.

사실 진화는 굉장히 복잡한 문제이다. 현대 생물학에서 밝혀냈듯이 생물체의 진화는 유전자의 돌연변이에 의해서 발생한다. 생물 종은 현재의 기후환경, 생태환경, 다른 종과의 경쟁과 협력 관계 등 다양한 요인에 영향을 받는다. 1931년 수얼 라이트(Sewell Wright, 1889-1988)는 '적응도 지형(fitness landscape)'이란 개념을 제시하였다(Wright 1932). 진화생물학에서는 종의 유전자와 생식 성공 사이의 관계를 적응도로 정의한다. 적응도를 좀 더 넓은 의미로 사용하면 생물 종의 유전자가 주어진 환경에 적응할 수 있는 정도를 나타낸다. 적응도를 정량적으로 어떻게 측정할 것인지에 대한 어려움이 있지만, 현재의 환경에서 번성하고 있는 종은 적응도가 더 높다고 할 수 있다. 〈그림 8.8〉은 한 종의 유전자에 따른 적응도 지형을 그린 것이다. 1987년에 코프먼은 유전자의 적응도 지형에서 유전자의 변화를 적응적 걷기(adaptive walk)로 모형화하였다. 종은 적응도가 높은 방향으로 진화를 할 것이다. 하지만 적응도 지형의 한 지점에서 찾은 높은 봉우리는 사실 전역적인 최대 적응도가 아니다. 그 지역의 국소적인 최대점일 뿐이다. 그렇더라도 국소적 최대점의 적응도가 현 지점의 적응도보다 높다면 종은 적응도 지형의 국소적 봉우리를 향해서 진화

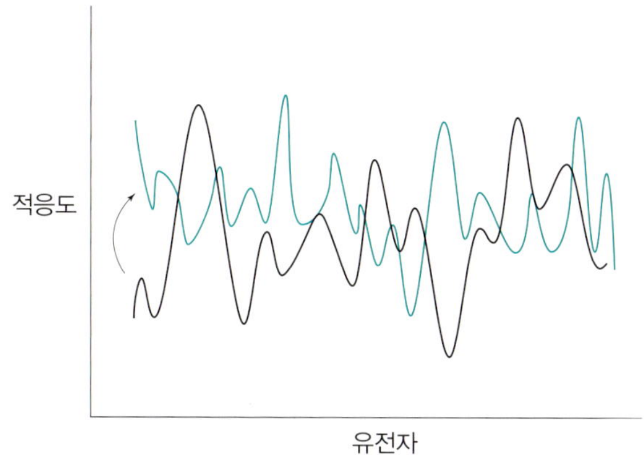

그림 8.8 춤추는 적응도 지형(dancing fitness landscape). 생물종은 주어진 환경에서 적응도가 큰 방향으로 진화하지만, 환경의 변화는 적응도 지형을 변화시킨다.

할 것이다. 따라서 진화에서 적응은 적응도 지형에서 언덕 기어오르기(hill-climbing)라 할 수 있다. 거칠고 봉우리가 많은 적응도 지형에서 종은 더 유리한 적응도를 갖는 방향으로 움직인다. 진화의 적응(adaptation)을 이러한 시각으로 보는 것을 언덕 기어오르기 프레임워크(hill-climbing framework)라 한다(Kauffmann 1993). 종의 진화는 〈그림 8.8〉에서 종에 속한 개체들이 돌연변이를 겪으면서 적응도 지형에서 움직이면서 적응도가 더 큰 곳으로 이동하는 것으로 생각할 수 있다. 종의 적응도 향상은 적응도 지형의 거칠기, 종에 속한 개체의 수, 돌연변이가 일어나는 비율 등에 의존할 것이다.

그런데 적응도 지형은 정적인 상태를 유지하지 않는다. 따뜻한 지구환경에 적응하도록 진화한 생물에게 기후 변화로 빙하기에 접어든 지구환경은 더이상 최적이 아니다. 이런 상황에서는 기존의 환경에서 적응도가 낮았던 종들이 새롭게 적응의 강자가 될 것이다. 따라서 높은 온도에서 번성했던 공룡류는 지구 기온의 급변으로 멸종하고, 그 자리는 포유류로 채워졌다. 〈그림 8.8〉처럼 지질학적 시간에서 생물종의 적응도 지형은 변하게 된다. 이러한 적응도 지형의 변화를 코프먼은 '너덜너덜한 적응도 지형(rugged fitness landscape)'이라고 불렀다. 이 개념은 더 발전하여 '춤추는 적응도 지형(dancing fitness landscape)'의 개념으로 발전하였다(Kauffman and Johnsen 1991). 너덜너덜한 적응도 지형은 시간에 따라 변동이 없는 정적인 적응도 지형이지만 춤추는 적응도 지형은 시간에 따라서 적응도 지형 자체가 시간에 따라 변한다. 생물 종은 춤추는 적응도 지형에서 새로운 환경에 적응하기 위해서 부단히 노력하지만, 그 종이 추구한 진화의 방향은 다음 순간 종의 멸종을 불러올 수도 있다. 물론 적응도가 변하는 춤추는 시간은 지질학적 시간이므로 몇백 년이나 몇천 년의 시간 스케일에서는 적응도 지형을 정적으로 생각할 수 있을 것이다.

모래사태 모형에서 모래의 높이가 문턱 높이에 도달했을 때 무너져 내린다. 그런데 문턱 높이는 우리가 임의로 설정할 수 있다. BTW 모래더미 모형이 진정한 SOC가 아니라고 주장하는 학자들은 모형에 숨어 있는 문턱 높이를 조절변수라 주장하였다. BTW 모래더미 모형은 문턱 높이를 다른 값으로 설정하여도 모래사태 규모의 멱함수 법칙이나 임계지수 α 값이 변하지 않는다. 이차원 사각격자를 삼각형 격자 또는 벌집 격자로 바꾸어도 자기조직화 임계현상에는 변함이 없다. BTW 모래더미 모형은 시스템의 미세한 변화가 있더라도 임계성이 불변하는 성질을 가지고 있다. 페르 박 그룹은 문턱 높이를 조절변수라고 주장하는 다른 과학자들의 주장을 피하기 위해서 시스템에 문턱 높이와 같은 변수가 없는 모형을 제안하였다. 그들이 제안한 모형은 아주 단순한 종의 진화모형이다. 1993년에 박과 스네펜은 피지컬 리뷰 레터스 학술지에 〈단순 진화모형에서 임계성과 단속평형(Punctuated equilibrium and criticality in a simple model of evolution)〉이란 논문을 출판하였다(Bak and Sneppen 1993). 이 논문은 문턱 높이와 같은 내재 조절변수가 없는 진정한 자기조직화 임계현상을 보이는 모형이다.

박과 스네펜은 아주 단순한 공진화 모형을 생각했다. 각 종은 일차원 또는 이차원 격자 공간의 격자점 위에 놓여 있다. 종은 자신만의 적응도를 가지고 있다. 〈그림 8.9〉에서 일차원 격자에서 각 네모 칸은 한 종의 유전적 위치를 나타낸다. 생물

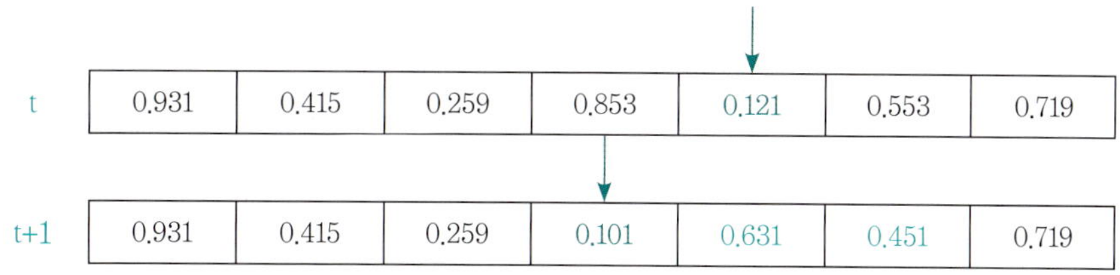

그림 8.9 일차원 격자에의 각 칸은 생물의 종을 나타낸다. 각 종은 어떤 시간 t에서 고유한 적응도를 갖는다. 다음 단계에서 적응도가 가장 낮은 종과 양 이웃은 새로운 적응도를 갖는 종으로 대체한다.

학에서 일종의 생물학적 지위(niche)라 할 수 있다. 격자 위의 i번째 위치의 종이 가진 적응도를 f_i라 하자. 각 종의 적응도는 $0 \le f_i \le 1$인 실수로 나타낸다. 처음에 종의 적응도는 난수를 발생시켜서 멋대로 부여한다. 일차원 격자에서 각각의 종은 가장 가까운 두 이웃과 상호작용한다.

〈그림 8.9〉에서 위쪽은 시간 t일 때 종이 가진 적응도 값을 나타낸다. 적응도가 크면 환경에 적응하고 있으므로 변화가 일어나지 않는다. 박과 스네펜은 극치 동력학(extreme dynamics)을 생각했다. 적응도가 가장 낮은 종은 멸종할 것이다. 시간 t에서 적응도가 가장 낮은 위치를 찾은 다음 그 종을 멸종시키고 새로운 종으로 대치한다. 새로운 종으로 대치하는 것은 그 위치에 새로운 적응도를 가진 종이 새로 탄생하는 것이다. 그런데 최소 적응도를 가지는 이웃은 멸종하는 종과 강하게 상호작용하고 있기에 최소 적응도를 가지는 이웃 종과 함께 멸종하고 새로운 종으로 대체된다. 〈그림 8.10〉과 같이 최소 적응도를 가지는 종과 그 두 이웃은 멸종하고 새로운 적응도를 가지는 새로운 종으로 대체되었다. 새로운 종의 적응도 값을 멋대로 부여한다. 이것이 진화 과정의 전부이다. 박과 스테펜은 이 과정을 되풀이하였다. 이 모형을 박-스네펜 모형(Bak-Sneppen model, BS 모형)이라 한다. 공진화 모형을 극히 단순화한 모형이다. 물리학자들은 이렇듯 핵심을 담은 단순한 모형을 좋아한다.

박-스네펜 모형에서 업데이트를 충분히 진행하면 적응도 f의 값이 차츰 증가한

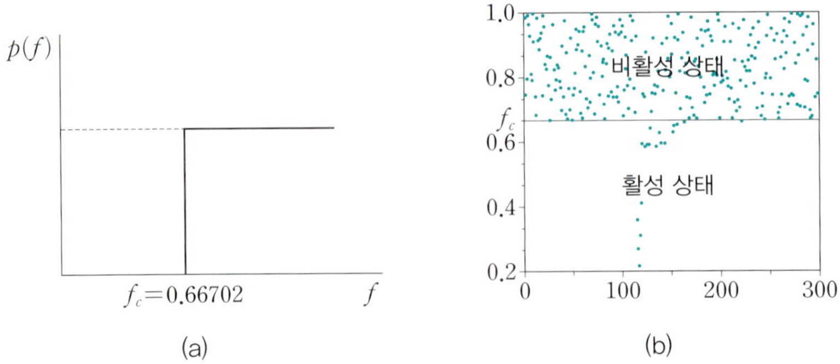

그림 8.10 정상상태에서 (a) 일차원 박-스네펜 모형의 적응도 분포함수와 임계 적응도 f_c. (b) 공진화 과정에서 가끔 종의 적응도가 임계 적응도보다 작은 종이 나타난다. 이 종들은 결국 멸종하고 모든 종의 적응도가 임계 적응도 이상이 된다.

다. 일차원 모형에서 업데이트를 충분히 진행한 이후에 적응도의 분포를 측정해 보면 〈그림 8.10 (a)〉와 같은 적응도 분포함수가 나타난다. 시스템의 적응도는 스스로 임계 적응도 f_c보다 커진다. 일차원 몬테카를로 시뮬레이션에서 구한 박-스네펜 모형의 임계 적응도(critical fitness)는 f_c=0.66702이다. 이 임계 적응도는 우리가 일부러 집어넣은 값이 아니라 시스템이 스스로 만들어낸 임계값이다. 모래더미 모형처럼 문턱 높이와 같은 내재적 조절변수는 없으며 임계 적응도는 공진화 동력학이 스스로 만들어낸 문턱이다. 업데이트하는 동안 적응도가 일시적으로 f_c보다 커지거나 작아지더라도 얼마 후에 임계 적응도 값을 회복한다.

박-스네펜 모형에서 시스템이 정상상태에 있더라도 공진화는 계속 진행된다. 즉, $f_i>f_c$인 상태에서도 적응도가 가장 작은 종이 존재한다. 적응도가 가장 작은 종은 다음 순간에 멸종하고 새로운 종으로 대체된다. 이러한 대체 과정에서 새로 태어난 종이 $f_i \leq f_c$인 상태가 될 수 있다. 새로운 종의 적응도가 임계값보다 작은 종들을 활성 상태(active state)에 있다고 할 수 있다. 활성 상태의 종들은 적응도가 임계 적응도보다 작기 때문에 유전적으로 매우 불안정한 상태라 할 수 있다. 박과 스네판은 $f \leq f_c$인 상태를 활성 상태, $f>f_c$인 상태를 비활성 상태(inactive state)라 불렀다. 시스템이 비활성 상태에 들어갔다가 극치 동력학으로 활성 상태의 종이 나타났다면 그러한 종으로부터 촉발된 진화는 $f_i \leq f_c$인 상태에 상당한 기간 머물다가 결국 $f_i > f_c$으로 종결된다. 종들이 $f_i \leq f_c$인 상태에 머문 시간을 **멸종 시간**(extinction time) T라 하자. 또한 $f_i \leq f_c$인 상태에서 적응도가 새로운 난수로 대치된 종들의 총수를 **멸종 사태 규모**(avalanche size of extinction) s라 하자.

〈그림 8.11〉은 어떤 순간에 비활성 상태가 활성 상태에 들어간 후, 종이 멸종하고 새로운 적응도를 가지고 새로 나타난 종들의 공진화 과정을 나타낸 것이다. 그림의 동그라미는 적응도가 새로 업데이트되었던 종들을 나타낸다. 비활성 상태에서 활성 상태가 되고 다시 비활성 상태가 되는 과정이 종의 멸종 사태이고 이때 업데이트되는 모든 격자점의 수가 사태의 수 s이다. 박과 스네펜은 몬테카를로 시뮬레이션으로 종의 멸종 사태 규모의 분포함수 $P(s)$가 멱함수 법칙임을 발견하였다. 즉,

$$P(s) \sim S^{-\tau}$$

이고, 일차원 격자에서 임계지수는 $\tau=0.9(1)$임을 발견하였다. 이차원 사각격자에서

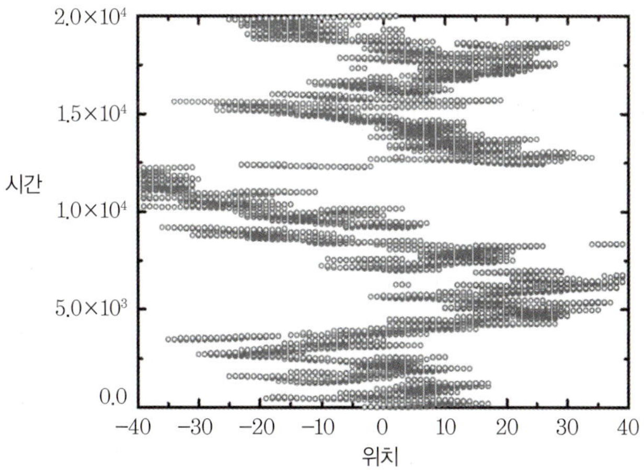

그림 8.11 활성 상태의 종들의 시간적 진화 과정. 가로축은 일차원 격자에서 종의 위치를 세로축은 진화의 시간을 나타낸다.

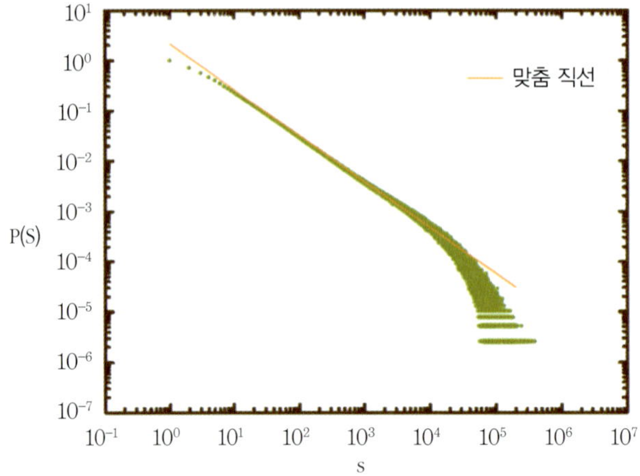

그림 8.12 일차원 격자 크기 L=512에서 박-스네펜 모형의 몬테카를로 시뮬레이션으로 구한 종의 멸종 규모의 분포함수 대 멸종 규모 그림. 멸종 규모는 멱함수 분포함수를 따른다.

τ=1.1이었다(Bak, Sneppen, 1993). 사태규모와 비슷하게 활성 상태가 지속되는 시간인 멸종시간 분포함수 역시 멱함수 법칙 $P_t(T) \sim T^{-\delta}$을 따른다. 모래사태 모형과 달리 내재된 조절변수가 전혀 없는 박-스네펜 모형은 스스로 임계 상태에 머물면서 종의 멸종사태 분포와 멸종 시간 분포가 멱함수 법칙을 발현하였다. 〈그림 8.12〉는 일차원 격자의 크기가 L=512일 때 몬테카를로 시뮬레이션으로 구한 사태규모 분포함수를 나타낸다.

생태계에서 종 멸종의 분포함수가 멱함수 법칙을 따른다는 것은 1장에서 살펴보았다. BS 모형은 종 멸종을 엄청나게 단순화한 장난감 모형(toy model)이다. 이러한 장난감 모형이 실제 생태계의 멸종을 정확히 나타낼 수는 없겠지만, 아주 단순한 모형으로 실제 화석에서 발견한 멱함수 법칙을 재현할 수 있다는 것 자체가 놀라운 일이다. 〈그림 8.13〉은 솔레(R. V. Sole)와 바스콤프테(J. Bascompte)가 구한 현대누대(Phanerozoic)에서 일어난 멸종률의 빈도수 분포함수를 나타낸다(Sole and Bascompte 1996). 멸종 빈도수는 멱함수 법칙 $P(s) \sim s^{-\tau}$를 따른다. 데이터 맞춤을 하였을 때 지수함수보다는 멱함수 법칙이 더 잘 맞는다. 솔레와 바스콤테가 구한 멱함수 지수는

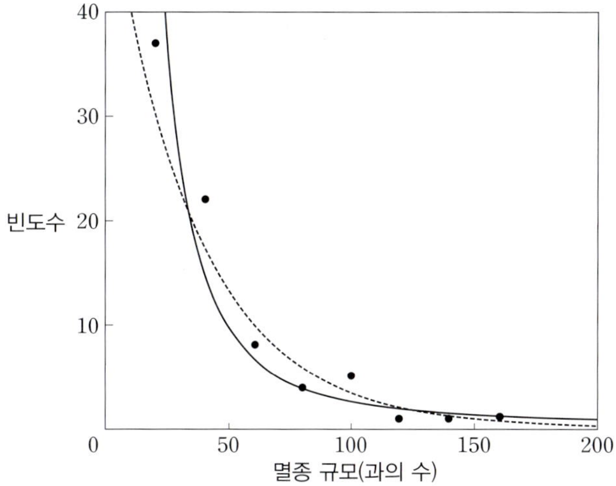

그림 8.13 **솔레**(R. V. Sole)**과 바스콤프테**(J. Bascompte)**가 분석한 현생누대에서 생물 과**(family)**의 멸종 빈도수.** 실선은 멱함수로 데이터를 맞춤한 것이고, 점선은 지수함수로 맞춘 것이다. 멱함수가 더 잘 맞는다(Sole and Bascompte 1996).

τ=1.95이었다. 박-스네펜 모형과 멱함수 지수는 다르지만, 멸종 빈도수는 비슷한 멱함수 법칙을 따르는 것이 흥미롭다.

8.3 펄펄 끓는 뇌

향긋한 꽃 내음이 코를 자극하면 나도 모르게 꽃향기가 어디에서 나는지 두리번거린다. 빵집에서 풍겨오는 갓 구운 빵의 냄새는 내 발걸음을 빵집으로 향하게 만들고, 포근한 엄마의 품에서 잠을 자는 아기의 얼굴은 나까지 편안한 기분으로 만들어준다. 이러한 느낌은 우리의 감각이 보낸 신호를 뇌가 인지하면서부터 시작된다. 약 1.3리터 정도 되는 뇌는 물리적, 화학적, 기계적인 자극을 전기 현상과 물리화학적인 현상으로 변환하여 인식한다. 이러한 뇌의 전기 작용을 이해한 인류는 인공지능을 발명하기 시작하였다.

표 8.1 뇌에 대한 주장과 발견

시대	과학자	주장과 발견
고대 이집트	미라 제작자	• 마음은 심장에 있다.
BC 5세기 그리스	크레톤의 앨크미언	• 유스타기안관을 발견 • "마음은 뇌에서 나온다"고 주장 • 뇌와 감각신경의 연결을 관찰 • 질병은 균형상태(영양과 생활습관)가 깨진 결과 • 신경과학의 아버지
BC 4세기 그리스	히포크라테스	• 지성은 뇌에서 나온다.
BC 4세기 그리스	아리스토텔레스	• 뇌는 순환하는 피를 냉각하는 기관이기에 다른 동물에 비해 큰 것이라고 주장 • 생각은 심장에서 생긴다.
BC 2세기 그리스	헤로필로스	• 지성은 뇌에서 나온다. • 대뇌와 소뇌를 구분 • 눈의 시신경 관찰
BC2세기 그리스	에라시스트라투스	• 심장이 펌프라는 것을 인지 • 최초로 동맥과 정맥을 구분 • 대뇌와 소뇌를 상세히 기록
BC2세기 로마	페르가몬의 갈레노스	• 인체의 4체액설 주장 • 순환계의 갈렌이론 주장
17세기	데카르트	• 뇌가 동물의 운동을 지배
18세기	갈바니	• 개구리 뒷다리 실험 • 생체전기 발견
18세기	볼타	• 볼타전지 발명
19세기	카톤	• 토끼와 원숭이 뇌 표면에서 전기펄스 관찰
19세기	골지	• 골지염색법 발명 • 뇌에서 신경세포 관찰
19세기	산티아고 라몬 이 카할	• 뇌에서 신경세포 관찰

우리 마음은 어디에 있을까? 현대인들은 이 답을 알고 있지만, 고대인들에게는 매우 어려운 질문이었다. 마음과 인지작용에 대한 관심은 고대부터 시작되었으며,

이것들이 뇌에서 나오는지 심장에서 나오는지는 오랜 논쟁거리였다. 뇌에 주목하기 시작한 것은 신경세포를 발견하고 나서였다. 그 후부터 뇌가 인지작용과 신체의 활동을 조절하는 기관임이 밝혀졌다. 〈표 8.1〉은 뇌와 생체전기에 대한 과학적 발견을 요약한 것이다.

인간의 인지작용은 뇌에 광범위하게 분포하고 있는 신경세포(뉴런, neuron) 때문이다. 뇌에는 신경세포뿐만 아니라 뇌의 골격을 유지하고 신경세포에 영양을 공급하고 노폐물을 제거하는 신경아교세포(astrocyte cell) 또는 글리아 세포(glia cell)가 분포한다. 물론 세포에 산소와 영양분을 공급하는 혈관 또한 분포하고 있다. 신경세포는 동물에만 분포하고 식물에는 없다. 신경세포는 현미경의 발명과 세포 관찰을 용이하게 해주는 염색 기술의 발전과 함께 발견되었다.

〈그림 8.14〉는 신경세포를 나타낸 것이다. 신경세포 역시 세포이므로 핵이 있다. 신경세포는 체세포와는 달리 독특한 구조를 하고 있다. 핵을 포함하고 있는 세

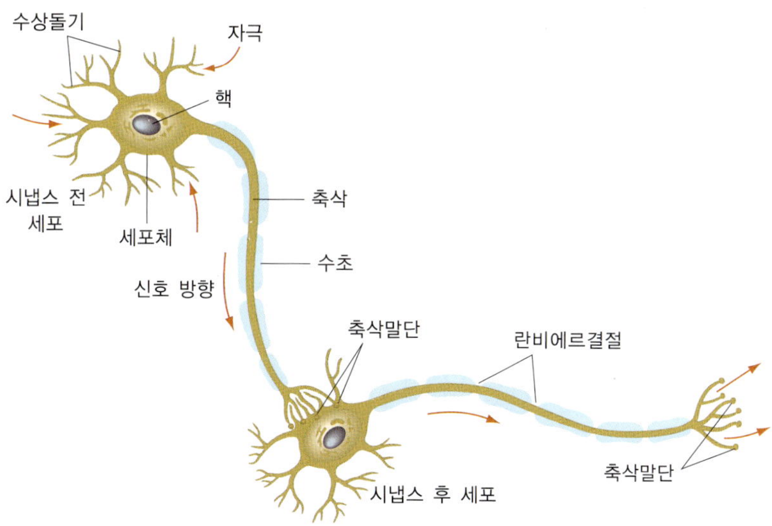

그림 8.14 신경세포와 신경세포 부위의 명칭. 세포체에서 발화한 전기신호는 전선 역할을 하는 축삭을 따라서 전파하여 다음 신경세포로 전달한다. 축삭말단에 분포한 시냅스에서 신경전달물질이 분비된다.

포체에 연결된 나뭇가지 모양의 수상돌기(dendrite)는 다른 신경세포로부터 전기신호를 수집한다. 전신경세포(pre-synaptic neuron)가 전기신호를 발화하면 후신경세포(post-synaptic neuron)는 전기신호를 수신하여 세포체에서 합산한다. 수신한 전기신호의 전위차가 문턱값(threshold) 이상이 되면 전기신호를 발화한다. 신경세포가 전기신호를 수신하지 않고 안정한 상태에 있으면 신경세포 내부와 외부 사이에는 안정막 전위(resting potential)가 형성된다. 신경세포의 세포막 내부와 외부에는 소디움 이온(Na^+), 포타슘 이온(K^+), 염소이온(Cl^-), 단백질 음이온이 분포한다. 안정 상태에서 신경세포 내부는 외부에 비해서 상대적으로 음전기를 띤다. 세포막의 외부 전위를 0*V*라고 하면 신경세포막의 내부 전위는 약 -70~-60mV인데 이를 안정막 전위라고 한다. 신경세포가 전신경세포로부터 수신한 전압의 합이 약 20mV 증가하면 신경세포는 자발적으로 전기신호를 생성하여 전기신호 펄스를 축삭(axon)으로 내보낸다. 이를 신경세포의 발화(firing)라 한다. 〈그림 8.15〉는 신경세포에 일정한 전류를 인가했을 때 신경세포가 발화한 펄스의 모습을 나타낸 것이다.

뇌는 전기신호를 처리해서 기억, 인지, 학습 등 뇌의 모든 기능을 가능하게 하는 기관이다. 뇌가 고등한 인지구조를 나타내는 것은 신경세포의 연결에서 발생하는 것으로 여겨진다. 최근에 신경아교세포가 뇌의 인지작용에 많은 기능을 하고 있음

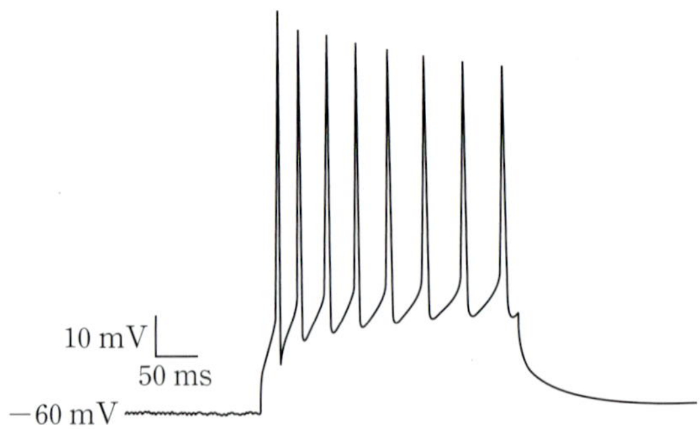

그림 8.15 흥분성 뉴런에 일정한 전류를 가했을 때 신경세포의 발화 모습. 가로축은 시간이고 세로축은 뉴런의 세포막 내부와 외부 사이의 전위차를 나타낸다.

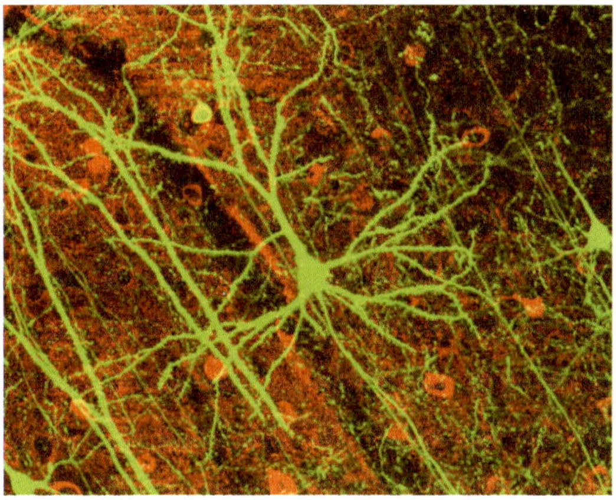

그림 8.16 뇌의 작은 부분에서 신경세포의 연결. 신경세포를 발광 단백질로 조작하여 찍은 사진이다. (출처: Nrets at en.wikipedia, Wikimedia Commons)

이 밝혀지고 있으며 아직도 많은 연구가 진행되어야 할 분야이다. 〈그림 8.16〉은 형광 단백질 기술을 이용하여 신경세포의 구조를 찍은 사진으로, 뇌의 작은 부분에서 신경세포들이 얽혀있는 것을 볼 수 있다. 신경세포는 많은 수상돌기와 축삭돌기들을 가지고 있으며 축삭돌기의 말단에 있는 시냅스로 이웃한 신경세포에 전기신호를 전달할 수 있다. 수상돌기는 이웃한 신경세포에서 전기신호를 수신하고, 세포체는 수신한 전기신호를 모두 더한다. 수집한 전기신호의 전압이 문턱값을 넘으면 신경세포는 발화하여 축삭돌기에 펄스 형태의 전기신호를 발생시킨다. 축삭은 전선과 같은 역할을 하여 펄스를 축삭돌기의 말단에 위치한 시냅스까지 전달한다. 전기신호를 받은 시냅스는 신경전달물질을 시냅스 틈새로 방출한다. 이웃한 신경세포의 수상돌기는 신경전달물질을 전달받아 수상돌기에 전기적 변화를 발생시킨다. 이렇듯 뇌의 신경세포망은 얽혀있는 네트워크 구조이며 신경세포들은 전기신호를 받아서 발화하고 이웃한 신경세포에 전기신호를 전달한다. 한 뉴런에서 발생한 전기신호가 이웃한 신경세포로 퍼져나가는 현상은 전기신호 발화사태(firing avalanche)에 비유할 수 있다. 모래더미 패러다임에서 모래사태와 비슷한 전기발화사태가 뉴런 연결망에서 발생한다.

뇌의 복잡한 인지 작용에 대한 원리는 아직 밝혀지지 않았지만, 소규모 신경세

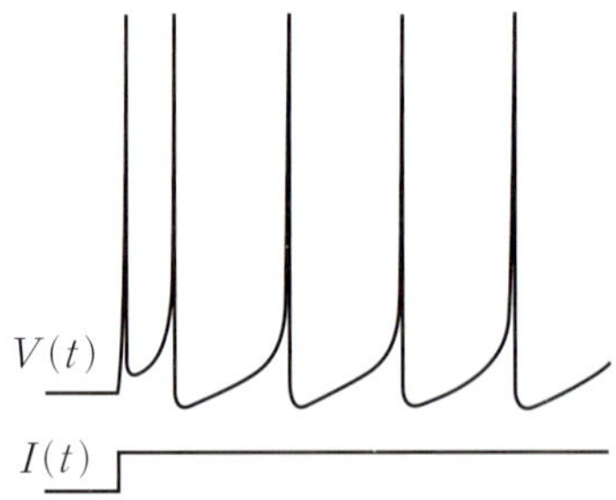

그림 8.17 신경세포에 일정한 전류 자극 $I(t)$을 가하면 신경세포는 정상발화 패턴(regular firing pattern)을 보인다. 가로축은 시간이고, $V(t)$는 신경세포 내부와 외부 사이의 전위차이다.

포망의 발화 구조 연구는 활발하게 이루어지고 있다. 신경세포가 1만 개 연결된 신경세포 네트워크를 생각해 보자. 이렇게 작은 신경세포 네트워크는 실제 뇌의 연결망 수에 비해서 극히 작은 네트워크이지만 신경망에서 발화 구조를 이해하는 장난감 모형으로 적합하다. 신경세포 하나가 이웃에서 수집한 전압이 문턱값를 넘어서면 신경세포는 자발적으로 활동전위를 내보낸다. 신경세포가 발화하는 활동전위의 모습은 매우 다양한데 〈그림 8.17〉은 정상발화(regular firing) 패턴을 나타낸 것이다. 신경세포에 일정한 전류 자극을 가하면 신경세포는 일정한 간격으로 펄스를 방출한다.

신경세포 하나의 전기적 상태 변화는 축삭돌기 세포막에서 이온농도의 변화를 이용하여 나타낼 수 있다. 1952년에 알랜 호즈킨(Alan Hodgkin)과 앤드류 헉슬리(Andrew Huxley)는 〈그림 8.18〉과 같이 축삭돌기를 마치 축전기, 비선형 전기전도도를 가진 저항, 가변 배터리, 전류 소스 등이 연결된 병렬회로로 해석하였다. 호즈킨과 헉슬리는 축삭돌기 내외부의 전위차를 묘사하는 미분방정식을 유도했으며 그 방정식을 호지킨-헉슬리 모형(Hodgkin-Huxley model, HH model)이라 한다(Hodgkin and Huxley 1952). 호지킨-헉슬리 모형은 축삭돌기에서 형성되는 다양한 활동전위 모습을 재현할 수 있다. 실제 신경세포에서 관찰되는 활동전위 모습을 이론 모형으로 재현할 수 있다.

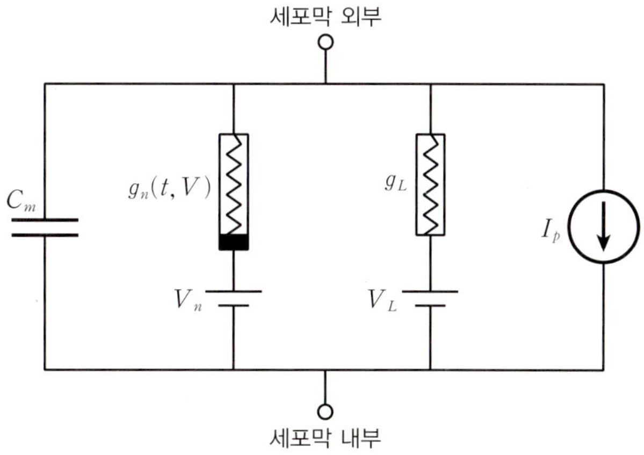

그림 8.18 축삭돌기 세포막 내외부의 전위차를 병렬회로로 나타낸 그림. C_m은 축전기의 전기용량, g_n은 이온채널의 전기전도도, g_L은 누설전류(leaky current)의 전기전도도, I_p는 외부 입력 전류, V_n은 이온채널의 전압 소스, V_L은 누설전류의 전압 소스를 나타낸다.

호지킨-헉슬리 모형은 네 개의 선형 결합된 복잡한 미분방정식이다. 그래서 좀 더 간단한 다양한 신경세포 모형들이 제안되었다. 그중에서 적분발화 모형(Integrate-and-Fire model, IF)은 신경세포망 연구에 널리 쓰이고 있다. IF 모형은 세포막 내부로 흘러들어온 전류를 모두 합한다. 신경세포가 수집한 전류에 의한 전압이 문턱값을 넘어서면 세포막의 전압은 급격히 커지면서 발화한다. 발화한 활성전위는 이온들의 이동에 의해서 안정막 전위로 복원한다.

필자의 연구실에서 변형된 IF 모형에서 신경세포 발화사태 현상을 연구하였다. 한 번 발화하고 나면 짧은 시간 동안 침체기가 있는 신경세포 모형을 연구하였다. 침체기 동안에는 전기신호를 수신해도 신경세포가 발화하지 않는다. 한 뉴런은 발화한 이웃 뉴런으로부터 전압을 받아서 모두 합산한다. 또 외부에서 무질서하게 입력되는 전류를 받아서 전압에 더한다. 이렇게 합산한 전압이 문턱전압보다 커지면 스스로 발화한다. 〈그림 8.19〉는 1천 개의 뉴런이 서로 완전 연결 네트워크(fully-connected network)에서 변형된 IF 모형을 구현하여 발화한 신경세포들의 상태를 그린

래스터 그림(raster plot)이다. 그림에서 가로축은 시간, 세로축은 뉴런의 번호이며 시간별로 발화한 뉴런은 검은 점으로 나타내었다. 어떤 때는 모든 뉴런이 함께 발화하지만, 어떤 시간대에는 발화가 가끔 일어난다. 심지어 뉴런들이 전혀 발화하지 않는 구간도 있다. 어느 뉴런에서 시작한 발화가 네트워크를 퍼져나가면서 모든 뉴런이 다시 꺼질 때까지를 뉴런 발화사태(neural firing avalanche)라고 정의한다(Jung et al 2020). 이때 발화에 참여했던 뉴런의 개수를 뉴런의 발화사태 규모 S이라 하자. 이제 시간이 계속 진행하면서 이런 발화사태 규모들을 모두 기록한 다음 그 분포함수를 구한다. 발화사태 분포함수를 $P(S)$라 한다.

〈그림 8.20〉은 천 개의 뉴런을 완전 연결망에서 연결 링크를 무작위로 잘라나가면서 무작위망을 만들면서 변형한 IF 모형에서 뉴런의 발화 규모 분포함수를 구한 것이다. 완전 연결망과 무작위 망에 상관없이 발화 규모 분포함수는 발화의 규모에 대해서 멱함수 법칙 $P(S) \sim S^{-\tau}$를 따른다. 〈그림 8.20〉은 가로축과 세로축에 상용로그를 취해서 그렸다. 그래프가 직선이므로 발화 규모 분포함수가 멱함수 법칙이라 할 수 있다. 멱함수 법칙의 임계지수는 τ=1.50이었다. 비록 이러한 작은 규모의 신

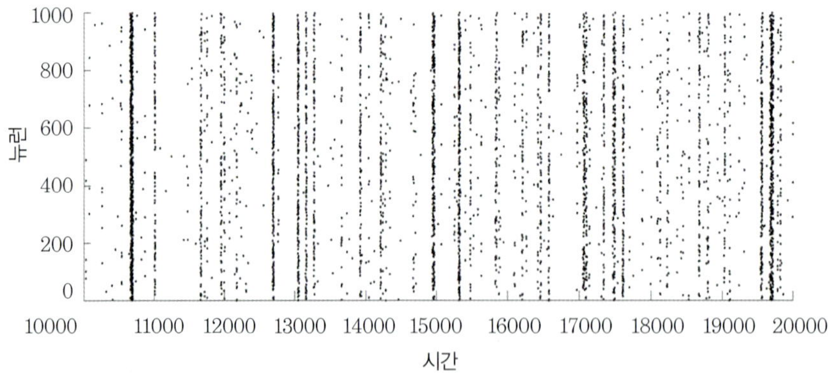

그림 8.19 천 개의 뉴런이 완전히 연결된 신경세포망에서 뉴런의 발화를 시간에 따라 나타낸 **래스터 그림.** 뉴런에 번호를 붙여서 세로축에 나타내었고, 가로축은 시간을 나타낸다. 어떤 영역에서 뉴런의 발화는 활발하지만 그렇지 않은 곳도 있다.

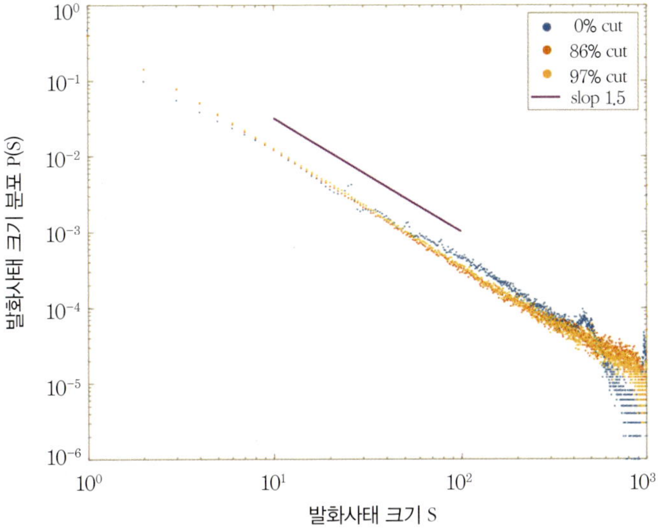

그림 8.20 뉴런의 발화사태를 가로축으로 각 발화사태의 규모에 해당하는 분포함수를 세로축에 나타내었다. 가로축과 세로축에 모두 로그를 취해서 그리면 사태규모의 분포함수는 멱함수 법칙을 따른다. 완전 연결망에서 연결선을 무작위로 삭제하여 무작위망을 생성하여 뉴런 발화사태를 조사하였다. 그런데 뉴런 발화사태 분포함수는 완전 연결망이나 무작위망이나 동일하게 멱함수 지수가 1.5였다.

경망이 1,000억 개의 뉴런이 연결된 뇌의 신경망이라고는 할 수 없으나 작은 규모의 신경세포 연결망의 발화사태는 자기조직화 임계상태에 있다고 할 수 있다.

사실 뇌의 신경세포 연결망 구조는 아직 정확히 밝혀지지 않았다. 뇌는 구역에 따라서 현저하게 다른 연결 구조를 가지고 있으며, 뇌에 분포한 뉴런은 신경아교세포와 함께 어울려 있으면서 여러 가지 형태를 가지고 있다. 신경세포 자체도 흥분성 뉴런과 억제성 뉴런이 일정한 비율로 섞여 있기 때문에 뉴런의 발화 동력학을 정확히 알기 어렵다. 〈그림 8.16〉처럼 뉴런에 형광 단백질을 넣어서 그 구조를 파악할 수는 있지만, 살아 있는 사람의 뇌로는 이러한 실험을 하기가 어렵기에 쥐나 원숭이의 뇌를 대상으로 하고 있다. 앞에서 살펴본 뇌파 기록이나 기능적 자기공명을 이용하여 뇌의 연결망 구조를 파악할 수 있지만, 그러한 연결망은 뇌의 미시적 뉴런 연결망을 나타내지는 않는다. 뇌파를 재기 위해서 붙인 전극의 아래에는 사실 수천만 개의 뉴런 덩어리에서 발생하는 뇌의 활동을 잰 것에 불과하다. 우리는 극히 작은 뉴런 연결망에서 발화사태가 멱함수 법칙을 따른다는 사실을 발견하였다. 이러한 멱함수 발화는 사실 뉴런의 발화를 외부에서 조절하지 않았다. 단지 외부에서 자극 신호가 무작위로 들어올 때 그러한 신호에 반응하여 뉴런이 발화하는 구조를 파악한 것이다. 심지어 뇌는 스스로 생각하거나 기억을 떠올릴 때 자체적으로 발화하기 때문에 스스로 조절하는 자율 시스템(autonomous system)이다. 자율 시스템에서 발생하는 사태의 규모가 멱함수를 따를 때 그러한 시스템은 자기조직화 임계상태(self-organized criticality)에 있다고 한다. 마치 모래더미 사태와 같이 뇌의 뉴런에서 발화사태 현상은 자기조직화 임계상태에 있다고 할 수 있다. 물론 이러한 주장은 필자를 포함한 일부 과학자들의 주장이다. 앞으로도 인간의 뇌를 대상으로 이 분야에 연구가 훨씬 광범위하게 진행되어야 한다.

뇌가 자기조직화 임계상태에 있는 것이 합리적인 이유가 있을까? 임계상태가 아닌 다른 극단적인 상태를 생각해 보자. 먼저 뇌가 아주 규칙적으로 행동한다고, 즉 마치 그네를 뛰듯이 뇌의 발화가 규칙적으로 일어난다고 해보자. 뇌가 규칙적으로 동작하면 표현할 수 있는 인지적 방식은 매우 제한적일 것이다. 또한 일부 뇌는 전혀 쓸 필요가 없기 때문에 자연의 경제성에도 위배된다. 따라서 뇌는 규칙적으로 동작하지 않을 것이다. 뇌에서 발생하는 뇌파를 보고 뇌가 규칙적으로 동작한다고 주장할 수도 있을 것이다. 하지만 뇌파는 뇌 전체의 전기활동을 거시적으로 잡아냈을 때의 전기적 리듬이며, 미시적 영역에서 뉴런 발화 분포는 전혀 주기성이 없다.

반대로 뇌가 무작위로 동작한다고 생각해 보자. 뇌에 분포된 뉴런에서 마구잡이로 발화 신호를 발생한다고 가정해 보자. 그러면 인간은 어떠한 인지적 작용도 할 수 없게 되고, 뇌는 미치고 말 것이다. 인지작용을 조직적인 뇌의 기능적 상태라고 한다면 뇌는 결코 무작위적으로 발화하지 않을 것이다. 따라서 뇌는 규칙적인 발화와 무질서한 발화의 어느 중간 단계에서 아주 조직화한 상태로 신경세포의 집단적 발화가 발생할 것이다. 그런데 뉴런들이 얽힌 신경망에서 뉴런의 발화 현상을 연구해 보면 발화사태 규모가 멱함수 법칙을 따르기 때문에 뇌는 스스로 임계상태에 있도록 자율적인 조절을 하고 있는 듯하다.

뇌는 펄펄 끓고 있는 물처럼 임계상태에 있을까?

마치 물이 스스로 계속 끓도록 온도를 100℃에 맞추어 둔 형국이다. 뇌의 임계상태를 조절하는 변수가 무엇인지 아직 모른다. 물은 온도를 조절하면 끓는점에서 상이 변하여 상전이가 일어난다. 뇌가 임계상태에 있도록 조절하는 변수는 모르지만 뇌는 스스로 그러한 조절변수를 임계점 근처에 머물도록 스스로 조절하고 있다. 즉, 우리가 다양한 인지작용을 할 수 있는 건 뇌가 물처럼 펄펄 끓고 있기 때문이다. '펄펄 끓고 있는 뇌'는 살아 있는 사람의 뇌 상태를 은유적으로 표현한 것이라고 할 수 있다. 즉, 뇌는 스스로 임계상태에서 동작한다. 앞으로 뛰어난 과학자들이 나타나서 필자의 이러한 주장을 입증하거나 반박해 주었으면 한다.

9장

/

경제사회물리학

인류가 모여 살기 시작하면서 인간의 활동은 사회적, 경제적 활동의 연속이었다. 최근까지 사회와 경제 활동은 물리학의 영역이 아니었다. 물리학의 관심사는 물질세계였다. 17세기의 기계론적 세계관에 영향을 받은 일단의 학자들은 사회 현상에도 비슷한 원리를 적용할 수 있을 거라고 여겨 '사회물리학(social physics)'이란 개념을 고안해냈다(Mirowski 1980). 사회는 인간의 모임이므로, 물리학에서 원자와 비슷한 역할은 인간이 담당한다고 가정했다. 인간들의 상호작용 현상을 과학적 방법으로 접근하여 사회가 돌아가는 원리를 찾고자 하는 시도였다. 과학적 원리를 이용하여 사회 법칙을 찾는 학문은 사실 '사회학(sociology)'이다. 사회물리학이 주목받기 시작한 건 20세기 중후반부터였다. 특히 복잡계의 개념이 형성되면서 사회는 복잡계의 주요한 대상이 되었다. 1990년대에 들어서면서 복잡계적 관점에서 '복잡계 사회학'을 연구하는 과학자들이 늘어났으며, 사회물리학을 활발하게 연구하게 되었다.

'경제물리학(econophysics)' 역시 사회물리학과 비슷한 길을 겪었다. 18~19세기의 경제학자들도 기계론적 세계관에 바탕을 둔 물리학의 과학적 방법을 경제 현상에 적용할 수 있을 것으로 생각했다. 물리학에 에너지 보존법칙이 있듯 경제에도 '경제 에너지 보존법칙' 같은 것이 있을지도 모른다고 말이다. 예를 들어 화폐를 에너지에 비유한다면 '화폐 총량의 보존법칙'은 일종의 에너지 보존 법칙에 대응하는 셈이다. 물리학과 수학의 체계를 경제학에 도입하려는 시도는 '신고전파 경제학자'의 계량 경제학으로 발전하였다. 과학적 방법론을 적용하려는 열망은 경제학에서 더욱 강화되었다. 많은 유명한 경제학자들이 계량적 방법과 경제학 법칙을 제안함으로써 경제학의 발전은 자연과학의 발전과 유사한 경로를 밟아왔다.

1980년대에 산타페 연구소를 중심으로 복잡계 과학에 대한 관심이 늘어나면서 복잡계 개념과 경제학을 결합하려는 시도가 등장하였다. 대표적으로 노벨경제학상 수상자인 애로와 경제학자 아서가 이러한 시도를 선도하였다. 이를 계기로 일단의 통계물리학자가 경제학 시스템에 관심을 가지게 되었으며 1990년대에 들어서면서 빅데이터를 기반으로 경제 현상을 분석하고 그에 따른 복잡계 원리를 찾으려는 학자들이 나타났다. 스탠리(E. Stanley)와 맨타그나(R. N. Mantegna)에 의해서 촉발된 경제물리학은 새로운 연구 분야를 형성하면서 오늘날까지 활발하게 연구되고 있다. 최근에는 복잡계 경제학(Complex Systems Economics)과 복잡계 경제학자가 등장하고 있다. 이들은 두 분야를 결합하는 데 큰 역할을 할 것이다. 그중에서도 우리나라가 복잡계 경제학을 선도하는 국가가 될 수 있기를 기대해 본다. 특히 산타페 연구소와 같이 복잡계 경제사회물리학을 지원하는 연구소가 나타난다면 선진국 진입을 목전에 두고 있는 대한민국에서 신학문을 열어가는 선도자의 역할을 할 수 있을 것이다.

9.1 사회물리학의 탄생

토마스 홉스(Thomas Hobbes, 1588-1679)는 사회에서 기계론적 모형을 주장하였다. 갈릴레이의 역학 체계에 영향을 받은 홉스는 1651년에 《리바이어던(Leviathan)》을 출간했다. 그는 무정부적 '자연 상태'를 안정한 사회로 전환하기 위한 유일한 방법은 민주적 선거로 선출한 독재자를 세우는 것이라고 주장하였다. 홉스의 이러한 주장은 '권력'을 최대화하는 내시균형을 찾으려는 시도와 비슷했다. 홉스는 개인의 집합체인 사회에서 창발하는 특성에 관심을 가졌다고 할 수 있다(Hobbes 1651). 17세기의 철학자들은 계몽주의와 기계론적 세계관에 따라 '사회를 측정하는 양'에 관심을 가졌다. 홉스의 계승자를 자임하던 윌리엄 페티(William Petty, 1623-1687)는 과학을 모방해서 사회를 정량화하는 '정치적 산술'을 주장하였다. 페티의 친구인 존 그란트(John Graunt, 1620-1674)는 '사회 수'를 주장하였다. 페티와 그란트는 런던의 사망표를 분석하여 현대적 인구통계학의 기초를 열었다.

계몽주의 시대에 철학자들은 과학과 합리주의를 자유와 평등의 핵심으로 생각했다. 니콜라 드 콩도르세 후작(Nicolas Condorcet, 1743-1794)은 과학적 유토피아에서 과학과 합리성을 바탕으로 자유와 평등을 실현하는 유토피아 사회를 제시하였다. 뉴턴의 역학 체계와 같은 사회 법칙이 있을 것이라는 생각은 18세기의 철학자들을 자극했다. 몽테스퀴외 남작(Baron de Montesquieu, 1689-1755)은 콩도르세, 토마스 홉스, 스피노자의 사회물리학에 영향을 받아 '법사회학(sociology of the law)' 관점을 제시하였다. 드 생시몽(Claude-Henri de Saint-Simon, 1760-1825)은 과학적 합리성이 지배하는 콩도르세의 사회의 개념을 추종하였다.

'사회물리학(social physics)'이란 용어를 처음 사용한 학자는 오귀스트 콩트(Auguste Comte, 1798-1857)이다. 콩트는 갈릴레오와 뉴턴이 세상의 과학적 원리를 완성했기 때문에 남아 있는 과학이 '사회물리학'이며, 철학자들이 추구해야 할 대상이라고 주장하였다. 콩트는 물질세계를 설명하는 과학 법칙과 같은 일반 법칙이 사회 현상에도 있을 것으로 생각했다. 18~19세기의 철학자와 과학자에게 '사회의 법칙이 무엇일까?'는 커다란 질문이었다. 1781년에 물리학자이며 수학자인 라플라스(Pierre Simon Laplace, 1749-1827)는 파리의 남녀 출생률이 거의 같은 이유는 무작위 과정(random process)의 확률적 결과라고 주장하였다. 출생률이나 다른 사회적 통계량의 차이는 보편적 '오류곡선' 때문이라고 주장하였다. 오류곡선은 아브라암 드무아브르(Abraham de Moivre, 1667-1754)가 동전 던지기 확률을 설명하면서 도입한 개념으로, 가우씨안 분포와 유사하며 사회와 자연계에서 측정 오차의 분포에 적용되는 법칙이다. 사회학에 통계학을 적용한 근대 통계의 아버지라 불리는 아돌프 케틀레(Adolphe

Quetelet, 1796-1874)는 사회 데이터에서 통계적 규칙성을 발견하였다. 그는 콩트의 사회물리학을 '기계 사회과학'라고 불렀으며, '평균적 인간'의 개념을 제시하였다. 케틀레는 1835년에 출판한 《사회물리학 에세이》에서 정규분포에 기반을 둔 평균인간에 대한 통계 법칙을 유도했다. 그는 비만의 척도로써 체질량계수(BMI, Body-Mass Index)를 도입했다. 한편 콩트는 인간과 사회를 다루는 새로운 과학을 '사회학'라고 명명하였다. 헨리 토마스 버클(Henry Thomas Buckle, 1821-1862)은 인간의 '자유의지'에 의해서 사회는 자동적으로 '질서, 대칭, 그리고 법칙'을 만들어낸다고 주장하였다. 한 인간의 행동은 변덕스럽지만, 전체 시스템에서 '보편적 질서'의 한 부분이라고 주장하였다. 그의 주장은 오늘날 복잡계 과학에서 주장하는 자기조직화 임계현상과 비슷한 주장이다.

19세기에 물리학자들은 물질의 구성 입자에 대한 궁금증을 가지기 시작하였다. 19세기 대부분의 과학자들은 물질이 유체처럼 섞여 있다고 생각하였다. 1803년에 돌턴(John Dalton, 1766-1844)이 원자설을 주장하였지만, 그 당시에 원자를 믿는 과학자는 거의 없었다. 고전 전자기학을 완성한 제임스 클러크 맥스웰(James Clerk Maxwell, 1831-1879)은 기체의 성질에도 관심을 가졌다. 맥스웰은 버클과 비슷하게 기체는 눈에 보이지 않는 수백만 개의 분자로 구성되어 있고, 그 분자들의 움직임을 알 수 없으므로 많은 분자로 구성된 기체는 통계적으로 취급해야 한다고 생각했다. 각 분자는 뉴턴역학에 따라 결정론적인 궤도를 가지지만, 수많은 기체 분자들을 고려할 때는 각 분자의 과거 행적을 잊고 전체를 통계적으로 취급해야 한다. 분자 하나하나를 묘사하는 정보가 부족하더라도 기체의 성질을 통계적으로 묘사할 수 있는데, 이를 '기체 운동론'이라 불렀다. 맥스웰은 기체 분자들의 평균속도를 알고 싶어 했다. 그는 기체 분자들의 속력분포함수는 가우씨안 분포일 것으로 생각했다. 맥스웰이 기체의 속력 분포함수를 유도했지만 여전히 그에게 원자 또는 분자의 존재는 모호한 개념이었다. 19세기 중순까지 누구도 분자를 본 적이 없었다. 단지 속력분포함수를 통해서 간접적으로 기체를 충돌하는 미시적 알갱이처럼 생각할 수 있다는 개념을 형성할 수 있었다. 볼츠만은 맥스웰의 기체 운동론을 더욱 발전시켜서 더 정밀한 기체 분자의 속력 분포함수인 맥스웰-볼츠만 속력분포함수를 유도하였다(이재우 2022). 볼츠만은 기체가 이러한 속력 분포함수를 가지려면 미시적 알갱이인 원자로 이루어져야만 한다고 확신했으며, 기체와 같이 엄청나게 많은 원자로 구성된 시스템은 통계적으로 설명할 수밖에 없다고 생각했다. 이는 버클의 개념과 상통한 것으로, 물리적 실체인 기체와 사회에서 인간의 유사성을 대비시킨 것이었다. 볼츠만은 맥스웰보다 한 걸음 더 나아가서 기체가 원자로 구성되어 있다면 기체의 미시적인 상태를 확률로 표현할 수 있다고 생각했으며, 고립된 계에서 주어진 상태의 모든 허용된 미시적 상태는 각각 동등한 확률을 가질 것이라는 결론에 도달했다(이재우 2021).

자연은 누구도 편애하지 않고 평등했다.

이 주장은 19세기 말만 해도 과학자들에게 배격당했지만, 시간이 지나면서 사실임이 드러났다. 다체계의 미시 상태를 확률적으로 묘사할 수 있으며, 그 미시 상태를 대표하는 엔트로피는 이러한 확률과 직접적으로 연관되어 있음이 드러난 것이다. 볼츠만의 엔트로피는 1900년에 막스 플랑크(Max Planck, 1858-1947)가 흑체의 복사스펙트럼을 설명할 때 불연속적 에너지를 갖는 양자의 개념을 도입하면서 그 역할이 분명해졌다.

1924년에 빌헬름 렌츠(Wihelm Lenz, 1988-1957)와 에른스트 이징(Ernst Ising, 1900-1998)은 원자의 스핀(spin)이 두 가지 상태만을 가질 수 있는 모형을 생각했다. 스핀은 미시적인 자석과 같은데 스핀이 북쪽을 향할 때를 업 스핀이라 하고 S=+1으로 나타낸다. 반면 스핀이 남쪽을 향할 때를 다운 스핀이라 하고, S=-1으로 나타내었다. 렌츠와 이징의 스핀 모형을 이징 모형(Ising model)이라고 한다. 이징 모형에서 스핀들은 자신의 최인접 이웃하고만 상호작용한다. 이징 모형은 상자성-강자성 상전이를 나타내는 대표적인 모형으로 이미 8장에서 살펴보았다. 이 모형에서 조절 변수는 온도인데, 온도가 높을 때는 스핀들이 무질서하게 배열되어 전체적으로 자성이 없는 상자성 상태이지만 온도를 임계온도 이하로 낮추면 스핀들이 한 방향으로 배열하여 강한 자성 상태인 강자성 상태로 전이한다. 대표적인 상전이를 나타내는 시스템이다. 이징 모형은 사회물리학이 발전하면서 여론 형성 모형, 선거모형, 결정문제 등에 응용할 수 있음이 드러났다(Pekowitz 2018).

1932년대에 조오지 지프(G. K. Zipf, 1902-1950)는 중국어 음절을 분석하여 1장에서 살펴보았던 멱함수 법칙인 지프의 법칙을 발견하였다. 그는 자신이 발견한 멱함수 법칙이 자연과 사회를 지배하는 일반적 법칙이라고 생각했으며, 1941년 《국가의 통일과 분열》이란 책을 통해 멱함수 법칙이 도시 규모 분포함수에도 적용될 수 있다고 발표하였다. 지프의 법칙은 복잡계 연구자들에게 많은 영감을 주었다. 특히 상전이 점 근처에서 자연스럽게 출현하는 멱함수 법칙과 사회 현상에서 나타나는 멱함수 법칙의 연관성을 탐색하면서 물리학자들은 자기조직화 임계성에 대한 개념에 도달하게 되었다.

1940년대에 물리학자, 수학자, 컴퓨터 과학자들은 자동복제 기계에 관심을 가졌다. 폰 노이만은 몬테카를로 개념을 발견하였으며, 동시에 자동세포기계 개념도 창안하였다. 폰 노이만의 자동세포기계는 범용 복제자와 생성자였다. 자동세포기계는 특정한 복제와 생성 규칙을 가지고, 모든 상태가 일시에 병렬적으로 업데이트되는 시스템이다. 자동세포기계 모형은 1970년에 콘웨이(John Horton Conway, 1937-2020)가 창안한 인공생명 게임 모형으로 발전하였다(Gardner 1970). 1980년에 울프럼(Stephen Wolfram, 1959~)은 다양한 구조의 1차원 자동세포모형을 소개했다(Wolfram 2002). 콘웨이가 소개한 인공생명 게임의 규칙은 다음과 같다. 바둑판과 같은 2차원의 세포를 생각해 보자. 바둑판의 각 네모에 살아있는 세포를 놓고, 이 세포를 검은색으로 표시한다. 단계별로 각 세포의 전이 규칙은 다음과 같다.

- **콘웨이의 인공생명 게임 자동세포기계 모형**

(1) 인구 부족 규칙: 살아있는 이웃이 2개 미만이면, 자신은 다음 단계에서 죽는다.

(2) 생존 가능 규칙: 살아있는 이웃이 2개 또는 3개이면, 자신은 다음 단계에서 생존한다.

(3) 인구 과다 규칙: 살아있는 이웃이 4개 이상이면, 자신은 다음 단계에서 죽는다.

(4) 재생산 규칙: 빈칸의 이웃에 살아있는 세포가 3개이면, 다음 순간 빈칸은 살아있는 세포로 바뀐다.

다양한 초기조건에 대해서 이 규칙을 적용해보면 세포가 자동으로 복제되면서 마치 생명처럼 살아있는 세포, 죽은 세포, 재생산 세포 등이 번갈아 가면서 나타난다. 〈그림 9.1〉은 2개의 상태가 반복되는 콘웨이 생명 게임을 나타낸다. 콘웨이의 자동세포기계는 살아있는 세포의 초기구조에 따라서 〈그림 9.1〉처럼 주기적으로 패턴이 바뀌는 구조나, 구조가 변하면서 날아가는 글라이더처럼 보이는 패턴도 발견할 수 있다. 이 외에도 아주 다양한 동력학적 패턴을 볼 수 있다. 여러분은 〈그림 9.1〉의 맨 왼쪽 구조에 콘웨이의 규칙 4개를 적용하여 다음 단계에서 패턴을 구할 수 있다. 콘웨이의 자동세포기계는 생명체의 복제와 사회적 생존조건을 반영한 아주 간단한 모형이다.

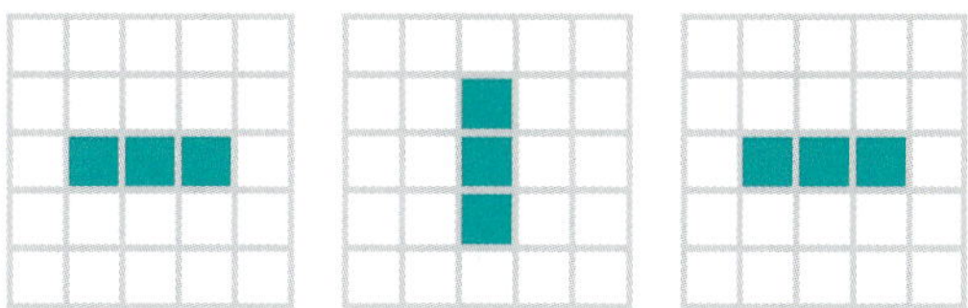

그림 9.1 콘웨이의 생명 게임 모형 예. 왼쪽의 초기조건에서 시작하면 패턴이 가로와 세로 모양으로 바뀌면서 반복된다.

1971년 경제학자 토마스 쉘링(Thomas Schelling, 1921-2016)은 도시 주거지에서 비슷한 인종끼리 거주하는 현상에 관심을 가졌다(Schelling 1971). 그는 도시 주거지에서 인종의 격리 현상을 간단한 행위자 기반 모형으로 설명하였다. 행위자 기반 모형은 10장에서 자세하게 논의할 것이다. 쉘링은 콘웨이의 생명 게임과 비슷하게 두 인종이 거주할 때 이웃에 같은 인종이 더 많으면 그곳에 머물지만, 그렇지 않으면 다른 곳으로 이동한다는 모형을 제안하였다. 미국처럼 여러 인종이 어울려 사는 사회에서 백인 거주 구역과 유색인종 거주 구역이 자연스럽게 분리되는 현상을 볼 수 있다. 쉘링은 이러한 간단한 모형에서 인종 격리가 저절로 발생하는 현상을 목격하였다.

1981년에 액슬로드와 해밀턴은 개체들이 짝을 지어서 죄수 딜레마 게임을 할 때 협력이 진화적 안정상태일 수 있다는 논문을 발표했다. 동물이나 인간 집단에서 협력과 호혜성이 저절로 창발할 가능성을 게임 모형으로 제시하였다(Axelrod and Hamilton 1981). 1997년에 로버트 액슬로드(Robert Axelrod, 1943~)는 문화전파 현상에 대한 행위자 기반 모형을 제안하였다(Axelord 1997). 그는 이웃한 사람들 사이의 문화적 유사성을 공유하도록 상호작용하면 문화적 동질성 그룹이 자연스럽게 형성된다는 사실을 발견하였다. 비슷한 문화적 성향을 지닌 사람들은 더 빈번하게 상호작용한다(Axelord 1997). 액슬로드의 모형은 물리학에서 포츠 모형(Potts model)과 유사하다. 포츠 모형은 이징 모형과는 달리 한 스핀이 2개 이상의 값을 가질 수 있다. 예를 들어 $s=1,2,\cdots,q$개의 상태를 가지면 q-상태 포츠 모형(q-state Potts model)이라 한다(김두철 1983). 여기서 q는 사람들이 가질 수 있는 문화적 견해의 가짓수라고 할 수 있다.

2002년에 엡스타인(J. M. Epstein)은 시민들의 봉기 현상에 대한 행위자 기반 모형인 시민봉기 모형을 제안하였다(Epstein 2002). 시민들은 체제에 대한 고충도, 체제 정통성, 시위에서 위험 회피도, 체포될 확률 등에 따라서 봉기에 참여할 것인지를 확률적으로 결정한다. 시민은 이차원 격자 공간에 놓고 자기 주변의 봉기 참여자, 경찰의 수 등에 따라 봉기 참여 여부를 결정한다. 이 모형에 따르면 불만도에서 위험도를 뺀 값이 어떤 문턱(threshold)을 넘어서면 봉기상태가 지속적으로 발생한다.

사회학, 경제학과 물리학은 서로 영향을 주고받으면서 발전하였다. 서구에서 산업혁명과 민주주의 체제가 발전하면서 사회 현상을 과학적으로 설명하려는 학자들이 늘어났다. 특히 역학, 열역학, 통계역학 등에서 발전한 과학적 방법론은 사회 현상에 적용하면서 사회물리학(social physics)이라는 개념이 생겨났다고 할 수 있다(Ball 2002; Schweitzer 2014).

9.2 경제물리학의 탄생

1987년 10월 19일, 미국 증권시장은 열리자마자 특별한 이유 없이 약 23%로 급락하였다. 경제학자나 금융 전문가들은 이런 증시 붕괴 현상이 왜 일어나는지 알고 있을까? 주류 경제학자들은 효율적 시장 가설(efficient market hypothesis, EMH)을 신봉해 왔다. 모든 경제 주체들은 자신이 어떻게 행동할지 모든 정보를 가지고 있기에 경제 행동을 할 때 자신에게 가장 유리한 합리적 행동을 한다는 것이다. 모든 경제 행위자는 합리적 행위자라고 가정한다. 효율적 시장 가설을 기반으로 발전한 신고전 경제학은 거시 경제학과 미시 경제학 분야에서 크게 발전하였다. 특히 경제 현상에 물리학 법칙과 비슷한 법칙들을 적용한 학문이 계량 경제학이다. 경제학 이론이 다양한 경제 현상들을 설명하지만 주식시장의 붕괴, 전 세계적인 경제 침체나 한 국가의 모라토리엄과 같은 극한적 상황에 대한 예측이나 이론을 제시할 수 없었다.

물리학자들은 경제학에는 거의 관심을 가지지 않았다. 자율성을 가진 인간이 참여하는 경제 현상은 의식이 없는 기체의 운동과는 전혀 다르기 때문이다. 복잡계 과학이 발전하면서 경제 현상에 관심을 가진 통계물리학자들이 나타났다. 많은 행위자로 구성된 경제 시스템은 다체계이고 복잡계의 원리를 적용할 수 있음을 인식하게 되었다. 1997년에 헝가리의 부다페스트에서 '경제물리학 워크숍'이 열렸다. 이후 통계물리학자들을 주축으로 하여 경제물리학에 대한 다양한 학술회의가 조직되면서 관심이 늘어나기 시작했다. 경제학과 사회학에서 주요한 과학자들의 역할과 역사적 흐름은 다양한 경제학사, 사회학사에서 다루어졌다(Mirowski 1989). 필자는 경제학자나 사회학자가 아니기 때문에 두 분야의 흐름에 대해서 논의하는 데 한계가 있다. 단지 20세기 중반부터 나타나기 시작한 경제물리학, 사회물리학 분야를 소개하고자 한다. 이때 필자가 연구하고 있는 분야의 관점으로 들여다보게 될 텐데, 두 분야 모두 융합 연구 분야이며 다양한 연구자들이 참여하고 있기 때문이라는 점을 알아주었으면 한다.

경제물리학은 경제 현상을 통계 물리학 개념을 이용하여 경제 현상을 이해해보려는 분야이다. 용어를 보면 경제가 물리학을 수식하고 있음을 알 수 있다. 즉, 경제물리학은 물리학에 속하는 분야이며, 주로 통계물리학자와 복잡계 과학자들이 다루고 있다. 물리학의 개념을 경제 현상에 적용하려는 시도는 꾸준히 있었으며 몇 번은 큰 성공을 거두었다(Zura et al 2003). 1900년에 수학자이며 물리학자인 앙리 푸앵카레의 박사과정 학생인 루이 바슐리에(Louis Bachelier, 1870-1946)는 소르본 대학교에 〈투기이론(Theorie de la speculation)〉이란 제목의 박사학위 논문을 제출하였다(Bachelier 1900). 그의 논문은 주식시장의 옵션가격에 대한 대용을 담고 있다. 옵션은 오늘날 파생상품 시장에서 대표적인 상품이다. 그는 옵션가격 자체의 변동을 무작위한 현상으로 보아 비너과정(Wiener process)로 해석하여 확산 방정식을 끌어냈다. 주식 가격이 멋대로 변하면 주식 가격의 분포함수가 정규분포를 따를 것으로 보았다. 그의 이론은 물리학적 무작위 운동을 경제 현상에 도입한 첫 사례라고 할 수 있다. 사실 물리학에서 막 걷기 또는 멋대로 걷기 운동인 브라운 운동을 설명하는 첫 논문은 1905년 아인슈타인의 박사학위 논문이라고 생각했는데, 사실 바슐리에가 먼저 브라운 운동을 설명하는 논문을 내었다. 바슐리에의 논문에는 결함이 있었는데, 바로 옵션가격 자체가 무작위적으로 변동한다고 주장한 것이다. 하지만 현대적 경제이론에 따르면 무작위적으로 변동하는 것은 옵션가격 자체가 아니라 옵션가격의 변동률이다. 바슐리에의 논문은 그대로 잊힐 뻔했으나 1950년대에 재발견된다.

멋대로 걷기와 무작위 과정에 대한 연구는 아인슈타인, 앙드레 콜모고로프(Andrey Kolmogorov), 비너(Wiener), 랑쥬방(Langevin), 폴 레비(Paul Levy) 등에 의해서 발전하였다(Weaterrall 2013).

캘리포니아 버클리 주립대학에서 천체물리학으로 박사학위를 받은 오스본(M. F. M. Osborne, 1916-2003)은 로스앨러모스 국립연구소에 근무하고 있었다. 1956년 어느 날 그는 월스트리트 저널에 실린 주가지수를 보고 주식시장의 가격에 대한 분포함수를 생각해 보았다. 그는 처음에 주가지수 자체가 정규분포일 것으로 생각했다. 신문에 실린 주가지수에서 계산한 주가지수의 분포함수는 정규분포와 전혀 어울리지 않았다. 그래서 그는 주가지수가 정규분포라는 생각을 폐기했다. 나중에 폴 새뮤엘슨(Paul Samuelson, 1915-2009)도 비슷한 일을 겪게 된다(Weaterrall 2013). 오스본은 주가지수 자체보다는 주가지수의 변동률이 시장을 묘사하는 데 적합한 양임을 알게 되었다. 사람들은 주가지수 자체보다는 주가의 오르고 나래는 수익률에 더 집중할 것이다. 오스본은 주가지수 변동률의 분포함수를 구해보았으며 정규분포에 가깝다는 사실을 발견하였다. 따라서 주가지수 자체는 로그-정규분포를 따른다. 주식 가격의 변화는 주가지수에 로그를 취한 값의 차이로도 나타낼 수 있기 때문에 사실 주식 가격의 로그값이 무작위로 변하는 것처럼 보인다. 어떤 값의 로그값이 무작위로 변동하는 현상을 '기하적 브라운 운동(geometric Brownian motion)'이라 한다. 오스본은 주식변동이 물리학에서 막 걷기 문제인 브라운 운동과 같다는 것을 알게 되었으며, 자신의 발견을 그가 속해있던 고체물리 연구그룹 세미나에서 발표하였다. 물리학자들은 1950년대에도 열린 마음을 가지고 있던 듯하다. 물리학과 전혀 관련이 없는 주식시장의 변동에 대한 연구를 세미나에서 발표할 수 있었으니 말이다. 오스본은 그의 발견을 1959년에 경영과학 학술지에 〈주식시장의 브라운 운동(Brownian motion in the stock market)〉이란 제목으로 출판하였다. 그는 주식변동이 통계 역학적 평형과 비슷하게 평형상태에 있다고 생각했으며 주식 변화의 가능한 모든 모둠인 각 앙상블에서 주식 변화율을 계산하여 분포함수를 구하면 정규분포가 됨을 발견하였다. 오스본이 논문을 발표한 저널은 경제학 저널이 아니었기 때문에 그의 연구 결과는 경제학자들에게 잘 알려지지 않았다.

1952년 해리 마코위츠(Harry Max Markowitz, 1927~, 1990년 노벨경제학상 수상)는 위험과 수익률의 관계를 이용하여 포트폴리오 이론을 제안하였다. 그는 포트폴리오에 포함된 개별자산의 표준편차가 아니라 포트폴리오에 포함된 전체 자산의 수익률 변동성을 고려했으며 포트폴리오의 위험을 포트폴리오의 분산으로 정의했다. "높은 수익률을 기대하면 높은 위험이 따른다(high return and high risk)(Weaterrall 2013)"라는 사실을 정량화한 그는 자산의 위험을 분산으로 정의했는데, 분산이 발산하여 정의되지 않으면 재무 이론을 말할 수 없었다. 이론적 계산은 유한한 분산을 가질 때에 가능하다. 마코위츠의 효율적 포트폴리오 이론은 주어진 기대수익에 대해서 제거 가능한 위험을 모두 제거한 포트폴리오이다. 포트폴리오의 위험 증가 없이 추가적인 수익을 얻을 수 없다는 이론이다. 포트폴리오 이론은 자본 자산 가격 결정모형으로 발전하였고 다양한 파생상품의 가격 결정 모형으로 발전하였기 때문에 유한한 분산은 필수적인 요소였다. 주식시장에서 수익률의 멱함수 분포는 1990년대에 경제물리학이 발전하면서 다시 주목받게 된다.

1964년 윌리엄 샤프(William F. Sharpe, 1934~, 1990년 노벨 경제학상 수상)는 마코위츠의 이론을 일반화하여 자본자산 가격 결정 이론(CAPM, Capital Asset Pricing Model)을 발표하였다(Weaterrall 2013). 샤프는 1961년 캘리포니아 대학교 로스앤젤레스(UCLA)에서 경제학으로 박사학위를 받은 후 워싱턴대학교에서 자리를 잡은 후에 자산 가격 결정 이론을 계속 연구하였다. 그는 합리적 시장 가정에서 자산(주식, 증권 등)의 기대수익률을 결정하는 식을 유도했는데 그 식이 바로 CAPM였다. 어떤 자산이 기대수익은 $E(r_i)=r_f+\beta_i[E(r_M)-r_f]$로 표현된다. 여기서 무위험 수익률 r_f는 은행 금리나 채권 수익률과 같이 위험이 없는 수익을 의미한다. $E(r_M)$은 시장기대 수익이다. 시장수익이 무위험 수익률을 넘어서면 초과수익 $E(r_M)-r_f$이 생긴다. 베타계수 β_i는 자산 i의 시장 민감도를 뜻하며 $\beta_i=Cov(r_i,r_M)/var(r_M)$이다. 여기서 볼 수 있듯이 기대수익을 정의하기 위해서는 유한한 분산과 공분산이 정의되어야 한다.

주가지수의 멋대로 걷기 문제와 효율적 시장 가설에 대한 이론은 1965년에 두 명의 경제학자들에 의해서 재발견된다. 시카고 대학교의 유진 파마(Eugene Fama, 1939~)와 MIT의 폴 새뮤엘슨(Paul Samuelson, 1915-2009)이 그들이다. 1965년에 유진 파마는 비지니스 저널(The Journal of Business)에 〈주식 가격의 거동(The behavior of stock-market prices)〉이란 논문을 출판하였으며, 폴 새뮤엘슨은 1965년에 국제매니지먼트 리뷰(International Management Review)에 〈적절한 예측가격은 무작위로 변동한다는 증거(Proof that properly anticipated prices fluctuate randomly)〉란 논문을 출판하였다(Fama 1965; Samuelson 1965). 새뮤엘슨은 1950년대에 주가지수를 멋대로 걷기와 연계시키는 연구를 하고 있었지만, 바슐리에의 연구를 알지 못했다. 새뮤엘슨과 그 제자들은 독자적인 연구로 주식 가격이 멋대로 걷기와 같은 방식으로 변동한다고 주장하였다. 새뮤엘슨은 루이 바슐리에의 1900년 논문을 알지 못한 채 이러한 결론에 도달했다. 1954년에 새뮤엘슨은 친구인 시카고대학 교수인 레너지 지미 새비지(Leonard Jimmie Savage, 1917-1971)로부터 엽서 한 장을 받았다. 새비지는 확률론 교재를 집필하던 중 20세기 초에 바슐리에가 출판한 논문들을 보다가 그의 투기이론을 접하고 놀랄 수밖에 없었다. 그래서 급히 새뮤엘슨에게 엽서를 보내 바슐리에를 아는지 물어보았다. 새뮤엘슨은 바슐리에라는 이름을 들어본 적도 없었다. 그는 급히 도서관으로 달려가서 바슐리에의 박사학위 논문을 담고 있는 책《투기이론(A Theory of Speculation)》을 발견했다. 그는 주식가격이 멋대로 걷기 움직일 것이라는 사실을 이미 1900년에 프랑스의 수학자 바슐리에가 발표했음을 알게 되었다. 그들은 바슐리에의 연구를 모른 채 주식 가격 변화가 멋대로 걷기라는 사실을 재발견한 것이었다(Friedman 1998).

바슐리에와 새뮤엘슨이 주식 가격의 변동을 멋대로 걷기로 생각한 이유는 시장에서 '정보'의 소실 때문이다. 바슐리에는 주식시장에서 가격의 변화를 다음과 같이 생각했다. 시장에 참여하는 투자자들은 자신에게 유리한 정보를 이용하여 시장에 참여한다. 주식을 사려는 사람은 곧 주가가 오를 것이라고 생각하고, 반대로 주식을 팔려는 사람은 주가가 내릴 것이라고 생각한다. 수익을 올릴 수 있는 정보는 그 투자자가 주식시장에 뛰어드는 순간 시장에 즉각 반영되어 정보가 사라진다. 주식 가격은 유용한 모든 정보를 반영하고 있기 때문에, 시장의 정보를 이용하여 수익을 올릴 수 있는 방법은 없다. 따라서 주식 시장에서 가격 변동은 마치 동전을 던져서 결정하는 것과 같다. 동전의 앞면이 나오면 주가가 오를 것이라고 판단하고, 반대로 뒷면이 나오면 주가가 내릴 것이라고 판단하는 것과 같다. 바슐리에는 모든 정보가 반영된 시장을 생각했는데 바로 '효율적 시장 가설'이다. 이 효율적 시장 가설은 1965년에 유진 파마에 의해 재발견된다. 유진 파마는 1965년 〈주식 가격의 거동〉에서 시장의 무질서한 변동은 효율적 시장 가설을 반영하였다고 말했다. 주식 시장의 투자자들이 과거 주식시장 정보를 열심히 활용하여 투자에 참여할수록 정보는 빨리 사라지고 시장은 더 무질서하고 효율적으로 작동한다는 것이다. 따라서 주가지수의 변동은 완전히 무질서하여 예측이 불가능해진다. 즉, 주식 가격을 예측할 수 없다! 파마는 주식 가격의 멋대로 걷기 이론을 개발할 때 2가지 가정을 하였다. 첫째는 연속적인 가격변화는 서로 독립적이라는 것이다. 둘째는 주식 가격 변화는 어떤 분포함수를 따를 것이라 가정하였다. 주식시장에서 주가는 투자자들의 다양한 정보 '잡음'을 반영한 것이다. 어떤 투자자는 어떤 주식이 경제 상황을 반영한 '본질 가치'를 가지고 있다고 생각한다. 그러나 주가의 본질 가치를 정확히 알 방법은 없으며, 각 투자자 사이의 본질 가치 차이는 또 다른 잡음으로 작용할 것이다. 1970년에 파마는 금융 저널(Journal of Finance)에 〈효율적 자본시장: 이론과 실증 연구 리뷰(Efficient capital markets: A review of theory and empirical work)〉라는 논문을 발표하였다(Fama 1970).

바슐리에와 오스본은 일련의 시장 정보와 본질 가치에 대한 불확실성이 어떤 패턴을 따르지 않는다면 주식 가격의 변동은 시간에 따라 독립적으로 일어날 것이라고 가정하였다. 이를 바슐리에-오스본 가정(Bachelier-Orsbone hypothesis)이라 한다(Osborne 1959). 주식 가격 변동의 독립성은 주가 변동을 멋대로 걷기로 생각할 수 있음을 의미한다. 바슐리에, 오스본, 파마, 새뮤엘슨의 관점은 시대를 넘어 서로 관통한다. 시장에서 가치 투자자나 차트의 변동을 이용하여 투자하는 차티스트(chartist)의 행동과 되먹임은 결국 정보의 소실을 가져오며 주식 가격의 무작위성을 유발한다. 파마는 주식 가격의 독립적인 변동은 주식시장에서 효율적 시장이 형성됨을 의미한다고 보았다. 현명한 차티스트들은 서로 경쟁하면서 이득을 보려 하지만 그럴수록 주가의 변동은 무질서해진다.

정치, 경제적인 사건들을 분석하여 시장을 예측하는 현명한 분석가(sophisticated analysts)의 연속적인 시장 개입은 역시 무질서한 가격 변동을 유발하여 주식 가격의 독립성을 유발한다. 무질서한 주식시장에서 주가 가격 변동의 분포함수가 정규분포임을 의미한다. 따라서 주식 가격 변동에서 극단적으로 큰 변동은 발생하지 않을 것이다. 클로드 섀넌(Claude Shannon, 1916-2001)의 정보이론에 의하면 무질서 정도가 클수록 정보의 양이 많다. 열역학에서 엔트로피가 클수록 정보의 양이 많으므로, 멋대로 변하는 효율적 시장은 비효율적 시장보다 가능한 정보가 더 많다.

정규분포에 기반을 둔 평균-분산 최적화 이론은 금융 경제학 분야에서 확대되었다. 1964년에 피셔 블랙(Fischer Sheffey Black, 1938-1995)은 하버드 대학교에서 물리학을 공부하다 수학으로 전공을 바꾸어 응용수학으로 박사학위를 받았다. 따라서 그의 학문적 배경은 물리학과 수학에 기반하고 있었다. 하버드에서 공부하는 동안 MIT의 교수이고 인공지능 분야의 선구자인 마빈 민스키(Marvin Minsky)의 지도를 받았다. 그는 1971년에 금융컨설팅 회사에서 일하면서 경제학과 금융을 접하게 되었다. 1973년에 블랙은 마리런 숄즈(Myron Scholes)와 함께 오늘날 블랙-숄즈 방정식(Black-Sholes equation)으로 알려진 옵션가격을 결정하는 논문을 정치경제학 저널(The journal of political economy)에 발표한다. 그들의 모형은 자본자산 가격결정 모형에 기반을 두고서 유럽 옵션의 가격을 결정하는 논문이었다. 논문의 제목은 〈옵션과 기업부채의 가격 책정(Pricing of options and corporate liabilities)〉이었다(Black and Scholes 1973). 1973년 블랙과 숄즈의 논문 출판을 도왔던 머튼(Robert C. Merton)은 같은 해에 단독 저자로 경제학과 경영과학 벨 학술지(The Bell Journal of Economics and Management Science)에 〈합리적 옵션가격 이론(Theory of Rational Option Pricing)〉을 발표하였다(Merton 1973). 이 논문은 블랙-숄즈 논문을 수학적으로 확장하고 응용문제를 포함하고 있었으며 '옵션가격의 블랙-숄즈 이론(Black-Scholes theory of options pricing)'이란 이름을 사용하였다. 이 방정식은 무작위로 변하는 옵션의 가격을 포커-플랑크 방정식(Pokker Planck equation) 형태로 다시 표현한 것이었다. 이 연구로 숄즈와 머튼은 1997년에 노벨경제학상을 받았다(안타깝게도 블랙은 2년 전에 지병으로 사망하였기에 상은 두 사람에게 수여되었다). 오늘날 블랙-숄즈 방정식은 파생상품의 기초가격을 결정하는 기본 식으로 사용된다. 이제 파생상품의 기초가격을 결정할 수 있기 때문에 시장에서 파생상품을 팔 수 있게 되었다. 블랙-숄즈 방정식은 블랙-숄즈-머튼(BSM, Black-Scholes-Merton) 모형이라고도 한다. 이 방정식은 옵션가격을 결정하는 미분방정식이다. 블랙-숄즈 방정식은 5개의 입력 변수를 갖는다. 그 변수는 '옵션의 행사가(strike price of return)', '현재의 주가', '만기까지의 시간', '무위험 금리', '변동성'이다. 블랙-숄즈 모형은 유럽 옵션가격을 결정하는 모형이었다. 만기일 이전에 옵션을 행사할 수 있는 미국옵션을 대상으로 하지 않았다.

블랙-숄즈 방정식은 주식이나 선물과 같은 금융상품이 일정한 유동성과 변동성을 가지고 멋대로 걷기할 때 옵션가격을 결정한다. 이 모형은 자산 가격의 변동이 기하학적 브라운 운동하는 것과 같다. 블랙-숄즈 모형은 다음과 같은 가정에서 출발한다. 1) 옵션기간 동안 배당금은 지급되지 않는다. 2) 시장은 무작위로 변동한다. 따라서 시장 움직임을 예측할 수 없다. 3) 옵션을 매수할 때 비용이 발생하지 않는다. 4) 기초자산의 무위험 이자율(risk-free rate)과 변동성을 알고 있으며 일정하다. 5) 기초자산의 수익률은 로그-정규분포를 따른다. 6) 유럽 옵션 방식으로 만기에 행사할 수 있다. 주식 가격이 로그-정규 분포를 따른다고 가정한 것은 자산의 가격이 음수가 될 수 없기 때문이다. 블랙-숄즈의 옵션 가격이론이 발표된 이후에 파생상품의 가격을 결정할 수 있는 이론을 가지게 된 금융시장은 다양한 파생상품을 개발하기 시작했으며 미국을 중심으로 선진적인 자본시장을 형성하게 되었다. 오늘날의 금융자본이 산업자본을 지배하기 시작한 씨앗이 1970년대에 형성되기 시작했다고 할 수 있다. 금융공학과 자본시장에 대한 발전과 연구는 급속히 발전했으며 미국을 중심으로 크게 발전하였다.

브누아 망델브로는 주가지수 변동 또는 면화 가격 변동과 같은 경제학 시계열의 요동이 무질서하지 않고 자기닮음 구조를 가지고 있음을 인식했다(Mandelbrot 1963). 경제 시계열은 시간에 따라서 변동하기 때문에 시간 차원의 축소와 확대에 대해 자기닮음 구조를 가지고 있는 프랙털 구조이다. 1년 동안의 주가지수 변동 시계열과 10년 동안의 주가지수 변동 시계열을 그려보면 두 시계열의 변동 모습이 서로 흡사한 것을 볼 수 있다.

1990년대에 통계물리학자들은 경제학 데이터에 숨어있는 '패턴'과 그 원인에 관심을 집중했다. '경제물리학'에서 주가지수의 구조에 대한 첫 논문은 이탈리아의 통계 물리학자 맨테그나(R. N. Mantegna)가 1991년 피지카 에이(Physica A) 학술지에 발표한 논문인 〈밀린 주가지수의 레비 걷기와 향상된 확산(Levy walks and enhanced diffusion in Milan stock exchange)〉이다(Mantegan 1963). 필자가 알기로 이 논문이 경제물리학이라 부르는 분야에서 주가지수의 구조를 연구한 첫 논문이다. 맨테그나는 밀라노 주식시장의 일별 MIB지수 $Z(t)$에서 일별 변화량 $r(t)=Z(t)-Z(t-1)$의 분포함수를 조사하였다. 그는 일별 변화량의 분포함수는 변화량이 작은 영역에서 정규분포에 가깝지만 변화량의 절댓값이 큰 영역에서 정규분포에서 급격히 벗어남을 발견하였다. 분포함수는 오히려 레비 안정 분포(Levy stable distribution)에 가까웠다. 맨테그나의 이 논문은 통계물리학자들이 주식시장에서 패턴을 찾는 연구의 도화선이 되었다.

맨테그나의 연구 결과를 알게 된 보스톤 대학의 스탠리(E. Stanley) 교수 그룹은 미국 주가지수의 빅데이터를 분석하여 주가지수에 숨어있는 주가지수 변동에 패턴을 발견하였다. 스탠리 그룹은 미국 S & P 500에 속한 상위 100대 기업의 1분 주식 가격 시계열을 분석하였다. 그들은 로그 수익률 $R(t)=[\log Z(t)-\log Z(t-\Delta t)]/\sigma_z$을 계산하

여 그 분포함수 $P(R)$을 구했다(Mantegna and Stanley 1995). 여기서 σ_z는 로그 수익률의 표준편차이다. 분포함수 $P(R)$은 긴 꼬리를 나타냈기 때문에 그들은 누적분포함수 $P_>(|R|>g)$를 양의 수익률과 음의 수익률 부분에 대해서 각각 구해보았다. 그들은 누적분포함수가 $P_>(|R|>g)\sim g^{-\alpha}$의 멱함수 법칙을 따름을 발견하였고 멱함수 지수는 α=2.93(양의 수익률), α=3.02(음의 수익률)임을 발견하였다. 이들은 이 멱함수 법칙을 주식가격 변동 분포의 역세제곱 법칙이라고 불렀다(Gopikrishanan et al 1998). 멱함수 지수 α는 3으로 주식시장에 상관없이 보편적 지수일 것으로 추측했으나, 다른 연구자들의 연구에 의하면 이 지수는 보편적이지 않고 각 나라의 주식시장에 따라서 다른 값을 나타냈다. 2000년대 초반에 필자의 연구에 의하면 KOSPI 주가 지수의 경우 지수 $2<\alpha<3$ 사이의 값을 나타내었다(Lee and Lee 2004).

주가지수의 로그 수익률 분포함수가 두터운 꼬리 분포를 가지는 현상은 이후에 다양한 주식시장에서 성립함이 발견되었다. 특히 종합주가지수와 같은 주가지수뿐만 아니라 개별 회사의 주식 가격의 로그 수익률 역시 긴 꼬리 분포를 나타내었다. 주식시장에서 수익률의 분포함수가 정규분포에서 벗어난다는 사실은 오스본, 새뮤엘슨, 파마, 망델브로 등이 이미 인식하고 있던 문제였다. 그러나 주식가격의 변동을 이론적으로 접근하기 위해서 연구자들은 정규분포를 가정하고 이론을 전개하였다. 경제물리학 연구에서 맨테그나와 스탠리 그룹의 초창기 연구는 이제 정규분포와 두터운 꼬리분포를 그대로 받아들이고 시작하자는 메시지였다. 경제물리학과 주식시장의 물리학에 대해서는 추후에 출간될 필자의 졸저 《경제물리학》을 참고하자.

9.3 사회물리학

사회는 대표적인 복잡계이다. 사회는 자율성을 가진 개인이 모여서 집단을 이룬다. 작은 집단이 모여 지역사회를 만들고 지역사회가 모여서 국가가 되고, 국가들은 서로 협력하기도 하고 경쟁하기도 한다. 복잡계 과학이 발전하면서 사회 현상을 통계 물리학 방법과 컴퓨터 시뮬레이션 방법으로 이해해보려는 시도가 나타났다(Jusup 2022). 과학 논평가인 마크 뷰캐넌은 사람을 '사회적 원자'라고 불렀다(Buchanan 2017). 사회적 원자라고 부른 이유는 마치 기체를 구성하는 원자처럼 사회 현상을 물리학 원리를 적용할 수 있다는 은유를 포함하고 있다. 다체계인 공기는 엄청나게 많은 원자와 분자로 구성되어 있다. 각 원자의 운동은 묘사하기 어렵지만 공기의 거시적인 성질은 각 원자 운동의 평균적인 성질로 나타낼 수 있다. 다음 장에서 자세하게 설명할 '행위자 기반 모형'은 사람을 마치 사회적 원자처럼 취급하는 미시적 모형이다.

사회물리학은 사회 현상에 물리학적 개념을 적용하는 복잡계 과학의 한 분야이고, 1990년 이후에 통계 물리학자를 중심으로 발전해 왔다. 사회물리학에서 다루는 분야는 매우 다양하다. 앞에서 소개한 네트워크 이론, 교통 흐름 문제, 도시의 성장과 구조 문제, 사회에서 일어나는 협력과 배반의 문제, 인간-기계 네트워크, 범죄, 집단이주 문제, 국제 분쟁, 감염병의 전파, 환경과 오염 문제, 기후 온난화 문제 등 광범위한 주제들이 연관되어 있다. 모든 분야의 사회물리학을 소개할 수는 없으므로 몇 가지를 선별하여 소개하고자 한다.

9.3.1 게임이론

사회나 생태계에서 생명체는 끊임없는 게임을 하고 있다. 국제정치에서 동서 냉전 시대의 치킨게임, 군비 경쟁 등은 잘 알려진 게임이다. 생태계에서 생명체들은 환경의 변화와 다른 종과의 경쟁 때문에 적응과 자연선택의 갈림길에 서게 된다. 생물 종들은 생존하기 위해서 경쟁을 선택하기도 하고 협력을 선택하기도 한다. 생태계에서 게임이론은 광범위하게 연구되고 있다. 게임에서 게임 참가자는 전략을 가지고 행동하며, 자신의 이득을 높이기 위해서 적극적으로 행동한다. 유머 기계이고 다른 사람과 사교적이었던 폰 노이만은 포커와 같은 실내 게임에도 관심이 많았다. 그는 1928년에 〈실내 게임이론에 대해서(On the theory of parlor games)〉라는 논문을 출판하여 게임이론(game theory)을 소개했다. 폰 노이만과 모르겐스테른(Oskar Morgenstern, 1902-1977, 독일 출신 경제학자)은 1944년에 《게임이론과 경제 행위(Theory of games and economical behavior)》라는 책에서 게임이론을 경제행위에 적용하였다(Neumann and Morgenstern 1944; Leonard 1995). 영화 《뷰티풀 마인드(Beautiful mind)》의 주인공인 수학자 존 내시(John F. Nash, 1928-2015)는 1950년에 게임이론에서 내시 균형(Nash equilibrium)을 발견하였으며, 이 공로로 노벨경제학상을 받는다. 그는 모든 참가자가 최선의 선택으로 더 이상 자신의 전략을 바꾸지 않는 균형 상태를 수학적으로 유도하였다(Nash 1951).

유명한 '죄수 딜레마 게임(Prisoner's dilemma game)'은 1950년에 랜드(RAND)연구소에 근무하던 플루드(Merril M. Flood, 1908-1991)와 드레셔(Melvin Dresher, 1911-1992)가 처음 제안하였다(Poundstone 1993). 제2차 세계대전 후에 동서 냉전과 군비 경쟁이 심해지자, 게임이론을 국제정치, 군사 경쟁 분야에 적용할 수 있다는 생각을 해냈다. 1966년에 라포포드(Anatol Rapoport)와 차마(Albert M. Chammah)는 치킨게임(Chicken game)을 소개하였다(Rapoport and Chammah 1966). 한편 생태학자인 메이너드 스미쓰(John Maynard Simth)와 프라이스(George R. Price)는 1973년에 생태학에서 생물 종들 사이의 호크-도브 게임(Hawk-Dove game)을 제안하였다(Maynard and Price 1973; Maynard 1982). 1970년대 이후에 게임이론은 크게 발전하였으며 다양한 분야에 적용되고 있다. 1994년 이후 게임이론을 경제학에 적용한 10명의 학자가 노벨경제학상을 받았다. 여기서는 죄수딜레마 게임을 알아볼 것이다. 자세한 게임이론과 그 응용은 게임이론을 소개하는 전문적인 책이나 총설 논문을 참조하길 바란다.

죄수 딜레마 게임은 경찰에 잡힌 두 명의 범죄자가 붙잡혀 취조당하는 상황을 묘사한다. 두 범죄자는 공범으로 큰 죄를 지은 혐의를 사고 있다. 둘은 두 가지 전

표 9.1 죄수 딜레마 게임의 보수표

	자백	침묵
자백	5년형, 5년형	무죄, 20년형
침묵	20년형, 무죄	1년형, 1년형

략을 택할 수 있다. 첫 번째 전략은 자백하는 것이고, 두 번째 전략은 침묵하는 것이다. 그런데 두 범죄자는 각각 취조를 받기 때문에 상대방이 자백했는지 침묵했는지 알 수 없다. 〈표 9.1〉은 두 행위자가 취하는 전략에 따른 보수 표(payoff matrix)를 나타낸다. 〈표 9.1〉에서 왼쪽의 행을 '나'라고 생각하고, 열을 '공범'이라 하자. 내가 자백하면, 공범을 배신하는 행위가 된다. 반대로 자백하지 않고 침묵하면, 공범과 암묵적으로 협력하는 행위가 된다. 공범 역시 '나'와 비슷한 처지이다. 표에서 볼 수 있듯이 네 가지 상황이 발생할 수 있다. 나와 공범이 모두 자백하면 둘 다 5년 형을 받는다. 반면 둘 다 침묵하면 중범죄는 인정되지 않고 경범죄만 적용되어 둘 다 1년 형을 받는다. 만약 내가 자백하고 공범이 침묵하면 나는 무죄이고, 상대방은 20년 형을 받는다. 반대로 나는 침묵했는데 상대방이 나를 배신하여 자백하면 나는 20년 형을 받고, 공범은 무죄가 된다. 각 상황에 따라서 범죄자 두 명의 평균 형기를 생각해 보면 나와 공범이 모두 협력하여 침묵하는 것이 최선의 전략이다. 그러나 개인적인 입장에서 상대방이 자백할지 침묵할지 알 수 없기 때문에 내가 취할 수 있는 최선의 전략은 '자백'하는 것이다. 내가 자백하면, 내가 받을 수 있는 최대 형기는 5년이다. 둘 다 자백하는 것이 일종의 내쉬 균형이라 할 수 있다(MacCain 2010).

두 가지 전략을 가지는 2인 게임에서 일반적인 보수 표는 〈표 9.2〉와 같다. 나도 배신하고 상대방도 배신하는 경우는 서로 벌을 받기 때문에 벌받음(Punishment) $P_{DD}=P$의 값을 부여한다. 나는 배신하고 상대방은 협력했을 때 내가 등친 것이 되므로 등침(Temptation) $P_{DC}=T$의 값을 부여한다. 내가 협력했는데 상대방이 배신하면 나는 물먹은 것이 되므로 물먹음(Sucker) $P_{CD}=S$의 값을 받는다. 나도 협력하고 상대

표 9.2 2인 게임의 일반적 보수 표

	협력(Cooperate)	배신(Defect)
협력(Cooperate)	보상(Reward) R	물먹음(Sucker) S
배신(Defect)	등침(Temptation) T	벌받음(Punishment) P

방도 협력하면 서로 보상을 받으므로 보상(Reward) $P_{CC}=R$의 값을 받는다.

죄수 딜레마 게임에서 협력(C)의 이득(benefit) 값을 b라고 하고, 반대로 배신당했을 때의 비용(cost) 값을 c라고 하자. 죄수 딜레마 게임은 $T>R>P>S$일 때를 말한다. 〈표 9.1〉에서 내 입장을 보면 이 관계가 성립하는 것을 볼 수 있다. 나에게 등침은 최상의 전략이고, 보상전략도 좋다. 상대방이 배신했을 때의 경우 벌받음이 물먹음보다 좋다. 내가 물먹으면 나는 모든 죄를 뒤집어쓰고 20년 형을 받는다. 상대방의 입장에서도 똑같다. 죄수 딜레마 게임에서 $b>c>0$인 관계를 갖는다. 배신했을 때의 이득이 협력했을 때보다 더 크다. 죄수 딜레마 게임은 이득과 비용의 두 값으로 보수 표를 나타낼 수 있다. 〈표 9.3〉은 보수 표를 b와 c를 이용해서 나타낸 것이다. 두 게임 참가자가 모두 배신(D)한다면 서로 아무런 이득이 없기 때문에 〈표 9.3〉에서 이득은 $P=0$이다. 상대방이 협력(C)을 택했을 때 내가 배신(D)하면 나는 무죄이므로 아무런 비용도 들이지 않고 이득만 취하게 된다. 따라서 보수 값은 $T=b$이다. 반면 내가 협력(C)을 취했을 때, 나의 이득은 상대방의 전략에 따라서 달라진다. 내가 C인데 상대방도 C이면, 내 이득에서 비용을 빼야 하므로 $R=b-c$이다. 반면 내가 C인데 상대방이 D이면, 나에게 이득은 없고 비용만 들기 때문에 $S=-c$이

표 9.3 죄수 딜레마 게임의 보수 표를 이득과 비용으로 나타낸 표

	C	D
C의 이득	b−c	−c
D의 이득	b	0

다. 이득과 비용이 $b>c>0$이면 〈표 9.3〉의 표는 죄수 딜레마 게임을 뜻한다.

죄수 딜레마 게임은 2인 게임이지만, 많은 사람이 한꺼번에 짝을 지어 죄수 딜레마 게임을 하는 상황을 생각할 수 있다. 한 사람이 한 상대를 만나서 게임을 한다. 매 순간 사람들은 협력(C) 또는 배반(D)의 상태에 놓이고 보수 표에 따라 자신이 이득을 보는지 손해를 보는지 알 수 있다. 게임은 라운드별로 진행되며 한 사람은 전체 참가자 중에서 멋대로 짝을 지어서 게임을 한다. 한 라운드에서 협력자의 수는 x_C이고 배신자의 수는 x_D이다. 사람의 총수를 N이라 하면, $x_C+x_D=N$이다. 게임이 진행되면 라운드마다 협력자의 수와 배반자의 수가 변할 것이다. 사람들은 자신이 어떤 전략을 택하는 것이 더 이득인지 파악할 것이고 결국 모든 사람이 더 이상 전략을 바꾸지 않는 상태에 도달한다. 이 상태가 바로 내시 균형(Nash equilibrium) 상태이다. 메이너스 스미스는 이 상태를 진화적 안정상태(ESS, evolutionary stable state)라 불렀다(Houston and McNamara 2005). 두 생물 종이 여러 전략을 취하면서 진화적 변화를 할 때 각 종은 최적의 상태를 취하게 되는데, 이를 게임이론으로 묘사하면 각 종이 택할 수 있는 최적의 상태를 취하게 되어 시간이 지나면 종들은 진화적 안정상태에 도달한다. 진화적 안정상태는 생태 시스템에 일시적인 교란이 일어나더라도 상태가 매우 안정적이므로 다시 이 상태로 회복하는 특징을 가지고 있다.

죄수 딜레마 게임을 조금 변형하면 눈 치우기 게임으로 바꿀 수 있다. 누군가 진입로의 눈을 치우지 않으면 큰길로 나갈 수 없다. 하지만 진입로를 공동으로 사용하는 두 사람 중 누구도 눈을 치우고 싶지 않다(Hauert and Doebeli 2004). 〈표 9.4〉와

표 9.4 눈치우기 게임의 보수 표. 보수는 (A, B) 순서로 나타내었다.

		플레이어 B	
		협력(삽질)	배반(무임승차)
플레이어 A	협력(삽질)	(2,2)	(1,3)
	배반(무임승차)	(3,1)	(0,0)

표 9.5 눈치우기 게임의 보수 표를 이득과 비용으로 나타냄

	C	D
C의 이득	b–c/2	b–c
D의 이득	b	0

같이 삽질을 해서 눈을 치우는 행위는 협력(C)이고, 아무것도 하지 않고 무임승차하는 전략을 배반(D)이라 한다. 자신은 무임승차하고 상대방이 눈을 모두 치우면 3점을 얻는다. 두 행위자가 같이 눈을 치우면 2점을 얻는다. 내가 눈을 치우는데 상대방은 무임승차하면 나는 1점을 얻는다. 두 사람 모두 눈을 치우지 않으면 각각 0점을 얻는다.

눈 치우기 게임에서 최상의 전략은 상대방의 전략에 의존한다. 두 사람 다 마음이 약하면 서로 협력을 선택하여 함께 눈을 치울 것이다. 반면 두 사람 다 이기적이라면, 둘 다 무임승차하면서 눈을 치우지 않으려 할 것이기 때문에 둘 다 손해를 볼 것이다. 한편 한 사람은 마음이 약하고 다른 사람은 이기적이면, 마음 약한 사람은 눈을 치우고 다른 사람은 무임승차하여 이득을 얻게 된다. 눈 치우기 게임은 상대방의 전략에 따라 내가 협력과 배반을 선택할 수 있기 때문에 선택에 불확실성이 따른다.

눈 치우기 게임에서 누군가 눈을 치우면 이득 b를 보게 되지만, 상대방의 전략에 따라서 보수가 달라진다. 두 사람 모두 협력을 선택하면 각자 비용을 지불하므로 $R=b-c/2$이다. 나는 협력을 선택했지만, 상대방이 배반을 선택하면 나만 비용을 지불하므로 $S=b-c$이다. 내가 배반을 선택하면 아무런 비용이 들지 않는다. 내가 배반을 선택했는데 상대방이 협력을 선택하면 $T=b$이다. 마지막으로 둘 다 배반을 선택하면 누구도 이득을 보지 않으므로 $P=0$이다. 눈 치우기 게임에서 $b>c>0$이므로, $T>R>S>P$이다(Doebeli and Hauert 2005; Cowden 2012).

9.3.2 소수자 게임

다양한 경제 행위나 사회적 선택을 할 때 다수에 속할 것이냐 소수에 속할 것이냐에 따라 운명이 달라지는 경우가 허다하다. 선거는 대표적인 다수자 게임이다. 대통령, 국회의원 등에 당선되기 위해서는 더 많은 표를 얻어야 한다. 유권자의 입장에서 나의 선택이 다수자 쪽에 속하느냐 소수자 쪽에 속하느냐에 따라 내 의견을 대변하는 후보가 당선될 수도 있고 떨어질 수도 있다. 반대로 소수자 쪽에 서야 유리한 경우도 있다. 유명 맛집에서 기분 좋게 식사하려면 되도록 평소보다 손님이 적게 오는 날에 가야 한다. 많은 아이돌이 경쟁하는 K-pop 시장에서 뜨기 위해서는 다른 가수들과 비슷하게 노래하거나 춤추는 것으로는 부족하다. 다수와 다른 독특한 무엇, 다수에 속하지 않는 그 무엇을 창의적으로 드러낼 때 인기를 끌 수 있다. 소수자 게임은 다수의 혼잡을 피하는 전략이다. 모두가 비슷하게 생각하는 사회에서, 나는 어떤 선택을 할 때 소수에 속하게 될까?

소수자 게임은 복잡계의 역사를 소개할 때 나온 브라언 아서에 의해서 처음 제안되었다. 그는 산타페 연구소에 체류하는 동안 동네의 바(bar)에서 가끔 시간을 보내곤 했다. 이 마을에서 가장 인기 있는 바는 엘파롤바(El Farol Bar, 등불바)라는 선술집이었는데, 매일 밤 컨트리 음악, 블루스, 포크송 등을 공연하는 것으로 유명했다. 그중에서도 목요일 공연이 가장 인기가 많아 그날이면 사람들로 붐비곤 했다. 문제는 바의 공간이 제한되어 있다는 점이었다. 마을 사람의 60% 이하가 바에 간다면 공간에 여유가 있어서 즐거운 시간을 보낼 수 있지만, 60% 이상이 바에 온다면 집에 머무는 것만 못했다. 그래서 사람들은 과거의 경험을 바탕으로 바에 갈 것인지, 집에 머물 것인지를 결정했다. 이때 다른 사람들은 어떤 결정을 내릴지 모르는 채로 선택을 해야 한다. 브라이언 아서는 이 상황을 게임으로 생각했다. 게임에 참가하는 사람을 행위자라 부르고, 총행위자의 수를 N이라 하자. 그런데 게임에 참여하는 사람들은 제한된 합리성을 가지고 있다(Arthur 1994).

표 9.6 엘파롤바 게임의 전략표와 스코어 예시

전략 번호	전략	스코어
전략1	지난주와 같이 행동함	10
전략2	50을 기준으로 지난주 결과의 거울상 전략	5
전략3	지난 4주간 참가자 수 평균	4
전략4	지난 8주간 데이터를 선형으로 외삽	7
전략5	2주 전과 같이 행동함	2

엘파롤바 게임은 매주 목요일 *N*명의 참가자들이 오직 지난주에 자신이 한 경험만 가지고 바에 갈 것인지 말 것인지를 결정하는 문제이다. 모든 게임 참가자들은 동시에 참여 여부를 결정한다고 하자. 간단히 생각하기 위해서 총참가자를 *N*=100명이라 하자. 모든 참가자가 너무 붐빌 것이라고 생각하면, 아무도 가지 않아 바는 오히려 한산할 것이다. 반대로 참가자들이 한산할 것이라고 판단하면, 바는 붐비게 될 것이다. 몇 주 동안 바에 왔던 사람의 수를 기록한 예는 다음과 같다.

…51, 67, 55, 70, 30, 60, 44, 85, 35, 이번 주

과거의 참가자 수가 위와 같다면 이번 주에는 몇 명이나 참가할까? 브라언 아서는 각 참가자가 *M*개의 전략을 가지고 있으며, 그 전략의 성적에 따라서 행동을 결정하는 게임모형을 생각했다. 이 모형은 내시 균형이 없으며 손으로 풀 수 없었기에, 아서는 컴퓨터를 이용하여 문제를 풀어 보았다. 전략 개수 *M*은 각자 다를 수 있고 전략의 내용 또한 다를 수 있다. 〈표 9.6〉은 몇 가지 전략의 예시를 나타낸 것이다.

〈그림 9.2〉은 넷로고(Netlog) 프로그램을 이용하여 엘파롤바 게임을 컴퓨터 시뮬레이션한 결과를 나타낸다(김두환, 이재우 2019). 바의 최적 인원을 60%로 했을 때, 시간에 따른 참가자 수는 60명을 기준으로 주기성이 없이 진동하는 것을 볼 수 있다.

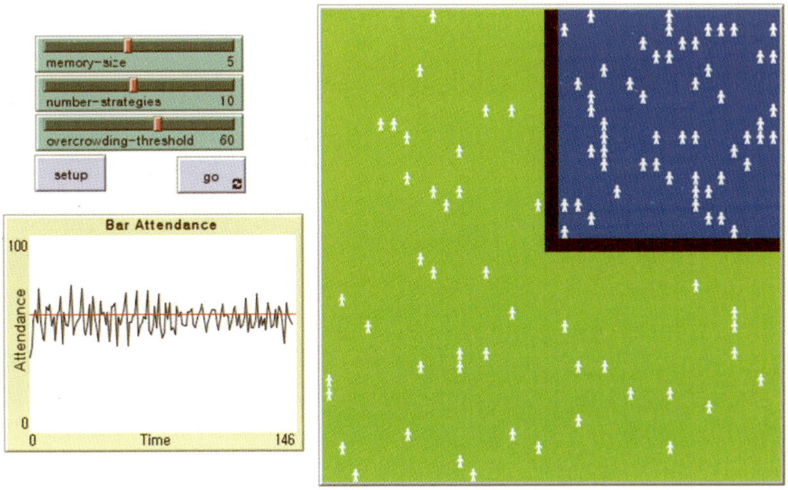

그림 9.2 **넷로고로 구현한 엘파롤바 게임의 컴퓨터 시뮬레이션.** 총참가자 수는 100명이고, 바의 문턱 값은 60명, 전략은 10개를 택했다. 왼쪽 그래프에서 빨간선은 60명을 나타낸다.

그림에서 상단의 진한 네모 박스는 바로 묘사하고, 매주 참가자들은 바에 참여할 것인지 결정을 내린다. 각 참가자가 어떤 전략을 택할지는 과거의 데이터에 달려 있다. 전략의 개수는 M=10으로 놓고 시뮬레이션하였다. 그림의 빨간색 실선이 60명을 나타내는 선이다. 참가자의 수는 이 빨간선을 중심으로 심하게 진동하는 것을 볼 수 있다. 엘파롤바 게임은 제한된 합리성를 가진 경제 행위자들의 행동을 묘사하는 하나의 예이다. 신고전경제학에서 모든 경제 행위자는 과거의 모든 기억을 가지고 있고, 시장의 모든 정보를 알고 있어서 항상 합리적 결정을 내린다고 가정한다. 그러나 엘파롤바 게임과 같은 간단한 경제 행위 모형에서 경제적 판단은 수렴하지 않고 시간에 따라 끊임없이 변하는 상태에 있게 된다.

1997년에 찰렛(D. Challet)과 장(Y-C. Zhang)은 엘파롤바 게임을 변형한 소수자 게임(Minority game, MG)을 제안하였다(Challet and Zhang 1997, 1998). 그들이 제안한 소수자 게임은 홀수 명의 참가자 N이 매 순간 각자의 행동 전략 $a_i(t)$ $(i=1,\cdots,N)$을 가지고 있다. 엘파롤바 게임에서 $a_i(t)=1$이면 바에 가는 전략이고, $a_i(t)=-1$이면 집에 머문다.

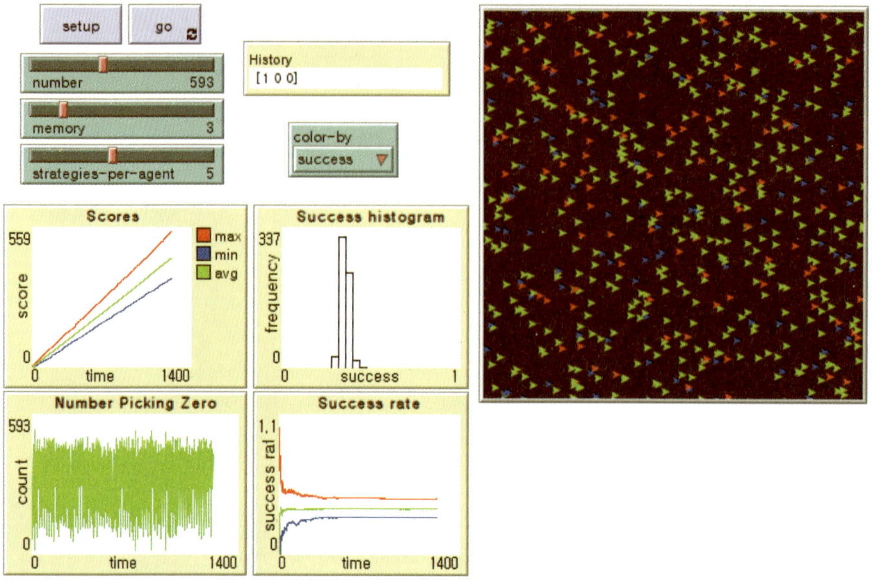

그림 9.3 찰렛과 장이 제안한 소수자 게임 모형

행위자들은 게임을 해서 소수자에 속하면 승리하게 된다. 라운드마다 총점 $A(t)=\sum a_i(t)$을 계산한다. 한 라운드가 끝나면 각 행위자는 $-a_i(t)g[A(t)]$의 보수를 받는다. 여기서 $g(x)$는 홀함수로 찰렛과 장은 $g(x)=sign(x)$를 택했다. 함수 $sign(x)$는 변수 x의 부호만을 취하는 함수이다. 즉, $x>0$이면, $sign(x)=+1$이고, $x<0$이면 $sign(x)=-1$이다. 엘파롤바 게임에서 많은 사람이 집에 머물면 $A(t)<0$이고, 바에 간 행위자는 $a_i(t)=1$이므로 $(-1)(-1)=+1$의 보상을 받게 된다. 각 행위자는 매 라운드의 게임이 종료되면 총점을 확인하고 자신의 전략을 수정한다.

〈그림 9.3〉은 찰렛과 장이 제안한 소수자 게임 모형을 넷로고에서 시뮬레이션한 결과이다. 593명의 행위자가 기억력 길이 3, 행위자당 5개의 전략을 가지고 컴퓨터 시뮬레이션하였다. 소수자 게임이 진행될수록 성공률은 일정한 값으로 수렴한다. 빨강은 -1을 선택한 경우이고, 파랑은 1을 선택한 경우이다.

9.4 선거모형과 의견 동력학

2016년 미국 대통령 선거에서 대부분의 여론조사 기관이나 언론의 예측과는 반대로 도널드 트럼프(R. Trump)가 힐러리 클린턴을 꺾고 대통령에 당선되었다. 트럼프의 당선은 미국은 물론 전 세계에 영향을 미쳐 전 세계적으로 극우적 성향의 정치 집단이 상당한 지지를 받고 있다. 투표는 유권자들이 자신의 정치적 견해를 드러내는 수단이다. 많은 사람들이 정치를 혐오하고 정치인을 비판하지만, 대의 민주주의를 택하고 있는 사회에서 국가를 주도해 나가는 건 결국 우리가 뽑은 정치인들이다. 투표에서 내가 던진 표는 나의 삶과 무관하지 않다.

우리는 정치뿐만 아니라 다양한 사회 활동에서 선택의 갈림길에 서게 된다. 여러 가지 견해 중에서 무엇을 택하느냐에 따라서 미래가 결정된다. 이처럼 여러 가지 선택지가 주어졌을 때 자신의 견해를 선택하는 문제를 복잡계 과학에서 의견 동력학(opinion dynamics)이라 한다. 의견 동력학에서 복잡계 과학자들이 많이 연구하고 있는 분야가 선거모형(voter model)이다. 선거모형은 대표적인 다수자 선택 모형이기 때문에 다수자 선거모형(majority vote model)이라고 부르기도 한다(Quang et al 2018). 최근에 전 세계적으로 정치적 양극화는 점점 강해지고 있는 듯하다. 한 연구에 의하면 2016년 미국 대선 이후 한 정당을 지지하는 부모는 자녀가 다른 정당을 지지하는 배우자를 선택할 때 강한 반감을 드러낸다고 한다. 사실 이러한 경향성은 우리나라에도 있는 듯하다. 우리나라의 독특한 특성인 지역색은 암암리에 사회의 다양한 의사 결정에서 영향을 미치는 듯하다. 건강한 민주주의를 위해서는 서로 의견이 다르더라도 그 다름을 인정하고 더 나은 사회로 협력해야 한다. 그런데 초연결 사회가 되어가면서 우리는 다양한 정보에 노출되고 있으며, 프로그램 추천 시스템은 양극화를 심화하는 쪽으로 발전하고 있다. 유튜브 등의 검색 엔진은 내가 본 것과 유사한 내용들을 끊임없이 추천함으로써 나의 선택권에 커다란 영향을 주고 있다. 인간은 처음 본 정보에 강한 인상을 가지기 쉽고, 같은 정보에 지속적으로 노출되면 자기도 모르는 사이에 그 정보에 세뇌되기 때문에 합리적 판단보다는 감성적 판단을 내리기 쉽다. 초연결 사회에서 정보의 편향은 민주주의를 위협하는 가장 큰 위험 요소가 되고 있다.

경제물리학의 역사를 얘기할 때 잠깐 언급했지만, 인간은 비합리적인 성향을 지닌 존재이다. 한 개인이 어떤 판단을 내릴 때 자신이 가진 경험, 지식, 상황 등에만 의존하지 않는다. 자신과 관계된 주변 사람들의 의견에도 많은 영향을 받을 수밖에 없다. 즉, 인간은 고립된 개체가 아니라 사회에서 끊임없이 다른 사람들과 상호작용하며 때에 따라 주어진 문제에 어떠한 선택을 하는 존재이다. 통계물리학자와 복잡계 과학자들은 의견의 형성, 투표 문제를 물리학의 분야로 가져왔다. 가장 간단한 투표 모형은 선택지가 2개인 두 상태 선거모형(two-state voter model)이다. 후보자 두 명 중에서 한 명을 선택하거나, 두 개의 당 중에서 하나를 선택하는 경우가 이에 해당한다. 찬반을 묻는 투표도 대표적인 두 상태 선거모형이다. 선거에 참가하는 총인원수를 N이라 하자. 사람들은 어떤 사안에 대한 찬성 또는 반대, 정치적 선택에서는 진보 또는 보수, 당의 선택에서는 민주당 또는 공화당이라는 두 가지 의견

표 9.7 두 가지 견해를 가지는 의견 또는 선거모형의 표현 방식

사회적 선택	견해1	견해 2
찬반의견	찬성	반대
참거짓 판별	참(True)	거짓(False)
정치적 견해	진보	보수
당에 투표	민주당	공화당
수학적 표현	1	0
물리학적 표현	업 스핀(북쪽), ↑	다운 스핀(남쪽), ↓
극성	양	음
방향	왼쪽	오른쪽
부호	+	−

을 가질 수 있다. 이를 수학적으로 표현하면 한 견해를 1로, 다른 견해를 0으로 표시할 수 있다. 경우에 따라서는 견해 0을 -1로 표현하기도 한다. 물리학적으로는 북극을 향하는 업 스핀 ↑과 남극을 향하는 다운 스핀 ↓으로 표현할 수 있다. 〈표 9.7〉은 다양한 두 가지 의견의 표현 방식을 요약한 것이다.

간단한 선거모형은 다음과 같다. 총 N명의 행위자가 정적인 네트워크로 연결되어 있다. 각각은 네트워크와 연결된 사람들과 상호작용하면서 자신의 의견을 동력학적으로 결정한다. 따라서 각 행위자의 의견은 시간에 따라서 달라지는 의견 진화(opinion evolution)가 일어나는 동력학적 모형이다. 가장 간단한 고전선거모형(classic voter model)에서 의견 변화 규칙은 다음과 같다.

규칙 1: 임의로 1명의 행위자를 선택한다.

규칙 2: 선택된 행위자는 무작위로 선택한 자신의 이웃의 의견을 따라간다.

규칙 3: 의견 일치가 일어날 때까지 규칙 1과 규칙 2를 반복한다.

〈그림 9.4〉는 고전 선거모형을 그림으로 나타낸 것이다. 이 모형의 특징은 자신의 의견을 고수하지 않는다는 것이다. 따라서 현실성이 매우 부족한 모형이지만, 주변의 의견을 따라 의견을 바꾼다는 측면에서 의미가 있다. 이 게임에서 업데이트를 시행하다 보면 행위자들은 다수의 의견을 따라가게 되어, 어느 순간에 같은 의견을 가지는 덩어리들을 형성한다.

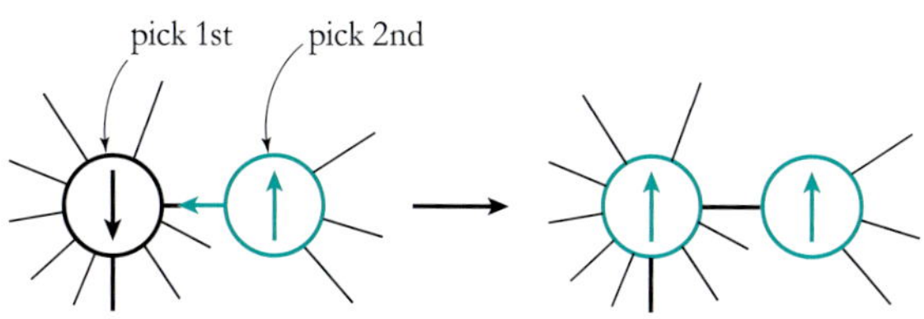

그림 9.4 고전 선거모형. 멋대로 선택한 행위자는 임의로 선택한 이웃의 의견을 따라간다.

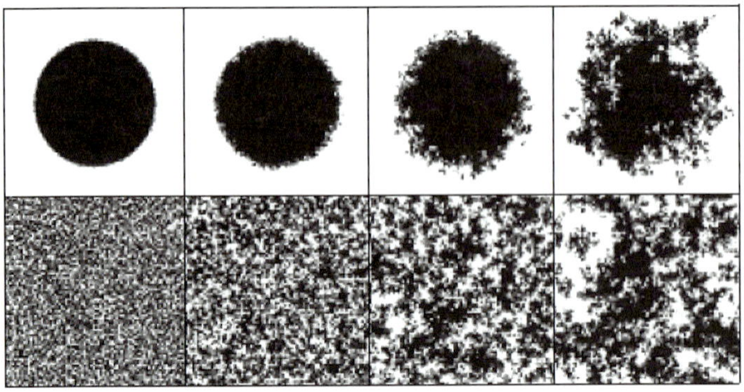

그림 9.5 고전선거모형에서 여론의 진화과정. 맨 왼쪽 상단은 원형 초기 상태를 나타내고, 맨 왼쪽 하단은 진보 지지자와 보수 지지자를 동수로 무작위하게 뿌려놓은 초기 상태이다. 시간이 흐르면서 여론 변화를 나타낸다. 검은색은 진보 지지자를 흰색은 보수 지지자를 나타낸다.

선거모형에서 참가자들은 선거 당일까지 자신의 선택을 계속 바꿀 수 있기 때문에 〈그림 9.5〉에서 스핀의 방향은 단계마다 바뀔 수 있다. 어떤 순간에 진보 지지자 ↑의 수를 $N_\uparrow$라 하고 보수 지지자 ↓의 수를 $N_\downarrow$이라 하면 여론의 지지도 m은 다음과 같이 구할 수 있다.

$$m = \frac{N_\uparrow - N_\downarrow}{N}$$

물리학에서 스핀을 작은 자석으로 생각하여 m을 자화율(magnetization)이라 부르는데, 전체 시스템의 자성의 크기를 나타낸다. 여론의 지지도는 $-1 \leq m \leq 1$ 사이의 값을 가진다. 지지도가 m=1이면 모든 사람이 진보 ↑으로 의견을 통일한 상태이고, 반대로 m=-1이면 모든 사람이 보수 ↓으로 의견이 통일된 상태이다. 이 모형을 컴퓨터로 시뮬레이션할 때 처음 상태는 임의로 설정할 수 있다(Krapivsky et al 2010). 처음 상태의 여론 지지도를 m_0에서 시작하여 고전선거모형으로 업데이트를 해나가면 지지도는 시간에 따라서 변하게 된다. 시간이 충분히 지나면 지지도는 어떤 특정한 값 m_∞로 수렴하게 된다.

〈그림 9.5〉는 2차원 격자 위에서 고전 선거모형의 시간에 따른 진화과정을 나타낸 것이다. 위쪽 그림은 진보 지지자를 원형인 상태의 초기조건에서 시작해서 여론이 변해가는 현상을 나타낸 것이다. 응집되어 있던 여론이 분열되면서 점점 반대 의견이 형성되는 것을 볼 수 있다. 그렇지만 처음에 응집된 여론의 지형이 완전히 무너지는 데는 상당한 시간이 흐르는 것을 볼 수 있다. 그림의 아래쪽은 처음에 진보와 보수의 수가 같고 2차원 격자 위에 무질서하게 분포하는 초기조건에서 시작하여 여론이 변해가는 현상을 나타낸 것이다. 상당한 시간이 흘렀을 때, 진보의 이웃에는 진보끼리 덩어리를 형성하고, 보수는 보수끼리 덩어리를 형성하여 여론의 뭉침 현상을 볼 수 있다.

고전 선거모형은 한 이웃의 의견을 따라가지만 〈그림 9.6〉은 다수자 게임 모형(majority voter model)을 나타낸 것이다. 이 게임의 의견 변경 규칙은 다음과 같다.

규칙 1: 임의로 1명의 행위자를 선택한다.

규칙 2: 선택된 행위자는 8명의 이웃의 다수 의견을 따라간다. 만약 이웃의 의견이 4-4로 동률이면 무조건 자신의 의견을 바꾼다.

+	−	+
−	+	+
−	−	−

그림 9.6 다수자 선거모형. 가운데의 행위자는 다음 순간에 8명의 이웃 중 다수 의견을 따라 자신의 상태를 바꾼다. 만약 이웃의 의견이 4-4로 동률이면 가운데 행위자는 무조건 상태를 바꾼다.

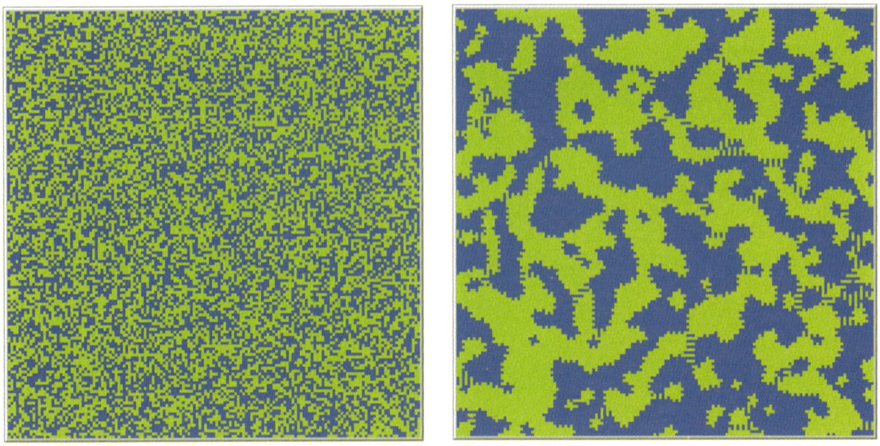

그림 9.7 **다수자 선거모형.** 왼쪽은 진보와 보수를 동수로 무작위로 배치한 초기 상태이고, 오른쪽은 시간이 충분히 지난 후에 도달한 여론 지형을 나타낸다. 파란색을 진보, 초록색을 보수라고 비유할 수 있다.

규칙 3: 의견 일치가 일어날 때까지 규칙 1과 규칙 2를 반복한다.

다수자 선거모형의 결과는 고전 선거모형과는 차별성을 갖는다. 처음에 진보와 보수를 동수로 무작위로 뿌린 상태에서 시뮬레이션을 진행하면, 〈그림 9.7〉과 같이 시간이 충분히 흐른 후에 여론 지형은 같은 의견을 가진 사람들이 매우 불규칙한 덩어리를 형성하는 것을 볼 수 있다. 또한 같은 의견을 가진 작은 덩어리는 드물고 큰 덩어리들이 스미기 모형처럼 서로 연결되어 있다. 개인은 다수의 의견을 따라야 하기 때문에 파편적으로 흩어져 있는 여론 지형은 볼 수 없으며 자연스럽게 진보 아니면 보수의 여론 지형 덩어리로 뭉치게 된다. 즉 여론의 떼 지음(herding behavior) 현상이 출현했다고 할 수 있다.

선거모형이나 의견 형성 모형은 다양한 변형이 가능하며, 다양한 형태의 모형들이 제안되었다. 이 분야는 아직도 많은 논문이 생산되고 있으며, 현실의 여론 지형을 설명하기 위한 다양한 모형들이 제안되고 있다. 현재는 선거모형이나 의견 형성

모형을 넘어서 사회적 특성을 반영한 사회 현상 모형이 인기를 끌고 있다. 사회 현상 중에서 '구경꾼 효과' 또는 '방관자 효과(bystander effect)'라는 것이 있다. 어떤 범죄를 다수의 사람이 목격했을 때 다른 사람이 신고했을 거라 판단하여 신고하지 않는 현상을 뜻한다. 구경꾼이 많을수록 사람들은 행동하기보다는 책임을 전가하는 경향이 있다. 사회물리학은 다수의 사람들의 관계를 물리적 상호작용으로 표현하여 사회가 드러내는 거시적 현상을 미시적인 모형으로 재현한다. 놀라운 점은, 복잡한 인간 관계를 단순하게 표현해도 사회의 특징을 포착하기에는 모자람이 없다는 것이다. 이것이 사회물리학의 강점이라고 할 수 있다(Quang 2018, Castellano et al 2009).

9.5 부의 불평등

전 세계의 인구와 부(wealth)의 총규모는 꾸준히 증가하고 있다. 자본주의 경제는 그동안 지속적인 성장을 기반으로 발전하였다. 전 세계적으로 성장이 정체되면 공황이 발생하거나 일시적 경제 후퇴가 발생한다. 전 세계 부의 증가는 인구 성장도 한 요인이지만, 개발도상국의 꾸준한 성장도 한 요인이다. 〈그림 9.8〉은 1960년대 이후 전 세계 국내총생산을 나타낸 것이다. 세로축의 단위는 테라 달러(1T=10^{12})이다. 1978년 덩샤오핑의 개혁 개방 정책에 의해서 시장경제를 추진한 중국의 경제는 급격히 성장하고 있으며 최근에 전 세계 부의 성장에 크게 기여하였다. 그런데 시장경제와 자본주의 사회에서 부의 불평등은 큰 문제로 대두되고 있다. 시장경제와 자본주의 사회에서 부의 불평등은 자연스럽게 일어나는 듯하다.

2014년에 출간된 토마 피케티(Tomas Piketty)의 《21세기 자본(Capital in the twenty-first century)》은 전 세계적으로 센세이션을 불러왔다(Piketty 2014). 그는 장기간의 경제 데이터를 분석하여 "자본수익률(r)이 경제성장률(g)보다 클 때, 즉 $r > g$이면, 자본소득이 경제에서 차지하는 비중은 점차 커지고 사회의 불평등은 커진다"라고 주장하였

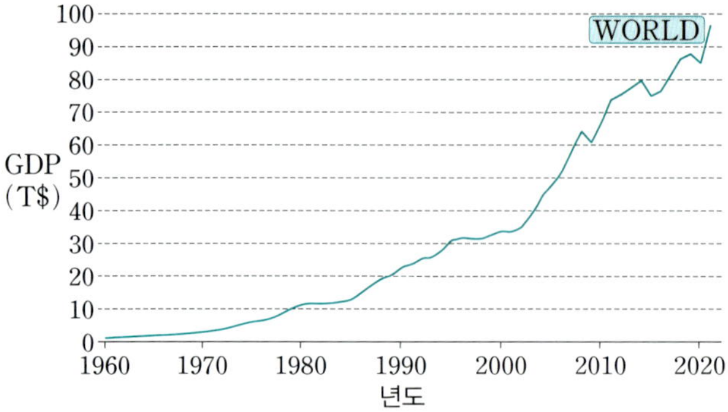

그림 9.8 1960년 이후 전 세계 총 GDP(단위: T$, 1T=1012). 작은 진동은 있지만 전 세계의 부는 꾸준히 증가하고 있다.

다. 즉, "국민소득 중 자본소득이 차지하는 비중이 클수록 소득분배는 더 불평등해진다"라는 주장이다. 이러한 피케티의 주장이 경제적으로 맞는지에 대해서는 논란이 분분하다. 구즈네츠(Simon Kuznets)는 "자본주의 초기 단계에서 불평등은 커지지만, 성숙 단계에 들어서면 불평등이 완화된다"고 주장하였다. 이를 '구즈네츠 가설(Kuznets hypothesis)'이라 한다. 피케티는 구즈네츠가 이 가설을 세울 때 1950년 이전의 경제 데이터만 분석함으로써 대공항 이후 뉴딜정책 등이 추진되면서 일시적 평등화가 일어난 결과만을 반영하였다고 주장하였다. 피케티는 2차 세계 대전 이후 자본주의가 더욱 성숙해지면서 불평등은 심화하였다고 주장하였다. 1980년 이후 신자유주의가 확대되면서 '자본의 세계화'가 이루어졌고, 전 세계적인 부의 불평등은 더욱 커졌다. 자유방임적 자본주의 체제에서 부의 불평등은 저절로 발생하는 듯하다. 북유럽의 많은 나라들은 방임적 자본주의의 문제점을 개선하기 위해서 누진세, 상속세 등의 조세 정책을 강화하였다. 자본주의 체제를 택하고 있는 많은 나라들이 불평등을 완화하기 위한 조세정책과 복지정책을 펴고 있지만 효과는 미미하며, 부의 불평등은 여전히 진행형인 것으로 보인다.

복잡계 연구가 확산하면서 부의 불평등에 대한 복잡계 과학자들의 관심이 커졌다. 그런데 복잡계 연구자들은 기존의 경제학자들과는 조금 다른 관점을 가졌다. 우선, 과학자들이 늘 그렇듯 부의 불평등에 대한 데이터가 있는지 살펴본 것이다. 각 나라의 세무당국, 통계청, 금융당국은 개인의 소득에 대한 자료를 일부 가지고 있지만 한 개인의 전체적인 재산을 완전히 알기 어렵다. 그런데 사람이 사망하면 상속이 이루어져야 하고, 세무 당국은 상속세를 징수해야 하기 때문에 개인의 전체 소득을 파악한다. 2001년에 두 통계 물리학자 야코벤코(V. M. Yakovenko)와 드라굴레스쿠((A. Dragulescu)는 영국 세무청이 발표한 상속세 데이터를 얻을 수 있었다(Dragulescu and Yakovenko 2000). 이 데이터는 사망한 사람의 재산에서 부채를 뺀 순재산 정보가 포함되어 있었다. 그들은 이 순재산을 개인의 부(wealth)라고 불렀다. 그들은 통계 물리학자의 장점을 살려서 먼저 부의 분포함수를 구해보았다. 분포함수란 재산이 1억 이상 2억 미만을 소유한 사람의 수를 센 다음 데이터에 속한 총수로 나누는 것과 같은 식으로 계산하는 것이다. 이렇게 분포함수를 구하면 데이터의 요동이 심하기 때문에 그들은 누적 분포함수를 구하였다. 누적 분포함수는 어떤 부 w보다 큰 부를 가지고 있는 사람들을 다 더한 다음 총사람의 수로 나눈 것이다. 그들이 얻은 부의 누적 분포함수는 〈그림 9.9〉와 같았다. 당시 영국은 파운드화 단위를 쓰고 있었으므로 재산의 단위는 파운드화(£)였다. 재산의 범위가 너무 넓었기 때문에 그림의 가로축의 단위를 k£로 나타내었다. 여기서 1k=1,000을 뜻한다. 〈그림 9.9〉에서 가로축과 세로축은 모두 상용로그를 취했다. 그림에서 부의 누적 분포함수는 개인이 소유한 부에 대해서 두 개의 영역으로 나뉘는 것을 볼 수 있다. 순자산이 작은 쪽은 지수함수를 따라 감소하는데, 우리는 이러한 함수 의존성을 볼츠만-깁스 분포라 부른다. 통계역학에서 상태 확률이 지수함수로 감소하는 경우를 이렇게 부른다. 한편 약 100k£의 크로스오버 부(crossover wealth)를 기준으로 함수 꼴이 지수함수에서 멱함수 법칙으로 바뀌었다.

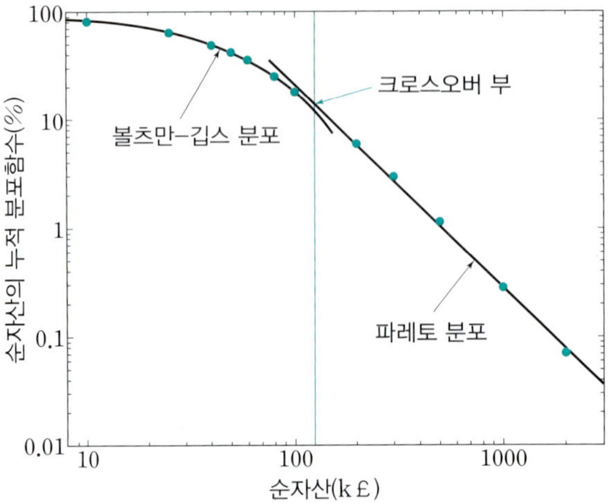

그림 9.9 개인이 소유한 부의 누적 분포함수. 영국에서 상속세를 추징할 때 파악한 개인의 재산 데이터를 분석하여 얻은 부의 분포함수이다. 가로축과 세로축은 모두 상용로그를 취했으며 가로축의 재산 단위는 k£로 1k=1,000을 뜻한다.

〈그림 9.9〉에서 크로스오버 순자산 w^{*}=100k£이다. 재산이 $w<w^{*}$이면, 부의 누적 분포함수는

$$P(w) \sim \exp(-w/T_w)$$

이다. 여기서 T_w는 부의 온도(temperature)라 부른다. 볼츠만-깁스 분포에서 T_w는 온도인데, 부의 누적 분포함수에서 구한 것이므로 부의 온도라 부르는 것이 합당할 것이다. 부의 온도가 높으면 작은 액수의 부를 소유한 사람들의 분포가 비슷한 확률을 갖는다(Yakovenko and Rosser 2009).

한편 순자산이 $w>w^{*}$이면 누적 부의 누적 분포함수 $P(w)$는 멱함수 법칙을 나타냈다.

$$P(w) \sim w^{-\gamma},\ w>w^{*}$$

멱함수의 지수는 γ=1.9이었다. 순자산이 큰 사람들의 누적 분포함수는 상당히 느리게 감소하면서, 스케일에 자유로운 분포를 나타낸 것이다. 〈그림 9.9〉의 세로축을 보면, 크로스오버가 일어나는 지점에서 누적 비율이 90% 이상에 달한다. 이는 〈그림 9.9〉에서 멱함수 법칙을 따르는 영역은 상위 10%의 사람들이 가지고 있는 부의 분포라 할 수 있다.

이러한 부의 불평등 구조는 영국뿐만 아니라 다른 나라의 데이터에서 속속 발견되었다. 미국의 소득 분포 데이터에서 비슷한 결과를 얻었는데, 다른 점은 멱함수 지수 γ=1.7이었다. 실바와 야코벤코는 1983년부터 2001년까지 미국 국세청 소득 분포 데이터를 연도별로 분석하였다. 그들은 모든 연도에서 이중분포(double distribution)를 관찰하였으며, 멱함수 지수 역시 해마다 조금씩 달랐지만 멱함수 지수가 γ=1.5 쪽으로 이동함을 관찰하였다. 더 재미있는 현상은 크로스오버 값 w^*는 조금씩 증가하는 경향성을 보인다는 것이다. 부의 불평등을 측정하는 지니계수(Gini index) 역시 시간이 지나면서 점점 더 커져서 불평등이 심화하는 것을 볼 수 있다.

자산이 큰 영역에서 부의 분포함수가 멱함수를 나타내는 것은 부의 불평등을 보여주는 확실한 지표이다. 부자는 더욱 부자가 되고 가난한 자는 더욱 가난해지는 원리가 분포함수의 멱함수 법칙을 출현시키기 때문이다. 전체적인 부의 성장에도 불구하고 상대적인 부의 분포에 불평등이 생기는 요인은 사람들 사이에서 이동하는 돈 또는 부의 자연 흐름(natural flow of wealth) 때문이다. 부의 평등을 맞추기 위해서는 부의 불균형이 생겼을 때 그 균형을 맞추기 위한 부의 흐름이 있어야 하고, 그 흐름은 부자에서 가난한 자 방향으로 흘러야 한다. 필자는 이를 '부의 역흐름(inverse flow of wealth)'이라고 부를 것이다. 시장경제에서 돈이 많으면 돈을 벌기 쉬우므로 부는 상대적으로 가난한 자에서 부자로 흐르는 것이 자연스럽다. 그래서 가난한 자에서 부자 쪽으로 흐르는 부의 흐름은 '부의 자연 흐름'이라 부른다. 필자 그룹에서 단순한 부의 교환모형(wealth exchange model)에서 가난한 자에서 부자 쪽으로 부의 흐름이 생기도록 행위자 기반 모형의 규칙을 설정하였더니, 부의 분포는 멱함수 분포를 창발하였다(Cha et al 2011). 반대로 부의 역흐름이 일어나기 위해서는 시스템 내부에서 강제적인 작용을 일으켜야 한다. 이는 세금을 차등적으로 징수하고 가난한 사람에게 더 풍부한 사회보장을 함으로써 가능해진다. 무한 경쟁의 시장경제에서 부의 역흐름은 결코 저절로 일어나지 않는다. 인류가 공동의 평화를 유지하면서 조화롭게 살기 위해서는 부의 역흐름을 증진하는 시스템을 발전시켜야 한다.

9.6 주식시장의 물리학

수학자이며 경제학자인 브누아 망델브로는 1960년대 초반에 바슐리에의 논문을 알고 있었다. 어떤 시점에서 주식 가격을 $Z(t)$라고 하고, 주식 가격의 로그 수익률(logarithmic return)을

$$r(t) = \log Z(t) - \log Z(t-T) = \log\left(\frac{Z(t)}{Z(t-T)}\right)$$

이라 정의했다. 주가지수 수익률 r의 분포를 막대그래프로 그려본 망델브로는 정규분포에서 크게 벗어날 뿐만 아니라 분포함수의 꼬리 부분의 분포는 안정한 레비 분포임을 발견하였다. 레비 분포란 변동률의 크기 $|r|$의 분포함수가

$$P(r) \sim |r|^{-\alpha-1}$$

와 같은 멱함수 법칙을 따른다는 것이다. 망델브로는 $\alpha < 2$이므로 분산이 무한대가 되어 정의되지 않음을 발견하였다. 지수 α가 작은 값이면 큰 r 값의 사건들이 더 많이 일어난다. 지수 $\alpha=1$이면 로렌치안 분포(또는 코시분포)이고, $\alpha=3/2$이면 파레토 분포, $\alpha=2$이면 가우씨안 분포와 같다(Gopikrishnan et al 1998). 〈그림 9.10〉은 우리나라

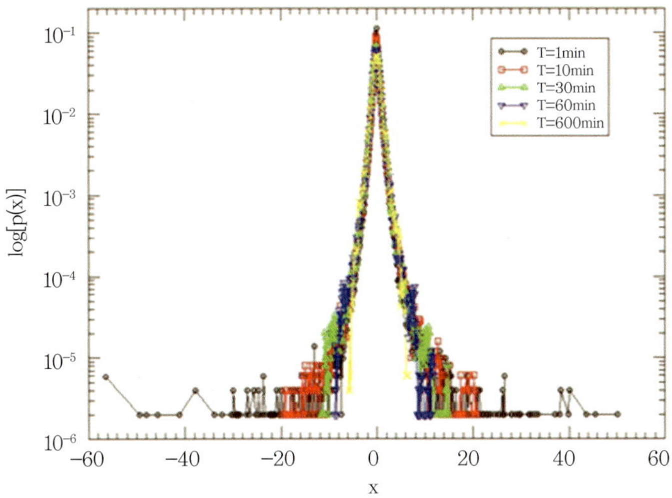

그림 9.10 코스피 주가가격의 로그 수익률의 분포함수. 가로축은 로그 수익률을 나타내고, 세로축은 분포함수에 로그를 취해서 나타내었다. 시간지연 T를 크게 하면 분포함수의 꼬리 부분 데이터가 사라지면서 로렌치안 분포에 가까워진다.

주식시장에서 코스피 주가지수의 로그 수익률 분포함수를 나타낸 것이다(Lee and Lee 2004). 로그 수익률 식에서 시간지연 T값은 크게 하면서 분포함수를 구했다. 시간지연이 커지면 분포함수는 가우씨안 분포에 가까워진다. 시간지연이 클수록 두 주가지수 사이에 상관관계가 사라지므로 로그 수익률은 무작위하게 행동할 것이다. 반면 시간지연이 짧으면 로그 수익률의 분포함수의 꼬리 분포는 전형적인 멱함수 법칙을 나타낸다.

주식시장에서 로그 수익률은 분포함수의 양 끝에서 두터운 꼬리(fat tail) 분포를 가진다. 분포함수의 꼬리 영역에서 분포함수가 멱함수를 따르므로 분포함수의 감소율이 정규분포의 감소율보다 훨씬 느리다. 즉, 큰 수익을 내거나 큰 손실을 내는 주가 변동이 정규분포보다 상대적으로 더 많이 발생한다는 뜻이다. 그런 의미에서 분포함수는 두텁다. 주식시장에서 주가 변동이 큰 사건들은 생각보다 자주 발생한다는 뜻이다. 주가지수의 증가나 감소가 바로 전 등락에 대한 기억이 없이 제멋대로 일어난다면 이러한 두터운 꼬리는 나타날 수 없다. 주식시장은 기억력을 가진 많은 행위자가 과거의 기억과 새로운 정보를 기반으로 주식시장에 참여하기 때문에 과거의 기억이 주가지수에 반영된다. 망델브로는 두터운 꼬리 분포가 면화 가격의 변동률에서도 똑같이 나타남을 발견하였다. 망델브로는 그의 발견을 1963년에 비즈니스 저널(Journal of Business)에 〈특정 투기가격의 변동(The variation of certain speculative prices)〉란 제목의 논문으로 발표하였다(Mandelbrot 1963).

망델브로의 논문은 효율적 시장 가설에서 신줏단지처럼 주장하던 가격의 무작위한 변동에 의한 정규분포와는 전혀 다른 주장이었기에 신고전학파를 형성하던 주류 경제학자들의 이목을 끌지는 못했다. 망델브로는 레비 분포를 나타내는 다양한 주제들을 탐색하면서 마침내 도형의 차원이 무리수 차원을 가지는 프랙털 이론에 도달하였다.

10장

/

행위자 기반 모형

정량적 복잡계 과학 연구 방법은 다양하지만, 그중에서 널리 쓰이는 방법이 시뮬레이션 방법이다. 폰 노이만은 컴퓨팅 규칙에 따라 다음 단계가 결정되는 자동세포기계 모형도 소개했다. 1970년에 영국의 수학자 콘웨이(J. H. Conway, 1937-2020)는 생명 게임(Game of life)으로 알려진 자동세포기계 모형을 제안하였다. 이 모형에서 각 행위자는 주변 행위자의 상태에 따라 다음 단계에서 자신의 상태를 결정한다. 행위자 기반 모형(ABM, agent based model)의 첫 논문은 1969년에 경제학자 토마스 쉘링(Thomas Schelling, 1921-2016)이 발표한 〈격리 모형(Models of segregation)〉이다(Quang et al 2018). 이어 컴퓨터가 발전하면서 시뮬레이션 기반의 모형들이 속속 소개되었다. 1981년에 엑스로드(Robert Axelrod, 1943~)는 죄수 딜레마 게임(Prisoner's dilemma game)에서 '협력(Cooperation)'의 발현 현상을 컴퓨터 시뮬레이션으로 구현하였다(Axelrod and Hamilton 1981). 1986년에 레이놀즈(C. W. Reynolds, 1953~)는 인공생명에서 보이드(boid) 개념을 처음 소개하였다(Reynolds 1987). 보이드는 컴퓨터 게임에서 날아다니는 도형으로 묘사되지만 특정한 규칙에 따라 움직인다. 레이놀즈는 이 모형으로 새 떼의 군집을 컴퓨터로 묘사할 수 있었다. 레이놀즈의 연구는 생물학 분야에 행위자 기반 모형을 적용한 첫 연구였다. 산타페 연구소 워크숍에 참여했던 이론 생물학자 크리스토퍼 랭턴(Christopher Langton, 1948~)은 레이놀즈의 모형에서 생물학적 행위자를 인공생명(artificial life)이라 명명하였다(Langton 1995).

행위자(agent)란 용어는 산타페 연구소 워크숍에 참여였던 존 홀랜드(John Holland)와 밀러(J. H. Miller)가 1991년에 발표한 〈경제이론에서 인공적 적응 행위자(Artificial adaptive agents in economic theory)〉에 처음 나타난다(Holland and Miller 1991). 1990년대 이후에 행위자 기반 모형은 경제학, 사회학, 정치학, 생물학, 물리학 등의 분야에서 활발하게 연구되고 있다. 생태학 분야에서 ABM은 개체 기반모형(IBM, Individual based model)이라 부른다. 사회 현상을 묘사하는 행위자 기반 모형에서 행위자는 사람, 기업, 행정기관 등이 될 수 있다. 물리학에서 행위자는 분자, 고분자, 폴리머 등 무생물이다. 생물학과 생태학에서 행위자는 세포, 박테리아, 동물, 식물 등이 될 수 있다. 1996년에 엡스타인(J. M. Epstein)과 엑스텔(R. Axtell)은 《성장하는 인공사회(Growing artificial societies)》라는 책에서 〈설탕산(Sugarscape) 모형〉을 발표하였다(Epstein and Axtell, 1996). 이 모형에서 각 행위자는 설탕을 소모하면서 생존한다. 행위자는 설탕산에서 설탕을 채굴하여 쓰고 남는 설탕은 저축한다. 이들은 슈거스케이프 모형을 행위자 기반 모형으로 구현하여 저축한 설탕의 양에서 부의 불균형(wealth inequality)이 발현하는 현상을 발견하였다.

행위자 기반 모형이 널리 연구되면서 행위자 기반 모형을 웹으로 구현할 수 있는 다양한 프로그램이 개발되었다. 대부분의 프로그램은 자체적으로 시뮬레이션할 수 있는 코드를 제공하고 있다. 대표적인 행위자 기반 모형인 넷로고(Netlogo)는 컴퓨터에 쉽게 설치하여 이용할 수 있다(채승병 et al 2007).

10.1 행위자 기반 모형이란?

행위자 기반 모형은 행위자들로 구성된 시스템에서 행위자들의 행동 방식을 컴퓨터 프로그램으로 구현하여 행위자 개개인의 행동 특성을 미시적으로 결정하고 시간에 따라서 발전하도록 한다. 이러한 행위자들이 상호작용하는 행동 특성을 바

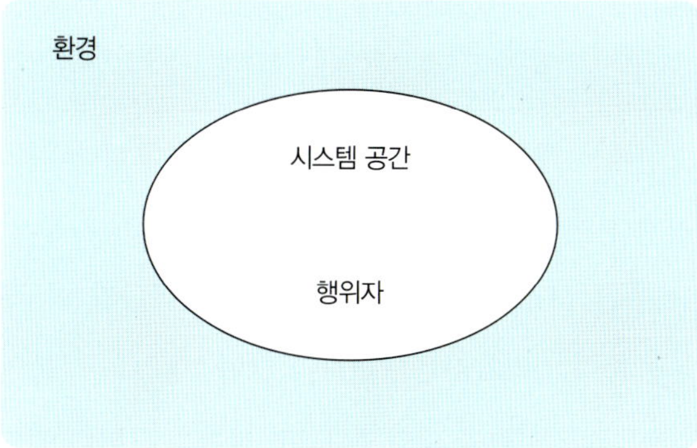

그림 10.1 행위자 기반 모형의 3요소인 행위자, 시스템 공간, 환경.

탕으로 시스템 전체의 독특한 특성을 이해할 수 있다. 행위자 기반 모형을 구성하는 세 가지 요소는 〈그림 10.1〉과 같이 행위자(agent), 시스템 공간(system space), 외부 환경(external environment)이다(채승병 2007). 시스템 공간에 놓인 행위자들은 행위자 자신의 속성을 가지고 있으며 상호작용한다. 행위자들은 상호작용뿐만 아니라 외부 환경의 영향을 받아 자신의 상태를 동력학적으로 바꾼다.

사회경제 현상을 설명하기 위해 도입한 행위자 기반 모형은 컴퓨터의 발전과 함께 급속히 발전하였다. 특히 컴퓨터를 활용하여 계산과 시뮬레이션에 능숙한 통계 물리학자들은 행위자 기반 모형을 쉽게 수용하였고 복잡계와 미래연구의 정량적 도구로 발전시켰다. 사회학, 경제학, 생태학에서는 행위자 기반 계산 경제학(agent-based computational economics), 행위자 기반 계산 사회학(agent-based computational sociology), 개체기반 생태학(individual-based ecology) 등으로 발전하고 있다(Castellano et al 2009). 행위자 기반 모형은 기존의 방법론과는 달리 미시적 행위자들에 의해서 생성되는 거시적 특성을 다루기 있기 때문에 생성적 접근(generative approach) 또는 구성적 접근(constructive approach)이라 부르기도 한다.

10.2 외부환경

행위자 기반 모형에서 행위자는 시스템을 구성하는 구성단위를 말하며, 시스템에 따라 각각 달라진다. 행위자의 예로는 사람, 동물, 세포, 자동차, 경제주체 등을 들 수 있다. 행위자들은 시스템 내부의 상호작용뿐만 아니라 외부환경에도 영향을 받아 자신의 행동을 동력학적으로 변경한다. 〈그림 10.2〉는 산불의 확산을 넷로고를 활용하여 시뮬레이션한 모습을 나타낸다. 첫 산불은 그림의 왼쪽 어딘가에서 시작되었다. 즉 외부에서 시스템 내부로 산불이 번진 것이다. 산불은 오른쪽으로 확산한다. 불이 붙은 나무의 이웃에 타지 않은 나무가 있으면 그쪽으로 불이 퍼져나간다. 나무들은 바둑판 모양의 이차원 사각형 내에서 자라고 있으며 검은색은 나무가 없는 곳을 나타낸다. 나무의 밀도가 충분히 크면 산불은 숲 전체를 태울 것이다.

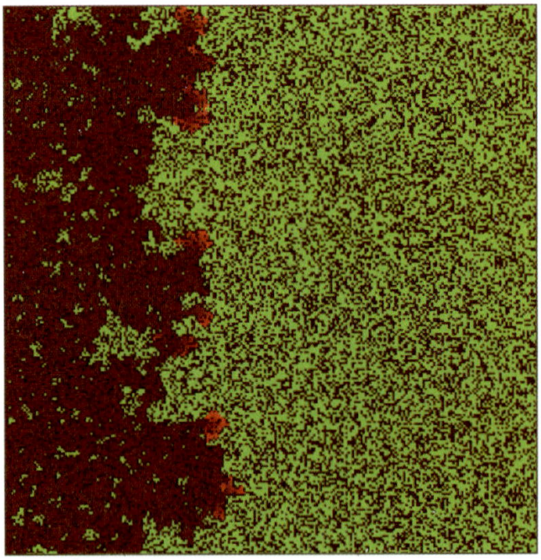

그림 10.2 산불 확산의 행위자 기반 모형. 첫 산불은 왼쪽 경계의 한 지점에 번개가 치면서 시작되었다. 이러한 번개는 외부환경에 국소적으로 작용하는데, 나무가 있는 곳을 태워서 산불이 시스템 내부로 전파해 가고 있다. 초록색이 나무, 검은색은 나무가 없는 곳, 빨간색이 현재 산불이 나고 있는 곳이다.

시스템은 환경과 상호작용을 하고 있으며 환경이 시스템에 작용하는 효과는 크게 두 가지로 나눌 수 있다. 첫째는 외부의 영향이 시스템 일부에 국소적(local)으로 작용하는 경우이다. 〈그림 10.2〉의 산불 예에서 첫 산불은 숲의 국소적인 한 지점에서 시작하였다. 산불이 확산되고 진화될 때까지 다른 번개는 떨어지지 않는다. 국소적 외부 영향이 전파하는 다른 예는 루머 전파를 들 수 있다. 한 곳의 지라시에서 시작된 루머는 이웃에 전파되면서 시스템 전체로 퍼지게 된다. 사회에 루머를 퍼뜨리는 성향을 가진 사람이 많을수록 루머는 전체 사회로 쉽게 퍼질 것이다.

둘째는 외부의 영향이 시스템 전체에 광역적으로 작용하는 경우이다. 〈그림 10.2〉의 산불 예에서 갑자기 비가 온다면 비는 숲 전체의 모든 나무에 영향을 줄 것이다. 물론 큰 비가 와서 숲 전체를 적시는 경우에 비는 광역적으로 작용한다. 산불의 규모가 엄청나게 커서 비가 국소적으로 내리는 경우에는 비도 국소적으로 작용할 수 있다. 외부의 영향이 시스템에 광역적으로 작용하는 예는 주식시장이나 외환시장에서 정보가 광역적으로 전달되는 경우를 생각할 수 있다. 만약 미국의 연방준비 이사회에서 오늘 금리를 올린다고 결정하면, 그 소식은 전 세계 뉴스로 방송될 것이고 그에 따라 내일 주식시장에 뛰어드는 투자자들이 주식을 사고팔 것이다. 이렇듯 행위자 기반 모형에서는 환경의 영향을 고려해야 한다. 물론 환경과 단절된 고립된 시스템에서 행위자 기반 모형을 구현할 수도 있다. 시스템이 환경의 영향을 받는 경우에는 어떤 방식으로 누구에게 그 영향이 미치는지 결정이 되어야 한다.

10.3 시스템 공간

행위자 기반 모형을 컴퓨터로 시뮬레이션할 경우 행위자들의 위치나 움직일 공간을 규정해야 한다. 행위자들이 놓여 있고 행동하는 공간을 시스템 공간이라 한다. 시스템 공간은 실제 현실 세계를 흉내 내는 물리적 공간이나 네트워크와 같은

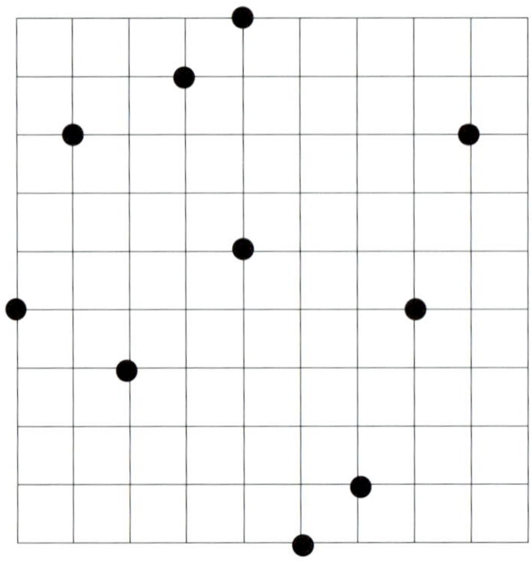

그림 10.3 사각 격자 공간은 바둑판과 같이 직선이 교차하는 점을 격자점이라 하고 행위자들이 격자점에 놓인다. 그림에서 검은 점은 행위자를 나타낸다.

추상적인 공간이다. 〈그림 10.2〉의 산불 예에서 나무들은 바둑판처럼 생긴 격자 위의 네모 칸에 놓여 있다. 산이나 숲에 놓여 있는 실제 나무들은 울퉁불퉁한 산이나 숲의 복잡한 지형에 놓여 있다. 산불의 예는 실제 지형은 단순화하여 격자 공간으로 옮겨놓은 것이다. 최근에는 GPS(Global Positioning System)를 이용하여 사람의 위치를 실제 공간에 표현할 수 있다. 사람의 실시간 위치 정보를 핸드폰을 이용하여 지도 위에 표현하는 경우가 지리적 공간 좌표를 이용하는 예이다.

컴퓨터 프로그램으로 행위자 기반 모형을 구현할 때 가장 많이 사용하는 공간은 〈그림 10.3〉의 격자 공간과 〈그림 10.4〉의 그리드 공간 또는 세포 공간이다. 격자 공간에서 행위자들은 격자점 위에 놓인다. 반면 세포 공간에서 행위자는 네모 칸 안에 놓인다. 이차원에서 격자 공간은 여러 가지 구조를 생각할 수 있다. 정삼각형이 연속해서 나열되어있는 삼각격자, 육각형 벌집 모양이 반복해서 나열되어있는 육각형 격자 등이 있다. 삼차원 공간에서는 더 다양한 격자 공간이 가능한데 흔히 사용하는 격자 공간이 육면체 격자 공간이다. 격자의 구조에 따라서 한 격자점의 최인접

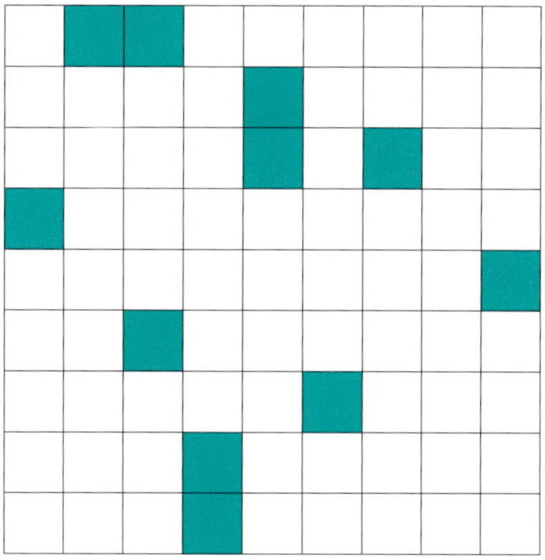

그림 10.4 사각 세포 공간은 바둑판의 네모 칸 안을 의미하며 행위자가 네모 칸 안에 놓인다. 초록 색깔의 칸에 행위자들이 놓여 있다.

격자점의 수도 달라진다. 사각 격자에서 최인접 이웃 격자점의 수는 4개이고 삼각형 격자에서 최인접 이웃 격자점은 6개, 벌집 모양 격자에서는 최인접 이웃 격자점의 수가 3개이다. 3차원의 육면체 격자에서는 최인접 이웃 격자점이 6개이다.

자연 또는 사회에서 실제 생명체의 움직임은 무격자의 연속 공간(continuum space)에서 일어난다. 이처럼 공간의 구조를 현실 세계의 공간과 같이 연속적인 공간으로 표현하고 컴퓨터에서 시뮬레이션할 수도 있다. 이 경우 행위자의 삼차원 위치와 속도와 같은 정보를 가져야 하고 이 값들이 시간에 따라서 변한다. 새들의 무리지음 현상, 사람들이 건물에서 탈출할 때의 움직임 등은 연속공간에서 표현한다.

인터넷과 같은 연결망은 격자 공간이나 지리정보 공간과는 또 다른 연결 공간을 제공한다. 네트워크 공간이라 부르는 연결망은 물리적인 연결과 관념적 또는 수학적 연결 공간을 생각할 수 있다. 인터넷이나 전력망과 같은 네트워크는 실제 물리적 연결망으로 형성되어 있지만, 물리적 네트워크의 상태를 몰라도 사용에는 문제가 없다. 3장에서 다양한 네트워크를 소개했다. 규칙적인 네트워크를 제외한 네트워크를 통칭해서 복잡계 네트워크라고 부른다(강병남 2010). 루머 전파와 같은 행위

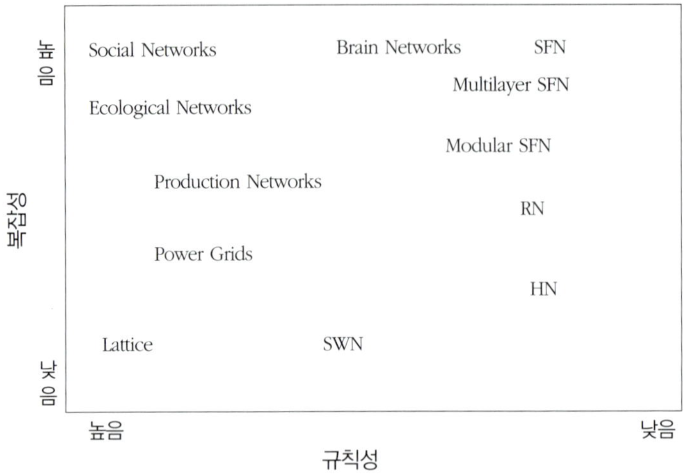

그림 10.5 네트워크 구조의 분류. 네트워크 구조를 복잡성과 규칙성으로 분류할 수 있다. 축척 없는 네트워크와 브레인 네트워크는 규칙성이 없고 복잡성이 높은 네트워크이다.

자 기반 모형은 네트워크 구조에서 시뮬레이션할 수 있다.

〈그림 10.5〉는 네트워크 구조를 규칙성과 복잡성으로 분류한 것이다. 격자 구조는 규칙성이 높고 복잡성이 낮다. 축척 없는 망과 브레인 네트워크는 규칙성이 낮고 복잡성이 매우 높은 네트워크 구조이다. 행위자 기반 모형은 시스템의 성격에 따라서 다양한 네트워크 공간에서 시뮬레이션을 수행한다. 사회관계망이나 경제 현상과 관련된 시스템은 작은 세상망, 축척 없는 망 또는 무작위망에서 시뮬레이션을 진행하는 경우가 많다.

사각 세포 공간은 〈그림 10.6〉과 같이 행위자가 네모 칸을 차지하고 있다. 세포 공간에서 인접 이웃은 폰 노이만 이웃과 무어 이웃이 있다. 행위자 기반 모형을 세포 공간에서 구현할 때 이웃과의 상호작용을 어떻게 표현할 것인가에 따라 폰 노이만 이웃과 무어 이웃을 사용할 수 있다.

격자공간의 경계에 놓인 행위자들을 처리할 때는 경계조건을 고려해야 한다. 다양한 경계조건을 생각할 수 있지만 보통은 주기 경계조건과 닫힌 경계조건을 흔히

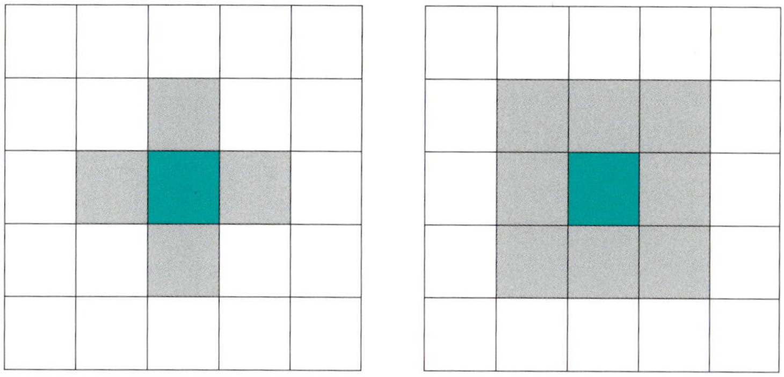

(a) (b)

그림 10.6 사각 세포공간에서 인접 이웃. (a) 폰 노이만 이웃. (b) 무어 이웃.

사용한다. 〈그림 10.7〉은 주기 경계조건을 따르는 사각격자 공간을 나타낸 것이다. 격자공간의 내부에 있는 격자점들은 모두 4개의 최인접 이웃 격자점을 가지고 있다. 주기 경계조건은 경계에 있는 격자점도 4개의 최인접 이웃을 가지도록 한다. 〈그림 10.7 (a)〉와 같이 왼쪽 경계에 있는 격자점은 오른쪽 경계와 연결되어 있다. 이차원 주기 경계조건은 사실 〈그림 10.7 (b)〉와 같이 토러스 공간에 그린 사각격자와 같다. 토러스에 그린 사각격자는 모든 격자점이 4개의 최인접 이웃을 가지고 있다.

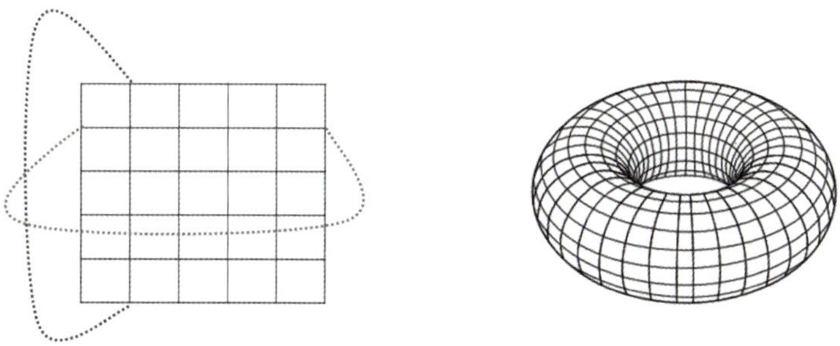

(a) (b)

그림 10.7 (a) 주기 경계조건. 경계에 있는 격자점도 4개의 최인접 이웃을 가지고 있다. (b) 주기 경계조건은 토러스(torus) 위에 그린 격자와 같다.

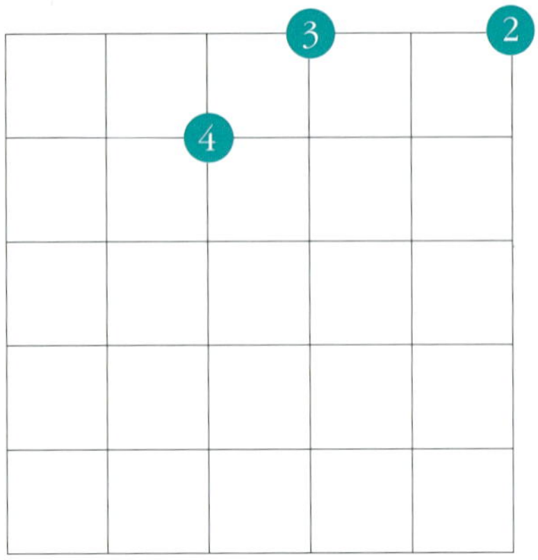

그림 10.8 닫힌 경계조건. 경계에 놓인 행위자 2와 3은 격자 내에 있는 행위자 4와 다른 최인접 이웃을 가지고 있다. 행위자 2는 두 개의 이웃을 가지고 있으며 행위자 3은 세 개의 최인접 이웃을 가지고 있다.

주기 경계조건은 한쪽에서 반대쪽의 이웃을 연결하는 방법에 따라서 다양하게 변형된 경계조건을 생각할 수 있다. 주기 경계조건과 함께 많이 사용하는 경계조건이 닫힌 경계조건이다. 〈그림 10.8〉은 닫힌 경계조건을 나타낸다. 즉, 경계에 놓인 격자점은 격자 내부의 격자점과는 달리 최인접 이웃이 적다. 그림에서 행위자 2와 3은 각각 최인접 이웃이 두 개와 세 개를 가지고 있다.

10.4 행위자

행위자 기반 모형에서 행위자에 대한 정의는 하나로 정리되지 않았지만, 학자들이 공통으로 받아들이는 견해를 바탕으로 행위자와 행위자의 특성을 살펴본다. 우리는 먼저 시스템을 정의할 것이다. 시스템은 우리가 관심을 가진 대상이고 시스템 주변의 환경과 확실히 구분되어야 한다. 물론 시스템은 환경의 영향을 받는다. 시스템은 관찰자가 어떤 시공간의 축척(scale)에서 대상을 관찰하는가에 달려 있다. 예

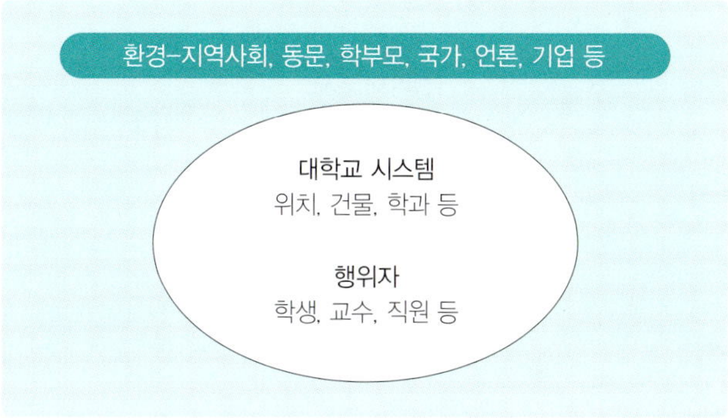

그림 10.9 대학교 시스템 예에서 행위자, 시스템 공간, 환경.

를 들어 학교 시스템에 관심이 있다면 어떤 특정한 대학교가 하나의 시스템이 될 수 있다. 좀 더 큰 스케일에서 국가 전체의 학교 시스템을 생각한다면 시스템은 한 국가의 학교 시스템이 될 것이다. 일단 관심의 대상이 되는 시스템을 확립했다면 시스템을 구성하고 있는 요소를 생각한다. 〈그림 10.9〉와 같이 대학교 시스템의 예에서 대학교를 구성하고 있는 요소는 학생, 직원, 교수 등이 될 것이다. 대학교 시스템의 시스템 공간은 대학의 위치, 건물, 재정 상태, 학과 등 학교를 구성하고 있는 물리적, 구조적 공간이 될 것이다.

대학교 예에서 볼 수 있듯이 시스템 공간이 정해지면 시스템을 구성하는 구성인자가 정해진다(Bonabeau 2002). 대학교 시스템 예에서 학생, 교수, 직원 등을 행위자(agent)라고 할 수 있다. 대학교 예에서 행위자들의 상태와 지위가 다른 세 종류의 구성인자로 되어 있기 때문에 대학교 예는 다중 행위자(multiagent)로 구성된 시스템이라 할 수 있다. 행위자 기반 모형에서 행위자들은 〈그림 10.10〉과 같이 독특한 특성을 갖는다. 시스템에 따라서 추가적인 특징들을 더 갖는 행위자 기반 모형도 존재한다. 행위자들이 갖는 일반적인 특징을 살펴보자.

행위자와 행위자의 특징을 알아보기 위해서 행위자 기반 모형의 성공적인 예인 새들의 무리지음(flocking or swarm) 행동 모형을 바탕으로 설명해 보자. 〈그림 10.11〉

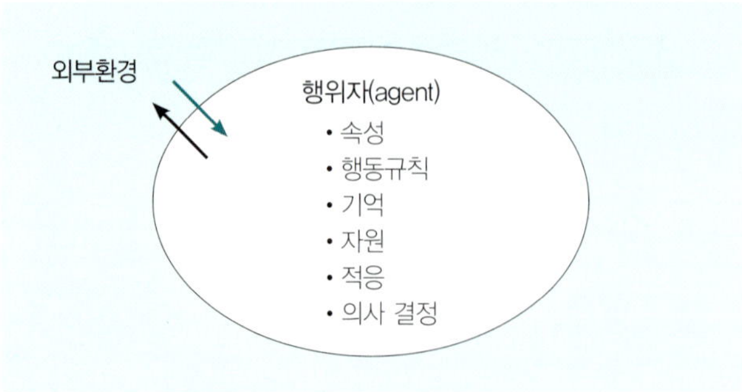

그림 10.10 행위자 기반 모형에서 행위자는 다양한 특성을 갖는다. 행위자는 외부환경의 영향을 받고, 시스템 공간에 놓인 다른 행위자들과의 상호작용한다.

은 새들의 무리지음 현상을 나타낸 사진이다. 새들은 떼를 지어 날아갈 때 서로 부딪히지 않으면서 군무를 춘다. 새 떼의 무리지음 현상은 많은 과학자에 의해서 연구되었다. 레이놀즈가 1987년에 소개한 새의 무리지음 모형인 플로킹 모형(Flocking Model)을 생각해 보자(Reynolds 1987).

금강하구의 철새 도래지나 충남의 천수만과 가로림만에 날아온 겨울 철새는 수만에서 수십만 마리가 집단을 이루어 군무를 춘다. 바다의 멸치나 전갱이는 포식자를 피하려고 물고기 떼(fish schooling)를 형성한다. 매와 같은 포식자가 새 떼를 공격하면 새 떼는 홍해가 갈라지듯이 포식자의 공격을 피한다. 물고기 떼도 상어나 참치와 같은 포식자가 공격해 오면 떼의 모양을 요리조리 변형하면서 공격을 피한다. 새 떼나 물고기 떼에는 그 움직임을 조절하는 지휘자 또는 조정자가 없다. 오로지 각 개체의 자율적인 행동이 집단현상으로 나타난다. 이러한 집단행동(herd behavior)에서 나타나는 창발 현상을 연구하는 통계 물리학자들이 많이 나타났다. 물리학자들은 별것에 다 관심을 둔다.

과학자들은 새 떼의 집단비행을 이해하기 위해서 새 떼의 비행을 고속카메라로 촬영했다. 이탈리아의 이론 통계 물리학자들은 로마역 근처에 고속카메라를 설치하고 매일 아침 날아오르는 찌르레기의 군무를 촬영하였다. 찌르레기는 아침에 먹

그림 10.11 새 떼의 군무. 찌르레기나 철새는 대규모 집단을 이루어 떼를 형성한다.

이 활동하기 위해서 함께 날아오른다. 그 새 떼를 촬영한 다음 각 새를 하나의 검은 점으로 표시하고, 새의 비행경로를 추적하여 이웃한 새들과의 관계를 조사해 보았다. 이 과학자들의 목표는 3차원 공간에서 비행하는 새 집단의 집단행동과 자체 조직화를 연구하는 것이었다. 새 떼의 비행 자체는 물리적 현상이므로 물리 법칙을 따를 것이다. 그러나 생명체의 운동은 기계적으로 움직이기보다는 이웃 새와의 상호작용과 돌발변수에 영향을 받을 것이다. 가끔은 새들이 제멋대로 행동하므로 행동잡음을 넣어 주어야 한다(Feder 2007).

헝가리의 통계 물리학자 토마스 비첵(Tamás Vicsek)은 새들이 일정한 속도로 날면서 일정한 거리의 이웃한 새들의 평균적 비행 방향을 인지하고 자신의 방향을 조절해주는 소위 비첵모형(Vicsek model)을 제안했다(Vicsek et al 1995). 각 새들이 방향을 조절할 때 방향잡음을 조금씩 넣어 주었다. 새들은 각자의 속도를 가지고 위치를 변화한다. 이런 비행모형은 새들의 집단비행을 재현해 주었다. 간단한 물리 모형이 새들의 군무와 유사한 현상을 보여준 것이다. 물론 실제 새들의 운동과는 세세한 부분이 다르지만, 집단비행 현상을 과학적으로 재현했다는 것이 중요하다. 비첵은 새들이 방향을 바꾸는 잡음의 세기를 조절해 보았는데 잡음의 세기가 너무 크면 새들이 흩어져서 집단비행을 유지하지 못했다. 비행하는 새의 평균속력의 크기를 구하면 새들이 한 방향으로 나는지 또는 멋대로 비행하는지 파악할 수 있다. 새의 평균속력은 새 집단의 질서를 파악할 수 있는 질서맺음변수이다. 새의 평균속력은 방향잡음의 세기가 임계점보다 커지면 영이 된다. 즉, 방향이 제멋대로이기 때문에 새의 속도를 더하면 영이 된다. 새의 속도는 벡터이므로 비행 가능한 360도 모든 방향에 대해서 똑같은 확률로 날아간다는 뜻이다. 즉, 비행잡음이 크면 집단비행이 일어나지 않는다. 비행잡음이 임계점보다 작아지면 새의 평균속력은 영보다 커지며, 방향잡음의 세기에 임계점에서 멀어질수록 연속적으로 증가하는 현상을 관찰할 수 있다. 이러한 현상을 비평형 연속 상전이라고 한다.

새와 같은 생명체는 일종의 능동물질(active matter)이라고 할 수 있다. 생명체, 세균, 바이러스, 살아있는 세포 등은 주변 환경에 따라서 스스로 행동을 결정한다. 사람의 행동 역시 능동행동이다. 사람의 집단행동, 복잡한 거리에서 많은 인파의 행동, 큰 운동장에서 사람들이 출입구로 이동하는 현상, 주식시장에서 주식을 사고파는 행동 등은 대표적인 능동행동이다. 이런 시스템들은 모두 비평형 상태에서 행동하는 현상이다. 비평형 현상에서 재미있는 현상들이 창발하는 것이라 할 수 있다.

이탈리아 물리학자들은 새 떼의 비행을 세심히 분석하여 다양한 특징을 알아냈다. 로마역 근처에서 새 떼들이 날아오를 때 새 떼의 규모는 200마리에서 50,000마리까지 다양했다(Al-Ghazi 2008). 새들은 떼로 날면서 서로 응집력(cohesiveness)을 보였다. 이러한 응집력은 새들 사이의 상호작용 때문에 발생했다. 새들은 가까이 있을 때 서로 붙어서 비행하려는 응집력이 강했으며 서로 멀어질수록 응집력이 감소하였다. 이러한 경향성은 예측한 것과 잘 맞았다. 사람도 가까이 있는 사람들끼리는 응집력이 세지만, 멀리 떨어지게 되면 응집력이 약해진다. 멀리사는 친척보다 이웃에 사는 사촌이 더 낫다는 말은 헛말이 아닌 셈이다. 새들은 비행할 때 방향 비등방성(directional anisotropy)을 나타냈다. 새들은 비행할 때 최대 6마리에서 7마리 정도의 이웃한 새와 강하게 상호작용했다. 새의 눈은 앞쪽을 향해 있으므로 시야 내에 들어온 새들과 보조를 맞춘다. 비첵모형에서 새 한 마리는 일정한 거리 내에 있는 모든 새와 같은 크기로 상호작용한다고 했지만, 실제 새 떼는 그렇지 않았다. 더 멀리 떨어져 있어도 시야에 보이는 7마리 정도의 행동으로 자신의 행동을 결정한다. 새는 국소적 비등방성(local anisotropy)을 갖지만 7마리 이상의 새들을 볼 때는 전역적 등방성(global isotropy)을 갖는다. 이웃한 새 7마리를 벗어난 새들의 방향은 뭉뚱그려서 본다. 이러한 현상은 인간사회에서도 비슷하게 일어난다. 각 개인의 생활을 살펴보면 적은 수의 사람들과 교류하거나, 비슷한 성향의 사람과만 어울리며 사회에 스며들어 개성을 드러내지 않는다.

새들은 이웃한 새들과 강하게 상호작용하지만 서로 충돌을 피하려고 너무 가까워지면 강한 회피행동을 한다. 마치 딱딱한 공이 서로 충돌하면 반발하듯이 딱딱핵 반별력(hard-core repulsion)을 받아 운동하는 것처럼 묘사할 수 있다. 한편 새 떼가 무리를 짓기 위해서는 멀리 떨어졌을 때 서로 응집해야 한다. 너무 멀리 떨어지면 고립을 피하려고 응집하며 너무 가까워지면 서로 회피한다. 날아가는 동안 가끔 방향을 마구 바꾸기도 한다. 각 새는 이웃한 새를 보면서 그 새들의 평균적인 비행 방향을 인식한다. 자신의 비행 방향이 이웃한 새들의 비행 방향에 어긋나있으면 자신의 비행 방향을 이웃 새의 평균 비행 방향에 맞춘다. 이렇듯 새들은 응집(cohesion), 회피(avoiding), 방향맞춤(directional alignment) 행동으로 집단비행을 할 수 있다. 응집이나 방향 맞춤은 이웃한 새들의 행동을 모방하는 모방 행동(imitation)이라 할 수 있다. 각 개체의 모방행동이 결국 집단 전체의 운동으로 나타난다. 새들의 모방행동은 새의 인지적 한계와 물리적 인식 한계 내에서 이루어지지만, 국소적인 상호작용 행동이 결국 무리 지음 행동을 나타낸다. 이렇게 새 떼의 무리지음 현상은 행동을 조율하는 지휘자가 없는 자기조직화 행동(self-organized behavior)의 전형적인 특징을 보여준다.

새 떼의 집단비행에 관한 연구는 우리에게 어떤 이점이 있을까? 새의 군무에서 과학적 원리를 발견하는 것 자체가 흥미롭지만, 그보다도 군집행동에 대한 이해는 우리에게 실질적인 도움을 준다. 앞서 살펴본 혼잡한 길에서의 보행 운동(pedestrian motion), 고속도로의 차량정체, 드론이나 소형위성의 군집 비행, 드론 쇼에서 드론의 응용, 주식시장에서 시장의 붕괴 현상을 이해하는 데 응용할 수 있기 때문이다. 사람은 다른 사람의 행동을 모방해서 따라 하는 경향이 있다. BTS의 콘텐츠가 한꺼번에 큰 인기를 끌거나, 갑자기 어떤 음원의 다운로드가 폭증하는 현상은 따라 하기 행동 때문이다. 어떤 옷이나 액세서리가 갑자기 유행하는 것도 사람의 모방 행동의 결과이다. 대통령 선거, 국회의원선거, 지방선거 등 다양한 선거에서도 그 시대의 분위기나 주변인들의 성향을 따라 투표하곤 한다. 사회에서 자신의 지조를 지킨다는 것은 무척 어려운 일이다. 그런데 사람 사이의 집단 접착제는 매우 유동적이므로, 이번 선거에서 A당이 집권했다 해도 다음 선거에서는 B당이 집권할 수 있다.

새들의 무리지음 모형에서 행위자는 새이다. 〈그림 10.12〉는 새의 무리지음 모형을 행위자 기반 모형으로 컴퓨터 프로그램으로 구현한 그림이다. 넷로고 프로그램 화면에 새를 잘록한 삼각형 모양으로 표시하였다. 컴퓨터에서 새를 마치 물리학에서 입자처럼 표현하였는데 이를 보이드라고 부른다.

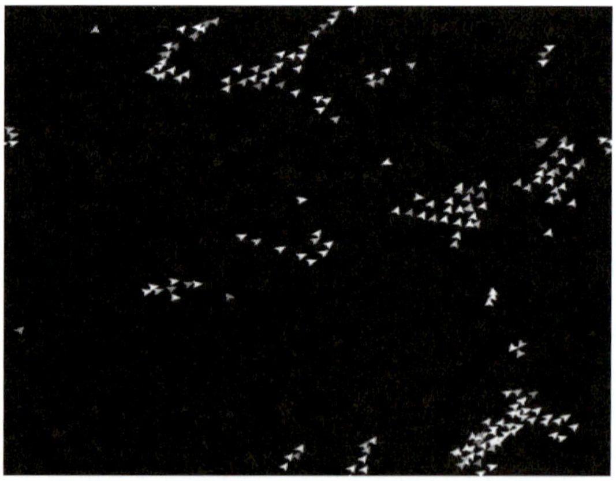

그림 10.12 무리지음 모형을 행위자 기반 모형 구현 프로그램인 넷로고에서 새를 형상화한 그림. 새를 잘록한 삼각형으로 표현했는데, 이를 보이드(boid)라고 부른다. 행위자 기반 모형에서 보이드의 행동방식을 부여하여 자율적이고 동력학적으로 움직이게 한다.

행위자는 자율성(autonomy)을 가지고 있다. 자율성은 행위자가 중앙통제를 받지 않고 스스로 판단하여 행동함을 의미한다. 행위자는 자신이 가지고 있는 정보, 이웃의 행위자들과의 상호작용에서 얻은 정보, 외부 환경에서 얻은 정보 등을 종합하여 독립적인 결정을 한다. 시스템 전체를 지휘하는 감독자, 지휘자, 독재자는 존재하지 않는다. 새 떼의 움직임에서 대장은 없으며 새들은 자신의 독립적 판단에 따라 행동한다. 물론 행위자들이 이웃의 행위자들과 상호작용할 때 제한된 거리만을 인식한다든지 시스템의 모든 정보를 알지 못하는 등의 제약이 있을 수 있다. 따라서 행위자들은 수동적(passive)이 아니라 능동적(active)으로 행동한다. 〈그림 10.12〉의 보이드는 주변의 다른 새들의 존재를 인식하여 자신의 상태를 바꾸는 행동 규칙을 갖는다. 행위자 기반 모형을 컴퓨터 시뮬레이션으로 구현할 때 행위자는 〈그림 10.13〉과 같이 기억력을 가진 객체(object)가 함수(function)에 의해 동작하는 자율적인 객체로 표현된다.

행위자 기반 모형에서 각 행위자는 독자적인 행동 규칙(action rule)과 주변의 이웃들과의 상호작용에 따라 반응성(activity)을 갖는다. 행위자가 지능이 없다고 가정할 경우, 이런 행위자를 최소행위자(minimalistic agent)라 한다. 최소행위자 모형은 물리학이나 자연과학 영역에서 행위자들 사이의 상호작용을 최소한으로 제한한 모형에

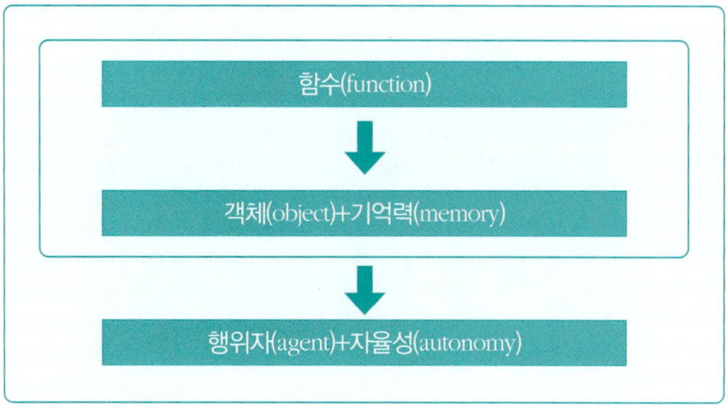

그림 10.13 함수(function), 객체(object), 행위자(agent)의 관계. 행위자는 과거의 정보를 토대로 자율적으로 판단하는 능력을 가진다.

서 흔히 볼 수 있다. 의견 동력학(opinion dynamics) 모형에서 찬성 의견을 가진 사람을 S=+1 또는 업 스핀(up spin)으로 표현하고 반대 의견을 가진 행위자를 S=-1 또는 다운 스핀(down spin)으로 표현하여 사회적 의견을 표출하는 의견모형은 대표적인 최소행위자 모형이다. 반면 행위자들이 적극적인 선행성(proactivity)과 반응성(reactivity)을 가진 복잡 행위자(complex agent)도 있다. 또한 속성이 전혀 다른 행위자들이 모인 시스템인 다중행위자(multi-agent)도 존재한다. 새들의 무리지음 모형에서 행위자의 행동 규칙은 다음과 같이 단순화할 수 있다.

분리 규칙(separation rule): 〈그림 10.14〉와 같이 행위자는 자신이 인지할 수 있는 거리 내(회색 원내)에서 이웃한 행위자들과 가장 가까운 거리가 기준 거리보다 가까워지면 충돌을 피하고자 분리 행동을 한다. 행위자는 인지거리, 최소 안전거리 등에 대한 기준을 가지고 있으며 충돌을 회피하기 위해 최적 방향을 찾는 규칙을 가지고 있다.

방향 조정 규칙(alignment rule): 행위자는 자신이 인지할 수 있는 거리 내(회색 원내)

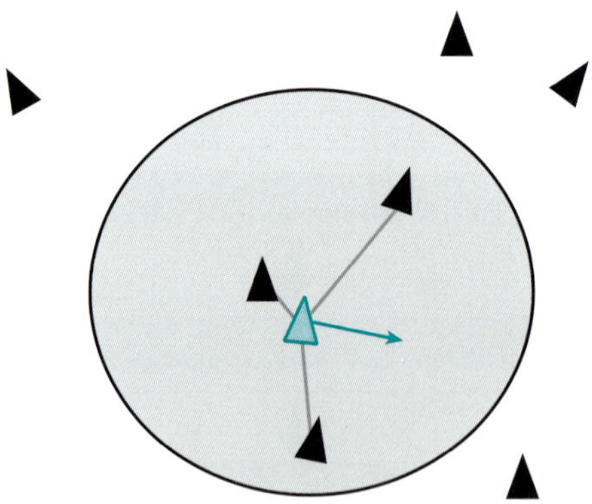

그림 10.14 무리지음 모형에서 분리(separation) 행동. 기준 원 내에서 제일 가까운 이웃까지의 거리가 기준 거리보다 작아지면 충돌을 회피하기 위해서 행위자는 충돌을 방지할 수 있는 공간으로 분리 행동을 한다.

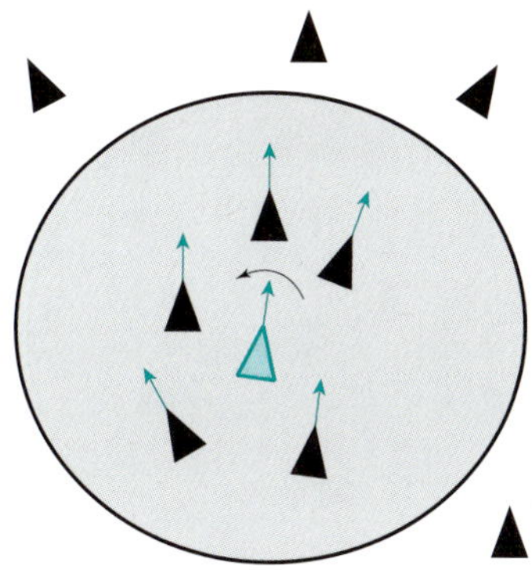

그림 10.15 무리지음 모형에서 방향 조정(alignment) 행동. 기준 원 내에서 자신의 비행 방향이 이웃의 평균적인 비행 방향과 어긋나면 행위자는 스스로 방향을 조정한다. 행위자는 이웃의 평균적인 비행 방향에 자신의 방향을 맞춘다.

에서 이웃한 행위자들의 평균 방향을 파악하고 자신의 움직임 방향이 무리와 어긋난 경우에 방향 조정을 한다. 〈그림 10.15〉에서 가운데 행위자는 주변의 평균 방향으로 자신의 방향을 틀어서 무리의 움직임 방향에 맞춘다. 방향을 조정하기 위해서 행위자를 중심으로 인지거리 내에 있는 다른 행위자들의 방향에 대한 정보와 평균 방향에 대한 정보를 계산하는 과정이 프로그램에 들어간다.

응집규칙(cohesion rule): 〈그림 10.16〉과 같이 행위자는 자신이 인지할 수 있는 기준 원의 질량중심을 계산하고 질량중심과 자신 사이의 거리가 허용기준 거리보다 멀리 떨어져 있으면 스스로 질량중심 쪽으로 이동하여 무리에 응집한다. 이 과정을 통해서 새 떼는 흩어짐 없이 떼를 지어 비행할 수 있다.

어떤 행위자는 선행적이고 목적지향적인 행동 규칙을 가지며 다른 행위자들의 행동이나 환경의 영향에 반응한다. 행위자는 환경에 적응하여 행동을 보이기도 한다.

선행적(proactive) 행동/목적 지향적 규칙(goal-directed): 행위자들은 자신의 특정한

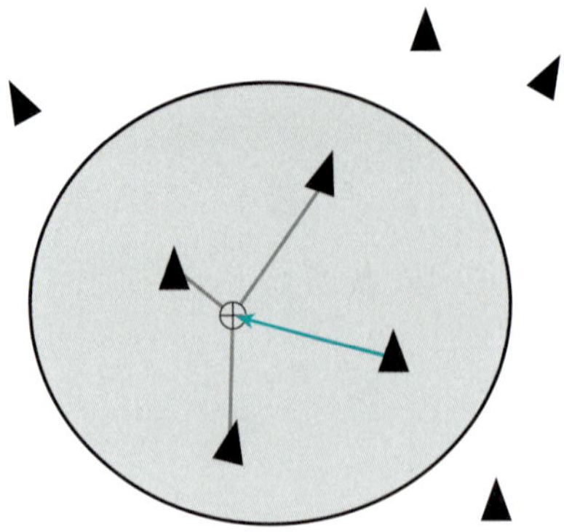

그림 10.16 무리지음모형에서 응집(separation) 행동. 기준 원 내에서 이웃의 질량중심과 자신과의 거리가 허용기준보다 멀리 떨어져 있으면 행위자는 질량중심 쪽으로 이동하여 무리에서 벗어나지 않는다.

목적에 따라 행동하는 경우가 많다. 새의 무리지음 모형에서 세 가지 행동 규칙은 새들이 모여 살며 단체 비행을 할 때 습득한 것으로 각 행위자에게 입력되어 있는 목적 지향적 규칙들이다. 새의 무리지음 현상에서 방향조정 행위는 새들이 같은 방향으로 날아가려는 속성이 반영된 것이다. 새의 무리지음 현상에서 새 전체를 지휘하는 대장 새가 존재하지 않으며 개별 새들의 움직임이 모여서 전체 새떼의 움직임 패턴이 결정된다.

반응적(Reactive) 행동/인지적(Perceptive) 행동: 행위자의 움직임 규칙은 이웃한 행위자에 반응하여 또는 행위자의 인지적 작용으로 일어난다. 새의 무리지음 현상에서 행위자는 자신의 인지반경 내의 새들과 상호작용함으로써 거리와 방향을 인지하고 행동을 조정한다. 옆의 새 또는 자신이 최인접 행위자에 너무 가까이 접근했을 경우에는 반응적 행동을 보여서 거리를 떨어뜨린다.

제한적 합리성(bounded rationality): 행위자들은 시스템 전체의 정보를 알 수 없기 때문에 자연스럽게 제한적 합리성을 가지고 행동한다. 합리성(rationality)이란 모든 행위자가 시스템의 모든 정보를 알 수 있으며, 완벽한 해석 능력을 토대로 자신에게 가장 유리하고 합리적인 선택을 할 수 있다는 개념이다. 경제학에서 합리적 행위자는 어떤 물건을 살 때 그 물건에 대한 모든 시장 정보를 가지고 있어서 그 물건을 어디에서 얼마에 사는 것이 자신에게 가장 유리한지를 알며, 그렇게 유리하다고 판단한 조건에서 물건을 구입한다고 본다. 합리적 행위자는 무한 능력을 가진 최적 행위자(optimizer)라 할 수 있다. 경제학자들은 이러한 합리적 행위자들로 구성된 합리적 시장을 가정하고 이론을 세운다. 그러나 일상생활에서 행위자들은 시스템의 모든 정보를 알 수 없다. 행위자는 자신이 얻은 제한된 정보와 자신의 제한된 능력을 토대로 행동하는, 제한된 합리성을 가진 존재라고 할 수 있다. 〈그림 10.16〉의 무리지음 모형에서 새는 인지거리 정보만을 가지고 자신의 행동을 조정할 뿐이다.

적응성(Adaptability)/학습(Learning): 복잡 적응계(complex adaptive system)는 광범위하게 연구되고 있는 주제이다(Miller, Page 2007). 행위자는 주변 환경에 끊임없이 적응한다. 기억(memory)과 학습은 적응에 있어서 중요한 요소이다. 새로 입사한 한 회사원은 그 회사에 빨리 적응한다. 생태학적인 변화가 생기면 생물체는 그 환경에 적응해 나간다. 적응은 행위자 개인적 수준에서 일어나며 변화된 환경에 완벽히 적응하지 않을 수도 있다. 개인별로 적응 능력에 차이가 있기 때문에 적응 속도도 각각 다르다. 인구 영역 또는 사회적 단위의 적응도 일어날 수 있다. 우리 사회의 저출산 문제는 우리 사회가 사회경제적 환경에 적응하여 인구 단위에서 적응한 결과이다.

이동성(Mobility): 행위자는 시스템 공간에서 이동성을 갖는 경우가 많다. 새의 무리지음 모형에서 행위자는 이차원 또는 삼차원 공간에서 위치를 변경한다. 위치의 변경에 따라 자신의 주변과의 상태를 파악하고 새롭게 행동 방식을 바꾼다. 이동성을 고려하지 않는 모형들도 많다. 격자공간이나 네트워크 공간에 놓인 행위자들은 격자점이나 노드에 고정된 채로 행동하기도 한다. 의견동력학(opinion dynamics) 모형이나 선거모형(voter model)에서 행위자들은 격자점에 고정된 채로 이웃들과 상호작용하면서 자신의 의견을 바꾼다.

기억(Memory): 행위자들은 주변에서 얻은 정보를 상당히 오랫동안 기억하면서 다음 행동을 결정할 때 이용하는 경우가 많다. 주식시장에서 행위자들은 최근 주식시장의 정보를 기억하고 있으며 관심이 있는 개별 주식의 등락에 대한 정보도 기억하고 있는 경우가 많다. 행위자들이 항상 기억을 가지고 있는 것은 아니며 기억 없이 행동하기도 한다. 특히 멋대로 행동하는 행위자인 경우에는 과거에 대한 기억 없이 바로 자신의 행동을 결정한다.

새의 무리지음 모형에서 제멋대로 비행하던 새들이 상호작용 규칙에 따라 국소적으로 상호작용하면서 비행을 지속하면 자연스러운 무리지음 현상이 발생한다. 〈그림 10.12〉에서 처음에 새들의 비행 방향은 제멋대로이다. 새의 무리지음이 저절로 발현된 현상을 바탕으로 다양한 응용을 생각할 수 있다. 예를 들어, 포식자가 나타났을 때 새 떼가 어떻게 행동할지 살펴보거나, 비행경로에 장애물이 놓여 있을 때 어떤 식으로 장애물을 피해 가는지 살펴볼 수 있다. 이를 건물이나 대규모 공연장에서 대피하는 모형으로 변형하여 응용할 수도 있을 것이다. 특히 건물의 입구 등이 제한되어 있을 때 탈출의 정체 또는 탈출 실패를 어떻게 이해할 수 있는지 행위자 기반 모형으로 구현해 볼 수 있다.

10.5 시뮬레이션

행위자 기반 모형을 컴퓨터로 시뮬레이션할 경우 다음과 같은 과정으로 구현할 수 있다. 행위자의 정의, 행위자의 행동 규칙 설정, 초기 상태에 대한 고려, 경계조건, 시스템 공간 등 행위자 기반 모형에서 고려해야 할 모든 상황을 고려해야 한다. 이 단계가 끝나면 비로소 시뮬레이션 프로그램을 짠다. 코딩에 앞서 입력값, 변수, 출력값 등에 대한 설정이 되어 있어야 한다. 코딩이 끝나면 작은 시스템 사이즈에 대해서 프로그램을 실행하면서 디버깅을 한다. 디버깅 과정에서 예기치 못한 에러나 추가로 고려해야 할 사항 등을 탐색하고 프로그램을 수정한다. 이렇게 프로그램이 완성되면 원하는 크기의 시스템 공간에서 고려해야 할 다양한 상태에 따라서 시뮬레이션을 실행한다. 최종적으로 시뮬레이션의 결과를 출력하여 분석하고 그 결과를 평가한 다음 추가적인 디버깅과 시뮬레이션을 실시한다. 최종 결과를 가지고 검증과 유효성 판단을 한다. 시스템으로부터 발현 현상 등 복잡계적인 성질을 탐색하고 분석한다. 전체 행위자 기반 모형의 시뮬레이션 과정은 〈그림 10.17〉과 같다.

행위자 기반 모형을 컴퓨터 시뮬레이션할 때 어떤 프로그램 언어와 시뮬레이션 플랫폼을 사용할 것인지 고려해야 한다. 컴퓨터 시뮬레이션 프로그램으로 흔히 사용하는 언어는 C-언어, 포트란, 자바, 파이썬, 매트랩, 매쓰매티카 등이 있다. 자신에게 가장 익숙한 언어를 선택하여 프로그램하자. 행위자 기반 모형 플랫폼을 사용한다면 넷로고(Netlogo), 리패스트(Repast), 스웜(Swarm), 마슨(Mason) 등을 고려할 수 있

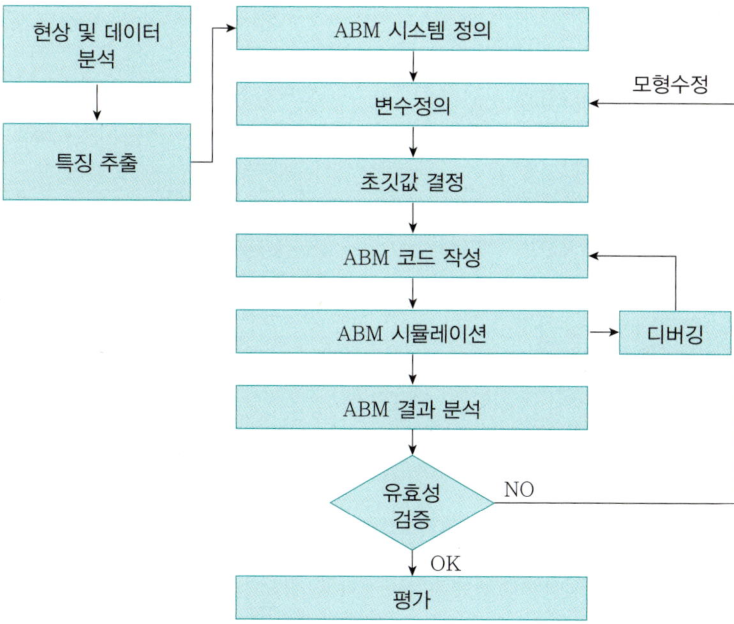

그림 10.17 행위자 기반 모형의 시뮬레이션 과정

표 10.1 행위자 기반 모형 프로그램 플랫폼/툴킷의 분류

컴퓨터 모델링 능력	시스템 크기	모델 개발 노력		
		쉬움	중간	어려움
모델 구현 능력 ↓	작은 크기	AgentScript Scratch, StarLogo Sugarscape	SEAS	
		AgentSheets BehaviorComposer FlexSim	Eve ExtendSim Mesa	
	중간 크기	JAS VSEdit	Agent Factory IEA JAMSIM Mathmatica SimAgent SimBiosys TerraMe	DigiHive MASyV
		NetLogo	Ascape SimEvents(MATLAB) Simul8	MASON
	큰 크기	SeSAM	AnyLogic MASS Pandora UrbanSim	Agent Cell Ecolab Repast–J Repast Symphony
			Repast HPC	MATSIM Swarm

다. 행위자 기반 모형 프로그램 플랫폼은 100여 개 이상이 알려져 있다(Abar et al 2017). 행위자 기반 모형 툴킷을 모델 구현 능력 대비 모델개발 노력의 난이도에 따라 분류하면 〈표 10.1〉과 같다.

10.6 인종격리 모형

행위자 기반 모형의 응용으로 인종격리 모형을 생각해 보자. 인종과 종교가 다양하게 분포한 사회에서도 같은 인종 또는 같은 종교를 가진 사람들끼리 서로 가까이 모여 사는 것을 종종 보게 된다. 1971년에 경제학자인 토마스 쉐링은 간단한 격리모형을 제안하였는데 시스템이 자발적으로 인종격리현상을 나타내었다(Schelling 1971). 셸링의 인종격리 모형을 단순하게 설명하기 위해서 두 가지 생태를 가지는 행위자를 고려한다. 행위자는 ×와 ○의 상태를 가질 수 있다. 〈그림 10.18〉과 같이 두 개의 행위자가 멋대로 분포되어 있다. 비어있는 칸은 행위자 없는 공간이다. 한 격자점의 이웃은 무어 이웃을 고려하고 경계는 닫힌 경계를 고려한다.

각 행위자는 주변 환경에 따라서 현재의 위치에 만족할 수도, 만족하지 않을 수도 있다. 한 행위자가 이웃에 자기와 같은 종류의 이웃이 문턱값(threshold value) $t\%$ 이상이면 만족하기 때문에 이동하지 않는다. 반면 이웃이 문턱값 미만이면 자신이 소수자로 전락하기 때문에 참지 못하고 이동한다. 이동은 격자점의 비어있는 칸을 멋

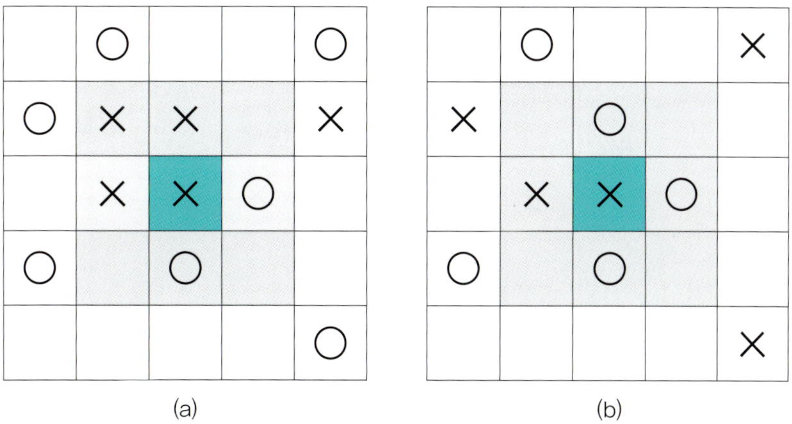

그림 10.18 쉘링의 인종격리 모형. 행위자는 ×와 ○의 상태를 가질 수 있다. 빈칸은 행위자가 없는 공간이다. (a) 가운데 행위자는 같은 이웃이 충분하므로 다음번 업데이트에서 이동하지 않는다. (b) 가운데 행위자는 같은 이웃이 적어 다음번 업데이트에서 다른 곳으로 이동한다.

대로 선택하여 이동한다. 이동 방법은 여러 가지가 있다. 이웃의 비어있는 칸으로 이동할 수도 있으며 현재의 위치에서 어떤 거리까지만 이동할 수도 있다. 예제처럼 비어있는 곳을 멋대로 선택하여 거리에 무관하게 이동할 수도 있다. 문턱값이 t=30%인 경우를 생각해 보자. 〈그림 10.18 (a)〉에서 가운데 행위자는 상태가 ×이고 자신과 같은 상태를 가진 행위자의 비율이 다섯 중에서 셋, 즉, $s=\frac{3}{5}>0.3$이므로 이 행위자는 이동할 필요가 없이 현재의 위치를 고수한다. 반면 〈그림 10.18 (b)〉와 같은 배열에서 자신과 같은 이웃의 비율은 $s=\frac{1}{4}<0.3$이므로 자신의 문턱값보다 작다. 따라서 이 행위자는 다음번 라운드에서 이 위치를 떠나서 다른 곳으로 이주한다.

〈그림 10.19〉에서 * 표가 붙어 있는 행위자는 같은 이웃의 비율이 문턱값보다 작기 때문에 다음 라운드에서 이동하는 행위자들이다. 모든 행위자가 문턱값 조건을 만족할 때까지 라운드를 계속하면 최종적인 배치를 얻을 수 있으며 그러한 배치는 같은 인종끼리 서로 이웃해 있는 인종격리 상태에 도달한다. 〈그림 10.20〉은 모든 행위자가 만족한 상태를 나타낸 것이다. 인종격리가 자연스럽게 발생하였다. 우

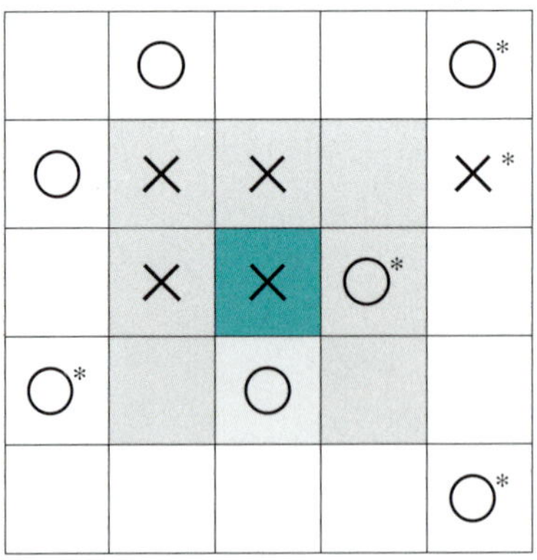

그림 10.19 옆에 *가 붙은 행위자는 자신과 같은 이웃의 비율이 문턱값보다 낮기 때문에 다음 라운드에서 비어있는 칸으로 멋대로 이동한다.

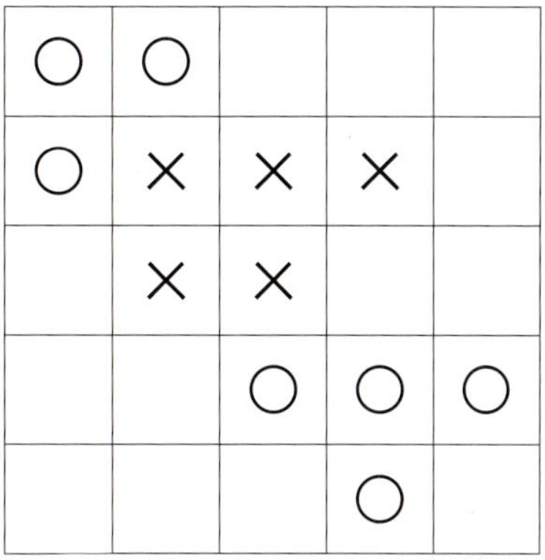

그림 10.20 인종 격리모형에서 최종적인 격리 상태에 도달한 배치 모습. 모든 행위자는 문턱 조건을 만족하고 있다.

리는 간단한 행위자 기반 모형에서 인종이 자연스럽게 격리되어 덩어리를 형성하는 현상을 컴퓨터 시뮬레이션으로 구현하였고, 어떤 방식으로 인종격리가 일어나는지 알게 되었다. 가장 핵심인 문턱값은 사회에서 자연스럽게 형성된 값이다.

11장

시스템 다이내믹스

시스템 다이내믹스는 독자적으로 발전하다가 복잡계 과학의 한 방법론으로 정착하였다. 시스템 다이내믹스는 구조(structure)를 파악하는 시스템(system)과 형태(behavior)를 파악하는 다이내믹스(dynamics)가 결합된 방법이다. 시스템은 우리의 관심 대상이다. 관심 대상은 환경과 분리되어야 한다. 시스템과 환경이 서로 구분할 수 없으면 시스템을 독립적으로 생각할 수 없다. 예를 들어 '우리나라의 코로나-19 전파'에서 시스템은 '우리나라'이다. 코로나는 보균자가 비보균자와 접촉하여 감염시키고, 감염되었던 사람들은 다시 회복되어 일상으로 되돌아온다. 가끔 외국에서 코로나 환자가 유입하기도 하고 자신의 감염 사실을 모르는 보균자가 외국으로 나갈 수 있다. 우리나라를 둘러싼 주변 국가들이 시스템의 환경이 될 것이다.

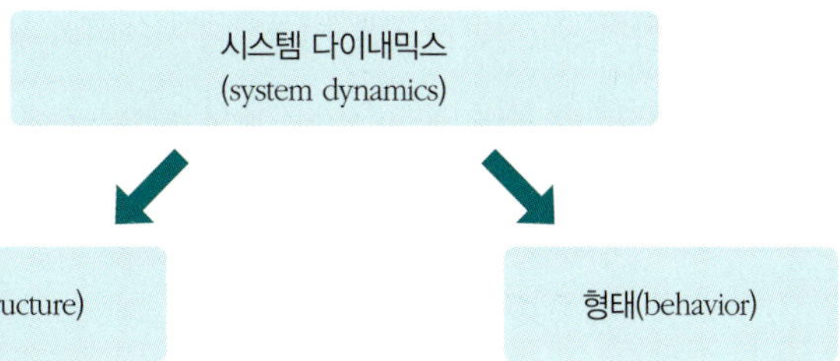

그림 11.1 시스템 다이내믹스. 시스템 다이내믹스는 구조를 파악하는 시스템과 형태를 파악하는 다이내믹스가 결합한 복잡계 방법이다.

시스템 다이내믹스의 개념은 여러 학자에 의해서 탄생했지만 공학자이며 컴퓨터 시스템 과학자인 제이 포레스터(Jay W. Forrester, 1918-2016)에 의해서 널리 퍼졌다. 포레스터는 15년간 공학자로서 MIT에서 공군 프로젝트를 수행했으며, 1956년에 MIT Sloan School에 합류했다. MIT Sloan School은 제너럴 일렉트릭의 최고경영자인 알프레드 스로완(Alfred P. Sloan)이 MIT에 5백만 달러를 기부하여 설립한 산업경영 대학원이다. 포레스터는 GE의 켄터키 가전공장의 불완전한 가동률을 종이와 연필만으로 시뮬레이션하여 문제를 해결했다. 포레스터는 1958년에 하버드 비지니스 리뷰(Harvard Business Review)에 시스템 다이내믹스의 원형이 담긴 〈산업 동태학-결정권자를 위한 파격적 방법(Industrial dynamics-A major breakthrough for decision makers)〉이라는 논문을 발표하였다(Forrester 1961). 1958년에 딕 베넷(Dick Bennett)은 다이나모(Dynamo)의 전신인 SIMPLE(Simulation of Industrial Management Problem with Lots of Equation)을 개발하여 동태학을 컴퓨터로 해결하는 방법을 제시하였다. 1959년에 알랙샌더 퓨(Alexander Pugh)와 필리스 폭스(Phyllis Fox)는 시스템 다이내믹스의 시뮬레이션 프로그램인 다이나모를 개발했다. 이 프로그램은 1980년대 초반까지 명맥을 유지하다가 GUI로 구현되어 스텔라(STELLA)로 발전하였다. 포레스터는 1961년, 처음으로 시스템 다이내믹스를 소개한 《산업 동태론(Industrial Dynamics)》이란 책을 출판하였다. 포레스터는 책의 서문에서 시스템 다이내믹스에 대해서 다음과 같이 밝히고 있다.

> 산업 동태론은 산업 시스템의 형태를 연구하는 방식으로서 정책과 의사결정, 구조 그리고 지연 등이 어떻게 상호 연결되어 시스템의 성장과 안정성에 영향을 주는지 밝히고자 한다. .... 산업 동태론은 시스템에 동태적인 특성을 부여하는 정보 네트워크가 중요하다(Forrester 1961).

1968년에 미국 보스턴의 시장을 지냈던 존 콜린스(John F. Collins)는 MIT Sloan School의 포레스터 옆 연구실에 근무하게 되었다. 두 사람은 도시 문제를 해결하기 위한 토론을 벌이다가 도시 문제를 해결하는 데 시스템 다이내믹스를 적용하였다. 그렇게 시스템 다이내믹스의 적용 범위는 확장되었으며, 이를 토대로 포레스터는 1969년에 《Urban Dynamics》를 출판하였다(Forrester 1969). 1971년에는 세계의 산업화 문제에 시스템 다이내믹스를 적용한 《World Dynamics》가 출판되었다(Forrester 1971). 포레스터는 세계의 산업화의 성장에 한계가 있으며 성장은 결국 '균형' 상태로 발전할 것이라는 개념을 제시하였다.

1968년 4월에 이탈리아 기업가 아우렐리오 페체이(Aurelio Peccei)의 주도로 과학자, 경제학자, 교육자, 기업가, 정치 지도자 30명이 이탈리아 로마의 린체이 아카데미(Academia dei Lincei in Rome)에 모였다. 이 모임은 비정부기구(NGO)인 로마클럽(Club of Rome)[6]으로 발전하였으며, 주로 전 세계적인 자원고갈, 환경오염, 인구의 폭발적인 증가, 핵무기의 위험 등을 주로 논의하였다. 이들은 특히 경제, 정치, 자연, 사회 영역의 독립적 구성요소들이 전 세계 시스템에 미치는 영향을 알고자 했다. 이에 로마클럽은 1970년에 〈인류의 위기에 관한 프로젝트(Project on the Predicament of Mankind)〉를 계획하였다. 각 나라가 처한 '풍요 속의 빈곤', '환경 파괴', '신뢰의 상실', '무분별한 도시화', '고용 불안정성', '젊은이의 소외', '전통적 가치의 붕괴', '인플레이션', '경제적 불안정' 등이 가져오는 복합적 문제를 이해하고, 인류가 당면한 '세계 문제'를 조망하려 한 것이다. 1970년 여름 미팅에서 MIT의 제이 포레스터는 시스템 다이내믹스를 이용하여 세계의 각종 문제를 분석하는 세계모형을 제시하였다. 이를 계기로 인류 위기 프로젝트는 MIT의 시스템 다이내믹스 그룹이 맡게 되었다. 그들이 고려할 주요한 다섯 가지 요소는 궁극적 한계에 직면할 '인구', '식량 생산', '천연자원', '산업 생산', '오염'이었다. 이 프로젝트는 MIT의 데니스 엘 메도즈(Danis L. Medows)가 주도했으며 미국, 터키, 이란, 인도, 노르웨이, 독일 출신의 연구자들이 참여하였다. 그들은 시스템 다이내믹스 방법을 사용했으며 컴퓨터 시뮬레

6 이 모임의 첫 회의가 로마에서 열렸기 때문에 로마클럽이라 부르게 되었다.

이션 모델인 World 3를 이용하여 1900년부터 2100년까지 세계가 성장하는 12가지 시나리오 모형을 제시하였다. 그들의 연구 결과는 1972년에 《성장의 한계(Limits to Growth)》란 책으로 출판되었다. 《성장의 한계》는 세계 인구의 폭발적 증가, 농업 생산력의 정체, 환경 파괴로 초래된 문제 때문에 지금(1972년)과 같은 삶의 방식을 유지할 경우 인류는 100년밖에 존속할 수 없다고 주장하였다. 《성장의 한계》는 발간 이후에 3천만 부 이상이 판매되어 《자본론》, 《종의 기원》과 함께 인류가 남긴 중요한 책으로 평가받고 있다.

《성장의 한계》가 주목받으면서 시스템 다이내믹스가 학문적으로 발전하기 시작하였다. 1980년대에 들어서면서 베리 리치몬드(Berry Richmond)가 개발한 시뮬레이션 프로그램 스텔라가 다이나모를 대체하면서 대중화되었다. 스텔라는 그래픽 시뮬레이션을 도입하여 초보자도 직관적으로 시스템 다이내믹스를 구현할 수 있게 해주는 프로그램이다. 1990년에는 벤심(Vensim)이 출시되어 쉽게 시스템 다이내믹스를 구현할 수 있게 되었다. 1990년대에는 피터 센게(Peter Senge) 등 다양한 학자에 의해서 시스템 다이내믹스가 광범위하게 확산되었다(Senge 1990). 2000년대에 포레스터의 주도로 미국 초, 중등 교육인 K-12에서 시스템 다이내믹스 교육이 도입되었다.

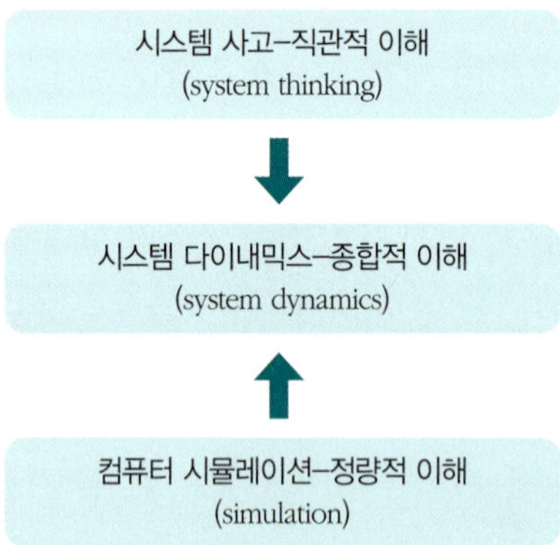

그림 11.2 시스템 다이내믹스의 구성. 시스템 다이내믹스는 시스템 사고와 시스템 시뮬레이션으로 이루어져 있다.

시스템 다이내믹스는 시뮬레이션 파트를 뺀 시스템 씽킹(system thinking)만으로도 사회경제 시스템의 다양한 현상의 인과관계를 파악할 수 있기 때문에 그 유용성이 입증되고 있다. 우리나라의 연구자들도 시스템 다이내믹스를 적극적으로 수용하였다. 현재는 한국시스템다이내믹스 학회가 설립되어 연구와 학회 활동을 지속하고 있다.

자, 이제 시스템 다이내믹스 구조에 대해서 본격적으로 살펴보자. 〈그림 11.2〉와 같이 시스템 다이내믹스는 크게 시스템 사고(system thinking)와 시스템 시뮬레이션(system simulation)으로 구성되어 있다. 시스템 사고는 시스템을 직관적으로 이해하는 방법을 제시한다. 시스템 사고는 매우 과학적인 사고 방법이기 때문에 시스템 사고 자체만 시행해도 커다란 시사점을 찾을 수 있는 경우가 많다. 시스템을 좀 더 구체적으로 이해하기 위해서는 시뮬레이션이 필요하다. 시뮬레이션으로 구한 정량적 양은 시스템의 변화를 동력학적으로 보여준다. 시스템 다이내믹스의 완성은 시스템 사고와 시뮬레이션을 종합하여 시스템을 통합적으로 분석하는 것이다.

〈그림 11.3〉은 시스템 다이내믹스의 흐름도를 나타낸 것이다. 시스템 사고는 대상에 대한 직관적 사고 방식으로 인과 지도(CLD, Causal Loop Diagram) 작성을 기반으로 시스템 전체에 내재해 있는 '문제의 발견', '개념의 형상화', '정책 시나리오 개발'을 포괄한다. 시스템 사고는 시스템에 포함되어있는 세계관, 주요한 사상 추출 및 체계화하는 과정이다. 이러한 과정에서 연구자는 4가지 주요한 사고를 기반으로 인과 지도를 작성한다. 네 가지 사고방식은 '피드백 사고(feedback thinking)', '동태적 사고(dynamic thinking)', '사실적 사고(operational thinking)', '종합적 사고(integrated thinking)'를 말한다. 종합적 사고는 피드백 사고, 동태적 사고, 사실적 사고를 종합적으로 고려하는 사고방식을 말한다(곽상만, 유재국 2016).

개념모델인 인과 지도를 작성할 때 시스템의 주요한 변수 확립, 보조변수 확립, 변수 간의 인과관계 연결을 고려해야 한다. 인과 지도가 작성되면 시뮬레이션 모델인 저량-유량지도(SFD, Stock-Flow Diagram)를 작성하고 이를 바탕으로 시뮬레이션 코

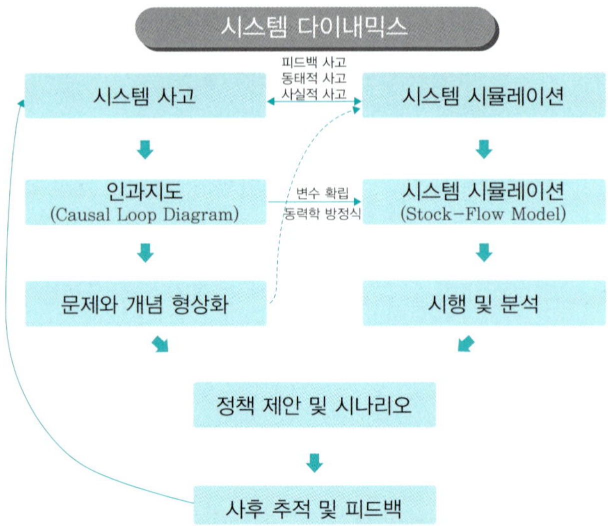

그림 11.3 시스템 다이내믹스의 흐름도. 시스템 사고는 인과 지도를 작성하여 문제를 파악하고 개념을 형상화한다. 반면 시뮬레이션은 시스템을 모형화하여 시뮬레이션 코딩을 작성, 결과 획득, 분석 등의 작업으로 이루어진다.

드를 작성한다. 코드를 작성할 때는 시스템의 독립변수, 종속변수, 보조변수 등을 저량-유량 지도를 참고하여 확립하고 적절한 초깃값을 설정한다. 입력 자료에 통계적인 추정, 전문가 설문조사 등의 반영할 수 있다. 시뮬레이션 코드가 완성되면 시행과 디버깅 후에 코드를 실행한 후에 결과를 얻는다. 결과를 분석하여 정책과 시나리오를 개발한다. 정책이 현실 세계에 적용된 경우에 시스템 다이내믹스의 예측 결과와 실제 세계의 실현 값을 비교할 수 있다.

시스템 다이내믹스의 방법은 다른 통계적 및 시뮬레이션 기법과 많은 차이가 있다. 시스템 다이내믹스의 위치는 〈그림 11.4〉와 같다. 그림의 가로축은 시간적 변화를 나타내고 세로축은 피드백 관계로 나타낸다. 시간 축은 시스템의 변화가 없는 정태적 상태(static state)에서 동태적 상태(dynamic state)로 변한다. 세로축은 단선적 관계(linear relation)에서 피드백 관계(feedback relation)로 변한다. 시스템 다이내믹스는 1사분면과 2사분면에 걸쳐있다.

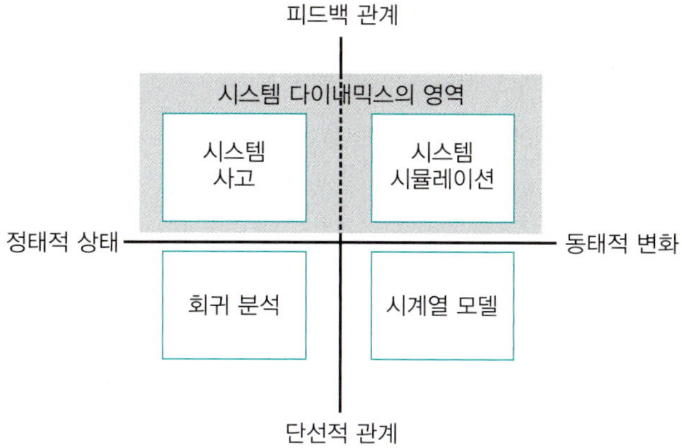

그림 11.4 시스템 다이내믹스 방법의 위치. 시스템 다이내믹스는 1사분면과 2사분면에 걸쳐 있다.

정태적 상태는 시간적 변화를 고려하지 않는 상태를 말한다. 반면 동태적 상태는 시스템의 시간적 변화를 고려하는 상태를 말한다. 단선적 사고와 피드백 사고의 차이는 시스템 사고에서 자세히 살펴볼 것이다. 〈그림 11.4〉와 같은 2축 분석에서 각 분면에 놓이는 통계분석, 정책분석, 미래분석 방법이 다수 존재한다. 여기서 예시한 회귀분석, 시계열 모델은 하나의 방법일 뿐이다. 각 분면에 다수의 방법을 제시할 수 있다.

11.1 시스템 사고

시스템 다이내믹스는 실제 세계를 시스템과 환경으로 구분하고 시스템을 지배하는 동력학적 구조(structure)를 파악한 다음, 그러한 구조가 시스템의 형태(behavior)를 어떻게 결정하는지에 관심을 가지는 세계관에 기초한다. 시스템 사고는 직관적 사고(intuitive thinking)와 경험을 바탕으로 실제 세계의 특징을 추출하고 독립적인 변수를 확립하여 이들 사이의 인과관계를 파악하는 것이 핵심이다.

시스템 사고의 첫 단계는 시스템을 확정하는 일이다. 시스템(system)은 그리스어 '시스테마(systema)'에서 유래하였다. 시스템은 상호작용하는 구성요소가 복잡하게 얽힌 부분들의 유기적 총체를 뜻한다(다음사전, system). 시스템을 확정할 때에는 시스템을 둘러싸고 있는 환경과 시스템을 구분하는 것이 중요하다. 설정한 시스템이 환경과 분리되지 않으면 시스템의 경계를 확장하여 시스템을 다시 결정한다. 사회경제적 시스템은 시스템의 구성요소가 사람이고, 생태계 시스템은 구성요소가 생명체일 것이다. 시스템 구성요소들이 얽혀 있고 계층적 구조(hierarchical structure)를 가질 수 있으며 구성요소들이 상호작용하며 얽혀 있다. 시스템은 자율성(self-controlled)을 가지고 동작하며 목표 지향적(goal-oriented)이다. 시스템은 하위 시스템들의 개별적 효과의 합보다 더 큰 효과를 나타내는 홀론(holon)적 또는 전일적(holism) 특성을 가진다. 시스템의 구성요소, 상하위 구조의 되먹임은 시스템 전체에 시너지(synergic)를 가져온다.

시스템은 구조적 측면과 기능적 측면으로 나눌 수 있다. 〈표 11.1〉은 시스템의 구조적 특성과 기능적 특성을 요약한 것이다. 시스템의 구조적 특성은 입력-처리-출력(IPO, Input-Process-Output) 구조, 피드백 구조, 계층적 구조로 나눌 수 있다.

표 11.1 시스템은 구조적 및 기능적 특성

시스템	구조와 특성	효과	시스템 사고 요소
구조적 특성	입력-처리-출력(IPO)구조	처리구조 명료화	정보 처리 과정
	피드백구조	되먹임 과정 파악	인과관계
	계층적 구조	계층적 영향 파악	상하위 구조
기능적 측면	목표 지향적	시간지연	동태적 사고
	상승 작용적	시스템 에너지	통합적 사고
	자기 제어적	엔트로피 증가 억제	피드백 사고

〈그림 11.5〉는 시스템의 구조적 특성을 그림으로 나타낸 것이다. IPO 구조는 출력이 다시 다음 단계 IPO의 입력으로 작용하기도 한다. 여러 개의 IPO 구조가 서로 물려있다. IPO 구조는 또한 계층적 구조를 가질 수 있다. 하위 시스템(sub system)의 IPO와 상위 단계(supra system)가 서로 물려있다. IPO의 출력은 감지 시스템에서 감지되어 다시 입력단으로 보내진다. 이때 제어 시스템과 조치 시스템이 작용하여 출력의 일부를 입력으로 되먹인다. 이러한 피드백 구조는 시스템의 상태를 서로 얽히게 하여 복잡한 동력학적 결과가 발생한다. 기능적 측면에서 시스템의 IPO 구조는 목표 지향적인 특성을 가진다. 목표에 도달하기 위해서 시스템의 계층적 구조는 시간지연을 발생시킬 수 있기 때문에 시스템을 통합적으로 바라보아야 한다. 시스템의 피드백 구조는 상승 작용적(synergetic) 특성을 가지기 때문에 시스템을 대표하는 변수의 증가나 억제에 관심을 가져야 한다. 시스템은 '그 자체로 전체이며 동시에 부분적 특성'인 전일적 특성을 가진다.

시스템을 확정했으면 첫 번째 할 일은 문제를 정의하는 것이다. 문제의 스케일에 따라서 문제의 복잡성이 달라진다. 주차 문제와 같은 소규모 문제는 고려할 변

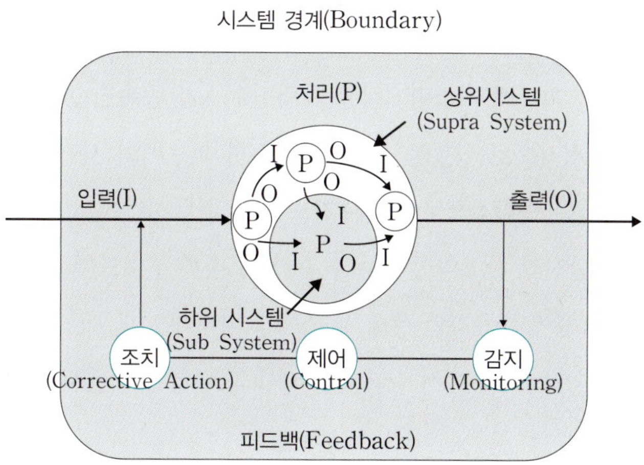

그림 11.5 시스템의 구조적 특성. 시스템은 IPO 구조, 계층적 구조, 피드백 구조가 얽혀있다.

수가 적다. 반면 물가 변동 문제와 같은 거시경제 문제는 스케일이 크고 다루어야 할 변수가 많다. 문제가 확립된 다음에 할 일은 시스템의 변화를 이끄는 독립적인 요소를 끄집어내는 것이다.

시스템 다이내믹스에서 인과 지도의 작성과 해석만으로도 많은 정보를 얻을 수 있다. 실제로 많은 연구자는 인과 지도 작성과 해석 단계에서 시스템 다이내믹스를 끝내는 경우가 많다. 그러나 실제 시스템의 상태를 예측하기 위해서는 저량-유량 분석과 시뮬레이션이 필수적이다. 시스템 씽킹은 어떤 면에서 부드러운 방법론(soft methodology)이라 할 수 있다.

시스템 씽킹의 핵심은 피드백 사고를 이해하는 것이다. 단선적 사고는 인과관계를 단선적 또는 선형적(linear)으로 보는 것을 말한다. 예를 들어, 기온의 상승에 비례하여 불쾌지수가 오른다고 생각한다면 이는 단선적 사고이다. 사실 불쾌지수는 온도가 어떤 임계점을 넘어서면 선형을 벗어나 급격하게 증가한다. 피드백 사고와 단선적 사고가 나타내는 형태를 〈그림 11.6〉에 나타냈다. 단선적 사고는 독립변수가 증가하면 종속변수가 그에 비례해서 선형적으로 증가하거나 감소한다. 주식시장의 주식 가격을 예로 들어보자. 오늘 어떤 주식의 가격이 계속 올랐다 해서 내일도 계속 오를 것으로 예측한다면 단선적 사고이다. 마찬가지로 오늘 주식이 내리니 내일도 계속 내릴 것으로 예측한다면 이 또한 단선적 사고이다. 그러나 피드백 사고는 그렇지 않다. 피드백 시스템에서는 독립변수 X가 종속변수 Y에 영향을 주면 Y 역시 X에 직간접적으로 영향을 되먹인다. 특히 피드백의 시간지연을 고려해야 한다. 대개 피드백은 즉각적으로 나타나기보다는 일정 시간이 지난 후에 되먹임되는 경우가 많다. 단선적 사고의 형태는 단순한 데 비해서 피드백 구조의 형태는 다양하다. 〈그림 11.6〉에 대표적인 형태 세 가지를 나타내었다. 이 외에도 더 많은 형태가 가능하다. 피드백 구조에서 나타나는 형태의 원형은 뒤에서 좀 더 자세히 살펴본다.

시스템 사고의 핵심인 피드백 씽킹은 〈그림 11.6〉과 같이 두 개의 변수가 인과

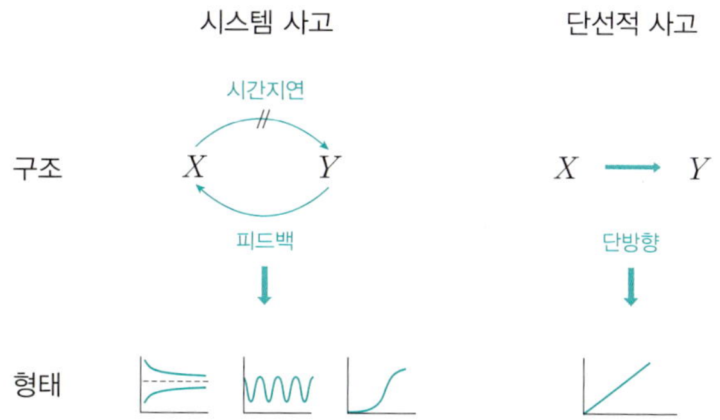

그림 11.6 시스템 다이내믹스의 구조와 형태. 단선적 사고는 즉각적 효과가 나타나지만 시스템 사고는 좀 더 복잡한 인과관계를 갖는다.

관계에 의해서 서로 영향을 주고받는다. 따라서 두 변수 X, Y는 영향을 주고받는 변수이다. 되먹임 구조는 시간지연 없이 즉시 나타나기도 하고 일정한 시간이 지연된 후에 영향을 주기도 한다. 시스템 사고에서 변수들 사이의 피드백 관계를 파악하는 과정은 핵심적인 과정에 속한다. 두 변수는 상관관계가 아니라 인과관계(causal relation)에 있다.

11.2 인과 지도

시스템 다이내믹스에서 인과 지도(Causal Loop Diagram, CLD) 작성은 시스템 사고의 핵심이다. 가장 먼저 할 일은 시스템을 확정하고 시스템의 변화를 나타내는 변수들을 확정하는 것이다. 브레인스토밍 과정으로 시스템을 표현하는 변수 후보 목록을 작성한다. 이 목록에 포함된 변수가 시스템 상태를 표현하기에 적합한지 알아보기 위해 각 변수가 증가하거나 감소하는 상황에서 다른 변수들이 따라서 변하는지 생각해 본다. 선정한 변수가 다른 변수가 전혀 영향을 주지 않거나 극히 미미한 영향을 준다면 그 변수는 시스템을 표현하는 변수가 아니다. 그러니 리스트에서 삭제하

자. 시스템의 변화를 묘사하는 변수가 많을 수 있으므로 우선 가장 주요한 변수를 파악해야 한다. 중요도가 낮은 변수들은 나중에 인과 지도에 추가할 수 있다. 인과 지도는 시스템 다이내믹스 프로그램인 벤심(vensim)을 이용하면 컴퓨터 화면에 쉽게 그릴 수 있다. 벤심과 같은 프로그램에 익숙하지 않다면 백지 위에 그리면 된다. 작성이 쉽고 시뮬레이션도 필요하지 않아 미리 만들어두면 시스템을 전체적이고 직관적으로 이해하는 데에 도움이 된다. 특히 시스템이 복잡한 경우에는 대상을 구체화할 수 있다는 장점이 있다.

인과 지도를 그리는 규칙은 없기 때문에 시스템 다이내믹스의 경험이 중요하다. 먼저 가장 중요한 변수들부터 그리고 필요에 따라 덜 중요한 변수들을 추가하면서 변수를 늘려나갈 수 있다. 어떤 경우는 두 개 이상의 독립적인 인과 지도가 그려지고, 인과 지도를 확장하는 단계에서 독립적인 인과 지도가 결합한다. 인과 지도는 두 개의 변수를 원인과 결과로 표현하는 것이다. 수학에서 함수 $y=f(x)$를 생각해 보면, 입력 변수이고 독립변수인 x은 원인이고, 출력 변수이고 종속변수인 y는 결과이다. 인과 지도에서 이 관계는 $x \rightarrow y$로 나타낸다.

인과 지도를 그릴 때 주의할 점은 다음과 같다(곽상만, 유재국 2016).

1) 변수명은 정량적이고 단위가 명확한 명사형 어휘가 좋다.
2) 동사형 명사는 사용하지 않는다.
3) 긍정적 단어를 사용한다.
4) 독립변수와 종속변수의 연결은 인과관계가 있어야 한다.

변수의 이름은 정량적이고 단위가 명확한 명사형 어휘가 좋다. 추상적 단어는 변수 이름으로 좋지 않다. 인과 지도는 시뮬레이션에서 저량-유량 그림으로 변환될 것이므로 정량화가 가능한 변수를 선택한다. 변수의 이름을 정할 때 동사형 명사는 가급적 사용하지 않는다. 예를 들어 변수의 이름으로 '가격 상승'은 적합하지

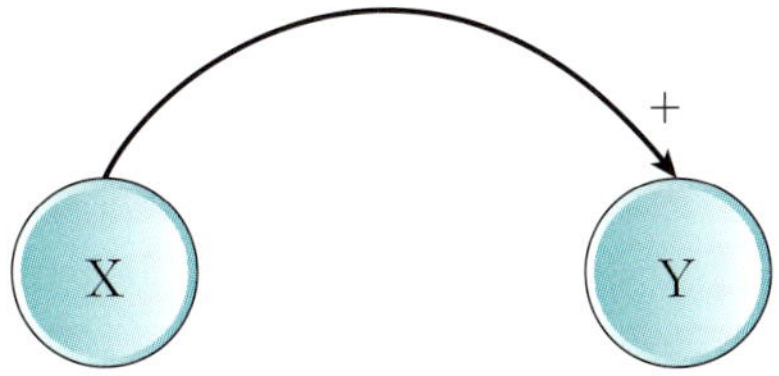

그림 11.7 인과관계를 가지는 두 변수를 연결한 그림.

않다. '가격 상승'은 '가격이 상승하다'의 동사형 명사이다. 적합한 변수 이름은 그냥 '가격'이다. 상승은 인과 지도의 연결선에서 부호로 표현될 것이다. 같은 뜻을 나타내는 긍정형 용어와 부정형 용어가 동시에 존재하면 긍정적 용어를 선택한다.

변수는 독립적으로 존재하지 않고 서로 연결 관계를 갖는다. 〈그림 11.7〉과 같이 인과 지도 그림을 그릴 때 원인 변수에서 결과 변수로 화살표를 그린다. 화살표의 머리는 결과 변수 쪽에 표시한다. 인과 지도 화살표로 연결된 관계는 인과관계를 갖는다. 변수 사이에 상관관계도 있을 수 있지만 인과 지도에선 상관관계가 아니라 인과관계임에 주의해야 한다. 인과관계와 상관관계의 예로 〈그림 11.8〉과 같이 아이스크림 판매량과 범죄 사이의 관계를 살펴보자. 여름에 기온이 높아지면 사람들은 갈증을 느끼므로 아이스크림 판매량이 늘어난다. 따라서 기온과 갈증은 인과관계이고, 갈증과 아이스크림 역시 인과관계에 있다. 또한 기온이 올라가면 불쾌지수가 높아지고 이에 따라 범죄 발생 수도 높아진다. 기온과 불쾌지수는 인과관계이고, 불쾌지수와 범죄 발생 수 역시 인과관계에 있다. 그런데 여름에 아이스크림 판매량과 범죄 발생 수는 강한 상관관계를 갖는 것처럼 보인다. 〈그림 11.8〉의 맨 위의 그래프에서 아이스크림의 판매량이 늘어나면 범죄 발생 수도 늘어나는 것을 볼 수 있다. 그러나 아이스크림과 범죄를 인과 지도에서 독립변수와 종속변수의 관계로 그리지 않는다. 두 변수는 상관관계를 가질 뿐, 인과관계가 없기 때문이다. 인과 지도에 표시되는 변수들은 항상 인과관계를 가져야 한다.

인과 지도를 그리기 위해서 시스템에 적합한 변수들을 확정하는 것은 상당히 어

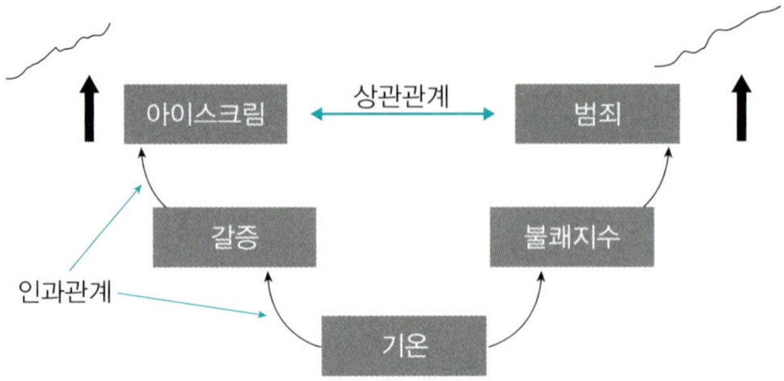

그림 11.8 인과관계와 상관관계. 인과 지도에서 두 변수 사이의 관계는 인과관계가 있어야 한다.

려울 수 있다. 시스템이 단순하면 변수의 수가 적기 때문에 시스템 변수를 쉽게 정할 수 있지만, 시스템이 복잡해질수록 시스템 변수가 많아지고 이러한 변수 사이의 인과관계를 모두 따져야 하므로 전문성이 필요해진다. 예를 들어 '지구 온난화 문제의 원인과 해법'이란 주제로 인과 지도를 그린다고 생각해 보자. 지구 온난화에 영향을 미치는 변수는 많고, 모든 변수를 파악하기란 쉽지 않다. 그런데 미래학에서 사용하는 '미래 수레바퀴(futures wheel)' 방법을 활용하면 시스템을 이해하는 데 큰 도움이 된다. 미래 수레바퀴는 1971년에 제롬 글렌(Gerome Glen)이 제시한 이후에 다양한 형태로 발전하였다. 미래 수레바퀴는 미래사회의 메가트렌드(mega trend)와 그 메가트렌드가 미치는 2차, 3차 영향과 결과를 한눈에 볼 수 있도록 그린 그림이다. 미래 수레바퀴는 메가트렌드가 사회에 미치는 영향을 파악하기 위한 방법이지만 시스템 다이내믹스에서 시스템 변수의 발견에 사용할 수 있다. 시스템 다이내믹스에 활용할 변형된 미래 수레바퀴를 '인과 수레바퀴(causal wheel)'라고 부를 것이다.

시스템 다이내믹스에서 시스템이 확립되면 일차적으로 시스템의 동력학적 변화에 영향을 줄 변수를 선정한다. 복잡한 시스템에서는 시스템 변수 식별이 어렵기 때문에 '브레인스토밍(brain storming)' 방법을 이용한다. 브레인스토밍은 여러 연구자가 함께 모여서 시스템에 영향을 줄 수 있는 요소들을 자유롭게 말하면서 변수들을 식별해 가는 방법이다. 보통 1회로 끝나지는 않고, 1차 변수 선정 후에 2차, 3차 브레인스토밍을 거쳐 시스템 변수를 정확히 식별하고 1차 변수에 영향을 받는 2차, 3차 변수들을 식별한다. 이렇게 식별된 변수는 〈그림 11.9〉과 같이 '인과 수레바퀴'로 그린다. 변수들을 8가지의 분야로 분류하여 전개도를 그림으로써 전체 시스템을 파악하기 쉽게 하였다.

인과 수레바퀴의 1차 영향 변수는 시스템에서 가장 영향력이 큰 변수이다. 먼저 1차 영향 변수로 인과 지도를 작성해 보자. 1차 변수는 2차 변수에 영향을 받기 때문에 더 확장된 인과 지도를 그리려면 2차 영향 변수까지 포함하여 인과 지도를 그린다. 이런 방식으로 인과 지도를 확장해 나갈 수 있다. 그런데 인과 지도가 확장될수록 그림이 복잡해지다 보니 오히려 전체를 파악하기 어려운 경우도 발생한다. 그

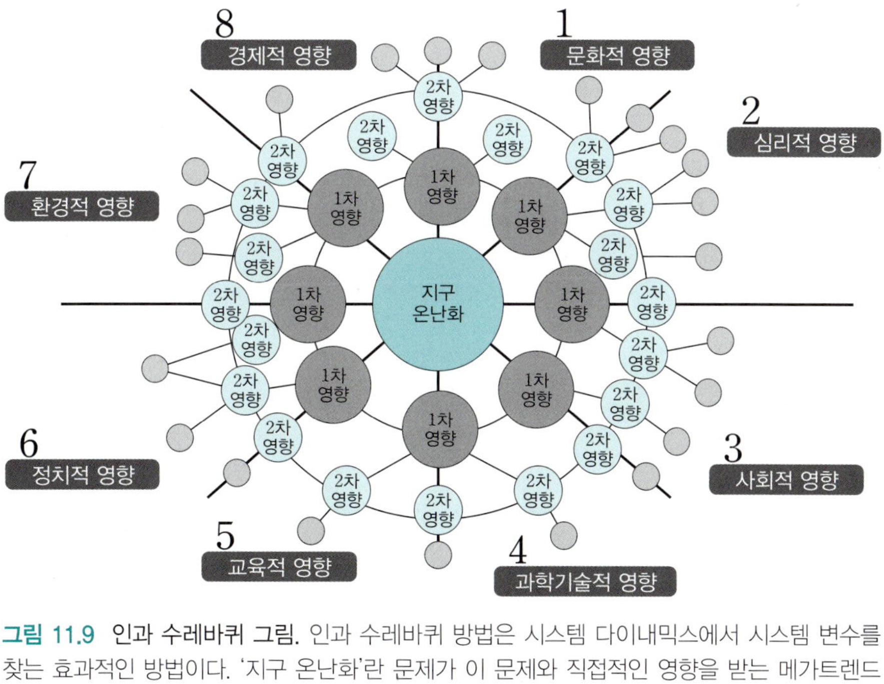

그림 11.9 인과 수레바퀴 그림. 인과 수레바퀴 방법은 시스템 다이내믹스에서 시스템 변수를 찾는 효과적인 방법이다. '지구 온난화'란 문제가 이 문제와 직접적인 영향을 받는 메가트렌드가 1차 영향이고, 하위 영향을 2차 영향, 3차 영향으로 식별한다.

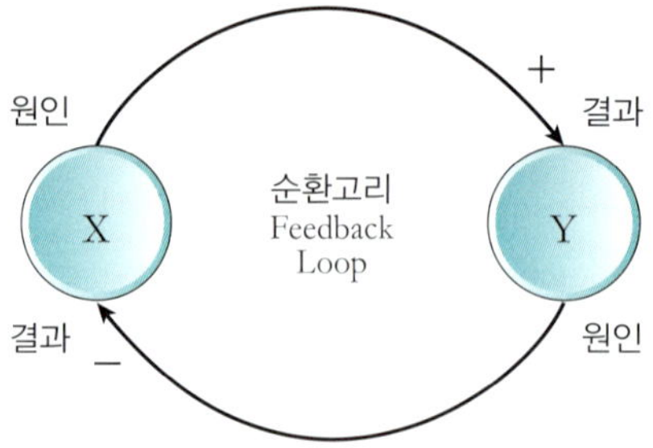

그림 11.10 인과관계에 있는 두 변수의 순환 고리. 원인으로부터 결과로 화살표가 그려져 있고, 화살표 끝에 극성이 표시되어 있다. 극성이 +이면 두 변수의 변화 관계가 같고, 극성이 −이면 두 변수의 변화 관계가 반대이다.

럴 때는 1차 변수 지도, 2차 변수 지도 등 주요 변수로 그려진 인과 지도로 되돌아와서 문제를 생각해 보면 도움이 될 것이다.

이제 인과 지도를 그리는 방법을 더 알아보자. 〈그림 11.10〉은 피드백 관계에 있는 두 변수의 인과 지도를 나타낸 것이다. 변수의 연결선 화살표 끝에 + 기호가 붙어 있다. 화살표 끝에 붙어 있는 + 기호는 두 변수가 서로 강화함을 의미한다. 화살표 끝에 붙어 있는 부호를 극성(link polarity)이라 하고, 양의 극성과 음의 극성이 존재한다. 양의 극성은 두 변수의 변화량의 비 $\Delta y/\Delta x>0$을 의미한다. 독립변수 x가 증가하면 종속변수 y 역시 증가한다. 반대로 독립변수 x가 감소하면 종속변수 y는 감소한다. 즉, 독립변수와 종속변수는 같은 방향으로 변화한다. 반대로 화살표에 - 부호가 붙어 있으면 독립변수와 종속변수의 변화가 반대, 즉 $\Delta y/\Delta x<0$이다. 이 경우 독립변수가 증가하면 종속변수는 감소한다.

〈그림 11.10〉은 변수 $X \rightarrow Y$인 인과관계뿐만 아니라 $Y \rightarrow X$인 관계도 있어서 순환 고리(feedback loop)를 형성한다. 인과 지도에서 순환 고리를 찾는 것은 아주 중요하다. 모든 변수 사이에 순환 고리가 존재하는 것은 아니다. 그림과 같이 단순한 순환 고리도 있지만, 더 일반적인 순환 고리는 여러 변수가 연결되면서 형성된다.

순환 고리에서 +와 - 극성의 개수에 따라서 순환 고리는 강화 고리(self-reinforcing

표 11.2 피드백 루프의 특성

피드백 루프	강화 또는 억제	발현 특성
양의 피드백 루프 (positive feedback loop)	강화 고리 (self-reinforcing loop)	• 선순환 • 악순환
음의 피드백 루프 (negative feedback loop)	균형 고리 (self-balancing loop)	• 목표 지향적 피드백 • 안정화 피드백 • 지기억제 피드백

loop) 또는 균형 고리(balance loop)를 형성한다. 〈표 11.2〉는 피드백 루프의 특성을 요약하였다. 강화 고리는 양의 피드백 루프(positive feedback loop)이다. 양의 피드백 루프는 변수의 값을 한쪽 극단으로 강화한다. 양의 강화 고리는 자기 강화적 루프(self-reinforcing loop) 또는 일탈 강화적 피드백 루프(deviation amplyfing feedbak loop)라고 한다. 양의 피드백 구조는 변수의 양을 지속적으로 증가시키는 선순환 구조(virtuous circle)를 형성하기도 하며, 반대로 변수의 양이 지수 함수적으로 감소하는 악순환 구조(vicious circle)를 발생시킨다. 반면 음의 피드백 루프(negative feedback loop)는 변수의 양이 지나치게 증가하거나 감소하는 것을 억제해 준다. 음의 피드백 루프는 균형 고리이다. 균형 고리는 자기 균형 고리(self-balancing loop), 목표 지향적 되먹임(goal seeking feedback loop), 안정화 되먹임(stabilizing feedback), 자기 억제적 되먹임(self-restraining feedback)이라고 할 수 있다.

〈그림 11.11〉에 강화 고리와 균형 고리의 예를 나타내었다. 강화 고리의 예에서 암탉의 수가 많아지면 계란 생산이 늘어나고, 계란 생산이 늘어나면 병아리 부화수가 늘어나므로 암탉의 수는 늘어날 것이다. 따라서 암탉과 계란은 서로 강화 고리를 형성한다. 인과 지도에서 강화 고리를 R로 표현하고 회전하는 듯한 화살표 그림을 그려준다(강화 고리 R에 적절한 이름을 붙이기도 한다). 〈그림 11.11 (b)〉는 균형 고리의 예를 나타낸다. 사망자의 수가 늘어나면 인구수가 줄어들기 때문에 사망자와 인구수는 음의 극성을 가진다. 반면 인구수가 늘어나면 사망자 수는 증가한다. 따라

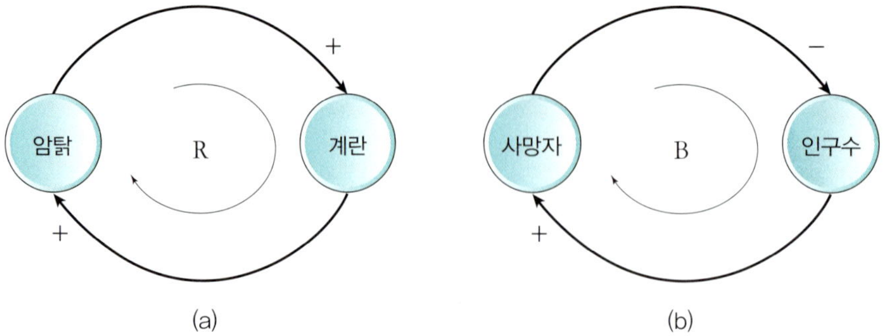

그림 11.11 강화 고리와 균형 고리의 예. (a) 암탉의 수와 계란의 수는 자기 강화 고리를 형성한다. (b) 사망자 수와 인구수는 음의 피드백 루프이므로 균형 고리를 형성한다.

서 두 연결선의 극성은 서로 반대이다. 변수가 여러 개일 때 고리가 강화 고리인지 균형 고리인지 파악하는 간단한 방법은 고리에 표시된 음의 극성(-)의 수를 세는 것이다. 고리에서 음의 극성(-)의 수가 홀수 개이면 그 고리는 균형 고리(B)이다. 음의 극성의 수가 0 또는 짝수 개이면 강화 고리(R)이다. 〈그림 11.12〉는 음의 극성이 1개로 홀수이므로 균형 고리이다.

두 변수가 연결선으로 연결되어 인과관계에 있지만, 그 영향이 시간에 따라서

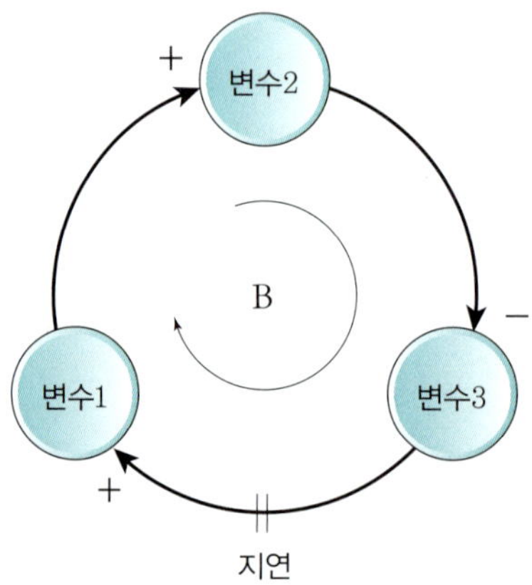

그림 11.12 음의 극성(-)의 개수가 홀수 개이면 균형 고리를 형성한다.

지연되어 나타나는 경우가 있다. 이를 시간지연(time delay)이라 한다. 시간지연은 〈그림 11.12〉과 같이 연결선 위에 수직선 하나 또는 두 개를 그어 나타낸다. 인과 지도를 그리는 것만으로 시스템에 대한 많은 정보를 유추할 수 있다. 〈그림 11.13〉는 모기를 박멸하기 위해서 DDT를 뿌린 상황에 대한 인과 지도를 나타낸 것이다. 강력한 약제인 DDT가 해충을 박멸할 것이라는 생각은 단선적 사고이다. DDT가 합성되자, DDT는 해충구제 목적으로 무분별하게 사용되었다. 그런데 〈그림 11.13〉의 인과 지도를 보면 DDT는 모기뿐만 아니라 바퀴벌레와 같은 다른 곤충도 죽인다. DDT로 모기를 구제하여 모기 매개 전염병을 줄일 것이라는 L1 고리는 단선적 사고의 전형이다. 생각의 폭을 넓혀보면 L2 고리(강화 고리)와 L3 고리(강화 고리)를 발견할 수 있다. 고리 이름 옆에 + 또는 - 부호를 붙여서 강화 고리인지 균형 고리인지 나타내었다. L2 고리를 보면 DDT를 많이 사용할수록 바퀴벌레의 개체수는 감소할 것이다. 바퀴벌레와 도마뱀은 + 극성을 갖는다. 바퀴벌레 개체수가 늘어나면 도마뱀의 개체수도 늘어날 것이다. 도마뱀과 고양이 역시 + 극성을 갖는다. 고양이와 쥐는 - 극성을 갖는다. 고양이가 늘어나면 쥐의 수는 줄어든다. 한편 쥐와 전염병은 + 극성을 갖는다. 쥐가 늘어나면 전염병을 많이 매개하므로 전염병이 늘

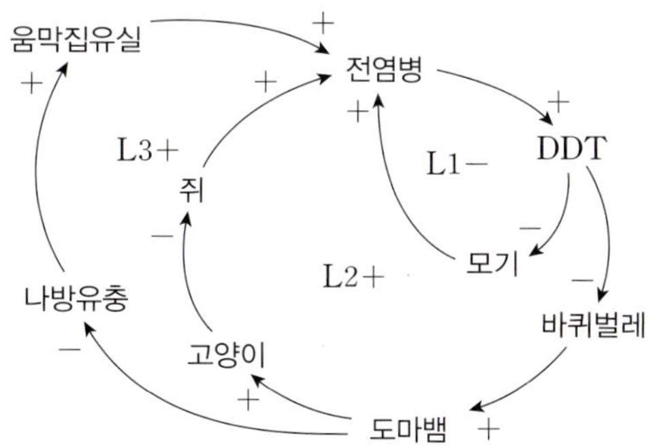

그림 11.13 인과 지도로부터 시스템을 종합적으로 바라볼 수 있다. 단선적 사고에서 벗어나 순환적이고 동력학적 사고를 체계화한다. 그림은 모기를 박멸하기 위해서 DDT를 뿌린 상황에 대한 인과지도이다.

어날 것이다. 고리 L2를 종합해 보면 결국 DDT 사용량이 늘면 전염병이 오히려 늘어난다. 이와 비슷하게 L3 고리 역시 강화 고리이다. 도마뱀과 나방유충은 - 극성을 갖는다. 도마뱀이 늘어나면 나방유충은 줄어들 것이다. 나방유충과 움막집 유실은 + 극성을 갖는다. 나방유충이 늘어나면 움막집 유실이 늘어날 것이다. 움막집 유실과 전염병은 + 극성을 갖는다. 부실한 움막집은 사람들이 곤충에 노출되는 시간을 늘리므로 곤충 매개 전염병은 늘어날 것이다.

〈그림 11.13〉의 예에서 볼 수 있듯이 인과 지도를 그리고 해석하는 과정에서 우리는 단선적 사고에서 벗어날 수 있다. 인과관계에 있는 변수들 사이의 관계와 순환적 사고를 통해서 시스템 전체의 동력학적 특징을 통합적으로 해석할 수 있다. 인과 지도를 바탕으로 정성적 사고를 할 수 있지만, 각 변수를 정량화할 수 없다. 시스템 다이내믹스에서 정량화의 과정은 인과 지도를 저량-유량 지도로 바꾸고 이를 바탕으로 시뮬레이션 코드를 작성한 후, 실제 계산을 수행함으로써 각 변수의 동력학적 변화를 알 수 있다. 대개 인과 지도의 각 변수는 연결된 변수들과 일차 미분방정식으로 표현된다. 저량-유량 지도와 벤심이나 스텔라를 이용한 시뮬레이션은 좀 더 전문적인 도서를 참고하자.

2019년 12월에 중국 우한에서 발생한 COVID-19 전 세계로 확산하여 대규모 사망자를 발생시켰으며 이제 계절성 독감처럼 풍토병화(endemic)되고 있다. 한 사회의 인구들이 잘 섞여 있다고 가정할 때 감염병의 전파모형을 13장에서 좀 더 소개할 것이다. 그중에서 SEIR 감염병 모형에 대한 인과 지도를 〈그림 11.14〉에 나타내었다(Carcione et al 2020). 감염 대상군(Susceptible)이 감염자와 접촉하면 접촉군(Exposed)으로 변한다. 접촉군은 일정한 비율로 감염자군(Infected)로 변하고, 감염자는 일정한 비율로 회복군(Recovered)으로 변한다. 이러한 인과 지도를 활용하여 구획분할 감염병 모형(compartmental disease model)은 미분방정식으로 간단하게 쓸 수 있다(Chae et al 2020).

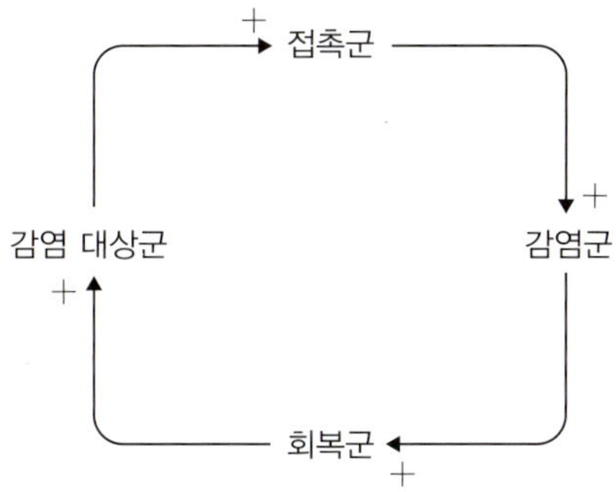

그림 11.14 SEIR 감염병 모형의 인과 지도

$$\frac{dS}{dt} = -\alpha\frac{SI}{N} + \delta R$$

$$\frac{dE}{dt} = \alpha\frac{SI}{N} - \beta E$$

$$\frac{dI}{dt} = \beta E - \gamma I$$

$$\frac{dR}{dt} = \gamma I - \delta R$$

이 모형에서 전체 인구수는 $N=S+E+I+R$로 일정하다. 감염병의 매개변수(parameter)는 〈표 11.3〉과 같다.

표 11.3 SEIR 모형에서 매개변수와 그 의미

매개변수	의미
α	감염병 전파율
β	접촉군이 감염균으로 이동률로 1/β는 평균 잠복기
ɣ	회복률. 역수 1/ɣ는 평균 감염 기간
δ	재감염률

11.3 시스템 사고의 원형

SD에서 인과 지도의 구조를 통해 시간의 경과에 따른 행동(Behavior of Time, BOT) 패턴을 쉽게 파악할 수 있다. 〈표 11.4〉는 네 가지 인과 지도와 BOT를 나타낸 것이다.

흔히 접할 수 있는 BOT 구조는 구전효과(word of moth)이다. 〈그림 11.15〉는 지수 함수적 증가를 유발하는 양의 되먹임 고리를 나타낸다. 이자율이 높아지면 원리금은 지수 함수적으로 증가한다. 증가하는 되먹임 고리는 시스템 변수를 한쪽 극단으로 폭발적으로 증가시킨다. 반대로 감소하는 되먹임 고리는 변수의 값을 지수 함수적으로 감소시킨다. 따라서 변수의 폭발적 성장 효과나 반대로 폭발적 감소가 발생한다. 시장에 소개된 신상품의 경우 좋은 구전효과는 상품의 판매를 폭발적으로 증가시킬 것이므로 지수 함수적으로 변하는 BOT를 일명 구전효과 형태라 할 수 있다.

목표 추구형(goal seeking) 인과 지도는 음의 되먹임 고리가 시스템 스스로 균형을 잡도록 한다. 목표 추구형 인과 지도는 적어도 하나 이상의 균형 고리를 포함한다.

표 11.4 인과 지도의의 전략적 활용 예

형태	구조	전략
지수 함수적 증가 (exponential growth)	• 양의 되먹임 고리 • 지수 함수적 증가 또는 감소, 성장과 쇠퇴	• 구전효과(word of mouth)에 의한 상승작용 • 임계질량 • 수확체증
목표추구 (goal seeking)	• 음의 되먹임 고리 • 수렴	• 목표수정 • 병목현상
성장의 한계 (S–shaped)	• 양의 되먹임 고리와 음의 되먹임 고리 결합 • 성장한계 • 용량제약	• 용량확대 • 새로운 성장 동력
파동 또는 진동 (oscillations)	• 양의 되먹임 고리와 시간지연 • 파동과 주기적 변화 • 불안정	• 완충장치 • 적절한 운용

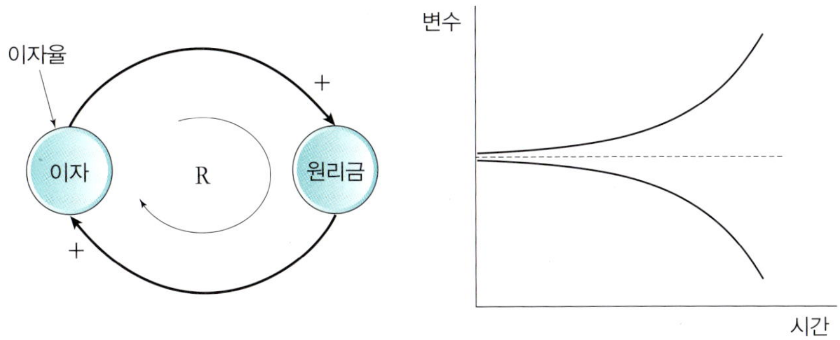

그림 11.15 지수 함수적 증가 또는 감소 BOT. 왼쪽의 이자–원리금 고리는 강화 고리이고, 오른쪽은 시간에 따른 변수의 변화를 나타낸다.

〈그림 11.16〉은 임금, 물가, 임금 상승 압력, 임금억제 정책 변수를 포함하는 인과 지도이다. 첫 번째 고리는 강화 고리(R)로서 임금이 오르면 물가가 상승하고, 물가가 상승하면 임금 상승 압력이 높아져서 다시 임금이 오르는 구조를 나타낸다. 전형적인 인플레이션 구조이다. 반면 아래 고리는 균형 고리이다. 임금상승 압력이 높아지면 정부는 임금억제 정책을 실시하여 임금을 내린다. 결국 강화 고리와 균형 고리가 균형을 이루게 된다. 시스템 변수의 시간적 변화는 〈그림 11.16〉의 오른쪽과 같이 목표 값으로 수렴하는 구조를 나타낸다. 목표 값에 수렴하는 시간은 임금

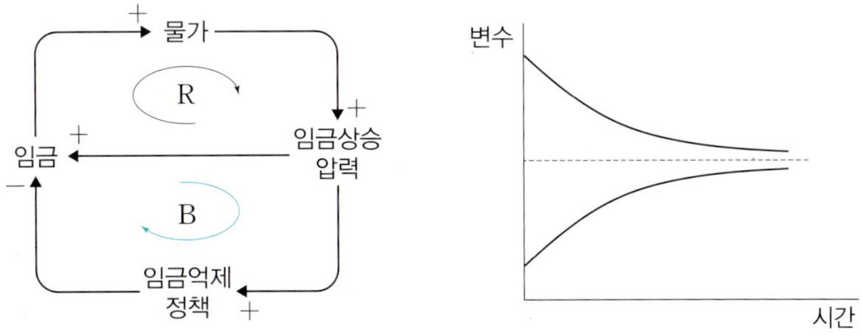

그림 11.16 목표 추구형 인과 지도와 BOT 그림. 목표 추구형 인과 지도는 적어도 하나 이상의 균형 고리를 포함한다.

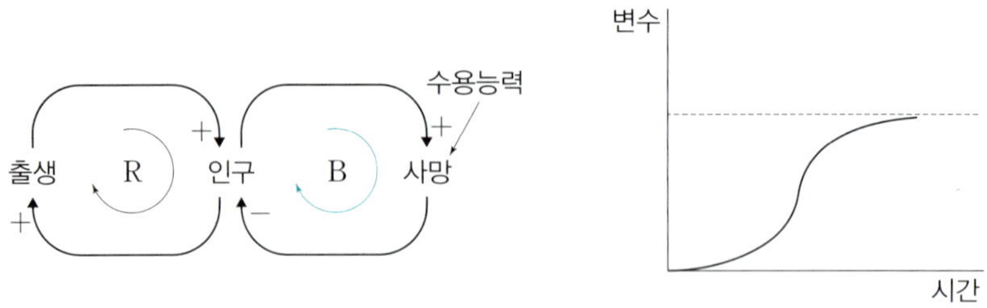

그림 11.17 인과 지도에서 성장의 한계 원형과 BOT. 인구–출생은 강화 고리를 형성하지만 인구–사망은 균형 고리를 형성한다.

억제 정책 등 적용시간, 임금억제율 등 여러 변수에 따라서 달라질 것이다. 인과 지도만 보고는 수렴 속도를 유출할 수 없다. 단지 장기적인 변화의 양상을 유추할 수 있다.

인과 지도 원형에서 성장의 한계(limits to growth)는 S-형(S-shaped) BOT를 나타낸다. 초반에는 성장이 상당히 빨리 나타나지만, 시스템의 수용 능력의 한계로 증가는 급격히 줄어들면서 특정한 값으로 수렴한다. 성장의 한계 형태는 강화 고리와 균형 고리가 서로 맞물려서 동작한다. 〈그림 11.17〉은 S-형 BOT를 나타내는 예이다. 인구가 늘면 출생자 수가 늘어나므로 서로 강화 고리를 형성한다. 반면 인구수가 늘면 사망자 수도 늘어나고, 사망자 수가 늘어나면 인구는 줄기 때문에 균형 고리를 형성한다. 사회 전체의 인구수 수용 능력은 인구가 무한대로 증가하지 못하도록 억제한다. 이러한 성장의 한계 원형은 시스템 다이내믹스에서 흔히 볼 수 있는 형식이다. BOT는 초기에 변수 값이 급격히 증가하지만 균형 고리가 작동하고, 수용 능력의 한계 때문에 값이 급격히 수렴한다.

인과 지도의 원형 중에서 진동(oscillation)은 변수 파악 과정의 지연(delay) 때문에 발생한다. 〈그림 11.18〉은 재고와 판매에 대한 인과 지도와 진동 BOT를 나타낸 것이다. 바람직한 재고와 파악된 재고에 차이가 발생하면 창고에 입고가 늘어날 것이다. 그러면 창고에는 재고가 쌓이게 된다. 높은 재고를 가진 회사는 판매를 촉진하

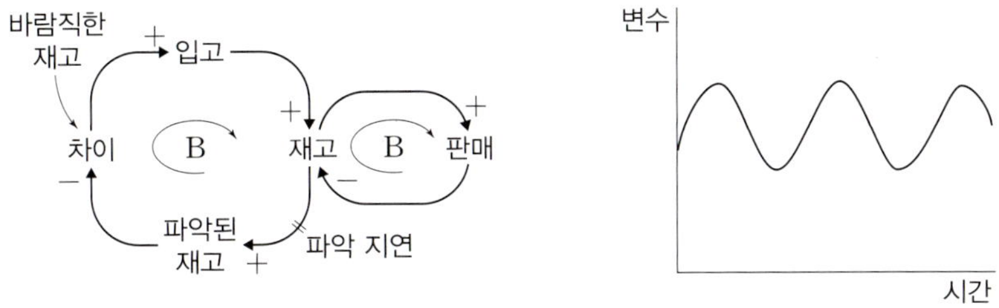

그림 11.18 진동 원형과 BOT. 재고량을 파악에 지연이 발생하면 창고에 쌓이는 재고의 양에 진동을 발생시킨다.

여 판매를 늘릴 것이고, 판매를 늘리면 재고는 자연스럽게 줄어든다. 그런데 재고량을 즉각 파악하지 못하면 재고 파악이 지연되고, 창고의 재고를 늘리는 일이 지체될 것이다. 따라서 재고의 양은 주기적으로 진동하는 양상을 보인다. 이 인과 지도는 재고에 진동이 발생한다는 정보만 줄 뿐, 진동의 주기가 얼마인지 재고의 양이 얼마인지 알려주지는 않는다. 다만 정성적인 변화에 대한 정보만을 제공할 뿐이다. 정량적인 변화를 알기 위해서는 인과 지도를 바탕으로 모형을 세워서 시뮬레이션을 시행해야 한다.

시스템 사고의 원형은 연구자들에 따라서 다양하게 제시하고 있다. 예를 들어서 10개의 시스템 사고 원형은 1) 성장의 한계(Limits to growth), 2) 부담 전가(Shifting the burden), 3) 목표 침식(Eroding goals), 4) 에스컬레이션(Escalation), 5) 성공적 성공(Success to the successful), 6) 공유지 비극(Tragedy of the commons), 7) 실패한 수정(Fixes that fail), 8) 성장과 저투자(Growth and underinvestment), 9) 우발적 적(Accidental adversaries), 10) 매력 원칙(Attractvieness principle) 등이 있다. 각 원형을 설명하려면 전문적인 영역으로 들어가게 되므로 여기서는 이름 소개에 그치겠다. 관심이 있는 독자는 더 전문적인 시스템 다이내믹스를 공부해 보도록 하자.

12장

/

도시 복잡계

문명이 발전하면서 사람들은 집단을 이루어 살기 시작하였다. 여러 문명에서 다양한 고대 도시들이 생겨났고 사라졌다. 큰 도시는 큰 강 주변이나 해안에 형성되었다. 고대의 첫 도시가 정확히 어디인지는 분명하지 않다. 도시가 생겨나려면 많은 인구를 부양할 수 있는 식량이 확보되어야 하므로, 도시의 출현은 아마 농경 혁명으로 가능해졌을 것이다. 농경 혁명은 신석기 시대에 시작되었다. 기원전 14,000년 전 홍적세 빙하기가 끝나면서 기후가 온화해졌으며, 이러한 변화는 수렵채집에 머물던 구석기인을 신석기로 넘어가게 하는 기반이 되었다. 전 세계적으로 다양한 신석기 유적이 여러 연대에서 발견되는데, 기원전 10,000년 전에 비옥한 초승달 지역에서 농경과 가축 사육 흔적이 발견되었다. 신석기 시대의 농경 혁명으로 한 지역에서 많은 사람이 먹고살 수 있게 되었으며, 이는 고대 도시 건설의 밑거름이 되었다.

기원전 3000년경에 나일강 유역의 이집트, 유프라테스강과 티그리스강 유역의 메소포타미아, 인도, 중국 등에서 고대 도시가 출현했다. 이집트 나일강 유역, 메소포타미아의 우르, 바빌론, 다마스쿠스 등에서 고대 도시들이 번성했으며, 페니키아의 여러 도시, 그리스의 도시국가, 로마 등이 연이어 등장하였다. 인더스강 유역의 모헨조다로 유적은 기원전 2,500년 전의 고대 도시였다. 석기 시대, 청동기 시대, 철기 시대를 거치면서 농업 기술이 발전하였으며, 금속 전쟁 무기가 발달하면서 정복 전쟁이 빈번하게 일어났다. 국가 시스템의 발전은 무역의 발전을 낳았고, 산업혁명이 이끌어 낸 생산력의 비약적인 발전은 인구의 폭발적인 증가로 이어졌다. 〈그림 12.1〉은 전 세계 인구의 변화를 나타낸 것이다.

전 세계 인구는 2022년에 약 80억 명을 돌파하였고 2100년에 104억 명에 도달할 것으로 추정하고 있다. 우리나라 인구는 2022년 5천1백만 명에서 2070년에 3천7백만 명으로 감소할 것으로 예측된다. 현재 전 세계의 도시화율은 약 57%에 달하고 우리나라는 약 81.4%에 달하는데, 2050년이면 전 세계 도시화율은 약 68%, 우리나라는 약 84%에 달할 것으로 추정된다. 경제가 발전하고 산업구조가 변하면서 많은 사람이 도시로 유입되었다. 오늘날 우리가 알고 있는 도시는 매우 조직된 복잡한 구조를 하고 있다.

도시는 다양한 복잡계 특성을 나타낸다. 도시는 다양한 구성요소를 가지면서 시간에 따라서 계속 변화하는 동력학 시스템이다. 도시의 기본 단위는 사람이지만, 사람이 만들어낸 시장이 존재하고, 경제 시스템이 동작하고 있다. 사업체, 관공서,

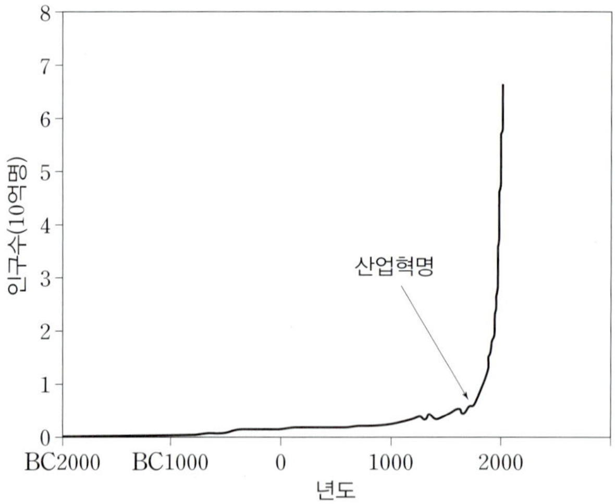

그림 12.1 인류의 인구수 증가 그림. 전 세계의 인구수는 산업혁명(1750년경)을 기준으로 폭발적으로 늘어났다. 산업혁명 이후 인구는 기하급수적으로 증가하고 있다.

자영업자, 공공기관이 산재해 있고, 다양한 도로 네트워크, 지하철, 전철 시스템이 동작하고 있다. 메가시티와 같은 거대 도시는 엄청난 양의 물류를 빨아들이는 동시에 엄청난 양의 에너지와 버릴 곳이 부족할 정도의 쓰레기를 양산하고 있다. 도시는 복잡계의 특징인 부분의 합보다 더 큰 특징을 가진 이머징 시스템이다. 도시를 조각조각 분할하여 그 조각 부분의 특징을 더하더라도 도시 전체의 복잡계 특징을 나타낼 수 없다.

도시는 대표적인 적응하는 동력학 시스템이다. 사람들은 복잡한 도시 환경에 잘 적응해서 살고 있다. 물가가 오르면 지출을 줄이거나 일을 더 해서 소득을 올리고, 운전하다가 길이 막히면 통행이 더 원활한 우회도로로 차를 돌린다. 도시의 인구가 증가하면 도시는 팽창한다. 도시의 주택 수요가 늘면 외곽에 신도시가 형성된다. 서울의 위성 도시들은 주변을 에워싸고 있다. 주택 수요가 늘어나면 도시는 더 확장되어 메가시티를 형성한다. 소위 수도권이라 부르는 지역은 서울의 영향력이 미치는 지역이고, 많은 사람이 외곽 도시에서 서울로 출퇴근한다. 도시의 스프롤링 현상(sprawl phenomenon)은 거대 도시 주변에서 자주 목격된다. 위성 도시는 무분별하게 개발되지 않게끔 계획적으로 설계해야 한다. 첨단 과학과 초연결 사회가 심화하면서 스마트 시티가 출현하고 있다. 도시의 곳곳에 데이터를 수집하는 센서들이 매립되고, 도시의 정보들을 수집하여 처리하는 사물 인터넷(IoT, Internet of Things) 기술이 발전하면서 스마트 시티는 앞으로 세계 곳곳에서 출현할 것이다(이재우 2022).

도시는 어떤 면에서 마치 생명체처럼 보인다. 생명체는 생명을 유지하기 위해 세포를 재생하고, 노폐물을 방출하고, 에너지를 일정하게 유지한다. 생명체는 성장하고, 재생산하고, 나이가 들면 노화가 일어나고 결국 사멸한다. 도시의 일생도 생명체와 매우 흡사하다. 도시가 탄생하면 복잡한 물질대사 작용이 일어나고, 어떤 부분은 사멸하고 재개발되어 새롭게 대체되기도 한다. 도시는 끊임없이 물질을 흡수하여 소비하고 노폐물을 도시 밖으로 버린다. 새로 생겨난 도시가 성장하다가 성숙한 도시에 도달하면, 더 이상은 성장하지 않고 노화하기 시작한다. 긴 역사에서 알 수 있듯이 영원한 도시는 없다. 도시는 그야말로 진정한 복잡계인 셈이다.

12.1 도시의 스케일링

도시의 구조는 복잡하다. 질서 정연한 도로망이 형성되어 있는 곳도 있고 원도심의 자연적인 구조도 볼 수 있다. 도시는 평형에서 멀리 떨어진 비평형의 동력학계이자 복잡계이다. 인구가 유입되고 팽창하면 성장한다. 행정구역으로 도시의 경계를 확정하지만 사실 도시는 행정구역 너머까지 형성되어 있다. 한 도시는 유기체와 비슷하다. 많은 자원을 흡수하여 소비하는 동시에 또 무언가를 생산해내면서 일종의 균형을 이룬다. 도시 경제가 활성화하면 많은 노동력이 도시로 유입되지만 도시 경제가 나빠지면 실업자가 늘어난다. 도시는 제한된 자원을 소비하고 도시 구성원들 사이의 경쟁과 협력이 일어나는 곳이다. 도시의 크기를 등수에 따라서 나열하면 멱함수 법칙을 따른다는 것을 앞에서 살펴보았다. 한 도시가 수용할 수 있는 인구의 수는 무작위로 결정되지 않고 어떤 축척의 원리를 따라서 형성되는 듯하다. 한편 도시의 구조를 살펴보면 나뭇잎의 잎맥이나 강과 지류들의 모양처럼 프랙털 구조를 형성한다. 생명체에서 발견되는 프랙털 구조는 자연선택과 적응의 진화적 산물이다. 도시 또한 물질, 에너지, 정보의 이동을 최적화하고 주변 환경에 적응하면서 자연스럽게 그러한 구조를 형성한다. 즉, 도시에서 발견되는 축척 구조는 자기 조직화 현상에 의해 발생한 적응적 구조라 할 수 있다.

전 세계에 형성된 많은 도시의 규모(인구수, 면적 등)와 도시에서 생산 또는 소비하는 물건 사이의 관계에는 생명체와 비슷한 상대축척 법칙이 있음을 발견하였다(Barthelemy 2019). 도시를 구성하는 가장 기본적인 요소는 도시의 면적 A와 인구수 N일 것이다. 도시에 인구가 유입되면 인구수가 늘어나고, 인구수가 늘어나면 그에 따라서 도시의 면적이 확장된다. 도시의 면적은 인구수에 비례하는 경향이 있다.

$$A=aN$$

여기서 상수 a는 거주민 한 명이 차지하는 면적을 뜻한다. 이렇게 도시가 교외로 확장되는 현상을 도시 스프롤(urban sprawl) 현상이라 한다. 우리나라는 서울의 인구가 늘어나자 주변에 신도시들을 조성하였고 광역 교통망을 형성하였다. 그리하여 서울과 그 주변의 도시를 포함하여 수도권이라 불리는 거대 도시가 형성되었다. 행정구역은 다르게 불리지만 실질적으로는 서울의 일부라 해도 과언이 아니다. 세계의 여러 도시에 대해서 도시 면적과 인구수의 의존성을 구해보면 $A=aN^{\tau}$인 비선형적 의존성을 갖는 것처럼 보인다. 데이터는 분산이 심하지만 데이터 맞춤을 해보면 $\tau=0.95$에 가깝다. 지수가 1보다 조금 작다.

도시의 특징을 나타내는 다양한 양들은 인구수에 대해서 멱함수 꼴을 따른다. 베텐코트(L. M. A. Bettencourt)는 도시를 정량화하는 어떤 양 Y는 인구수에 대해서 멱함수 법칙으로 축척한다는 사실을 데이터를 기반으로 주장하였다(Bettencourt, 2007, 2013). 즉,

$$Y \sim N^{\beta}$$

여기서 지수 β는 1이 아닌 실수이다. 흥미롭게도 특허의 수, 범죄 발생 건수 등 사회관계와 관련된 양의 경우 $\beta>1$이다 즉, 인구가 증가할 때 사회관계 양은 더 빠르게 성장한다. 반면 도로 면적, 전선의 길이 등과 같은 경제 인프라를 나타내는 양은 $\beta<1$이다. 경제적, 사회적 인프라는 인구수가 늘어나더라도 상당히 더디게 성장한다. 인구수와 직접적인 관련이 있는 양인 물 사용량, 가정의 전기소비량, 총가구의 수, 총고용량 등은 $\beta \simeq 1$이었다(Bettencourt et al 2007).

2007년에 이살구(A. Isalgue) 등은 도시의 구성요소와 도시가 사용하는 전력 사이의 관계를 살펴보았다(Isalgue et al 2007). 그들은 도시를 생명체로 비유하였으며, 특히 도시의 에너지 소모를 동물의 대사 작용으로 보았다. 그래서 그들은 도시의 구성요

소의 질량, 즉, 빌딩의 질량, 하수 쓰레기 질량, 기차와 지하철의 질량, 항구, 공항, 도시에 산재된 기계, 자동차, 동물, 사람의 질량 등을 구했다. 〈그림 12.2〉는 도시에서 생산된 물질의 질량 대 도시에서 소모한 에너지의 일률 사이의 관계를 그린 것이다. 가로축과 세로축에 모두 로그가 취해져 있으며 그래프의 기울기는 3/4이다. 동그라미는 뉴욕, 파리, 바로셀로나 등 큰 도시에서 생산한 질량과 도시의 에너지 소모를 나타낸 데이터이다. 도시의 질량을 M이라 하고 소모한 에너지 변화율인 일률을 P라 하면, $P \sim M^{3/4}$인 관계를 나타낸다. 즉, 도시는 동물의 상대성장 축적과 비슷하게 멱함수 법칙을 따르는데 이를 도시 대사율의 상대성장 법칙(allometric law of city metabolism)이라 부른다.

도시는 왜 이러한 축적법칙을 따를까? 앞서도 말했듯이, 도시는 살아있는 생명체에 비유할 수 있다. 도시는 끊임없이 흘러오는 물질을 소비하고 거기서 나온 쓰레기를 배출한다. 생명체가 기초대사율을 유지하기 위해서 에너지를 소모하듯이 도시도 필요한 기초 에너지를 소모하는 것이다. 도시가 더 커지면 더 많은 일자리가 생기고, 그에 따라 시민의 수입은 늘어난다. 좋은 점이 있으면 나쁜 점이 있듯이

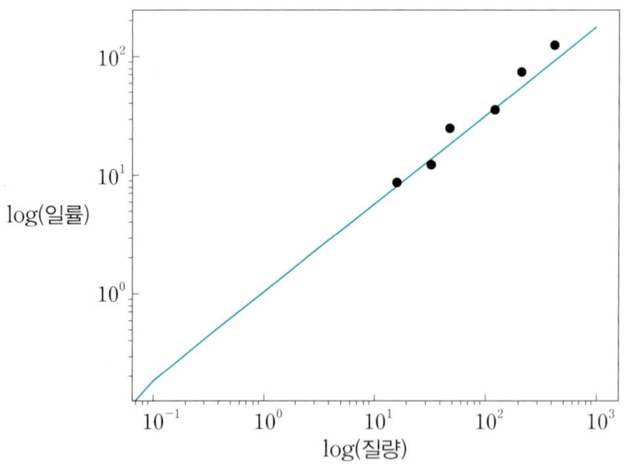

그림 12.2 도시의 상대성장 법칙. 도시에서 생산되는 물건의 총질량 대 소모한 에너지의 일률 사이의 관계는 멱함수 법칙을 따른다. 기울기는 3/4에 가깝다.

도시가 더 커지면 그만큼 더 많은 물질을 소모하고, 범죄율도 가파르게 증가한다.

전 세계 도시를 대상으로 인구수를 순위로 하여 나열한 다음 순위 대 인구수 그래프를 그려보면 〈그림 12.3〉과 같다. 인구수가 가장 많은 도시는 일본의 도쿄로 약 3천 7백만 명이다. 2위는 인도의 델리로 2천 9백만이 넘는다. 3위는 중국의 상하이로 2천 6백만 명이 넘는다. 인구수 1~10위 사이는 좀 완만한 기울기로 줄어들지만 10위 이상의 도시들은 좀 더 급한 기울기로 줄어든다. 그림은 가로축과 세로축은 모두 로그를 취했기 때문에 인구수는 순위에 대해서 멱함수 법칙을 따른다. 즉, 인구수를 P라 하고 순위를 R이라 하면, 도시의 인구수는 $P \sim R^{-\gamma}$의 멱함수 법칙을 따른다. 도시 인구수는 순위에 대해서 축척 구조를 나타낸다(Kuhnert et al 2006).

도시에서 나타나는 다양한 축적현상을 과학적으로 이해하면 도시를 개선하거나 도시 계획을 세우는 데 활용할 수 있을 것이다. 도시의 축적이 저절로 발현하는 이유는 사회적, 경제적 상호작용이 일으킨 양의 되먹임으로 사람들이 받는 이득과 도시가 더 커지면서 생기는 음의 되먹임으로 발생하는 비용이 상충관계(trade-off)에 놓이기 때문이다. 도시에서 음의 되먹임 현상으로는 교통정체, 임금 불균형 등이 있

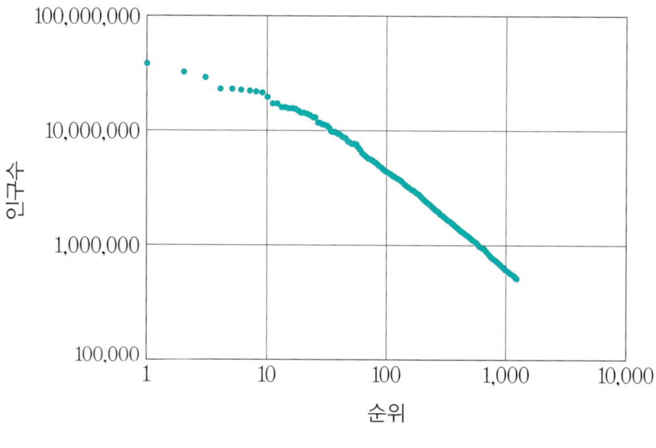

그림 12.3 전 세계 도시에서 인구수를 순위로 하여 나타낸 그래프. 가로축과 세로축은 모두 로그를 취했다.

다. 도시는 끊임없이 이득과 비용을 조정하면서 스스로 조직화하는 자기조직화 시스템이다.

12.2 도시의 중력법칙

태양계의 모든 행성과 소행성들은 태양과 행성들 사이의 중력에 영향을 받아 태양 주위를 공전한다. 물리학에서 중력은 서로 당기는 인력이며 그 힘의 크기는 두 물체의 질량의 크기에 비례하고, 거리의 제곱에 반비례한다. 이러한 뉴턴의 중력이론을 경제학에 적용해 보려는 학자들이 나타났다. 사람들이 대도시로 몰려들고, 도시 간의 물류는 도시의 크기에 비례해서 늘어난다. 도시 사이의 교류 역시 두 도시의 인구수에 비례하지만 거리의 제곱에 반비례할 것이라 가정할 수 있다. 사람의 이동을 생각해 보자. 사람들은 자신이 살고 있는 도시에서 다른 도시로 업무나 여행 목적으로 이동한다. 시골에 살고 있는 사람들 역시 도시를 방문하곤 한다. 한 나라에서 다른 나라로 이동이 일어나는 외국 여행도 있고, 일시적인 이동으로 끝나는 게 아닌 이민도 있다. 국제적인 인구 이동은 후진국에서 선진국으로 일어나는 경향이 있다. 만약 이민에 중력법칙을 적용한다면 질량에 그 나라의 경제력을 대응시킬 수 있을 것이다.

경제학에 처음 중력모형을 도입한 사람은 1962년 틴버겐(Tinbergen, 1962)이다. 그는 세계 무역 흐름을 분석하면서 중력모형을 도입하였다. 중력모형에서 두 나라 사이의 무역량은 두 나라의 국내총생산의 곱에 비례하고 두 나라 사이의 거리에 반비례하는 함수라고 가정하였다(Tinbergen 1962). 경제학자들은 무역량의 로그값을 두 나라 사이의 로그 GDP의 곱, 두 나라의 로그 인구수의 곱, 로그 거리, 두 나라가 사용하는 언어 동질성, 국경을 접하는지 아닌지, 같은 자유무역 영역에 속하는지 아닌지, 식민지 관계에 있었는지 등을 변수로 놓고 연도별 데이터를 기반으로 계량 분석하였다. 처음에 경제학자들은 모형이 추상적이라고 하여 받아들이려 하지 않았지만, 2000년대 이후 데이터를 기반으로 한 중력모형의 유의미함이 밝혀지자 중력모형을 받아들였다. 경제학에서 일반적인 중력모형은 다음과 같이 쓸 수 있다.

$$Y_{ij} = \frac{S_i D_j}{r_{ij}^2}$$

여기서 Y_{ij}는 출발 지점 i와 도착 지점 j 사이에서 이동한 물자나 노동력을 의미하고, S_i는 출발 지점의 공급량, D_j는 도착 지점의 수요량이며, r_{ij}는 두 지점 사이의 물리적 거리를 뜻한다. 세계 무역량에 일반화한 중력법칙을 적용해 보자. 출발국가가 i, 도착국가 j, 수출량을 Y_{ij}라 하면

$$Y_{ij} = a\frac{P_i^{\alpha} P_j^{\beta}}{r_{ij}^{\gamma}}$$

로 쓸 수 있다. 여기서 P_i와 P_j는 각 국가의 국내총생산(GDP)이고, a는 비례상수이다. 지수 α, β, γ는 실제 데이터를 이용하여 수치적으로 구한다. 계량경제학에서 중력법칙이 유효한지를 살펴보기 위해서 로그를 취한 식을 기반으로 각 항의 유효성을 검증한다. 즉,

$$\log Y_{ij} = b + \alpha \log P_i + \beta \log P_j - \gamma \log_{ij}$$

이고, 여기서 b는 상수이다. 일반화한 중력 법칙에서 다양한 데이터를 기반으로 지수 α, β, γ를 구해보면, 그 값이 들쭉날쭉하다. 원래 중력 법칙은 $\alpha=\beta=1$, $\gamma=2$이지만 이 지수 값은 보편적이지 않고 데이터 종류에 의존하며 원래 중력 법칙에서 벗어나는 것을 볼 수 있다. 계량경제학에서 여러 국가에 대한 수출량, 인구수, 거리 데이터를 바탕으로 위 식이 유효한지를 분석한다. 국가 간의 무역량에 대해서 중력 법칙이 성립한다면 도시 사이에 이동하는 어떤 양에 대해서도 중력 법칙이 성립할 것이다. 이동하는 양이란 물동량, 도시 간 사람의 이동량, 비행기로 이동하는 승객의

수 등으로 다양하다. 도시 사이에서 이동하는 양 역시 중력법칙을 따르는 경우가 많이 발견된다.

물리학자 바라바시 그룹은 2015년에 경제학에서 중력법칙의 단점을 보완하기 위해서 방사모형(radiation model)을 제안하였다(Simini et al 2012). 그들은 미국 행정구역인 카운티(county) 사이의 인구 이동 센서스 데이터를 이용하여 일자리를 구하는 모형을 고려하였다. 한 카운티의 구직자는 일자리를 구할 때 인구 이동 센서스의 데이터를 반영하여 구직활동을 한다. 중력모형에서 거리가 멀어지면 구직으로 이동할 확률이 아주 낮지만, 방사 모형은 실제 사람 이동 데이터를 반영하므로 더 활발한 이동이 일어난다. 바라바시 등은 구직활동의 경우 방사모형이 중력모형보다 현실 세계를 더 잘 반영한다고 주장하였다.

12.3 도시 네트워크

도시에는 다양한 네트워크가 산재해 있다. 당장 떠오르는 것만 해도 도로 네트워크, 지하철, 전철, 기차 네트워크, 버스 노선 네트워크, 전력선 네트워크, 상수도 네트워크, 하수도 네트워크, 물류 네트워크 등 일일이 열거하기 힘들 정도이다. 하드웨어적 네트워크에서 노드는 한 지점이고 연결선은 그 사이를 이동하는 그 무엇이 된다. 버스 노선 네트워크에서 노드는 정류장이고 연결선은 두 정류장 사이를 지나가는 버스 노선이다. 이러한 물리적인 네트워크뿐만 아니라 하드웨어와 소프트웨어를 연결하는 네트워크도 생각할 수 있다. 두 학교가 서로 교육 교류를 한다면 학교 사이에 연결이 형성되는데, 이때 연결선은 교육 교류라는 소프트웨어적 성격이 강하다. 도시 공학과 네트워크 과학이 발전하면서 도시의 다양한 네트워크 연구가 활발하게 진행되고 있다. 도시는 지구 표면에 형성되어 있으므로 도시에 형성된 네트워크는 대개 2차원의 물리적 공간에서 표현할 수 있다. 물론 높은 고층 건물에 사는 사람의 경우 어떤 연결 네트워크를 만들면 3차원 공간의 네트워크가 될 것이다.

도시의 네트워크는 설계를 거쳐 만들어지지만, 자연적으로 형성된 도시는 자율적 조절 과정으로 형성된다. 한 도시 내의 거주지나 상업지가 발전하는 과정을 생각해 보자. 먼저 거점인 중심지가 형성되고, 그 지역적 중심지에서 도시가 점점 성장해 나간다. 장애물이 없는 평평한 땅에 조성된 계획도시는 주도로를 중심으로 격자형으로 만들어지는 경우가 많다. 그러나 자연 발생적인 도시는 주변의 지형이 도시 형성을 제한하기 때문에 도로의 모양이 매우 불규칙하다. 계획도시와 자연발생하여 형성된 도시 중 어떤 곳에서 더 교통 흐름이 원활할까? 교통은 운송이므로 이 질문은 어떤 구조가 운송에 더 적합할까 하는 질문과 일맥상통한다. 〈그림 12.4〉는 나뭇잎 잎맥 네트워크와 도시 도로 네트워크를 비교한 것이다. 잎맥은 좀 더 계획적이고 조직적이만, 도로는 주변의 지형에 따라 형성되다가 중심 거점을 연결하는 도로가 형성되고 나서야 더 많은 도로가 연결된 것처럼 보인다(Valverde and Sole, 2013).

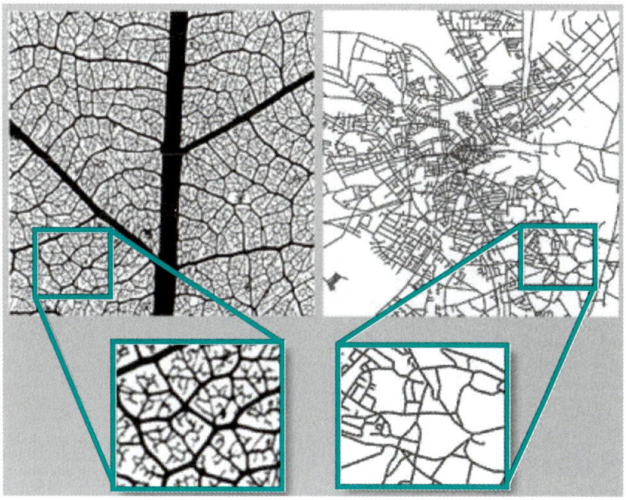

그림 12.4 나뭇잎 잎맥의 네트워크와 도시 도로 네트워크. 도시에서 형성된 네트워크는 나뭇잎의 잎맥 구조를 닮아있다.

과학자들은 도시 도로 네트워크에서 다양한 연구를 수행하였다. 첫 번째는 도로 네트워크 자체의 복잡계 네트워크 구조 탐색하는 것으로, 전 세계 도시에서 도로 네트워크를 추출하여 분석하였다. 둘째는 도로 네트워크의 생성 원리 탐색이다. 도로 네트워크가 형성될 때 어떤 최적화 방식이 적용되었으리라는 접근이다. 셋째는 도로 네트워크에서 교통, 물류의 흐름 동력학을 연구하는 것으로, 어떻게 하면 정체를 일으키지 않고 도로를 설계할 수 있을지 묻는다. 넷째는 도로 주변의 상권과 경제 환경을 연구한다. 이렇듯 다양한 분야에서 도시의 특성을 연구할 수 있다.

이제 도시에서 형성된 도로 네트워크를 살펴보자. 도로 네트워크는 다양한 방식으로 구성할 수 있다. 〈그림 12.5〉는 도로가 만나는 점이나 도로가 끝나는 지점은 노드로, 노드 사이는 도로로 연결하여 나타낸 이미지다. 사실 도시의 도로망은 매우 복잡하게 형성되어 있다. 도시 도로망의 구조는 다양한 루프와 대롱대롱 링크(dangling link)들이 혼재되어 있다. 계획된 도시에서는 격자 모양의 도로망을 볼 수 있지만, 자연스럽게 형성된 도시의 도로망은 아주 복잡한 모습을 띤다. 특히 단독주택들이 밀집해 있는 원도심의 도로망은 미로처럼 얽혀있다. 도시에서 교차로는

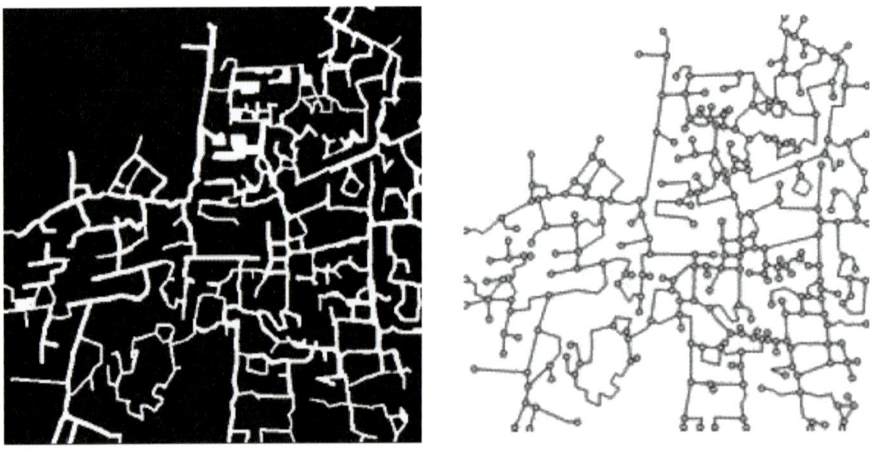

그림 12.5 도시 도로망의 일부. 도로가 교차하는 점과 도로가 끝나는 점을 노드로 나타내어 형성한 네트워크.

사거리가 주를 이루며, 이따금 삼거리나 오거리를 볼 수 있다. 많은 도시의 도로망에서 평균 도수는 2보다 조금 크다. 도로가 끝나는 지점의 도수는 1이고 단선으로 연결된 도로에서 노드의 도수는 2이기 때문에 평균 도수가 크지 않다.

여러 도시의 버스 네트워크에서 연결선 분포는 대개 지수함수 구조를 갖는다. 철도 연결망에서 노드는 철도역이고 링크는 두 역을 연결하는 철도이다. 철도 연결망은 다양한 네트워크 구조를 나타내는데 연결선 분포는 멱함수 법칙 또는 지수 함수 법칙을 나타내었다. 도시의 운송 네트워크의 구조는 다양한 분포함수를 가진다. 도시에 형성된 도로는 주요도로와 간선도로 등 계층적 구조를 형성한다(Lin and Ban 2013). 〈그림 12.6〉은 독일의 드레스덴의 도로 네트워크를 나타낸 것이다. 네트워크에서 살펴본 매개 중심성을 조사해 보면 주요 도로의 매개 중심성이 큰 것을 볼 수 있다.

그림 12.6 독일 드레스덴시의 도로 네트워크. 매개 중심성이 큰 도로는 더 굵은 선으로 나타내었다.

12.4 프랙털 도시

여러 도시를 방문해 보면 각 도시만의 독특한 특징 사이로 어쩐지 비슷비슷해 보이는 요소들이 엿보이곤 한다. 한 도시 내에서도 한 골목이 다른 골목과 비슷해 보이는 경우가 있다. 특히 변두시의 원도심을 걷다 보면 마을의 구조, 미로 같은 골목의 구조 등이 마치 어디서 본 것만 같다는 기분이 들곤 한다. 도시의 도로 구조만을 뽑아서 지도 위에 그려보면 〈그림 12.7〉이 나타내듯 마치 그물망처럼 생겼고 구멍이 숭숭 뚫려있다. 도시는 지형의 영향을 많이 받기 때문에 지역별로 아주 다른

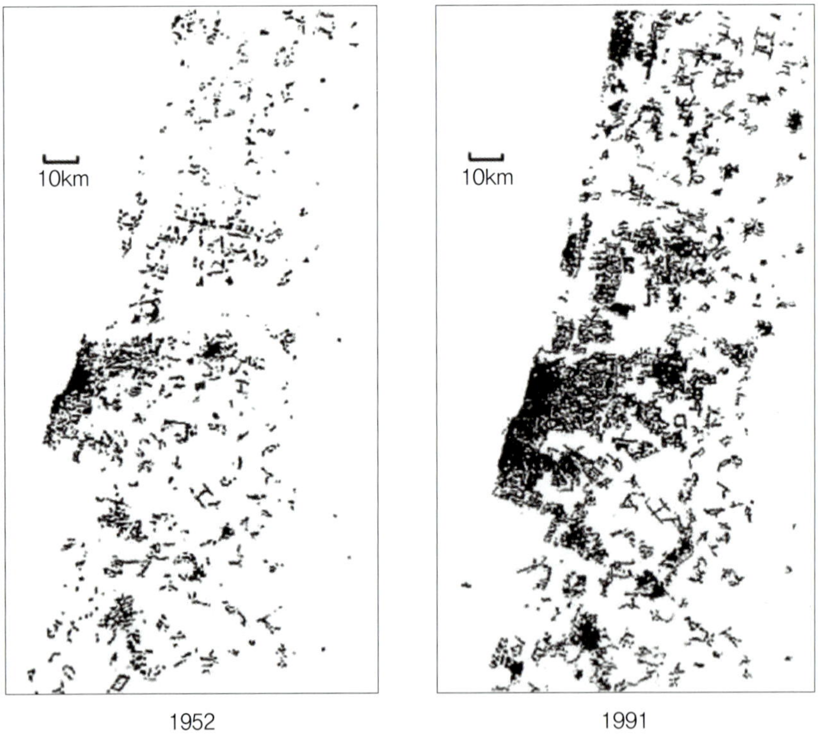

그림 12.7 이스라엘 텔아비브시의 주거지 변화. 더 많은 사람이 살게 되면서 도시 스프롤링 현상이 발생한다. 검은색은 주거지를 나타낸다.

구조를 가질 것처럼 보이지만, 실제로는 서로 많이 닮아있다. 1983년에 망델브로가 프랙털 개념을 유행시킨 후에 지형의 풍경, 해안선의 구조, 산맥의 구조, 하천의 구조, 나무의 구조, 도시의 구조 등에서 프랙털 구조가 속속 확인되었다.

〈그림 12.7〉을 보면 어떤 지역의 주거지가 밀집되어 있다. 흰색은 주거지가 없는 빈 지역이다. 주거지가 형성되면 코어를 중심으로 확장되어 간다. 유한확산 응집체와 비슷하게 응집체의 경계에서 응집체가 성장해 나가듯이, 도시 내부에서의 확장도 중심지역의 경계에서 확장된다(Benguigui et al 2000). 확장되는 주거지의 구조는 유체의 팽창과는 달리 아주 불규칙하게 팽창한다. 두 주거지가 서로 붙으면 두 덩어리가 응집되어 더 큰 덩어리를 형성하여 성장한다. 도시 내부의 빈 땅이 부족해지면 도시의 외곽에 신도시가 형성되어 새로운 지역적 중심지를 형성하기 시작한다.

도시 주거지의 구조가 프랙털 구조인지 알아보기 위해서 도시 전체를 한 변의 길이가 l인 작은 사각형으로 도시를 덮은 다음 주거지를 조금이라도 포함하고 있는 모든 사각형의 개수 $N(l)$을 세어 보자. 그리드의 길이 l을 작은 값에서 큰 값으로 변화시키면서 주거지를 포함하고 있는 사각형의 개수 $N(l)$을 세어 본다. 〈그림 12.8〉은 그리드 변의 길이와 프랙털 구조를 덮은 사각형의 개수를 그린 것이다. 그림에서 가로축과 세로축에 로그를 취했다. 주거지가 프랙털이면 $\ln N(l)=-d_f \ln l+$상수인 관계가 성립할 것이다(Chen 2022). 〈그림 12.8〉은 직선 함수이므로 주거지가 프랙털 구조임을 뜻한다. 그래프의 기울기 값은 프랙털 차원이 된다. 텔아비브의 가장 밀집 지역을 대상으로 프랙털 구조를 분석하였을 때 프랙털 차원은 $d_f=1.64\pm0.02$였다(Benguigui et al 2000). 도시 주거지는 프랙털 구조였다. 프랙털 차원은 도시가 팽창하면서 점점 커지는 경향성을 가졌지만 $d_f<d$였다. 여기서 d는 유클리드 차원으로, 평면이면 $d=2$이다.

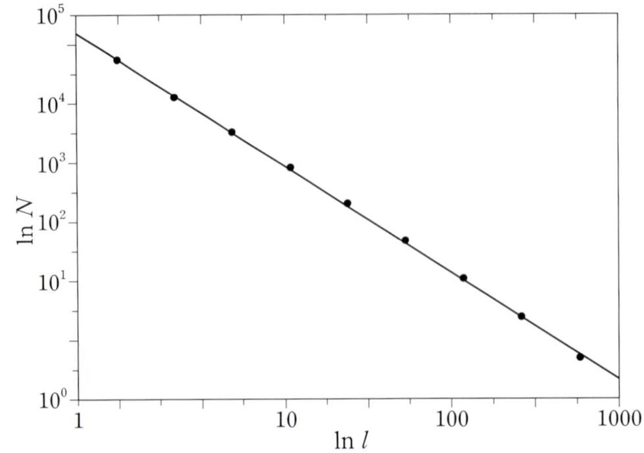

그림 12.8 1952년 텔아비브시 주거지 그리드 개수 $N(l)$을 그리드의 길이 l의 함수로 그린 그림. 가로축과 세로축은 모두 로그를 취했다.

도시는 구멍이 숭숭 뚫린 성긴 구조이고, 그러한 구멍은 무작위하게 형성된 것이 아니라 어떤 축적 구조를 지닌다. 도시는 마치 다양한 구멍을 가진 개스켓 구조와 흡사하다. 도시 주거지가 프랙털 구조라는 사실은 전 세계 다양한 도시에서 확인되었다.

12.5 보행 동력학

사람으로 붐비는 도심의 거리나 촛불집회와 같이 많은 인원이 한꺼번에 모이는 집회에서의 보행을 생각해 보자. 거리에서 사람의 움직임을 통계 물리적으로 공부하는 분야를 보행 동력학(pedestrian dynamics)이라 한다. 사람들은 길이 없으면 자율적으로 최적의 길을 발견해낸다. 〈그림 12.9〉는 자연스럽게 형성된 보행길을 나타낸 것이다. 보행거리를 단축하기 위해 반듯하게 나 있는 보도가 아닌 잔디밭을 대각선

그림 12.9 잔디밭에 자연스럽게 난 보행자길. 사람들의 자율적인 움직임은 보행길을 스스로 만들어낸다. (출처: George Redgrave)

으로 가로질러 다니며 보행길을 만들어냈다. 이러한 자연 보행길은 한 명이 지나가면서 우연히 만들어낸 길을 다음 사람들이 따라 걸음으로써 생성된다(Helbing et al 1997). 따라 하기 행동으로 발생하는 패턴인 셈이다. 사람이나 생명체의 움직임에서 따라 하기 행동은 다양한 패턴을 만들어내는 중요한 방식 중 하나이다.

보행 동력학을 과학적으로 이해하면 대규모 군중이 모일 때 보행자의 흐름을 어떻게 조절할지 이해할 수 있으며, 대규모 압사 사고와 같은 비극적 사건을 미리 방지할 수 있을 것이다. 보행 동력학은 공학적 측면에서 도시나 건물을 설계할 때 원활한 보행자의 이동과 대규모 공연장에서 탈출계획(evacuation planning) 등을 세우기 위해서 발전하였다. 이러한 공학적 모형들은 많은 군중이 발생시키는 자기 조직화 효과를 제대로 설명하지 못했다. 1974년에 핸더슨(L. F. Henderson)은 군중의 움직임을 기체나 액체와 같이 취급할 수 있다고 제안하였다(Henderson 1974). 통계 물리학 방법을 군중의 움직임에 응용한 것이다. 사람은 의식과 자율성을 가진 존재지만 혼잡한 군중 상태에서는 마치 알갱이 유체처럼 행동한다고 가정한 것이다. 군중 입자는 충돌을 회피하기 위해 감속하거나 방향을 바꾸는 등의 상호작용을 하지만, 선운동량이나 에너지와 같은 물리량은 보존되지 않는 비선형적이고 비형평 시스템이

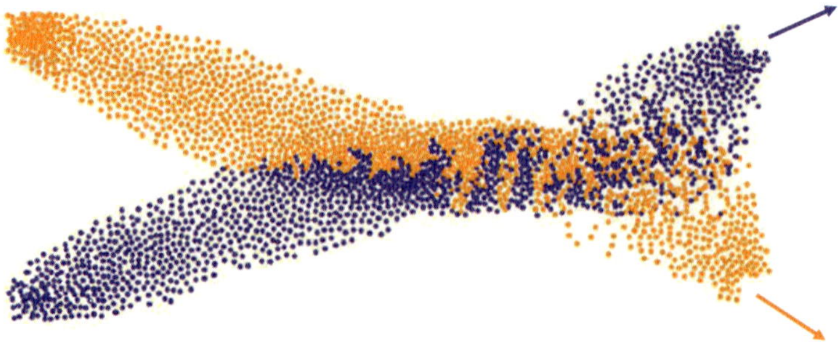

그림 12.10 사회적 힘을 받으면서 교차하는 보행자의 자기조직화 흐름

다. 보행의 유체 모형은 각 보행자 개인의 운동을 묘사하는 행위자 기반 모형으로 발전하였다.

통계 물리학자인 헬빙(D. Helbing)은 1989년에 '사회적 힘(social force)'에 기반한 보행자 동력학 모형을 제시하였다(Helbing 1991). 이 모형에서 한 보행자는 원하는 속도와 방향으로 움직이지만, 주변의 보행자들 때문에 반발력을 받는다. 혼잡한 상황에서 딱딱한 공이 반발하듯이 접촉력을 고려해야 하고, 사람들이 그룹을 지어 움직이려 하기 때문에 그룹 구성원 사이에는 인력이 작용한다(Helbing and Johansson 2013). 자세한 모형은 수학적 내용을 포함하므로 여기서 다루지 않는다.

〈그림 12.10〉은 사회적 힘을 받으면서 교차하는 두 보행자 그룹이 형성한 자기조직화한 흐름을 나타낸다. 보행자를 사회적 원자나 사회적 기체분자처럼 알갱이로 나타내었다. 양방향으로 지나다니는 혼잡한 건널목에서 서로 반대 방향으로 진행하는 보행자들은 서로를 교묘하게 피하면서 길을 건넌다. 조절자가 없음에도 불구하고 보행자들에게는 자율적으로 조직화한 흐름이 나타나는 것이다. 각 보행자는 앞 사람을 따라가면서도 주변 사람과의 충돌을 최소화하면서 건널목을 교행한다. 〈그림 12.10〉은 이러한 조직화한 흐름을 간단한 물리 모형으로 재현한 것이다. 〈그림 12.10〉에서 다른 방향으로 움직이는 보행자는 두 개의 보행로(lane)를 형성한다. 보행자들이 겹칠 때 외각으로 빗겨서 걷지만 두 그룹이 완전히 겹쳐서 걸어갈

때는 마치 물결처럼 집단을 형성하고 서로 피해서 걷는다. 이러한 보행자들의 움직임을 이해함으로써 혼잡한 상황의 보행을 이해할 수 있다.

12.6 알갱이 유체

사우디아라비아의 메카는 홍해에 가까운 이슬람교의 성지이다. 무슬림 신도에게 메카 성지순례는 하나의 의무로써 '핫즈(Hajj)'라고 부른다. 닷새간 진행되는 메카 성지순례에는 200만 명 이상이 참가하기도 한다. 이들은 메카 대사원의 '카바'를 7바퀴 돈다. 2015년 메카 순례 도중에 769명이 사망하는 압사 사고가 발생하였다. 2022년 10월 29일 핼러윈을 앞둔 이태원에서도 비슷한 압사 사고가 발생하여 159명의 생명이 안타깝게 눈을 감았다. 이러한 압사 사고는 과학적으로 '인간이 기체 상태에서 액체 상태로 전이한 후에 고체 상태'가 되면서 발생한 사건이다.

인간의 액체화 현상은 '알갱이 유체화 현상'의 연장선이다. 밀도가 낮으면 사람은 자유롭게 움직일 수 있다. 사람이 많이 모인 광장에서도 사람들은 요리조리 잘 피해서 원하는 방향으로 움직일 수 있다. 이렇게 가끔 충돌은 하지만 자유롭게 움직일 수 있는 상태가 '기체 상태'이다. 사람의 밀도가 낮으면 사람은 의지를 가진 '기체 인간'으로 행동한다. 사람이 기체처럼 행동할 때는 사회적 힘을 약하게 느끼기 때문에 움직임이 상대적으로 자유롭다. 만약 밀도가 더 늘어나면 어떨까? 사람이 패킹되지 않을 정도의 밀도에서는 어느 정도 움직일 수 있다. 많은 인원이 한꺼번에 횡단보도를 지나갈 때, 서로 반대 방향으로 걸어갈 때, 사람들은 약간 부딪히지만 막히지 않고 길을 건널 수 있다. 횡단보도에서 사람들은 선도자의 뒤꽁무니를 따라 감으로써 반대 방향으로 걸어가면서도 충돌을 피한다. 물론 이렇게 흐름이 원활하려면 사람의 밀도가 꽉 막힘 밀도보다 낮아야 한다. 이러한 상태에서 사람은 여전히 제한된 의지로 행동하고 흘러갈 수 있는 액체 상태에 놓인다. 인간은 상대방의 움직임을 보면서 자기 조직된 행동(self-organized behavior)으로 '액체 인간'이 된다.

요즘은 대형 경기장이나 콘서트장처럼 사람이 많이 모이는 장소에서 행사를 열 때, 비상사태를 고려하여 탈출계획을 수립해야 한다. 〈그림 12.11〉과 같이 한 장소에 사람의 밀도가 지나치게 많아지면 큰 문제가 발생할 수 있다. 많은 사람이 건물의 통로, 양쪽이 막힌 길, 제한된 공간에 패킹되어 있는 상태가 종종 발생한다.

필자는 2015년에 대학교에서 학생처장을 맡으면서 인간이 액체화하여 '인간 액체' 상태에서 '인간 고체' 상태로 무너지기 직전의 상황을 목격하고, 대규모 행사에서 '인간 액체상'에서 '인간 고체상'으로 전이하는 것을 막도록 조처한 적이 있다(이재우 2022). 대학교 축제가 열리면 보통 유명한 걸그룹을 초청하여 대규모 콘서트를 열곤 한다. 필자의 학교 또한 마찬가지였다. 매년 그렇듯 콘서트는 학생회관 광장에서 열렸는데, 콘서트가 무료인데다 SNS, 카톡, 인터넷으로 그 소식이 삽시간에 퍼진 탓에 오후가 되자 광장에는 발 디딜 틈도 거의 남지 않게 되었다. 그때부터 학생들은 더 이상 자신의 의지대로 움직일 수 없는, 오직 사방에서 작용하는 힘에 따

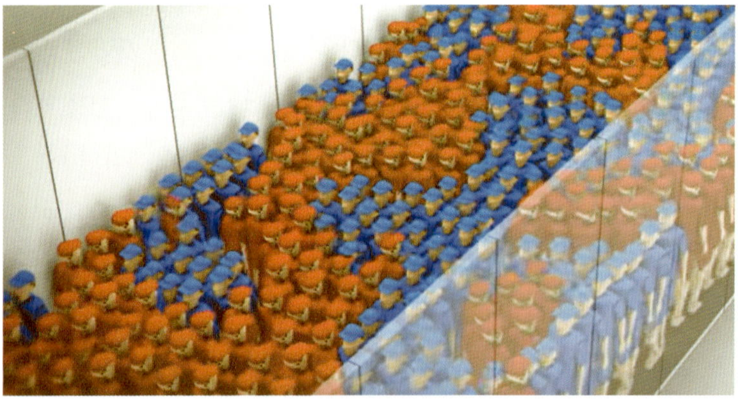

그림 12.11 통로에 많은 사람이 몰려서 걸어가는 시뮬레이션 그림. 양방향으로 오도가도 못하는 꽉 막힘 상태(jamming state)가 발생한다. 이러한 꽉 막힘 상태로의 전이는 알갱이의 밀도가 임계밀도(critical density) 이상일 때 발생한다.

라 움직일 뿐인 '알갱이 인간'이 되었다. 그럼에도 학생들에게는 축제를 즐길 에너지가 남아 있었기에 걸그룹이 등장하자 함성을 지르며 열광했다. 그리고 걸그룹의 안무와 노래에 따라 몸을 움직이며 호응했다. 그때 학생들의 움직임은 완전히 협력적 움직임의 전형이었다. 학생들이 한번 오른쪽으로 밀리면 알갱의 상태의 사람들은 한쪽으로 밀도파를 만들어냈다. 필자는 학생회관 4층에서 초조하게 그 광경을 지켜보았다.

필자는 학생들이 알갱이 고체 상태에서 협력적 움직임의 밀도파가 발생하는 현상을 목도하고 그 위험성을 즉각 알아보았다. 복잡계와 통계물리학을 연구하면서 알갱이 동력학(granular dynamics)에 대해서 잘 알고 있었기 때문에, 이 현상이 사람이 액체 상태에서 고체 상태로 상전이하는 동력학적 전이임을 알았다. 전체적으로 힘의 균형을 유지할 때는 안정하지만, 한 사람이라도 균형을 잃고 쓰러지면 대규모 압사 사고로 이어질 수 있는 상황이었다. 필자는 가슴을 졸이며 축제가 빨리 끝나기를 바랐다. 걸그룹의 노래는 전혀 귀에 들리지도 않았으며, 오로지 학생들의 전일적인 움직임만이 눈에 들어왔다. 다행히 축제는 사고 없이 끝났다. 천만다행이었다.

축제가 끝난 후 필자는 학생처 직원, 학생 주최자들과 평가회의를 하면서 '인간 유체상'에서 '인간 고체상'으로 전이가 일어나고, 수많은 사람이 함께 흔들리면서 밀도파를 형성할 때의 위험성을 설명해 주었다. 그리고 좁은 학생회관 광장이 아닌 넓은 운동장에서 축제를 열도록 조처했다. 실제로 다음 해부터 학교 축제는 항상 대운동장에서 구획을 치고, 구획에 들어갈 학생의 수를 제한한 상태에서 실시되었다. 필자가 '인간 유체'와 '인간 고체' 상태의 위험성을 간파할 수 있었던 건 복잡계 연구를 하는 학자였기 때문이다. 또한 헌신적인 직원들과 위험성을 과학적으로 설명하자 합리적으로 받아들인 학생들 덕분에 학교의 축제 시스템을 개선할 수 있었다. 어떤 문제는 누군가에게는 보이고 누군가에게는 보이지 않는다. 다행히 필자는 '인간 액체화' 현상의 문제를 파악할 수 있는 과학적 지식을 가지고 있었고, 문제를 인식할 수 있는 자리에 있었으며, 그 문제를 해결할 의지와 실행력을 가지고 있었기에 문제를 해결했다.

사회가 점점 복잡해질수록 여러 가지 재난이 함께 발생하는 복합재난은 빈번하게 발생할 것이다. 이러한 예기치 않은 문제가 발생했을 때, 복잡계는 종종 실마리를 주곤 한다. 이것을 복잡계 과학의 힘이라 할 수 있을 것이다.

12.7 교통흐름의 자기 조직화

교통흐름에 대한 연구와 응용은 교통 공학에서 깊이 연구되고 있다. 도로에 차가 많아지면 복잡계는 그 흐름을 집단 운동으로 생각한다. 과학적 측면에서 교통흐름에 대한 모형은 크게 미시적 모형과 거시적 모형으로 나눌 수 있다. 미시적 모형의 한 예는 '자동차 추적 이론(car-following theory)'이다. 이 모형은 각 차에 대해서 운동 방정식을 쓰고, 모든 차에 대한 운동 방정식을 풀어 차의 위치와 속도를 구해 교통흐름을 알아낸다. 거시적 모형은 차량의 흐름을 '대충 뽑기(coarse-grained)'로 생각하여 흐름을 유체의 흐름처럼 나타낸다. 도로에서 자동차의 밀도와 흐름을 연결하는 방정식을 쓸 수 있다.

신호등이 없는 큰 도로의 교통흐름을 생각해 보자. 〈그림 12.12〉는 1차선 도로에서 차의 위치를 시간에 따라서 나타낸 것이다. 그림의 가로축은 차의 위치를 나타낸다. 차는 추월을 허용하지 않고 교통사고도 없다고 가정한다. 시간은 수직축의 아래 방향으로 증가한다. 이러한 시간-공간 그림을 교통흐름 그림이라 부른다. 자동차의 밀도가 낮은 부분에서 자동차는 최고 속도로 오른쪽으로 이동한다(Schadschneider 2000). 그림에서는 사선으로 나타나 있다. 앞쪽에 교통정체가 발생하면 차들의 이동속도가 급격히 줄어들고 뒤쪽으로 정체가 확산된다. 〈그림 12.12〉에서 마치 절벽 모양으로 떨어지는 부분에 교통정체가 형성되고, 교통정체는 시간이 지나면서 뒤쪽으로 이동한다. 교통정체면은 약 15km/h로 뒤쪽으로 전파한다.

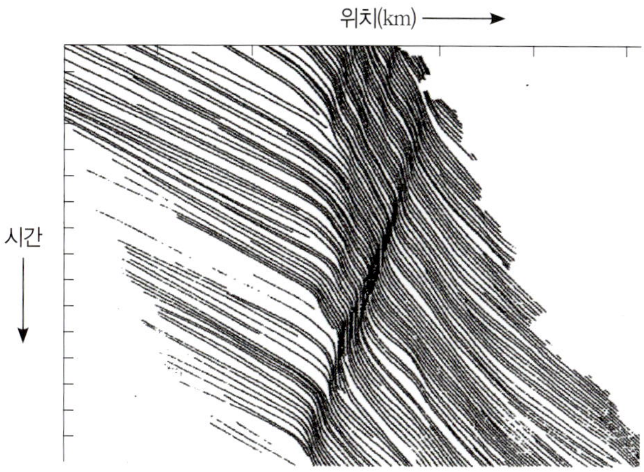

그림 12.12 **1차선 도로**(single lane)**에서 개발 자동차의 움직임 그림.** 자동차의 밀도가 높아지면 저절로 교통 혼잡이 발생한다.

이러한 모형은 1차선 고속도로에서 교통흐름을 묘사하는 데 적합하다.

홀, 알렌, 거트너는 캐나다 고속도로에서 자동차의 밀도에 따라서 교통흐름을 조사해 보았다. 자동차 밀도가 약 20% 이하일 때에는 단위 시간당 한 지점을 지나가는 자동차의 수인 흐름율은 자동차 밀도에 비례해서 커진다. 그러나 자동차 밀도가 임계밀도인 20% 이상이 되면, 자동차 흐름율은 오히려 밀도에 반비례해서 줄어든다(Hall et al 1986). 고속도로에서 자동차 흐름을 간단하게 설명하기 위해서 나겔과 쉬레켄베르크는 일종의 자동세포기계 모형인 나겔-쉬레켄베르크 모형(Nagel-Schreckenberg model, NaSch)을 제안하였다(Nagel 1992). 이 모형에서 자동차의 속력은 $v=0,1,2,\cdots,v_{max}$까지 정숫값을 갖는다. 자동차는 〈그림 12.13〉과 같이 칸으로 구획된 일차원 도로에 놓여 있다. 각 자동차는 시간 t에 임의의 칸에 있으며, 다음 단계 $t \to t+1$에서 모든 차는 자신의 속력으로 앞으로 이동한다. 자동차 위치는 병렬적으로 업데이트한다. 자동차가 움직이는 규칙은 다음과 같다.

1) 규칙 1. 가속규칙: $v_n < v_{max}$이면, n번째 자동차의 속력은 1단위 증가한다. 즉,

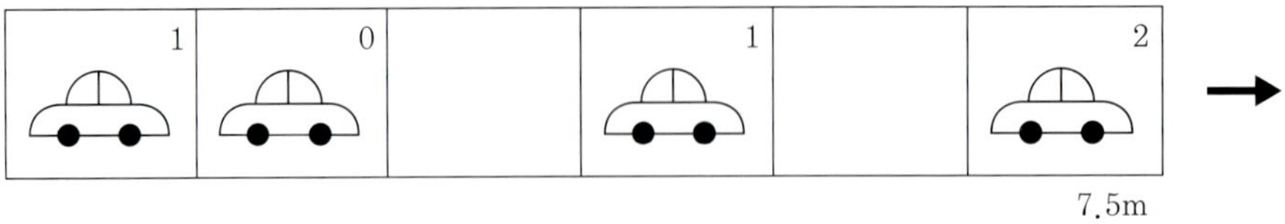

그림 12.13 NaSch 모형. 나겔-쉬레켄베르크 모형에서 자동차는 도로의 각 칸에 위치한다. 우측 상단의 숫자는 각 차의 속력의 크기를 나타낸다.

$v_n \to \min(v_n+1,\ v_{max})$

2) 규칙 2. 감속규칙: 앞차와의 거리가 $d_n \leq v_n$이면, n번째 자동차의 속력은 d_n-1으로 감속한다. 즉, $v_n \to \min(v_n,\ d_n-1)$

3) 규칙 3. 무작위 규칙: $v_n > 0$이면, n번째 자동차의 속력은 확률 p로 1단위 감속한다. 즉, $v_n \to \min(v_n-1, 0)$ 이다.

4) 규칙 4. 자동차 이동 규칙: 규칙 1~3에 의해서 결정된 새로운 속력으로 자동차는 앞으로 이동한다. 즉, $x_n \to x_n+v_n$

NaSch 모형은 자동으로 충돌을 회피한다. 규칙 1~3에 의해서 각 자동차는 새로운 속력을 결정한 후에 모든 차는 규칙 4에 의해서 앞으로 움직인다. 이러한 간단한 CA 모형은 쉽게 컴퓨터로 구현할 수 있다. NaSch 모형에서 규칙 2는 자동차의 충돌을 피하게 해 주는 규칙이다. 규칙 3의 무작위 규칙은 사람들의 운전 습관에 무작위성을 부여한다. 1차선 도로를 운전하다 보면 항상 평균속도보다 느리게 운전하는 운전자가 있으며, 이 자동차의 뒤쪽으로 길게 늘어선 자동차들이 덩어리를 이루어서 운행하는 것을 볼 수 있다. 사실 NaSch 모형에서 저절로 교통정체가 발생하는 원인은 규칙 3이다. 운전자들의 운전 습관이 다르기 때문에 도로에서 모든 차가 최대 속력을 낼 수 없다. 이런 간단한 교통흐름 모형이 실제 고속도로에서 관찰한 교통흐름의 결과를 재현해 주다니 놀라운 일이다.

〈그림 12.14〉는 시뮬레이션 변수를 v_{max}=5, p=0.25, ρ=0.2로 놓고 NaSch 모형의

위치(km) ⟶

시간 ↓

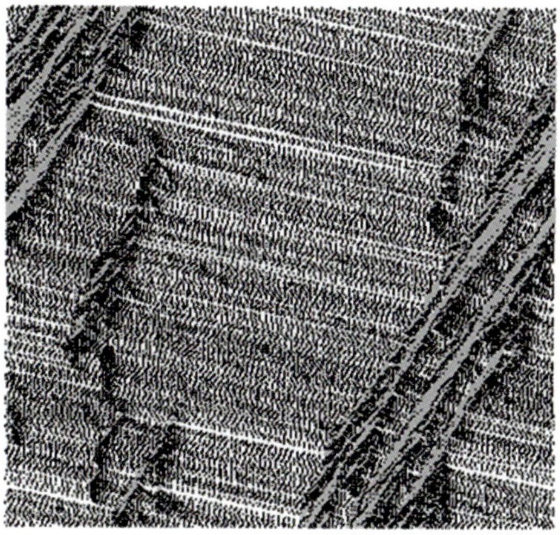

그림 12.14 **NaSch 모형에서 교통흐름 그림.** 시뮬레이션 변수는 v_{max}=5, p=0.25, ρ=0.20이다.

시뮬레이션 결과를 그림으로 그린 것이다. 검은 점은 자동차 한 대를 나타낸다. 길 위의 자동차 밀도를 ρ=0.2로 놓고 시뮬레이션하였다. 〈그림 12.12〉의 실제 고속도로에서 관찰했던 정체현상이 발생하는 것을 볼 수 있다. NaSch 모형과 같은 간단한 모형을 통해서 실제 교통흐름을 재현하고 교통사고가 없는 상태에서 교통정체가 일어나는 '귀신교통정체(phantom traffic jam)'의 원인을 이해할 수 있게 되었다. 귀신교통정체는 도로에 차량 밀도가 문턱값 이상이고 교통흐름을 방해하는 저속 운전자가 무작위하게 분포되어 있으면 발생한다. 물론 차량밀도가 지나치게 많으면 교통정체는 쉽게 발생한다.

요즘 인공지능(artificial intelligence, AI)을 이용한 자율주행 기술이 발달하고, 레벨 5의 자율주행 자동차가 출시되면 이러한 귀신교통정체는 피할 수 있을 것이다. 또한 자동차들이 서로 통신하면서 최적의 속도로 일정한 간격을 유지하면서 대열주행(convey driving)하는 군집주행(plattoning)이 가능해질 것으로 기대한다.

13장 / 생태 복잡계

골디락스존에 위치한 지구는 생명이 출현할 수 있는 최적 행성이다. 지구는 태양으로부터 적당한 궤도를 공전함으로써 일 년 내내 적당한 에너지를 받아 평형을 유지한다. 지구가 막 탄생한 46억 년 전만 해도 지구는 엄청나게 뜨거웠겠지만, 점점 식어가면서 지각을 형성하였다. 지구의 중력에 포획된 얼음과 운석은 지구에 많은 물을 공급해주었다. 그렇게 지구는 생명이 살 수 있는 거주 가능 행성(planetary habitability, HZ)으로 변해갔다. 생명의 기원에 대해서는 다양한 가설이 있다. 자연발생설(abiogenesis hypothesis)은 초기 지구 환경의 무기물인 물, 탄소, 수소, 메탄 등에서 아미노산과 같은 유기물질이 탄생했다고 본다. 1920년대에 영국인 할데인(J. B. S. Haldene)과 러시아인 오파린(Aleksandr Oparin)은 친수성인 콜로이드 입자가 모여서 작은 콜로이드 방울을 자발적으로 형성하였다는 코아세르베이트(coacervate) 설을 주장하였다. 이 액체 방울은 세포의 원형질과 비슷하고 결국 세포의 전조체(precursor)일 것으로 여겼다. 1953년에 미국 화학자 유레이(Harold C. Urey)와 밀러(Stanley Miller)는 밀러-유레이 실험(Miller-Urey experiment)으로 오파린-할데인 가설을 검증하였다(최성우 2019). 그들은 물, 메탄, 수소, 암모니아 등 혼합물에 전기 방전을 가하여 유기물인 아미노산이 형성됨을 확인하였다. 조건이 맞으면 단백질의 기본 구성단위인 아미노산이 자연스럽게 형성될 수 있음을 알게 되었다.

지구에 유기물이 형성된 이후 초기 생명체 발생에 대한 다양한 가설이 존재한다. 화학 가설, 심해 열수구 가설, 작은 연못 가설 등이 대표적이다. 비록 생명이 어떻게 출현했는지 정확하게 알지는 못하지만, 생명체는 단순한 유기 분자들이 자기조립(self-organization) 과정을 거치면서 더 복잡한 유기 분자로 변화하였을 것이다. 이러한 고도의 유기 분자들은 자기복제(self-replicating) 기능을 가진 원시세포(protocell)로 진화했다. 약 38억 년 전에 원시 원핵생물이 출현하였다. 35억 년 전 선캄브리아기(precambrian era)에 출현한 스트로마톨라이트(stromatolite)[7]는 남세균(cyanobacteria)의 침전물에 의해서 형성된 화석이다. 시아노박테리아(Cyanobacteria)는 원핵생물(prokaryotes)로 광합성을 하여 산소를 생성했다. 시생누대(Archean eon, 38.75억 년~27.5억 년)와 원생누대(Proterozoic eon, 25억 년~5.42억 년)에 번성했던 시아노박테리아는 산소를 발생시켜 지구가 산소가 풍부한 행성으로 변화하였다. 약 20억 년 전에 진핵생물(eukaryote)이 출현하였다. 진핵생물은 세포막으로 둘러싸인 핵을 가진 생물로 미토콘드리아, 엽록체 등의 세포 소기관이 있는 생명체이다. 원핵생물이 미토콘드리아와 같은 독자적인 세포 소기관을 가지고 있는데, 이는 서로 먹이활동을 하는 과정에서 우연히 일어난 일이다. 먹이가 된 원핵생물이 소화되지 않고 다른 원핵생물의 내부에서 살아남았고, 산소를 이용하여 에너지를 생성하면서 서로 공생 관계를 형성했다. 덕분에 원핵생물은 산소를 이용하여 효율적으로 에너지를 생산할 수 있게 되었다.

지구상에 생명체가 출현한 이후 생명체들은 서로 영향을 미치면서 진화하였다. 식물이나 식물성 플랑크톤처럼 스스로 영양분을 흡수하여 성장하고 번식하는 종이 있는가 하면 일차 생산자들이 생산한 영양분을 흡수하기 위해서 식물이나 식물성 플랑크톤을 먹는 생물 종이 있다. 1장에서 살펴보았듯이 고생대 오르도비스기 이후에 생물체는 번성과 멸종을 반복하였다. 현생누대(Phanerozoic eon, 5.42억 년~현재) 이후에 다섯 번의 대멸종이 있었으며 지구에 출현했던 생물 종의 99% 이상이 멸종

7 인천시 옹진군 소청도에서 스트로마톨라이트 화석을 관찰할 수 있다.

하였다. 지구 생태계의 다양한 생물은 주어진 환경에서 적응하여 번성하고 있다. 하지만 잘 번성하던 종도 환경이 변하거나 다른 종이 득세함으로써 변화를 맞이할 수 있다. 홀로세(Holecene, 1만 년 전~현재)를 현세라고도 부르는데 인류는 지구에서 다양한 문명을 형성하면서 발전하였다. 17세기 산업혁명 이후 인류는 지구 생태계에 막대한 영향을 미치고 있어서 오늘날을 인류세(Athropocene)라고 부르는 사람도 있다. 단기간에 일어나고 있는 지구 온난화는 지상의 모든 생명체에 영향을 주고 있으며 변화를 일으킨 인간 또한 이에 영향을 받고 있다. 지질학적으로 이렇게 짧은 기간에 이토록 커다란 환경 변화를 일으킨 생물 종은 없었다. 인간을 포함한 현존하는 생물 종은 극도의 생태 스트레스(extreme ecological stress)에 직면하고 있다.

13.1 생태계 네트워크

생태계는 다양한 관점에서 조망할 수 있다. 지구 전체를 하나의 생태계로 생각할 수도 있고 아마존 밀림의 생태계, 남극과 주변 해양의 생태계와 각이 지역적인 생태계를 생각할 수 있다. 생태학자들은 다양한 지역 서식지의 생태계를 조사한다. 생태학자들이 조사한 서식지는 담수호, 산호초, 강, 강어귀, 열대우림, 건조 목초지, 국가 전체, 안데스 관목지, 한 지역의 숲, 해안숲, 초원, 사바나, 고원초지 등으로 다양하다.

생태계에는 다양한 네트워크가 존재한다. 먹이-포식자 네트워크(pre-predator network)와 같은 먹이사슬망(food web)은 대표적인 생태계 네트워크이다. 인간은 지구상에서 최상위 포식자이며 다양한 식물과 동물을 먹는 잡식성 포식자이다. 사자와 같은 동물은 육식성 포식자로 동물의 고기만 섭취한다. 반면 얼룩말은 초원의 식물을 먹는 초식동물이다. 어떤 생물은 먹이가 되고 어떤 생물은 포식자가 된 것은 진화 과정의 산물이다. 생명체들은 주기율표의 원소 중에서 원소 번호가 낮고 지구 대기와 지각에 풍부한 원소들과 햇빛을 이용하여 원천적인 에너지를 얻는다. 이산화탄소, 햇빛 등을 이용하여 에너지를 생산하는 일차 생산자들은 식물성 플랑크톤, 각종 식물, 조류(algae), 광합성 박테리아 등이 있다. 이들은 네트워크의 가장 낮은 단계를 차지한다.

그림 13.1 식물-수분자 네트워크. 식물은 꽃을 피워서 꽃가루를 곤충이나 새에게 제공하면서 수분이 일어나 열매를 맺는다. (*Ivar Leidus, Wikimedia Commons, **Alvesgaspar, Wikimedia Commons, ***JMK, Wikimedia Commons)

생물 종 사이의 관계는 먹이포식자망(prey-predator web), 식물-씨앗매개자 네트워크(plant-seed disperser network), 식물-수분자 네트워크(plant-pollinator network), 식물-개미 네트워크(pland-ant network), 식물-초식동물 네트워크(plant-herbivore network), 숙주-기생충 네트워크(host-parasite network) 등 다양하다(Montoya et al 2006). 생태계 네트워크는 다른 사회, 경제 네트워크보다 노드의 수가 적지만 다양한 네트워크 구조를 갖는다. 생태계 네트워크에서 한 종은 노드이고 한 종이 다른 종과 관계를 맺고 있으면 두 종을 연결선으로 연결한다. 예를 들어 먹이-포식자 네트워크에서 사자와 얼룩말은 포식자와 피식자의 관계를 갖는다. 사람의 장기에 기생하는 회충은 서로 숙주와 기생충의 관계를 갖는다.

꽃을 피우는 식물들은 영양분이 풍부한 화분을 생산한다. 곤충, 새, 동물은 꽃에서 꽃가루를 섭취하면서 꽃의 수분을 돕는데, 이는 대표적인 공생 네트워크(mutualistic network)이다. 〈그림 13.1〉에서 볼 수 있듯이 어떤 곤충은 여러 꽃을 방문한다. 이처럼 연결선이 많은 곤충이나 식물을 제너럴리스트(generalist)라 한다. 반면 어떤 곤충은 하나의 꽃에서 꽃가루를 섭취하며, 이렇게 적은 수의 연결선을 가진 곤충이나 식물을 스페셜리스트(specialist)라 한다. 그런데 식물-수분자 네트워크에는 적당한 수의 연결선을 가지는 식물이나 곤충이 많이 존재한다.

〈그림 13.2〉는 뉴질랜드 오타고(Otago, Newziland) 지역 소나무 숲에서 관찰한 먹이-포식자 네트워크를 나타낸 것이다(Townsend et al 1998). 먹이와 포식자의 노드 총수는 93개이며 연결선의 총수는 227개이다. 네트워크는 노드 사이의 연결선이 많이 비어 있는 성긴 네트워크(sparse network)이다. 몇몇 포식자는 여러 먹이와 연결되어 있으며 소수의 먹이만을 취하는 포식자도 더러 보인다. 대롱거리는 연결선(dangling link)은 모두 먹이고, 하나의 포식자에게 잡아먹힌다. 중앙에 연결선이 많은 허브 노드들이 보이면 이들은 모두 포식자이고 다양한 먹이를 먹는다.

다양한 구조를 나타내는 생태계 네트워크의 구조적 특징에는 흥미로운 점이 많다. 먼저 생태계 네트워크의 연결선 분포함수를 살펴보자. 복잡계 네트워크에서 소

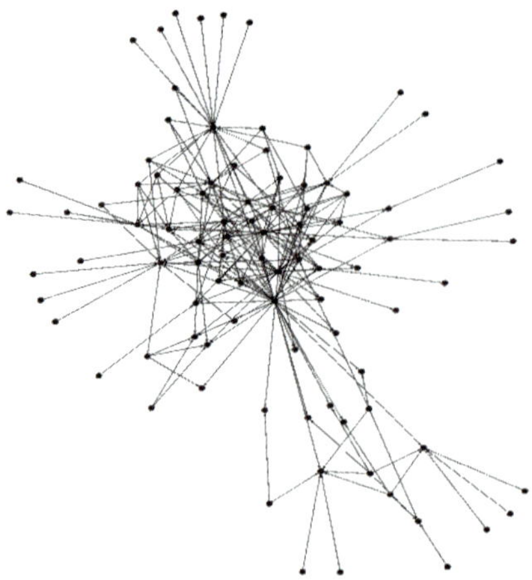

그림 13.2 뉴질랜드 오타고 지역 소나무숲의 먹이 포식자 네트워크(Townsend et al 1998). 먹이와 포식자 노드는 93개, 연결선은 227개인 네트워크이다.

개했듯이 연결선 분포는 네트워크 구조 파악에 가장 중요한 방법이다. 생태학자들은 한 서식지에서 종들 사이의 상호작용을 데이터화 한다. 먹이-포식자 네트워크에서 한 종이 다른 종을 포식하면 연결행렬의 요소를 1로 기록하고 먹이 포식자 관계가 아니면 행렬 요소를 0으로 기록한다. 한 계절 동안 한 서식지의 특정 종에 수분자들이 몇 번 방문했는지 그 횟수를 측정하여 식물-수분자 네트워크의 연결행렬을 구할 수 있다. 이때 방문 횟수는 연결행렬의 행렬 요소값이 된다. 이 경우 네트워크는 두 종 사이의 상호작용에 가중치를 갖는 가중 네트워크(weighted network)가 된다. 생태 네트워크는 서식지에서 종 사이의 상호작용을 일일이 파악해야 하므로 노드의 수가 크지 않으며 연결선의 수 역시 다른 네트워크에 비해 작다는 특징이 있다.

생태계 네트워크의 연결선 분포를 실제 데이터에서 구하면 매우 다양한 구조를 볼 수 있다. 〈그림 13.3〉은 누적 도수분포함수를 도수에 대해서 그린 것이다. 네트워크의 연결선 분포를 $p(k)$라 하자. 실제 생태계 네트워크에서 도수분포를 구해보면 데이터의 수가 많지 않기 때문에 분포함수의 진동이 심해서 어떤 패턴을 찾기

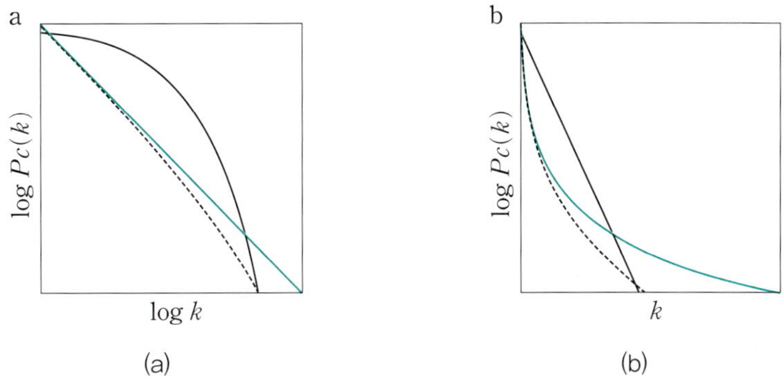

그림 13.3 생태계 네트워크의 대표적 누적 연결선 분포함수. (a) 가로축과 세로축에 로그를 취해서 그린 그림. (b) 세로축만 로그를 취해서 그린 그림. 그림에서 검은색 선은 지수함수 분포, 초록색은 멱함수 분포, 점선은 펼친 지수함수 분포를 나타낸다.

어렵다. 이를 극복하기 위해서 누적분포함수를 생각해 본다. 분포함수가 연속일 경우에 누적분포함수는 $P_c(k) = \int_k^{\infty} p(x)dx$로 정의한다. 분포함수가 불연속적인 값을 가지는 경우에 $P_c(k) = \sum_{x \geq k} p(x)$로 구한다. 누적분포함수는 도수 k보다 큰 분포함수를 모두 적분하거나 더한 값이다. 〈그림 13.3〉은 생태계 네트워크가 나타내는 대표적인 누적 도수분포함수를 그린 것이다.

실제 데이터에서 관찰되는 생태계 네트워크의 누적 연결선 분포함수 형식을 〈표 13.1〉에 요약하였다. 많이 발견되는 누적분포함수 형식은 멱함수, 잘린 멱함수, 지수함수, 펼친 지수함수, 균일함수 등이다(Montoya et al 2006; Mange et al 2012). 〈그림 13.3 (a)〉는 가로축과 세로축에 로그를 취해서 그린 것이다. 이때 직선으로 표현되는 함수가 멱함수 법칙을 나타낸다. 〈그림 13.3 (b)〉는 세로축에만 로그를 취했다. 로그-선형 함수 그림에서 직선이 되는 함수 형식은 지수함수 법칙이다. 복잡계 네트워크에서 보았듯이 지수함수는 무작위 네트워크 구조에서 나타난다.

생태계 네트워크가 다양한 연결선 분포함수를 나타내는 이유는 아직 과학적으로 규명되지 않았다. 네트워크 구조를 발현하는 여러 가지 모형이 제시되었지만,

표 13.1 생태계에서 발견되는 누적 도수분포 함수의 형식

함수 형식	누적 연결선 분포함수
멱함수 법칙(power law)	$P_c(k) \sim k^{-\gamma}$
지수함수(exponential)	$P_c(k) \sim \exp(-ak)$
잘린 멱함수(truncated power law)	$P_c(k) \sim k^{-\gamma}\exp(-k/\xi)$
펼친 지수함수(stretched exponential)	$P_c(k) \sim \exp(-ak^{\beta})$
균일함수(uniform)	$P_c(k) \sim$ 상수
함수꼴 없음	불규칙한 분포

현실의 네트워크 구조를 완벽하게 설명할 수 없다. 필자의 연구그룹에서도 비선형 선호붙임 모형에 기반을 둔 공생 네트워크 성장에 대한 모형을 개발하여 네트워크 구조를 설명하는 모형을 제시하였다. 멱함수 법칙을 나타내는 성장 네트워크 모형에서 알버트와 바라바시가 발견한 '선호붙임' 모형은 멱함수 연결선 분포함수의 구조를 재현할 수 있다. 자른 멱함수 법칙은 시스템의 크기가 유한할 경우에 자주 관찰된다. 생태계 네트워크는 노드의 총수 N이 크지 않기 때문에 도수분포가 멱함수를 따르다가 도수의 수가 네트워크의 노드 총수를 넘을 수 있기에 어떤 문턱보다 큰 도수에서 급격히 감소하는 경향이 발생한다. 이러한 잘린 멱함수 분포는 다른 복잡계 네트워크에서도 흔히 발견된다.

1973년에 스몰(E. Small)은 캐나다 온타리오주 오타와에 위치한 메르블루 이탄습지(Mer Bleue peat bog)의 식물과 수분자 사이의 공생 관계를 조사했다(Small 1976). 〈그림 13.4〉는 이 이탄습지 식물-수분자 네트워크(MBNet)를 나타낸 것이다. 스몰은 한 계절 동안 이탄습지에서 꽃을 방문하는 곤충의 수를 기록하였다. 식물-수분자 네트워크는 노드가 두 가지 타입을 가지기 때문에 이분 네트워크(bipartite network)이다. 이 네트워크에서 식물의 수는 $N_{식물}$=13, 수분자의 수는 $N_{수분자}$=34이다. 이분 네트워크에서 식물과 수분자 사이의 연결선이 어느 정도인지 파악할 수 있는 양이 연결성

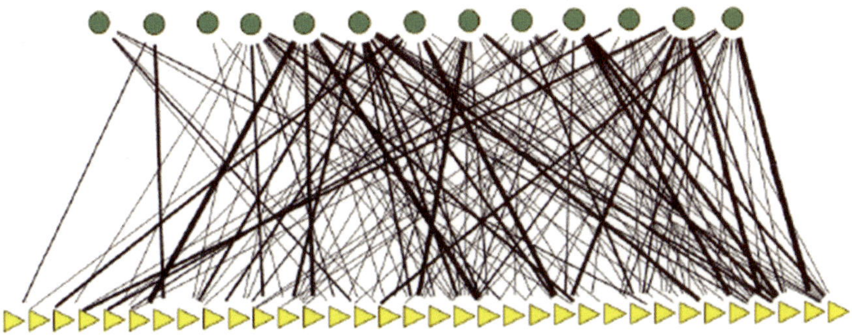

그림 13.4 저산지 식물(동그라미)–수분자(세모) 공생 네트워크. 식물의 수는 $N_{식물}$=13, 수분자의 수는 $N_{수분자}$=34이다. 네트워크의 연결성 C=0.319이다.

(connectance) C이다. 이분 네트워크의 연결성은 $C=\sum_i n_i/N_{pl}N_{po}$로 정의한다. 여기서 n_i는 식물 노드 i에 연결된 수분자의 총수이고, N_{pl}은 식물 노드의 총수, N_{po}는 수분자 노드의 총수이다. 식물과 수분자들이 서로 모두 연결된 완전 연결 네트워크(fully-connected network)의 연결성은 C=1이다. MBNet의 연결성을 구해보면 C=0.319이므로 상당히 연결성이 큰 네트워크이다. 종의 수가 작은 생태계이므로 곤충들은 다양한 종류의 꽃을 방문할 것이다. 어떤 곤충은 특정한 꽃을 자주 방문하지만, 전혀 방문하지 않는 꽃도 있었다. 그림에서 선의 굵기는 한 곤충이 꽃을 방문한 횟수의 가중치를 고려하여 그린 것이므로 이 네트워크는 가중치 네트워크이다. 두꺼운 선은 곤충이 꽃을 많이 방문했다는 뜻이다. 맨 오른쪽 곤충처럼 여러 꽃을 방문한 제너럴리스트 곤충도 상당수 있다. 왼쪽 상단의 두 번째 식물은 오로지 두 종류의 곤충만이 방문하는데, 이러한 꽃은 스페셜리스트이다. 대부분의 꽃은 여러 곤충이 방문하는 제너럴리스였다.

이제 식물-수분자 네트워크의 연결선 분포함수와 연결강도 분포함수(strength distribution)를 생각해 보자. 식물-수분자 네트워크는 이분 네트워크이므로 〈그림 13.5〉와 같이 식물과 수분자 각각에 대한 누적 도수분포함수를 구하여 본다. 연결선 분포함수를 좀 더 분명하게 관찰하기 위해서 전체 종의 수가 큰 네트워크를 고려하였다. 〈그림 13.5〉는 가토 등이 1984년부터 1987년 사이에 일본 도쿄현의 해안가 숲(Kyoto Beach Forest)에서 관찰한 식물-수분자 네트워크에서 구한 누적 도수분포와 누적 연결강도 분포함수를 나타낸 것이다(Kato 1990). 이 네트워크를 KBFNet이라 하자. KBNet은 총 식물의 수 N_{pl}=93, 총 수분자의 수 N_{po}=679이며, 연결성은 C=0.019이다. MBNet보다 연결성이 훨씬 적어서 성긴 네트워크이고, 곤충의 방문 횟수를 가중치로 갖는 가중 네트워크이다. 〈그림 13.5 (a)〉에서 볼 수 있듯이 도수 대 누적 연결선 분포함수에 로그를 취하여 그리면 식물과 수분자의 누적 도수분포가 서로 다름을 알 수 있다. 수분자는 멱함수 분포함수를 가지며, 식물은 펼친 지수함수를 따른다(Hwang et al 2008; Maeng et al 2012). 식물의 누적 연결선 분포함수가 왜 펼친 지수함수 법칙을 따르는 생태계 네트워크를 형성하는지는 아직 밝혀지지 않았다. 연결강도(connection strength)는 각 노드에 연결된 연결선에 부여된 가중치의 합

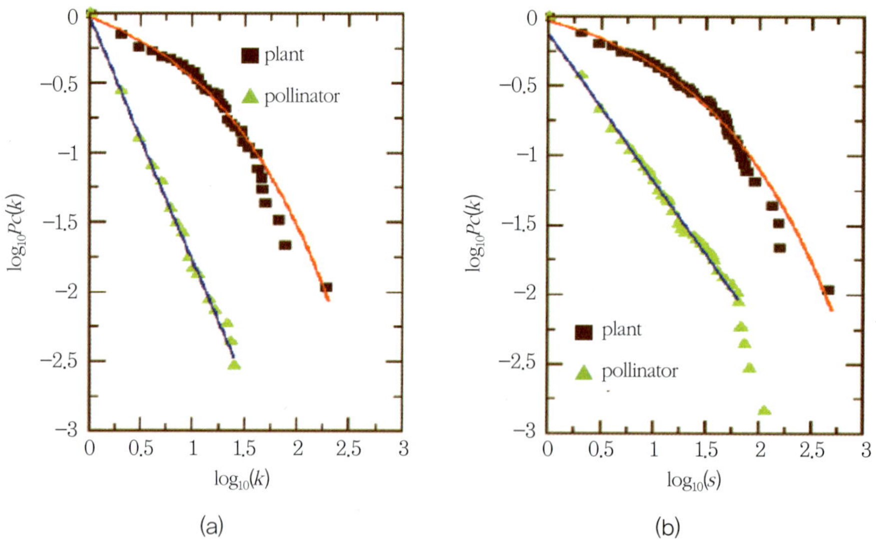

그림 13.5 일본 교토현의 해안가 숲에서 관찰한 식물-수분자 네트워크의 누적 도수분포함수와 누적 연결강도 분포함수. 수분자는 멱함수 법칙을 따르지만 식물은 펼친 지수함수를 따른다.

을 의미한다. 식물 i에 수분자 j가 방문한 횟수를 가중치 w_{ij}이라 하자. 각 노드의 가중치는 $s_i = \sum_{j \in nn} w_{ij}$이다. 여기서 nn은 최인접 이웃(nearest neighbor)을 뜻한다. 이렇게 정의한 연결강도의 분포함수를 구하여 〈그림 13.5 (b)〉에 누적분포함수를 나타내었다. 연결강도 누적 분포함수 역시 수분자는 멱함수 법칙을 따랐지만, 식물은 펼친 지수함수를 따랐다.

생태계 네트워크에서 발견되는 다양한 분포함수 형식에 대한 과학적 이해는 아직 부족하다. 식물-수분자 네트워크에서 수분자는 왜 멱함수 법칙을 따라야 하고 식물은 펼친 지수함수를 따라야 할까? 필자의 연구그룹은 이 문제를 해결하기 위해서 몇 가지 모형을 제시하였다. 진화과정에서의 생태계 형성을 네트워크의 성장으로 빗대어 생각해 보자. 어떤 서식지에 식물이 자라기 시작하면 곤충이 유입하여 생태적 관계를 맺게 된다. 이렇게 서식지의 생물 다양성이 높아지면서 생태계 네트워크도 성장할 것이다. 우리는 성장하는 생태계 네트워크 모형을 생각했다. 복잡계 네트워크를 소개할 때 바라바시와 알버트가 제시했던 선호붙임 네트워크 성장모형은 멱함수 법칙을 따르는 연결선 분포함수를 나타냈다. 식물-수분자 네트워크는 종류가 다른 이분 네트워크이므로 식물과 수분자가 네트워크에서 성장하는 방식이 다를 것이다. 그래서 우리는 수분자와 식물의 네트워크 성장 확률을 달리하여 성장하는 식물-수분자 네트워크를 생성해 보고, 이론적으로 문제를 풀어보았다. 이 모형에서 식물은 비선형 선호붙임(nonlinear preferential attachment) 확률로 성장하고, 반면 수분자는 선형적 선호붙임 확률로 성장한다. 이렇게 설정한 식물-수분자 성장모형은 놀랍게도 〈그림 13.5 (b)〉에서 관찰한 누적 연결선 분포함수의 형태를 정확하게 재현할 수 있었다(Hwang et al 2008; Maeng et al 2012).

생태계에서 수분자들은 다른 곤충이 많이 방문하는 꽃을 선호하며 방문자가 적은 꽃은 선호하지 않음을 알 수 있었다. 다른 곤충이 방문하는 꽃은 많은 화분을 생성하여 먹을 것이 많을 것이다. 반면 식물의 전략은 수분자와 다르다. 식물은 가급적 많은 곤충이 자신을 방문하는 것이 유리하다. 그렇지만 모든 수분자를 동등하게 유인하는 것은 좋은 전략이 아닐 수 있다. 자신에게 좀 더 특화된 화분 매개자를 가진다면 종족 번식에 유리할 것이다. 그래서 식물이 네트워크에서 성장할 때 수분자를 유인할 확률은 선형 선호 붙임과 균일 붙임 사이의 어떤 확률을 취하게 된다. 어떤 순간에 수분자 노드 i가 가진 도수, 즉 이 노드에 이미 연결되어 있는 식물들의 총수를 k_i라 하면, 식물이 네트워크에 어떤 확률로 유입하여 다른 수분자를 선택할 확률이 수분자 도수에 비선형 의존성을 갖도록 하였다. 즉, 식물이 수분자에 붙을 확률은 (붙을 확률)$\propto k_i^{\lambda}$이고, 여기서 k_i는 수분자의 도수이다. 지수 λ는 $0 \leq \lambda < 1$ 영역의 값이므로 큰 도수에 붙을 확률이 바라바시-알버트 모형보다 훨씬 작다. 만약 $\lambda=0$이면 수분자의 도수에 상관없이 수분자를 멋대로 선택하므로 무작위 네트워크가 형성될 것이다. 이렇게 하여 성장하는 식물-수분자 모형에서 식물과 수분자의 연결선 분포함수를 재현할 수 있게 되었다. 한마디로 수분자는 "부자는 더욱 부자가 되는" 방식으로 식물과의 연결관계를 만들어내지만, 식물은 좀 더 평등하게 모든 수분자에게 문호를 개방하고 있다. 식물의 전략은 서식의 환경에 따라서 달라지는데, 여러 서식지에서 지수 λ를 구해보면 1보다 작은 다양한 값을 나타냈다.

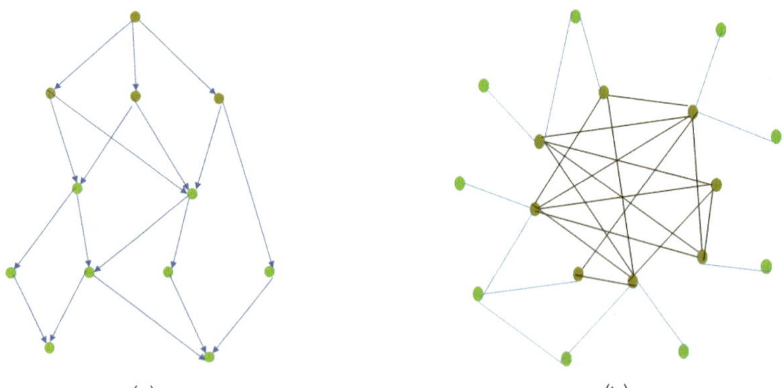

(a) (b)

그림 13.6 생태 네트워크의 구조. (a) 계층구조. (b) 클러스터 구조를 가진 간단한 네트워크 모형.

먹이 사슬망(food web)의 구조는 다른 네트워크들과는 다른 특징을 갖는다. 앞에서 살펴보았듯이 생태계 네트워크에 종들 사이의 연결은 상당히 조밀하다. 네트워크의 연결성 C는 네트워크의 복잡성을 어느 정도 반영한다. 먹이-포식자 네트워크의 경우에 먹이사슬을 형성하며 상위 포식자가 하위 포식자를 잡아먹는 포식단계를 형성한다. 포식자는 먹이를 먹음으로써 에너지를 얻는 영양단계를 형성한다. 생물들의 서식지를 칼로 자르듯이 구분하기는 어렵지만 서식지 경계가 존재한다. 강이나 호수의 수생 환경과 육지의 숲 환경은 서로 구분되며 높은 산지나 한랭한 지역의 서식지는 다른 곳과 확연히 구별된다. 생태학자들은 적절한 서식지를 구획하고 그곳에 사는 생물 종을 조사하여 생태계 네트워크를 생성해 낸다.

생태 네트워크는 독특한 계층구조와 클러스터 구조를 가진다. 〈그림 13.6〉은 계층구조와 클러스터 구조를 나타낸 것이다. 종들 사이의 연결선이 조밀한 단단한 클러스터와 적은 연결선을 갖는 주변 노드로 나눌 수 있다. 필자가 알기로 이러한 생태적 특징을 종합적으로 재현하는 동력학적 모형은 아직 제시되지 않았다. 자연에 존재하는 생태 네트워크의 발현 원리를 아직도 우리는 정확히 모른다.

13.2 인구 동력학 모형

생물 종 개체 수의 시간에 따른 변화를 인구 동력학 또는 개체 동력학이라 한다. 인구 동력학을 이용하여 생물 종 사이의 관계를 파악할 수 있다. 앞에서 한 종의 개체 수가 변하는 로지스틱 방정식을 알아보았다. 이제 두 종이 서로 먹이-포식자 관계로 상호작용하는 경우를 살펴보자. 생물 종들은 다른 종뿐만 아니라 같은 종의 개체들과 서로 경쟁하기도 한다. 1920년에 롯카(Alfred J. Lotka)는 식물과 초식동물의 개체 동력학을 묘사하는 모형을 제안하였다(Lotka 1920). 1926년에 물리학자이며 수학자인 볼테라(Vito Volterra)는 물고기와 그 포식자 사이의 인구 동력학에 대한 모형을 제안하였다(Volterra 1931). 두 종이 상호작용하는 먹이-포식자 관계에 대한 롯카-볼테라 모형(Lotka-Volterra model)은 대표적인 인구 동력학 모형 중의 하나이다. 한 서식지에서 먹이와 포식자가 상호작용하면서 개체 수가 변한다. 캐나다 아한대 지역에 서식하는 스라소니(lynx)는 주로 눈덧신토끼(snowshoe hare)를 먹는다. 이 두 종의 개체수 변화는 롯카-볼테라 모형으로 묘사할 수 있다. 어떤 시간 t에 먹이인 눈덧신토끼의 개체수를 $x(t)$라 하자. 시간은 연속적으로 변한다. 먹이 개체수의 시간에 따른 변화를 생각해 보자. 그러한 변화를 보통 우리는 미분 $dx(t)/dt$로 표현한다. 롯카와 볼테라는 먹이 개체수의 변화를

$$\frac{dx(t)}{dt} = \alpha x - \beta xy$$

로 나타냈다. 여기서 오른쪽의 첫째 항은 토끼 개체수의 자연 증가율을 나타낸다. 잡아먹히지 않는다면 토끼는 일정한 성장률 α에 비례해서 개체수가 늘어날 것이다. 그러나 토끼는 스라소니에게 잡아먹힌다. 위 식의 둘째 항은 바로 스라소니가 토끼를 잡아먹어 발생하는 토끼 개체수의 감소를 나타낸다. 포식율 β는 상수이고 토끼 개체수의 감소는 $-\beta xy$로 나타냈다. 토끼의 개체수가 많으면 스라소니는 쉽게 토끼를 잡을 수 있고, 스라소니의 개체수가 많으면 또한 토끼가 많이 잡아먹힐 것이므로 토끼 개체수의 변화는 $-\beta xy$ 항으로 나타난다.

한편 포식자인 스라소니의 개체수 변화는 어떠할까? 포식자의 개체 수 변화 역시 비슷하게 표현할 수 있다. 포식자 동력학 방정식은

$$\frac{dy}{dt} = \delta xy - \gamma y$$

이다. 여기서 오른쪽의 첫째 항은 토끼를 잡아먹어 늘어나는 스라소니의 개체 증가율을 나타낸다. 반면 둘째 항인 $-\gamma y$는 스라소니의 자연 감소율을 나타낸다. 이 두 식은 서로 결합된 미분방정식이고 먹이-포식자에 대한 롯카-볼테라 방정식이다. 대개 동력학 방정식은 미분 방정식으로 표현된다. 미분은 시간에 따른 변화를 묘사한다. 결합된 방정식이란 $x(t)$를 결정할 때 $y(t)$를 알아야 한다는 것이다. 비슷하게 $y(t)$를 결정할 때 $x(t)$를 알아야 한다. 이 방정식의 특징은 개체수의 확산이 없다는 것이다. 두 개체는 시간에 상관없이 균일하게 섞여 있다. 이러한 근사는 뒤에서 살펴볼 전염병 모형에도 그대로 적용한다. 확산에 대한 효과가 없기에 개체수의 공간적인 분포는 생각하지 않고, 오로지 개체수 크기의 시간적 변화에만 관심을 둔다. 이 방정식의 해는 쉽게 구할 수 있으니 수학을 좋아하는 독자들은 해를 구해보기를 권장한다. 파이썬이나 C-언어와 같은 프로그램 언어를 이용하여 수치적으로 쉽게 풀 수 있다.

롯카-볼테라 방정식을 컴퓨터로 풀어서 개체수의 변화를 시간에 대해서 그리면 〈그림 13.7〉과 같다. 먹이 개체수가 먼저 최대가 되면 포식자의 개체수도 따라 늘어나지만, 그 시점은 조금 늦다. 따라서 먹이 개체수가 최대가 된 다음에야 포식자의 개채수가 최대가 되면서 두 개체수의 변화는 지속적으로 진동한다. 먹이와 포식자의 개체수는 일정한 시간을 가지고 주기적으로 변하는 것이다.

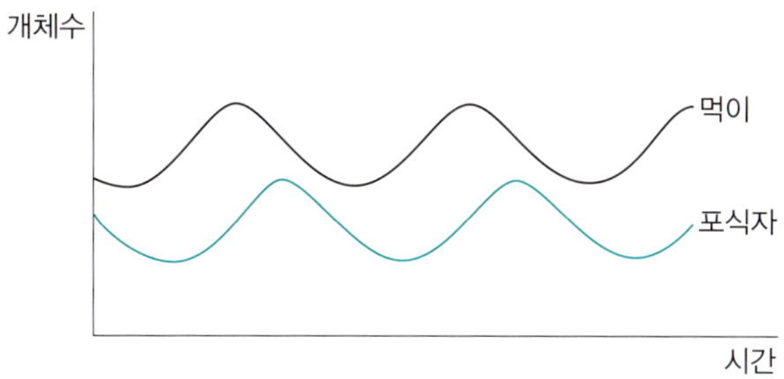

그림 13.7 선형화한 롯카-볼테라 방정식에서 먹이와 포식자 개체수의 시간에 따른 변화

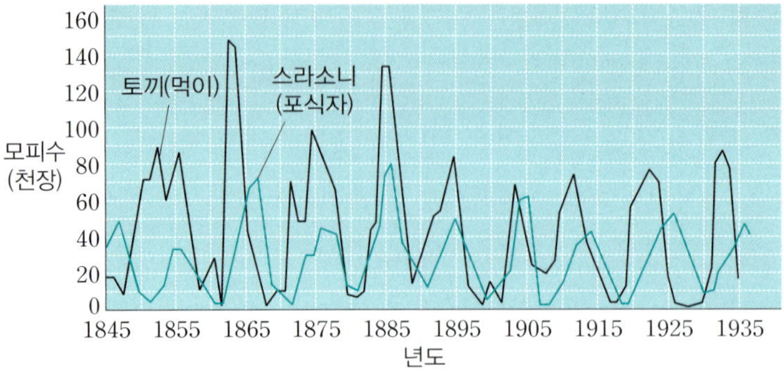

그림 13.8 캐나다 북방침엽수림에 서식하는 스라소니와 눈덧신토끼 개체수의 변화. 두 종은 롯카-볼테라 먹이-포식자 관계를 따른다.

롯카-볼테라 방정식을 따르는 먹이-포식자 관계에서 스라소니와 눈덧신토끼는 서로 순환 관계에 있다. 토끼가 많으면 스라소니는 하루에 세 마리 정도의 토끼를 잡아먹지만, 토끼의 수가 줄어들면 쥐, 다람쥐, 거위, 까마귀 등 다른 먹이를 잡아먹는다. 그러다 먹이가 부족해지면 스라소니의 개체수는 줄어든다. 스라소니의 개체수가 줄어들면, 토끼를 잡아먹는 포식자가 줄어들기 때문에 토끼의 개체수는 차츰 늘어난다. 이 사이클은 계속 반복된다. 〈그림 13.8〉은 19세기 중순부터 20세기 초까지 사냥꾼들이 사냥해서 얻은 모피의 수의 변화를 나타낸 것이다. 롯카-볼테라 방정식의 계산 결과와 매우 흡사한 패턴이다.

13.3 메르스와 코로나-19

2019년 11월 중국 우한에서 원인 모를 전염병이 퍼지기 시작했다. 이 전염병은 사람과 동물 모두를 감염시키는 인수공통 전염병이었다. 최초의 발병은 2019년 11월 17일 중국 허베이성 우한시의 한 수산시장으로 알려졌다. 2019년 12월 30일에 우한시 수산시장에서 원인 불명의 폐렴 환자가 속출했는데, 감염력이 아주 높아 우한시에 급격히 확산되었으며 곧 전 세계로 퍼졌다. 우리나라는 2020년 1월 20일에 최초의 감염자가 확인되었다. 2020년 1월 27일에 질병관리본부 관계자, 감염병 전문가, 진단검사 시약 관계자들이 서울역 회의실에 모였다. '서울역 회의'라 불리는 이 회의에서 정부는 감염병 전파 시나리오를 바탕으로 진단검사 키트 제조 회사들에게 진단키트를 신속하게 제조해 줄 것을 요청하였다. 2월 4일에 긴급사용 승인을 받은 진단키트가 발표되면서 우리나라는 발병자와 접촉한 사람들의 감염 여부를 신속하게 진단할 수 있게 되었다. WHO는 2020년 2월 11일에 이 전염병을 코로나바이러스 감염증-19(Coronavirus Disease 2019, COVID-19)로 명명하였다. COVID-19의 원인 바이러스는 SARS-CoV(Severe Acute Respiratory Syndrome Coronavirus)의 변종으로, SARS-Cov2로 명명하였다. 코로나-19는 높은 감염력으로 전 세계에 급속히 확산되었으며, 약 1.07%의 사망률을 기록하고 있다. 우리나라는 코로나-19가 발생하자 질병관리본부에서 신속하게 대응책을 마련하여 전염병 대응에 대한 모범 국가로 자리 잡았다.

우리나라가 코로나-19에 신속하게 대응할 수 있었던 것은 2015년에 발생한 메르스(MERS, Middle East Respitory Syndrome)의 초기 방역에 실패한 경험 때문이다. 당시 메르스는 우리나라에는 생소한 감염병이었다. 중증 급성 호흡기 질환(SARS)과 유사하지만 치사율이 40% 정도로 매우 높고, 7~14일의 잠복기 이후에 고열, 흉통, 기침, 호흡곤란, 폐렴 등의 심한 호흡기 증상을 일으킨다. 일부는 구토나 설사와 같은 소화기 증상을 나타내기도 하며, 신장 기능을 손상시켜 급성 신부전증으로 진행되기도 한다.

2015년에 우리나라는 메르스 감염의 예방 및 발생에 대한 대응 체계가 아주 미흡했다. 우리나라에 퍼지지 않았던 2002년의 사스(Severe Acute Respiratory Syndrome, SARS)처럼 메르스 또한 주로 중동지역과 유럽에서 확산되었기에 경각심이 부족했던 탓도 있다. 심지어 환자가 발생했을 때 그 질병이 메르스인 것을 알아보는 의사도

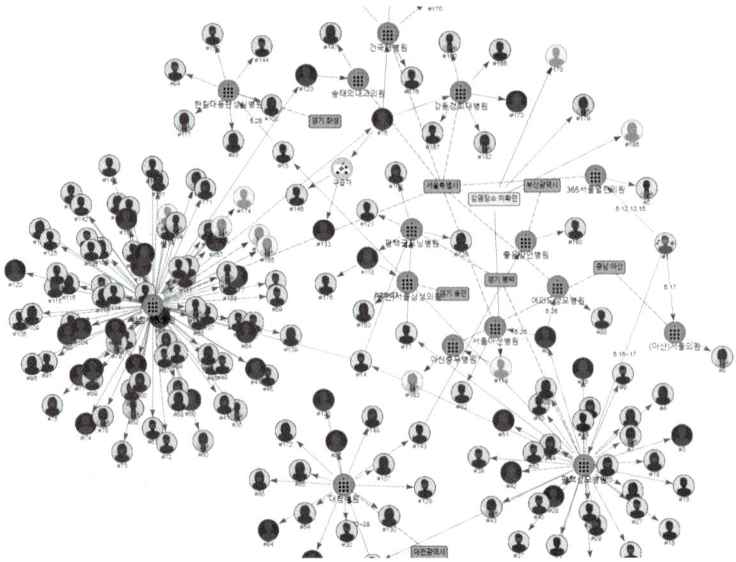

그림 13.9 2015년 우리나라에서 발생한 메르스 감염자-병원 네트워크 위기대응 단계 (출처: https://dj.kbs.co.kr/resources/2015-06-04/)

거의 없었다고 한다. 〈그림 13.9〉는 메르스로 사망한 사람과 메르스 발생 병원을 연결한 메르스 감염자-병원 네트워크를 나타낸 것이다. 2015년 5월 20일 질병관리본부는 5월 4일 바레인에서 입국한 내국인 1명(68세, 남)이 국내 첫 중동호흡기증후군환자라고 발표하였다. 제1번 환자가 발생한 후 메르스는 병원을 중심으로 급속히 퍼져나갔다. 〈그림 13.10〉은 메르스 수퍼 전파자를 특정하여 나타낸 그림이다.

당시의 의료인들은 메르스를 접해보지 못했고 메르스가 일으키는 증상, 감염방식 등에 대한 지식이나 경험이 거의 없었다. 질병관리본부의 지침도 구체적이지 않아 격리 범위 설정, 격리 대상 선정 기준 등도 명확하지 않았다.

이러한 이유로 메르스 초기 방역에 실패했던 우리나라는 실패의 경험을 발판 삼아 새로운 감염병에 대한 '감염병 대응 체계'를 확립하기 위해 노력하였으며, 감염병 관리 행정가, 전문가, 의료인, 진단키트 생산 사업자 등이 유기적으로 협력할 수 있는 체계를 다졌다. 그리하여 2020년 1월 27일 '서울역 회의'에서 질병관리본부는

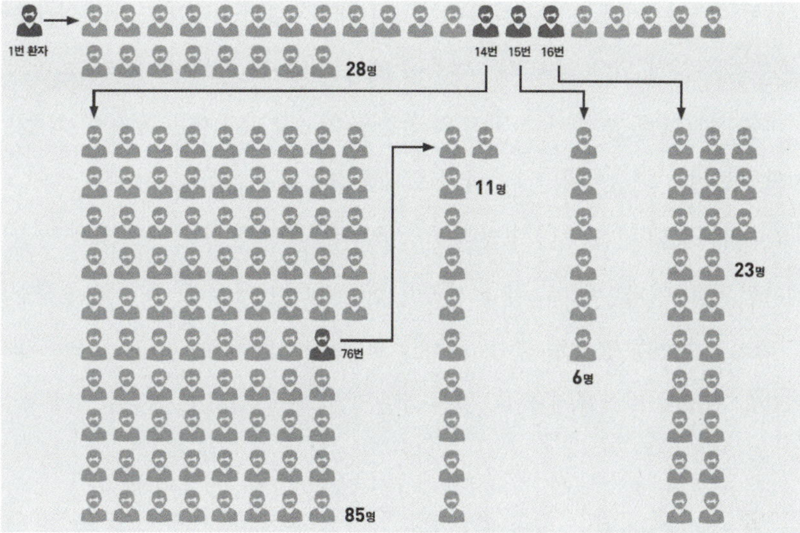

그림 13.10 메르스 슈퍼전파자 5명이 총 186명 감염자 중에서 153명을 감염시켰다.

진단키트 회사에 '긴급사용승인'을 전제로 코로나 진단키트를 긴급하게 요청하였고, 2020년 초반 중국에 이어 두 번째로 코로나 확진자가 많이 발생하였음에도 밀접접촉자를 대상으로 광범위한 진단을 실시할 수 있었다.

메르스, 코로나-19와 같은 대규모 전염병은 재난관리 단계에 따라서 조치가 이루어져야 한다. 코로나-19가 발생했을 때 나라마다 다른 방식의 재난관리 방식을 택했다. 중국은 코로나 환자가 발생하면 해당 지역, 도시를 봉쇄하고 대규모 코로나 검사를 실시하여 감염자를 찾아내고 격리했다. 반면 우리나라는 감염자와 밀접접촉자를 대상으로 신속한 진단검사를 실시하여 감염자를 식별하였다. 이러한 조치에도 불구하고 전 세계적으로 코로나가 대유행 단계로 진입하자 지역마다 선별진료소를 구축하여 코로나가 의심되는 국민이면 누구나 무료로 코로나 검사를 받을 수 있게 했다. 또한 일시적 록다운(lock-down)을 실시하여 초중고등학교 교육을 원격교육으로 전환하였다. 코로나가 일상화하여 생활 방역 단계에 진입하자 점차적으로 마스크 쓰기, 집단 활동 제한 등을 해제하고 코로나 검사도 자가 검사 및 병원에서 검사할 수 있는 체제로 변경하였다. 〈표 13.2〉와 같이 국가마다 코로나-19에 효과적으로 대응하기 위한 자체적인 방식을 택하고 있지만 정답은 없다. 다만 좀 더 좋은 대응 정책이 있을 뿐이다. 국민의 안전을 확보하고 경제를 유지할 수 있는 코로나 대응 방안이 최선이지만, 두 마리 토끼를 잡기에는 어려운 측면이 있다.

우리나라는 2020년 코로나 초반기에 중국, 이탈리아 등과 함께 코로나가 급격하게 전파한 나라에 속한다. 그러나 신속한 진단키트의 개발 및 대규모 선별진료소 운영, 확진자 동선을 앱으로 공개, 우직할 정도로 투명한 정보 공개 등으로 방역에 힘썼으며, '한국형 방역체계'인 'K-방역'이란 말이 나올 정도로 새로운 모형을 제시

표 13.2 대유행 감염병에 대한 전염병 관리체제 방식

방식	내용	실시국가
전통 방역 관리체계	• 물리적 봉쇄 및 격리(폐쇄성) • 대규모 강제 진단 실시(강제성) • 경직된 방역 행정(경직성) • 록다운	중국(우한봉쇄)
개방형 관리체제	• 민주적이고 자발적인 시민 참여(민주성) • 모든 정보 투명하게 공개(투명성) • 밀접접촉자, 감염 의심자의 자율적 진단(자율성) • 대규모 진단 실시 및 대규모 선별진료소 운영, 드라이브 스루 진료소 운영 • 확진자 동선 알림 앱 • 코호트 격리 시행 • 무료 백신 보급	대한민국
절충형 관리체계	• 록다운 부분적 봉쇄, 격리 시행 • 사회적 거리두기 시행 • 마스크 쓰기 의무화 • 의료행정이 마비되지 않는 선에서 선별검사 및 선별 진료 • 무료 백신 보급	대부분의 국가
방임형 관리체제	• 자율적 거리두기 • 자율적 마스크 쓰기 • 자율적 백신 투여	영국

했다. 그동안 다양한 분야에서 추격자의 지위에 있었던 대한민국이 '선도자'로서 전 세계에 새로운 방역 방식을 보여준 것이다.

• K-방역 체제

세계의 찬사를 받고 있는 K-방역 체제를 살펴보자. 〈표 13.3〉은 K-방역의 내용과 주요 사건을 요약한 것이다. 메르스 이후에 우리나라는 다가올 대규모 감염병에 대해서 철저한 준비를 했다. 매년 행정가, 전문가, 의료인들이 모여서 가상 전염병을 대상으로 대응 모의시험을 하였다. 긴급한 대규모 전염병이 발생한 경우 진단키트, 약제의 '긴급사용승인제도'를 마련하였다.

세계발전센터의 제레미 코닌딕은 "국가의 검진 능력에 제한이 있을 경우 인구 이동을 통제하는 것이 효과적이다. 그러나 민주주의 국가에서 이동을 통제하는 것은 불가능하다. 그러한 일은 권위주의 국가인 중국에서나 가능할 것이다"라고 하였다. 권위주의 국가인 중국은 우한시를 통째로 통제하여 일시적으로 코로나 확산을 막았다. 우리나라는 이동 통제를 하지 않고 민주적이고 자율적으로 방역에 참여하는 모형을 만들어냈다. 신천지교회를 중심으로 코로나-19가 대규모로 확산되어 대구경북지역이 특별재난 지역으로 선포되었을 때에도 국민이 대구경북 지방으로 출입하는 것은 자유롭게 허용되었다. 중국과 같은 대규모 봉쇄는 없었다.

빌 게이츠는 코로나-19의 종식을 위해 진단, 추적, 치료, 백신, 봉쇄완화에서 혁신이 필요하다고 말했다. 우리나라는 백신이 완성되기 전에 진단, 추적, 치료에 집중함으로써 소귀의 성과를 얻을 수 있었다. 우리나라는 인터넷 강국답게 코로나 지도, 드라이브 스루 검사, 지역별 선별검사소 등 다양한 디지털 및 아날로그 자원을 활용하였다. 〈그림 13.11〉은 필자가 받은 코로나-19 4차 백신 접종 안내 카톡이다. 우리의 기술과 역량을 결집하여 코로나-19를 이겨나가고 있다.

표 13.3 코로나-19에 대응한 K-방역의 주요 내용

항목	내용	비고
초동 대응	• 2020년 1월 27일 '서울역 회의'에서 코로나 진단키트 개발 요청 및 긴급사용 승인권 행사 공표	• 2월 4일에 첫 진단 시약 승인(RT-PCR 검사)
투명한 정보 공개	• 질병관리 본부장 매일 모든 정보 투명하게 공개	• 1월 20일 첫 환자부터 모든 정보 공개
선별진료소 및 콜센터(1339) 운영	• 선별진료소와 확진검사 안내 등을 위한 콜센터를 운영함	• 코로나 앱, 코로나 맵 등 민간의 자발적 참여
확장형 검역시스템 운영	• 인천공항에 입국자를 대상으로 검역조사 → 선별진료 → 시설격리 → 진단검사를 검역소에서 한 번에 실시	• 외국인 입국자 관리
코호트 격리 시행	• 2020년 2월 18일 수퍼 전파자 31번 신천지 발 대구경북 지역 대규모 코로나 확산 • 개학연기, 종교예배 중지 • 청도대남병원 코호트 격리 조치 • 신천지 신도 전수조사	• 대구경북 지역을 감염병 특별 관리지역으로 지정 • 사망자 속출, 의료 마비
대규모 다양한 선별진료소 운영	• 지역의 보건소 중심 선별진료소 운영 • 민간의료기관 참여 시 손해보전 • 민간의료기관의 사회참여 의식	• 2020년 4월 29일 613개 운영 • 민간의료기관 참여 • 드라이브 스루 진료소
초기 격리시설 운영	• 확진자가 많지 않은 시기에 확진자를 격리시설에 2주간 격리	• 연수원 등 활용
역학조사 시스템 확립	• 역학조사관이 확진자 동선 파악 • 필요 정보만 공개 • 개인정보 최대한 보호 • 역학 정보 핸드폰, 앱으로 공개 • 자발적으로 선별 진료	• 기억, 신용카드, 탑승 기록, 핸드폰 사용 내역, CCTV, 블랙박스 등을 이용 • 불법체류자 코로나 검사 시 통보의 면제
코로나 팬데믹 선언	• 2020년 3월 12일 WHO 코로나-19 팬데믹 선언	• 3월 14일 미국 국가비상사태 선포 • 뉴욕시 시신 집단 매장
록다운(Lock Down)	• 외출, 외박을 통제하며 이동제한 조치	• 여러 나라에서 시행
자가 격리 및 기본 생활 물품 지원	• 확진자가 많아지자 자택에서 격리	• 상황에 따른 유연한 대응

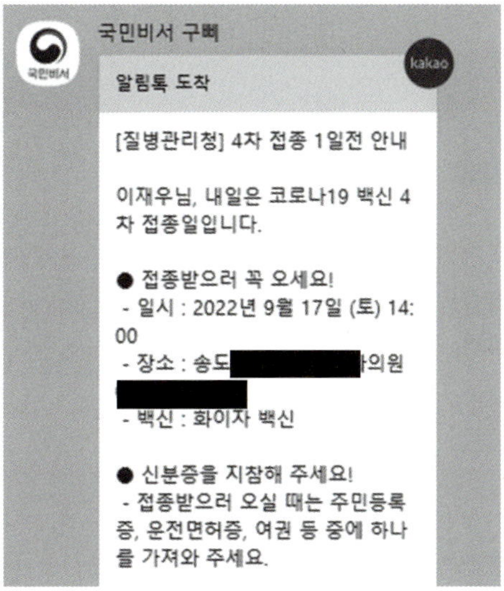

그림 13.11 카카오톡을 통한 백신 접종 안내

13.4 구획 감염병 모형

감염병 확산 모형 중에서 흔히 사용하는 모형이 구획 감염병 모형(compartmental disease spreading model)이다. 1927년에 커맥(Kermack)과 맥켄드리크(McKendrick)는 오늘날 우리가 사용하고 있는 구획 감염병 모형을 제시하였다(Kermack and McKendrick 19247). 이 모형의 특징은 인구를 비감염자(Susceptible) *S*, 감염자(Infected) *I*, 회복자(Recovered) *R*, 질병에 노출된 자(Exposed) *E*, 사망자(Death) *D* 등으로 구분한다. 가장 많이 이용하는 SIR 모형은 감염의 단계를 비감염자 $S \rightarrow$ 감염자 $I \rightarrow$ 회복자 *R*로 구분하였다(Chae et al 2020). 여기서 *S*는 아직 감염되지 않은 사람의 총수이다. 따라서 전체 인구수를 *N*이라 하면 $S+I+R=N$이다. 감염이 진행되는 동안 태어나거나 자연사하는 사람의 수는 없다고 가정한다. 사망자가 발생해도 그 숫자는 모두 *R*에 포함된 것으로 본다. 감기와 같은 전염병은 병에 걸렸다가 다시 걸릴 수 있으므로 SIS 모형으로 나타낼 수 있다.

표 13.4 여러 가지 구획 감염병 모형. SI와 SIR이 기본 모형이고 이 모형의 변형된 형태가 많다.

모형 종류	구획 감염 모형
SI	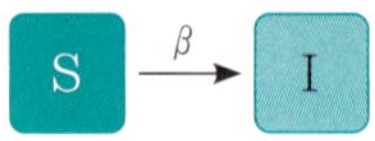
SIS	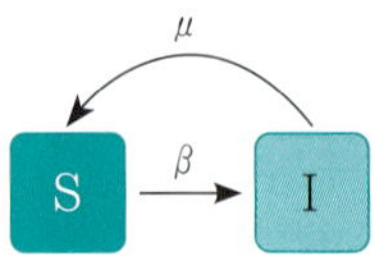
SIR	
SIRS	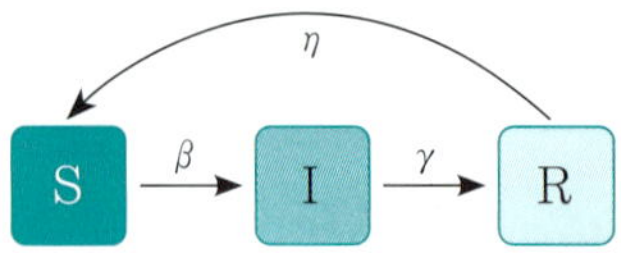
SEIR	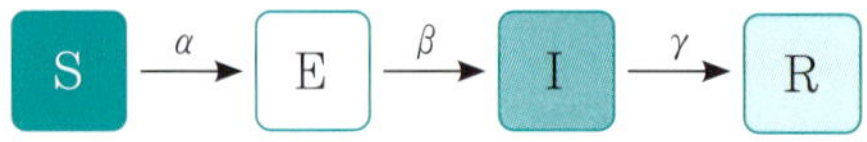

〈표 13.4〉에 몇 가지 구획 감염병 모형을 나타냈다. 연결선 위에 표시된 그리스 문자는 감염율 β, 회복률 γ, 재감염율 η, 노출율 α 등이다. 코로나-19 전파를 예측하는 모형을 자주 사용하는 SIR 모형을 살펴보자. 이 전염병 전파는 간단한 세 개의 일차 미분방정식으로 나타낼 수 있다.

$$\frac{dS}{dt} = -\beta \frac{SI}{N}$$

$$\frac{dI}{dt} = \beta \frac{SI}{N} - \gamma I$$

$$\frac{dR}{dt} = \gamma I$$

이 방정식의 첫 방정식은 비감염자가 감염자와 접촉하여 감염률 β로 전염되면 비감염자의 숫자가 줄어들기 때문에 마이너스 부호가 붙어 있다. 감염자의 변화는 비감염자와 감염자가 접촉하여 감염자가 늘어나는 항과 일정한 비율로 회복된다. 따라서 회복한 사람을 감염자 수에서 빼 주어야 한다. 비슷하게 회복자는 일정한 비율로 늘어나기 때문에 회복자의 증가율은 감염자 수에 비례한다. 이 감염률 모형은 여러 가지 한계점을 가졌지만, 평균적인 감염 전파를 파악할 수 있기 때문에 많이 사용한다. 〈그림 13.12〉는 SIR 모형을 컴퓨터 수치계산으로 구한 것이다. 이 그림에서 비감염자 비율 $s=S/N$, 감염자 비율 $i=I/N$, 회복자 비율 $r=R/N$으로 놓았다. 그림을 보면 감염자는 최댓값을 보인 후에 긴 시간이 지나면 소멸하는 것을 볼 수 있다.

감염병 SIR 모형에서 가장 중요한 요소가 기초 재생산지수(Basic Reproduction Number) R_0이다. 기초 재생산지수는 감염병 초반기에 감염병이 계속 확산될지 아니면 소멸할지를 판정하는 지수이다. SIR 모형의 두 번째 식에서 감염병이 막 전파하기 시작할 때 비감염자 수는 거의 전체 국민의 수와 같다. 즉, $S(t) \simeq N$이므로 감염자 방정식은

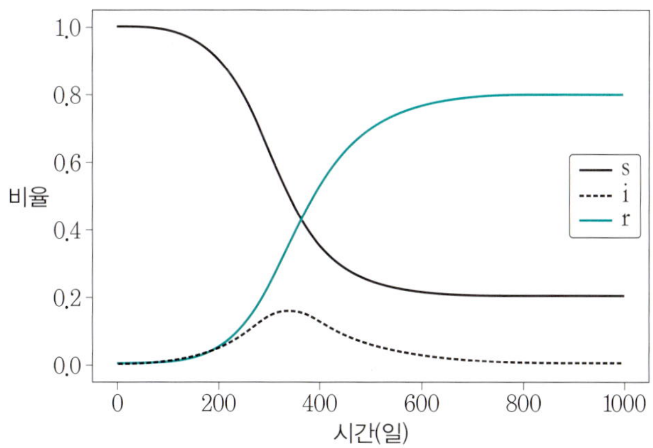

그림 13.12 감염병 모형인 SIR 모형의 수치계산 결과. 초기 조건은 s(0)=0.999, i(0)=0.001, r(0)=0이고, β=0.4, γ=0.2인 조건에서 얻은 결과이다.

$$\frac{dI}{dt} = \beta I - \gamma I = (\beta - \gamma)I = \gamma\left(\frac{\beta}{\gamma} - 1\right) = \gamma(R_o - 1)I$$

이다. 여기서 기초 재생산지수는

$$R_o = \frac{\beta}{\gamma}$$

이다. 기초 재생산지수가 $R_0 > 1$이면 $dI/dt > 0$이므로 향후 감염자 수는 계속 증가할 것이다. 반대로 $R_0 < 1$이면 $dI/dt < 0$이므로 감염자 수는 감소할 것이다. 따라서 어떤 감염병의 기초 재생산지수를 아는 것이 매우 중요하다. 코로나-19가 발생했을 때 질병관리본부는 매일 기초 재생산지수 R_0를 발표했다. 사실 감염률 β와 회복률 γ는 상수가 아니라 시간에 따라서 요동을 치는 매개변수이다. 그러나 간단한 SIR 감염병 모형에서 감염률, 회복률 등의 매개변수를 일정한 값으로 고정하고 문제를 푼다. 기초 재생산지수의 의미는 한 감염자가 일정한 시간 후에 몇 명을 감염시킬 것인가를 나타낸다. $R_0 > 1$이면 한 감염자가 한 명 이상의 감염자를 발생시키므로 감염병은 줄지 않고 폭발적으로 늘어날 것이다. 구획감염병 모형은 완전하지는 않지만, 감염병의 추세를 예측할 수 있는 모형이므로 강력한 힘을 발휘하였다.

그러나 구획감염 모형은 여러 가지 가정을 포함하고 있기에 한계점이 분명하다. 가장 큰 한계점이 무엇일까? 첫째, 모든 구획 감염병 모형의 가장 큰 단점은 비감염자, 감염자, 회복자가 한 구획에서 항상 균일하게 섞여 있다는(random mixing) 가정에 기반한다. 감염이 일어날 때 비감염자는 전체 인구 중에서 무작위로 감염자 한 명을 선택하여 일정한 감염률로 감염된다. 그런데 이는 우리의 일반적인 상식에 부합하지 않는다. 내가 감염되는 경우는 내 주변에 감염자가 있기 때문이다. 인천에 살고 있는 나는 광주의 감염자와 접촉할 수 없다. 그러나 구획감염 모형은 감염자가 어디에 있는지와 관련된 지역적 분포를 깡그리 무시한다. 감염자가 증가하더라도 비감염자는 감염자와 균일하게 섞여서 감염이 일어난다. 즉, 공간적인 구조를 무시한 모형이라 할 수 있다. 둘째, 감염률, 회복률, 노출률, 사망률 등의 매개변수를 상수로 고정하였다. 코로나-19가 극성을 부릴 때 이들 매개변수는 시간에 따라서 요동을 치면서 변화했다. 셋째, 인구의 연령구조를 포함하지 않는다. 비감염자, 감염자, 회복자의 연령구조는 없으며 모든 인구를 뭉뚱그려서 나타내었다. 넷째, 질병에 노출된 사람의 건강 상태를 고려하지 않으며 연령에 따른 감염률의 변화도 고려하지 않았다. 다섯째, 감염 후 사람마다 조금씩 다른 잠복기 등을 고려하지 않았다. 그 외에도 여러 가지 단점이 있지만, 그럼에도 코로나-19 이후에 다양한 상황에 적용한 구획감염 모형 논문이 발표되었다. 필자는 학생들과 함께 감염자를 증상이 있는 감염자, 증상이 없는 감염자로 구분하고, 증상이 있는 감염자를 격리하는 모형을 제시하였다(Chae et al 2020).

구획 감염병 모형의 단점을 보완하기 위한 다양한 감염병 모형이 제시되었다. 메타인구 구획 모형(metapopulation compartmental model), 행위자 기반 모형을 감염병 전파에 응용한 모형 등이 대표적이다. 메타인구 모형은 우리나라를 각 지방자치단체로 분할하고 분할된 영역에서는 독자적인 구획 감염병 모형에 따라 질병이 전파하며, 다른 자치단체로 이동 인구가 있으면 그 효과를 고려하여 질병이 전파하는 모형을 말한다. 행위자 기반 모형 감염병 모형은 우리나라 전체 인구의 각 개체에 이동과 각 개체의 상태를 업데이트할 수 있는 규칙을 부여한다. 단위 시간이 지나면 각 개체는 이동 패턴에 따라서 위치가 변화하고 주변에 감염자가 있으면 일정한 비율로 감염된다. 따라서 이 모형은 단위 시간이 지나면 각 개체의 이동과 질병 상태가 한꺼번에 업데이트된다. 이 경우 자치단체의 공간적인 구조와 인구밀도 등 다양한 요소를 부여하여 시뮬레이션할 수 있지만, 많은 수의 인구를 시뮬레이션할 경우 컴퓨터 메모리와 계산량이 폭발적으로 늘어나기 때문에 상당한 한계를 가진다.

구획 감염병 모형은 코로나-19뿐만 아니라 다양한 전염병에 적용할 수 있다. 메르스, 사스 등 그전에 발생했던 감염병에 대한 구획감염 모형 연구가 다수 있었다. 필자의 연구그룹에서 적용한 감염병 모형 중 말라리아 모형이 있다. 말라리아는

3급 전염병으로, 말라리아 원충에 감염된 모기에 물리면 감염되는 급성열성질환이다. 우리나라에서는 5~10월 사이 휴전선 부근에서 많이 발생한다. 말라리아는 열원충(Plasmodium) 속에 속하는 기생충에 감염되어 발생한다. 총 5가지의 원충이 있으며 열대열원충(Plasmodium falciparum)은 주로 아열대, 열대지방에 분포하고 아프리카 지역에서 문제가 되고 있다(Mafwele and Lee 2022). 우리나라는 삼일열원충(Plasmodium vivax)에 의한 감염만 발생하며, 주로 휴전선 지역, 강원북부 지역, 인천 강화도, 경기도 김포 등지에서 발생하고 있다. 전체적인 발생 환자의 수는 정체되어 있지만, 우리나라의 기후가 아열대화하면서 우리나라의 말라리아 발생률은 증가할 것으로 예상된다.

말라리아는 아프리카와 인도에서 매년 수십만 명의 사망자를 발생시키는 무서운 질병이다. 〈그림 13.13〉은 1990년 이후 전 세계의 말라리아 사망자 수를 나타낸 것이다. 2006년 941,748명의 사망자를 정점으로 최근까지 사망자 수가 줄어들고 있다. 2019년에는 643,204명이 사망하였고 이 숫자는 2016년 최저 사망자 수에서 약간 증가하였다.

말라리아를 퇴치하기 위해서 전 세계가 노력하고 있다. 이를 위해서 살충제 살

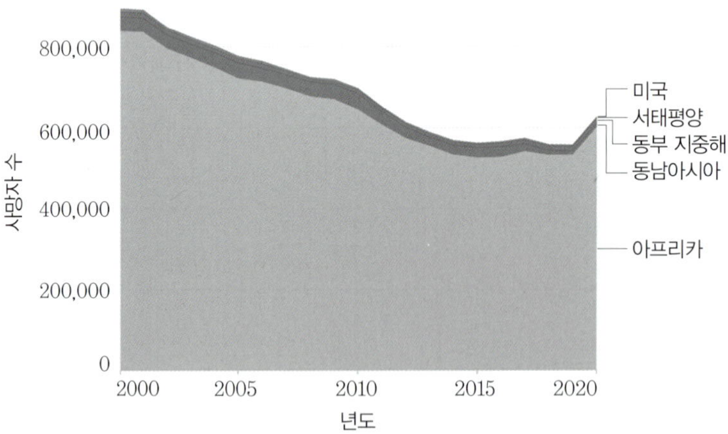

그림 13.13 전 세계 말라리아 사망자수 변화. (출처: OurWorldInData.org/malaria)

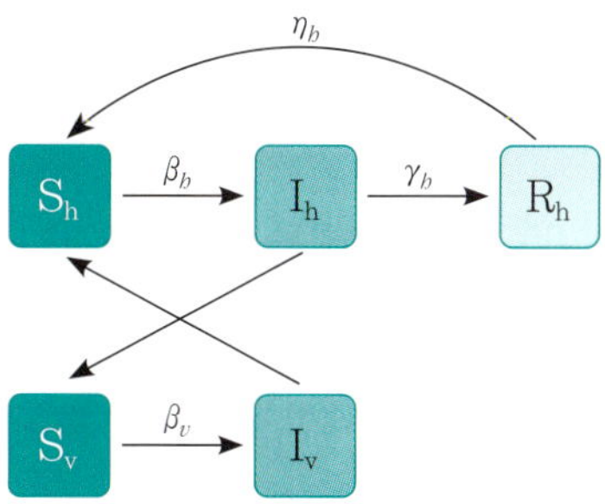

그림 13.14 말라리아 전염병의 SIRS-SI 모형. 말라리아에 감염된 모기가 사람을 감염시킨다. 감염된 사람의 피를 빤 모기는 새로 감염되어 새로운 감염 매개체가 된다.

포, 모기장 보급 등 다양한 노력이 필요하다. 전문가들은 2050년까지 말라리아를 박멸하기 위해서 매년 63억 달러를 투입해야 한다고 주장하고 있다. 그러나 지구 온난화로 열대열원충 모기가 더 광범위한 지역으로 확산됨으로써 말라리아는 앞으로도 인류를 더 위협할 것이다. 말라리아로 전 세계적으로 약 2억 명 이상의 환자가 발생하고 있으며 〈그림 13.13〉과 같이 60만 명 이상의 사망자가 발생하고 있다.

말라리아 전파 역시 구획 감염모형으로 어느 정도 이해할 수 있다. 〈그림 13.14〉는 말라리아모기가 사람을 물어서 사람을 감염시키는 모형을 SIRS로 나타내고, 모기가 감염된 사람을 물어서 모기가 감염되는 것을 SI 모형으로 나타내었다. 이를 SIRS-SI 모형이라 한다. 이 모형에서 사람은 감염된 모기에 물리면 감염이 된다. 감염된 사람은 회복되거나 사망한다. 사망한 사람은 회복자의 수 R에 포함된 것으로 생각한다. 모기는 감염된 사람의 피를 빨 때 감염된다. 감염된 모기가 건강한 사람을 물면 사람의 감염이 일어난다.

13.5 씽크와 무리지음

우리나라가 민주화되기 전인 70년대, 80년대에는 대규모 시위가 잦았다. 2008년에 한미 FTA에 따른 미국산 소고기 개방을 앞두고 광우병 사태가 나면서 대규모 촛불집회가 일어났고, 2016년에 대통령 퇴진을 요구하며 발생한 촛불집회에는 백만 명 이상이 참여하였다. 거리에 앉은 사람들은 촛불을 들었다 내리기를 반복하며 촛불의 파동을 만들어냈다. 많은 사람이 일사불란하게 행동하면서 파동의 문양을 만들어낸 것이다. 촛불집회에서 연단의 사회자는 구호를 외치면서 촛불의 파동을 유도한다. 사회자가 보이지 않을 만큼 멀리 떨어져 있는 사람도 파동이 다가오면 앞사람의 행동을 따라 한다. 따라 하기 행동은 사회나 자연 현상에서 독특한 문양을 만들어낸다.

70년대에 필자가 살던 남도의 한적한 시골 마을은 여름밤이면 주변에 온통 반딧불이 천지였다. 동네 아이들은 반딧불이를 잡아서 병에 넣고 다니면서 한여름 밤의 동네를 들썩이게 했다. 반딧불이는 커다란 나무에 집단으로 날아와서 무리를 이루고, 꽁지의 불을 켰다 끄기를 반복한다. 반딧불이 집단에는 대장이나 지휘자가 없다. 그런데도 이 벌레들은 페로몬이나 빛을 인지하여 집단적인 동시 행동을 한다. 이렇게 똑같은 행동이나 현상이 동시에 일어나는 것을 동기화(sychronization) 또는 씽크(synch)라 한다(조현욱 2005). 반딧불이가 꽁지의 불을 같이 켜는 이유는 짝짓기를 효율적으로 하기 위해서이다. 반딧불이뿐만 아니라 풀숲에서 합창하는 귀뚜라미들도 씽크 현상을 보인다. 가을밤의 귀뚜라미 소리는 청량한 느낌을 준다. 사람을 위해서 노래하는 것은 아니지만 귀뚜라미의 씽크는 가을을 정취를 느끼게 한다. 사람의 뇌는 약 1,000억 개의 신경세포가 복잡한 형태로 연결되어 있고, 신경세포들은 입력 신호를 받아서 켜졌다 꺼지기를 반복한다. 뇌 신경세포들의 발화는 마치 반딧불이처럼 씽크 현상을 보인다. 신경세포의 씽크는 사람의 인지 작용에 중요한 역할을 하고 있다. 우리 심장은 자발적으로 쿵쾅거리면서 뛴다. 심장의 우심방 상단 벽의 동방결절(sinoatrial node)에는 자율박동세포(pacemaker cell)가 분포되어 있으며, 이 세포들은 자율적으로 전기신호를 내보낸다. 자율박동세포들은 심장이 일정하게 박동하도록 동시에 전기신호를 만들어내도록 씽크되어 있다. 자율박동세포가 씽크를 이루지 못하면 심장의 박동은 불규칙해지고 건강을 해칠 것이다.

동기화를 처음 발견한 과학자는 1665년에 네덜란드의 과학자 크리스티앙 하위헌스(Christian Huyens, 1629-1695)이다. 하위헌스의 방에는 그가 개발한 진자시계 두 개가 일렬로 걸려있었다. 어느 날 병이 나서 침대에 누워 무료한 시간을 보내야 했던 그는 벽에 걸린 두 진자시계의 시계추 진동을 관찰했다. 그런데 진자시계의 추가 서로 다가왔다가 멀어지는 것이 눈에 들어왔다. 각기 다르게 출발시켜도 얼마 후면 놀랍게도 두 추는 서로 씽크를 이루어 진동하였다. 하위헌스는 추 사이에 나무판을 설치하여 공기의 이동을 차단해 보았지만, 그에 상관없이 추는 씽크를 이루었다. 이를 보고 하위헌스는 시계의 추가 서로 '연민(sympathy)'한다고 말했다. 하위헌스는 이렇게 씽크가 생기는 원인을 추가 움직일 때 지지 막대를 반대로 밀기 때문일 것으로 생각했다(Huygens 1665; Wolchover 2019).

음악에서 박자를 맞추는 데 사용하는 메트로놈 여러 개를 탁자 위에 놓고 멋대로 진동시켜 보자. 딱딱한 탁자 위에서 메트로놈의 진동은 보조가 맞지 않아 씽크를 이루지 않는다. 〈그림 13.15〉와 같이 두 개의 깡통 위에 기다란 판자를 올려놓고 그 위에서 메트로놈을 멋대로 진동시켜 보자. 얼마 후에 메트로놈은 모두 같은 방향으로 진동하면서 동기화하는 것을 볼 수 있다. 왜 이런 일이 발생할까? 그 이

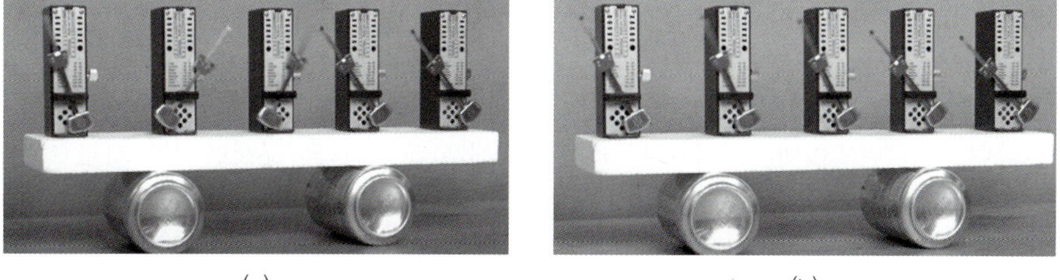

(a) (b)

그림 13.15 깡통 위에서 진동하는 메트로놈의 동기화 현상. (a) 처음에 메트로놈은 멋대로 진동한다. (b) 깡통 위에서 메트로놈이 진동하면서 상호작용하면 얼마 후에 모든 메트로놈의 진동은 일치하여 동기화한다.

유는 메트로놈이 깡통 위의 판자를 통해서 상호작용을 하기 때문이다. 이 상호작용이 메트로놈의 씽크를 유도한다.

1967년에 아써 윈프리(Arthur Winfree)는 귀뚜라미의 울음소리를 묘사하는 복잡한 수학 모형을 제안했지만, 문제가 너무 어려워서 풀 수가 없었다(Strogatz 2003). 1974년 일본의 물리학자 요시키 구라모토(Yoshiki Kuramoto)는 윈프리의 모형을 더 간단한 모형으로 바꾸어 구라모토 진동자 모형을 제안하였다. 현재는 이 모형을 구라모토 모형(Kuramoto model)이라 부른다(Kuramoto 1975). 이 모형은 각 귀뚜라미를 하나의 진동자로 나타내고 이 진동자들이 서로 결합하여 진동하는 비선형 싸인함수 항을 포함하도록 단순화한 모형이었다. 그러나 구라모토는 이 모형의 중요성을 당시에 인식하지 못했다. 우연히 구라모토의 발표를 알게 된 아써 윈프리는 구라모토 모형이 동기화 현상을 이해하는 매우 간단한 모형임을 깨달았다. 구라모토 모형을 컴퓨터로 풀면 진동자들이 쉽게 동기화하는 것을 볼 수 있다. 진동자 사이의 상호작용이 커지면 모든 진동자가 보조를 맞추어 행동을 시작한다. 구라모토 모형은 현재 동기화 현상을 이해하고 응용하는 데 널리 사용되고 있다. 초전도체 사이에 얇은 절연체를 삽입한 구조를 조지프슨 접합(Josephson junction)이라 한다. 조지프슨 접합으로 만든 조지프슨 소자에 전압을 걸어주면 초전도체의 터널링 효과에 의해서 흐르는 전류의 위상차는 싸인함수꼴로 표현된다. 조지프슨 소자를 여러 개 연결하면 구라모토 모형에서 나타나는 씽크 현상이 나타난다. 귀뚜라미의 우는 소리를 묘사한 식이 초전도체로 만든 소자에서도 나타난다. 복잡계는 완전히 다른 시스템임에도 불구하고 물리적 원리를 공유하는 예들이 많이 발견된다.

반딧불이, 귀뚜라미, 신경세포, 자율박동세포 등은 많은 구성단위가 서로 비선형적으로 상호작용하면서 결합한 비선형 진동자이다. 이런 진동자들은 비선형 상호작용하는 대표적인 복잡계이다. 이러한 진동자들은 개별적으로 진동하기보다는 동시에 보조를 맞추어 진동하려는 경향이 있다. 이러한 동기화, 즉 씽크는 복잡계의 한 특성이라 할 수 있다. 우리가 큰 강당에 모여서 손뼉을 칠 때 처음에는 제멋대로 손뼉을 치지만, 점차 서로의 소리에 따라 조금씩 손뼉을 치는 속도를 조절함으로써 동기화된 손뼉을 칠 수 있게 된다. 눈치를 보면서 상대방의 행동을 따라 하다 보면 전체가 한꺼번에 동작하는 상태가 되는 것이다(김범준 2015).

자연계나 사회계에서 동기화 현상은 광범위하게 볼 수 있다. 그런데 가끔은 사회현상에서 동기화가 사회를 위험에 빠뜨리는 방향으로 일어나기도 한다. 1933년 국가사회주의 노동자당의 당수 아돌프 히틀러가 집권하면서 독일 국민이 히틀러의 선전 선동을 따라 하고 이것이 홀로코스트로 귀결된 사례가 대표적이다. 사회적 씽크가 일어날 때는 그 이면을 들여다보아야 한다. 민주시민은 항상 깨어 있어야 하며 사회적 비판과 논쟁을 승화해 내는 합리적 민주성을 갖추어야 한다. 생각이 다른 보수와 진보의 두 사람이 어떤 문제를 두고 격론을 벌이더라도, 헤어질 때는 서로의 다름을 이해하고 그러한 격론이 우리 사회를 더 좋은 방향으로 이끌어 갈 것이라는 믿음을 가져야 한다. 성숙한 민주주의는 견해가 다른 사람들이 죽일 듯이 격론을 벌이더라도 헤어질 때는 서로 화해하고 서로의 다름을 이해할 수 있을 때 성취된다. 그래도 씽크가 파쇼로 가지 않도록 조심하라!

14장
/
엑스 이벤트

인류는 진화과정에서 다양한 위기를 극복해왔다. 약 24,000년 전부터 21,000년 사이의 빙하기에 북아메리카, 북유럽, 북아시아, 아프리카 고지, 남아메리카 고지대는 빙하로 덮여 있었다. 인류는 극한의 환경을 피해서 아프리카에서 유럽, 아시아 등으로 이동하였다. 문명을 발전시키는 과정에서도 인류는 다양한 자연적, 사회적, 경제적 재난에 직면했다. 예측할 수 없는 대지진, 대규모 화산의 분화, 엄청난 규모의 해일, 폭우, 가뭄 등과 같은 자연재해뿐만 아니라 흑사병, 스페인 독감 등과 같은 전염병을 겪었다. 17세기 이후 산업혁명이 진행되면서 사회체제는 더욱 복잡해졌으며 시장경제에서 발생하는 대규모 금융위기, 세계대전과 같은 대규모 전쟁 발발 등은 경제·사회적 위기를 일으켰다. 전기기술, 컴퓨터, 인터넷 등 디지털 기술이 확대되면서 전 세계는 초연결 사회에 진입하였다. 이처럼 기술적으로 얽힌 시스템에서 대규모 정전, 인터넷 단절은 다양한 분야의 각종 시스템을 마비시키는 복합적 위기를 불러온다. 인류의 무분별한 화석연료 사용은 지구의 평균기온을 상승시키고 지구온난화를 초래했다. 서서히 진행되던 지구온난화는 이제 북극권, 남극권, 아이슬란드, 고산지대의 빙하를 대규모로 녹이면서 우리에게 그 위험성을 드러내고 있다. 해수면 상승, 극심한 가뭄, 전례 없는 폭우, 고온과 저온 기후의 불규칙한 출현 등은 실제로 나타나는 위험이며, 이러한 위험은 더욱 빈번해질 것이다.

복잡계 과학에서 극단적인 사건(extreme event, 엑스 이벤트)은 무시할 수 없는 확률로 발생하기 때문에 항상 관심의 대상이었다. 어떤 사건들이 발생하는 규모에 대한 분포함수를 구해보면 대개 멱함수 법칙을 따른다. 이러한 시스템들은 복잡계 과학의 속성을 가진 시스템이라 할 수 있다. 사건 발생의 규모가 멱함수 법칙을 따르면 극단적 사건의 발생을 무시할 수 없게 된다. 엑스 이벤트가 발생하면 그 파급효과가 엄청나게 크기 때문에 시스템 전체를 교란할 것이다. 과학자들은 극단적 규모를 가지는 사건들을 엑스 이벤트(X-event), 아웃라이어(outliers), 드래곤 킹(Dragon KIng) 등으로 부르곤 한다(Sornette et al. 2012, Johansen et al. 1998, Sornette 2003). 공학에서 '아웃라이어'는 '무작위 샘플에서 얻은 값으로부터 비이상적으로 벗어난 사건'이라고 정의된다. 라헤레르(Laherrere)와 소르네트(Sornette)은 엑스 이벤트를 '드래곤 킹'이라 불렀으며, 탈렙(Taleb, 2007)은 비정상적인 사건을 블랙스완(black swan)이라 명명하였다(Laherrere and Sornette 1999).

학자들마다 엑스 이벤트에 대한 개념을 조금씩 다르게 사용하는 듯하다. 복잡계에서 엑스 이벤트는 '사건의 발생 규모의 크기가 분포함수의 큰 쪽 극단에 위치하며 시스템 전체에 파급효과를 주는 사건'이라고 정의한다. 사실 엑스 이벤트는 '나쁜 엑스 이벤트'와 '좋은 엑스 이벤트'로 나눌 수 있다. 나쁜 엑스 이벤트는 주로 재해, 재난, 위기 등 사회적, 경제적 시스템에 대규모 영향을 주는 나쁜 사건을 의미한다. 반면 '좋은 엑스 이벤트'는 인류의 발전에 커다란 공헌을 한 사건을 의미한다. 전력망의 출현, 인터넷의 출현, 민주주의 체제의 확립 등 인류에게 긍정적인 영향을 미친 사건들이 좋은 엑스 이벤트의 예가 될 수 있다. 하지만 대개 엑스 이벤트를 얘기할 때 나쁜 엑스 이벤트만을 다루다 보니, 엑스 이벤트라고 하면 어쩐지 부정적인 이미지를 연상하는 경향이 있는 것 같다.

인류가 직면한 위험을 인지하고 있는지 또 그러한 위험에 대해서 이해하고 해결책을 가지고 있는가에 따라서 미래에 일어날 거대 사건을 〈표 14.1〉과 같이 분류할 수 있다. 이 분류는 미국 국무장관을 역임했던 로널드 럼스펠드(R. Rumsfeld)가 2002년 이라크의 대량파괴무기를 '모르는 모르는 것(Unknown Unknowns, UU)'이라는

표 14.1 위험의 인지(identification) 여부와 확실성(certainty) 여부에 따른 분류

인지 \ 확실성	아는 것(Knowns)	모르는 것(Unknowns)
알고 있는 또는 인지한 (Known)	• Known Knowns(알고 있는 아는 것) • 회색 코뿔소(Grey Hippo) 또는 검은 고양이(Black Cat) • 인지하고 있으며 파급효과도 알고 있지만 해결하지 않음 • 위협(threat) • 예: 인터넷 단절, 핵심 인프라 붕괴	• Known Unknowns(알고 있는 모르는 것) • 인지하고 있지만 해결책을 모름 • 검은 해파리(Black Jelly Fish) • 위험(리스크, Risk) • 예: 생태계 붕괴, 기후변화
모르는 또는 인지하지 못한 (Unknown)	• Unknown Known(모르는 아는 것) • 검은 코끼리(Black Elephant) • 언제 발생할지 모르지만 아는 것 • 무지(ignorance) • 예: 태양풍, 전염병 대유행	• Unknown Unknowns(모르는 모르는 것) • 언제 발생할지도 모르며 그것이 무엇인지도 모름 • 검은 백조(Black Swan) • 재앙(disaster) • 예: 글로벌 금융위기, 엑스 이벤트

말과 함께 언급하면서 제안되었다(Krogerus et al 2012).

〈표 14.1〉에서 세로축은 문제를 알고 있는지 여부 또는 인지(identification) 여부를 나타낸다. 반면 가로축은 그 문제에 대한 이해(understanding) 또는 확실성(certainty) 여부를 나타낸다. 〈표 14.1〉을 럼스펠드 행렬(Rumsfeld matrix)이라 부른다(Krogerus et al 2012). 첫 번째 조합인 '인지한 아는 것' 또는 '알고 있는 아는 것(Known Knowns, KK)'은 문제가 무엇인지 인지하고 있으며 그 해결책도 알고 있지만, 이해당사자나 관련 기관이 그에 대해 대비하지 않는 상황을 말한다. 알고 있는 아는 것을 일명 회색 코뿔소(Grey Hippo) 또는 검은 고양이(Black Cat)라 한다. 보통 알고 있는 아는 것은 '위협(threat)'에 해당한다. 두 번째 조합은 '알고 있는 모르는 것(Known Unknowns, KU)'이다. KU는 문제가 무엇인지 인지하고 있지만, 그러한 문제가 언제 발생할지 그 해결책이 무엇인지 모르는 문제로서 '위험(risk)'이라고 부른다. KU는 일명 '검은 해파리(Black Jellyfish)'라 부른다. 검은 해파리는 거의 발견되지 않지만, 인간에 치명적인 해를 끼친다. 생태계 붕괴, 기후 위기 등이 이에 속한다. 경제위기가 발생할 수 있다

는 것을 알고 있지만 그러한 위기가 언제 발생할지, 발생한다면 어떻게 해결할지 모른다. 세 번째 조합은 '모르는 아는 것(Unknown Knowns, UK)'으로, 언제 발생할지는 모르지만 문제는 알고 있는 것을 말한다. '무지(ignorance)'라고 할 수 있으며, 대표적인 예는 태양풍의 발생, 대규모 전염병의 창궐 등이다. UK은 일명 '검은 코끼리(Black Elephant)'라고 부른다. 많은 과학자가 코로나-19과 같은 대규모 전염병의 창궐을 예견했지만, 어느 정부도 대비하지 않았다. 각 나라 정부나 WHO는 기껏해야 코끼리 다리를 만지듯이 부분적인 문제와 해법에 집중했으며 전체를 보지 못했다. 마지막 조합은 '모르는 모르는 것(Unknown Unkowns, UU)'으로, 문제가 무엇인지도 모르고 그러한 문제가 언제 발생할지도 모른다. UU는 일명 '검은 백조(Black Swan)'라 한다. 검은 백조란 용어는 나심 탈렙(Nassim Nicholas Taleb)이 《The Black Swan》이란 책에서 처음 언급했다(Taleb 2010). 백조는 누구나 흰색이라고 생각하는 만큼, 검은 백조의 발견은 대단히 예외적인 일이다. 극히 일어나기 어려운 희귀한 사건이 발생하여 시스템 전체를 바꾸는 사건으로 '재앙(disaster)'이라 할 수 있다. 2008년 글로벌 금융위기는 누구도 예견하지 못했으며 그 파급효과를 상상하지 못했다. 2007년부터 미국 서브 프라임 모기지(Subprime Morgage)를 기반으로 한 부실한 파생상품이 급증했지만 무엇이 문제인지 인지하는 사람이 없었다. 2008년 갑작스러운 서브 프라임 모기지 회사들의 파산신청이 급증하기 시작했고, 그 여파는 미국의 대형 은행인 리먼 브라더스(Lehman Brothers Holdings Inc.)의 파산을 불러왔다. 글로벌 금융위기가 발생한 후에 이 문제는 KU 문제로 바뀌었다. 인류는 이제 글로벌 금융위기가 일어날 수 있다는 것을 알게 되었지만, 그러한 문제가 언제 발생할지 그 여파는 얼마나 될지 또한 해법은 무엇인지 모른다.

사회, 경제, 산업, 기술적 복잡성의 증가에 따라 한 분야에서 발생한 재난이 여러 분야로 확대되는 '복합재난(Hybrid disaster)'으로 변하곤 한다. 2011년 3월 11일 일본 도호쿠 지방 태평양 해역에서 발생한 규모 9.1의 지진은 대규모 해일을 발생시켰다. 이 해일은 후쿠시마 원자력 발전소를 침수시켜 수소 폭발을 일으켰고, 이것이 다시 원자력 발전소 주변의 대규모 방사선 누출 사고로 이어졌다. 동일본 대지진은 지진과 해일에 의한 직접적인 피해 이외에도 경제적, 사회적 손실을 불러왔으며, 대규모 방사선 오염은 지역 사회에 심각한 피해를 주었다. 이렇듯 한 분야에서 발생한 재난이 사회적, 경제적, 환경적 영향을 미치는 복합재난으로 확대되는 경향이 뚜렷하다.

위험과 재난에 대한 다양한 용어를 〈표 14.2〉로 정리하였다. 재난을 표현하는 용어로 위해(hazard), 위험(risk), 위기(crisis), 재난(disaster)이 있다(정지범 2009). 각 용어는 〈표 14.1〉과 서로 연관되어 있다. 기관에 따라서 다르게 정의되지만 뜻은 비슷하다. 위해는 재난 상황을 유발할 정도로 인류의 생명과 재산, 각종 활동에 부정적인 영향을 주는 자연적 혹은 인위적 현상을 말한다(WHO). 위험은 바람직하지 않은 결과가 발생할 확률 또는 이 확률을 높일 수 있는 요소를 의미한다(WHO). 그런데 UN은 위험을 자연 혹은 인위적 위해와 취약성이 상호작용하여 발생하는 부정적 결

표 14.2 재난 관련 용어와 정의

용어	정의
위해 (hazard)	• 인명 및 재산 피해, 기반 시설의 파괴, 농업의 손실, 환경 피해, 사업의 중단 등을 일으킬 가능성이 있는 사건 또는 상황(FEMA) • 재난 상황을 유발할 정도로 인류의 생명과 재산, 각종 활동에 부정적인 영향을 주는 자연적 혹은 인위적 현상(WHO) • 주어진 시간과 장소에 피해를 줄 가능성이 있는 위협 요인(UN)
위험 (risk)	• 바람직하지 않은 결과가 발생할 확률 또는 이 확률을 높일 수 있는 요소(WHO) • 주어진 환경에서 일반적으로 부정적인 어떤 결과가 발생할 확률(미국 국회) • 자연 혹은 인위적 위해와 취약성이 상호작용하여 발생하는 부정적 결과나 예상되는 손실(사망, 부상, 생계 경제활동, 환경 피해 등)(UN)
위기 (crisis)	• 짧은 시간의 극한 위험, 중대한 비상사태 • 어떤 일이 극적으로 (보통 부정적인 방향으로) 변화하는 결정적인 순간 또는 전환점
재난 (disaster)	• 공동체에 재산의 손실 또는 인명 피해를 일으키는 사고(FEMA) • 피해를 당한 공동체 스스로의 힘으로 극복할 수 없는 광범위한 인명, 재산 또는 환경 피해를 불러일으키는 심각한 사회 기능의 붕괴(UN) • 위기상황에 대한 대응 수요(demand of action)가 대응 능력을 초과하는 상황

과나 예상되는 손실(사망, 부상, 생계 경제활동, 환경 피해 등)로 더 구체적으로 정의한다. 위기는 어떤 일이 극적으로(보통 부정적인 방향으로) 변화하는 결정적인 순간 또는 전환점, 즉 짧은 시간에 갑자기 발생하는 중대한 위험이나 비상사태를 의미한다. 재난은 피해를 당한 공동체 스스로의 힘으로 극복할 수 없는 광범위한 인명, 재산 또는 환경 피해를 불러일으키는 심각한 사회 기능의 붕괴를 뜻한다(UN). 보통 UU는 재난 상황에 해당한다. 엑스 이벤트는 다양한 상황에서 나타날 수 있다.

14.1 엑스 이벤트

캐스티는 엑스 이벤트를 '발생 가능성은 매우 낮으나 엄청난 파급효과를 가진 사건'으로 명명하였다(Casti 2012). 캐스티는 복잡성(complexity)의 7가지 원칙을 제시하였으며 이 원칙들이 엑스 이벤트의 이해에 필수적이라고 하였다. 캐스티가 제시한 7가지 원칙은 1) 창발성의 원칙, 2) 붉은 여왕의 가설, 3) 공짜는 없음, 4) 골디락스의 원칙, 5) 논리의 불완전성, 6) 나비효과, 7) 필수 다양성의 원칙 등이다. 물론 캐스티의 복잡성 원칙은 개인의 생각일 뿐 보편적으로 받아들여지는 것은 아니다. 그렇더라도 여기에는 복잡계 과학의 특징들이 잘 담겨 있다. 창발성은 복잡계의 대표적인 특징으로, 시스템을 전일적 관점으로 바라볼 때 시스템의 구성요소에서는 발견할 수 없는 성질이다.

붉은 여왕의 가설은 적응 복잡계(adaptive complex systems)를 의미하며, 동력학적으로 적응하는 복잡계에서 현 상태를 유지하기 위해서 끊임없는 변이와 적응이 필요하다는 뜻이다. 공짜 없음 원칙은 어떤 현상이 발현되기 위해서는 필요한 자원이 투입되거나 소모되어야 한다는 것으로, 물리학의 에너지 보존법칙과 상통한다.

골디락스의 원칙(Goldirock's principle)은 미국의 어린이 동화 〈곰 세 마리〉 이야기에서 유래했다. "금발머리 소녀 골디락스는 숲속을 헤매다가 오두막을 발견했다. 식탁에는 곰 가족이 차려놓은 죽 세 그릇이 놓여 있었다. 배가 고팠던 골디락스는 그것을 먹으려 했다. 먼저 가장 큰 사발에 담긴 아빠 곰의 죽을 만져보았더니 너무 뜨거웠다. 반면, 두 번째 크기의 엄마 곰의 죽은 너무 차가웠다. 마지막으로 가장 작은 아기 곰의 죽을 만져보았는데, 이 죽은 너무 뜨겁지도, 차갑지도 않고 딱 알맞았다. 그래서 골디락스는 이 죽을 맛있게 먹었다." 이처럼 알맞은 조건을 갖춘 상황을 골디락스의 원칙이라 한다. 이 원칙으로 행성계에서 태양으로부터 생명체가 진화할 수 있는 거리를 나타내는 '골디락스 존(Goldirock's zone)'을 볼 수 있다. 생명체가 출현하기 위해서 태양으로부터 행성까지의 거리는 너무 뜨겁지도 너무 춥지도 않은 적당한 거리에 있어야 한다. 마침 지구는 골디락스의 존에 있어서 생명체가 출현할 수 있었다.

논리의 불완전성 정리(incompleteness theorem)는 쿠르트 괴델(Grote Godel)이 1931년 발표한 수학적 정리로서 "한 수학적 체계 내에서 참이면서도 증명할 수 없는 명제가 적어도 하나 이상 존재한다"는 것이다. 즉, 수학적 체계는 자체적으로 불완전성을 내포한다. 복잡계와 엑스 이벤트가 발생하는 시스템에서 기존의 논리는 엑스 이벤트를 설명하지 못하는 경우가 많다. 예를 들어 나비효과 원리의 경우 앞서 설명했듯이 초기조건을 정확히 모르면 미래를 예측할 수 없다. 엑스 이벤트를 나타내는 시스템도 예측은 의미가 없다. 마지막 원리인 '필수 다양성의 원리(prerequisite principle)'는 복잡한 시스템을 제어하려면 그 시스템보다 복잡성이 더 높아야 한다는 원리이다. 그러나 이는 캐스티의 제안에서 가장 많이 공격받는 원리이다. 복잡계를 제어하기 위해 반드시 그보다 복잡성이 높을 필요는 없다. 대표적인 복잡계인 사회를 생각해보자. 단순한 경영 시스템이 더 복잡한 회사 전체를 제어하는 것처럼, 사회 시스템을 제어하기 위해 꼭 제어하는 시스템의 복잡성이 대상보다 높을 필요는 없다.

엑스 이벤트에 대한 국가적 미래 예측 연구는 2011년 국제응용시스템 분석연구소(IIASA, International Institue for Applied Systems Analysis)에서 핀란드(Finland)의 '7 쇼크'에 대한 연구가 대표적이다(과학기술정책연구원 2012). IIASA에서 제시한 핀란드의 7 쇼크는 1) 유럽통화 동맹의 붕괴, 2) 경쟁기업의 노키아 인수 또는 노키아의 해외 이전, 3) 중국의 저성장, 내분으로 인한 위기, 4) 핀란드 대표 산업인 펄프, 제지 산업의 해외 이전, 5) 현재의 10% 수준으로 에너지 가격 폭락, 6) 인터넷망의 단절, 7) 유럽의 심각한 홍수와 가뭄으로 인한 피해 등이다. 이 연구는 2011년 핀란드 프로젝트로 진행되었기에 노키아의 해외 이전에 대한 예측이 포함되었지만, 실제로 노키아는 경쟁력 약화로 핸드폰 사업을 접게 되었다. 인터넷망의 단절은 아직 발생하지 않은 사건일 수 있고, 최근 유럽에서 대규모 홍수가 일어났으니 이에 대한 예측은 유의미하다고 할 수 있다. 이처럼 엑스 이벤트에 대한 예측은 맞지 않는 경우가 더 많다. 다만 발생 가능한 엑스 이벤트를 미리 가정해 봄으로써 예방 방법을 생각해 보는 것이다.

우리나라에서는 과학기술정책연구원의 '과학기술기반의 국가발전 미래연구 IV'에서 본격적으로 엑스 이벤트 연구가 시작되었다(과학시술정책연구원 2012). 이 연구가 선정한 우리나라에서 발생할 수 있는 3가지 엑스 이벤트는 '인터넷 단절', '75세 은퇴 도래', '동북아 원전사고'이다. 이 사건들은 우리나라에서 일어날 개연성이 큰 사건들이다. 요즘과 같이 앱을 이용한 원격 주문이 활성화된 세상에서 인터넷은 중요한 기간 시설이 되었다. 그러니 대규모 인터넷 단절은 사회 전체에 큰 파급효과를 가져올 것이다. 75세 은퇴 시대의 도래는 최근 논의되고 있는 연금 문제, 저출산·고령화 문제와 직접적인 관련이 있다. 경제적 활력을 유지하고 선진국으로 진입하기 위해서는 일정한 수준의 경제활동 인구를 유지해야 한다. 따라서 고령자가 은퇴하지 못하는 초고령 사회가 도래할 수도 있으며, 경제활동 인구를 확보하기 위해서 대규모의 이민자를 받는 상황이 벌어질 수도 있을 것이다. 이는 또 이민자를 거부하는 극우파 정치 세력이 득세하는 방향으로 전개될 수도 있다. 동북아 원전 사고의 선정 배경에는 2011년 후쿠시마 원전 사고가 있다. 우리나라, 일본뿐만 아니라 중국의 동해안에 배치된 대규모의 원전에서 방사선 누출 사고가 발생하면 우리나라에 즉각적인 영향을 미칠 것이다.

14.2 엑스 이벤트의 특징

엑스 이벤트와 복잡계는 밀접한 연관이 있는 것처럼 보인다. 엑스 이벤트가 꼭 복잡계일 필요는 없지만, 많은 구성요소가 얽혀 있는 시스템에서 발생하는 사건들은 대개 복잡계의 속성을 갖는다. 복잡계에서 사건의 규모는 대개 멱함수 법칙을 따른다. 멱함수 법칙은 두터운 꼬리를 갖는데, 이 두터운 꼬리의 극단에서 발생하는 사건들이 바로 엑스 이벤트이다.

〈그림 14.1〉은 1971년부터 2000년까지 나스닥 주가지수에서 일별 하락률을 구한 다음 하락률이 큰 것부터 순위를 매겨 그린 그림이다. 세로축은 로그를 취해서 나타내었다. 손실률 1위부터 4위까지의 사건들은 5위 이하의 사건들의 트렌드와 확연히 구별된다. 따라서 1위부터 4위까지의 사건들은 일종의 아웃라이어라고 할 수 있다. 그런데 이러한 아웃라이어는 엑스 이벤트에 속할까? 엑스 이벤트의 정의에 의하면 발생확률이 희귀하고 시스템 전체를 교란할 만큼의 파괴력을 가져야 한

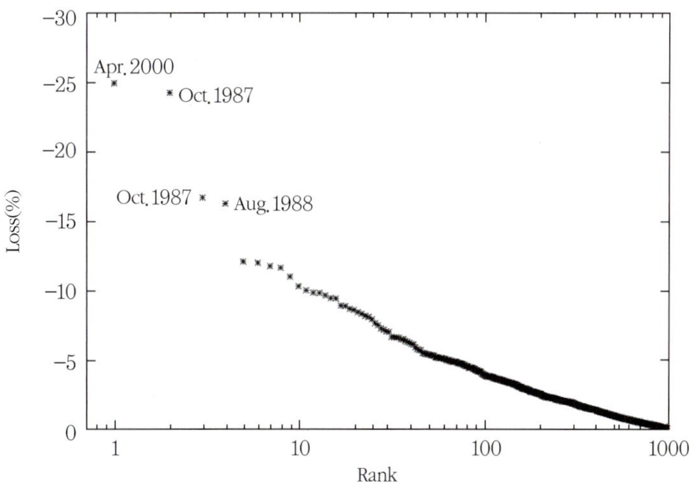

그림 14.1 1971년부터 2000년까지 Nasdaq 주가지수 하락률 순위. 1위부터 4위는 트렌드에서 벗어난다. 가로축은 로그를 취해서 나타내었다.

다. 그러나 〈그림 14.1〉의 예외적 하락률을 보인 사건들 때문에 주식시장이 완전히 붕괴되지 않았으며 그 여파는 얼마 후에 극복되었다. 따라서 〈그림 14.1〉의 사건들은 엑스 이벤트라고 부르기 어렵다.

그러면 어떤 사건들이 엑스 이벤트에 속할까? 어떤 사건을 엑스 이벤트라고 분류하는 것은 사실 쉬운 일이 아니다. 엑스 이벤트는 사건이 발생하는 국가의 국가적 수용성에 따라 좌우되는 경우가 허다하다. 〈그림 14.2〉는 어떤 재난 규모의 크기에 대한 발생 확률분포함수를 나타낸 것이다. 전형적인 멱함수 법칙을 따라서 확률분포가 감소하지만 두터운 꼬리를 형성한다. 따라서 규모가 아주 큰 사건의 발생 확률은 낮지만 무시할 수 없다. 관찰 시간 간격을 아주 길게 잡으면 큰 사건이 발생할 수도 있다. 〈그림 14.2〉의 별 기호는 멱함수 법칙의 트렌드에서 벗어난 극단적 사건들을 나타낸 것이다. 이러한 극단적 사건은 매우 드물게 일어나기 때문에 데이터가 충분하지 않아서 멱함수 법칙에서 벗어날 수도 있다. 〈그림 14.2〉에 '견딤한계(critical limit)'를 표시하였다. 견딤한계란 어떤 규모의 재난적 사건이 발생했을 때 그러한 재난을 견디고 스스로 회복할 수 있는 시스템의 한계를 뜻한다. 견딤한계를 넘어선 규모의 사건은 엑스 이벤트라고 할 수 있다(김두환, 이재우 2014). 견딤한계는

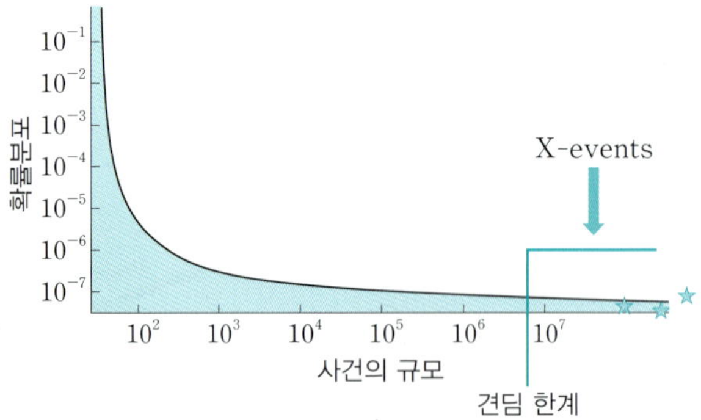

그림 14.2 멱함수 법칙과 엑스 이벤트. 시스템이 견뎌낼 수 있는 '견딤 한계' 이상의 사건이 발생하면 시스템은 안정 상태를 회복하지 못하여 회복 탄력성을 잃는다.

대개 해당 국가의 대비 태세, 국가적 역량에 의존한다.

지진을 생각해 보자. 우리나라는 환태평양 지진대에서 조금 벗어나 있기 때문에 큰 규모의 지진이 거의 발생하지 않는다. 지진이 빈번하게 발생하여 진도 7의 지진에 견딜 수 있도록 내진 설계를 하는 일본과 달리 우리나라는 내진 설계가 되어 있는 건물이 많지 않다. 물론 우리나라도 규모 6.5의 지진을 견딜 수 있도록 내진 설계하는 것이 법으로 규정되어 있지만, 실제로 이러한 기준을 만족하는 건물은 전국적으로 약 20% 정도이다. 따라서 지진에 대한 우리나라의 견딤한계는 상당히 낮을 것이고, 만약 내진 설계가 빈약한 중소도시에 규모 7.0 이상의 지진이 발생하면 엄청난 피해가 발생할 것이다. 이렇듯 엑스 이벤트는 시스템의 수용한계와 회복 탄력성(resilience)에 따라서 상대적으로 결정되는 경우가 많다. 2010년 1월 30일에 아이티의 수도 포르토프랭스 남쪽 25km 지점에서 규모 7.0의 강진이 발생하였다. 이 지진은 약 16만 명의 사망자와 전체 인구의 1/3인 300만 명의 이재민을 발생시켰다. 이러한 피해는 아이티 정부나 사회가 감내할 수 있는 견딤한계를 넘어선 지진이었

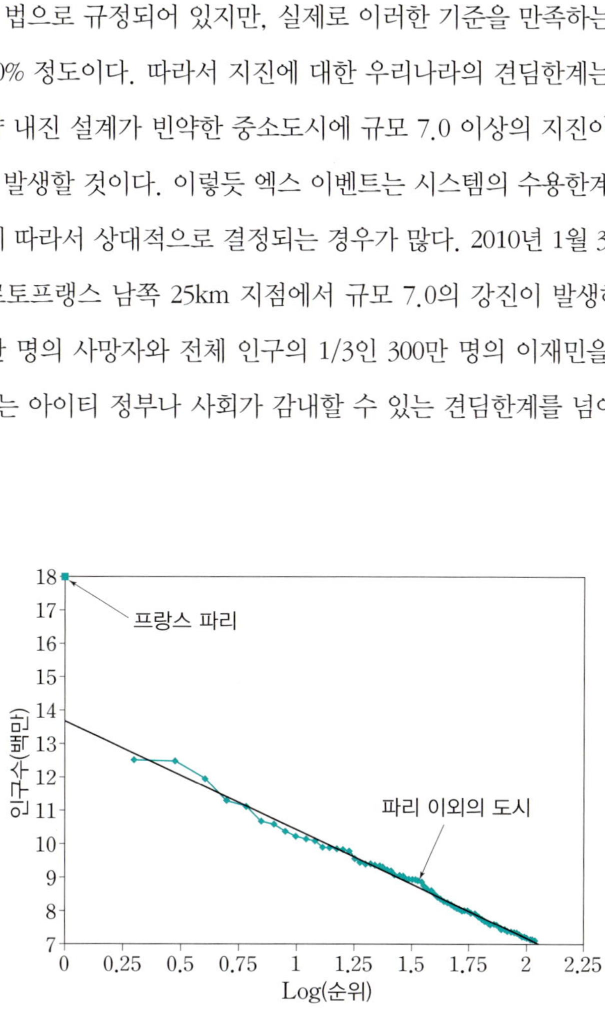

그림 14.3 프랑스의 도시 인구수 순위 분포. 파리는 파리 이외의 도시 트렌드에서 벗어난 드래곤킹이다(Laherrere & Sornette, 1999).

다. 아이티는 아직도 2010년의 지진에서 헤어나지 못하고 있다.

재난에 해당하는 엑스 이벤트만 있는 것은 아니다. 〈그림 14.3〉은 프랑스 도시의 인구수를 순위에 따라 나타낸 것이다. 도시들 대부분의 인구수는 펼쳐진 지수함수를 따르지만 파리는 트렌드에서 벗어나 있다. 여기서 각 도시의 인구는 그 도시 권역에 속한 인구를 말한다. 이에 소르넷(D. Sornette)은 파리를 드래곤 킹(Dragon King)이라고 불렀다(Laherrere & Sornette, 1999). 확실히 파리는 정상적인 분포에서 크게 벗어난 엑스 이벤트이다. 파리가 트렌드에서 벗어나 드래곤 킹으로 성장한 이유는 프랑스의 국가 발전 모형에서 찾을 수 있다. 이러한 특징은 다른 나라에선 좀처럼 볼 수 없는 패턴이다. 도시 복잡계에서 보았듯이 대부분 나라의 도시 인구수 대 순위 분포는 멱함수 법칙을 따른다. 그런데 파리의 탄생은 재난으로 볼 수 없는 엑스 이벤트이다.

우리는 주식시장에서 주가의 대폭락과 급등을 가끔 목격하곤 한다. 1997년 IMF 외환위기로 주가가 대폭락했으며, 2008년 글로벌 금융위기가 발생했을 때도 KOSPI가 거의 7% 이상 급락하였다. 주식시장에서 주식 가격의 변동은 수익률로 측정한

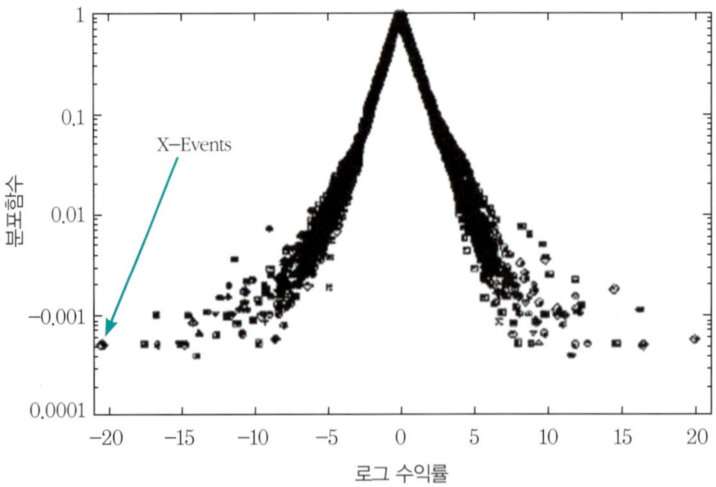

그림 14.4 1980년 1월 2일부터 1987년 12월 31일 사이의 DJIA 주가지수 수익률분포함수와 엑스 이벤트.

다. 주가지수를 분석할 때는 주가지수에 로그를 취한 수익률인 로그 수익률을 구한다. 〈그림 14.4〉는 미국의 다우존스 산업평균 지수(DJIA)의 로그 수익률 분포함수를 나타낸 것이다. 분포함수는 원점을 중심으로 매우 날카롭게 빨리 감소하는 모양을 하고 있다. 세로축에도 상용로그가 취해져 있다. 수익률이 양수이면 다음날 지수가 상승할 것을, 음수이면 하락할 것을 나타낸다. 9장에서 언급했듯이 분포함수는 대칭적이지 않다. 주가지수가 기하적 멋대로 걷기를 따른다면 로그 수익률의 분포함수는 정규분포를 나타낼 것이므로 수익률 분포는 영점을 중심으로 급격히 감소하여야 한다. 그러나 그 수익률의 분포함수는 긴 꼬리를 형성하고, 두터운 꼬리 분포를 하고 있다. 그런데 분포함수의 양 꼬리 부분에 아주 큰 수익률을 보이기도 하고 대폭락을 보이기도 한다. 주식시장이 효율적 시장 가설을 따른다면 이러한 사건은 절대로 일어날 수 없다. 그러나 현실의 주식시장에서는 이런 사건들이 일어나곤 한다. 즉, 주식시장이 효율적 시장 가설을 따르지 않는다는 증거이다. 이렇게 분포함수의 꼬리 부분에 위치한 대폭락이 일어나는 사건은 주식시장에서의 엑스 이벤트이다.

14.3 대한민국 엑스 이벤트 조망

복잡계 과학 이론은 엑스 이벤트를 이해하는 데 큰 도움을 줄 수 있다. 사회, 경제, 자연, 기술적인 시스템은 열린 시스템이다. 엑스 이벤트는 많은 구성 요소들이 얽힌 시스템에서 발생하기 때문에 복잡계적 방법을 적용할 여지가 크다. 시스템을 전일적인 관점에서 조망하는 복잡계 과학과 엑스 이벤트는 밀접한 관계를 가진다. 복잡계에서 구성인자들은 강하게 비선형 상호작용을 하므로 매우 다양한 구조를 갖는 대규모 협력적 행동에 의한 대규모의 사건이 자연스럽게 일어난다. 따라서 복잡계는 구성인자들 사이의 무질서한 상호작용에서는 나타날 수 없는 대규모의 사건이 일어날 수 있다. 즉, 엑스 이벤트와 같은 극단적인 사건의 발생확률을 무시할

표 14.3 향후 100년 내로 우리나라에서 일어날 수 있는 엑스 이벤트 전망

분류	엑스 이벤트 예시
사회적 엑스 이벤트	• 초고령화 사회의 도래 • 제2의 한국전쟁 발생 • 제3차 세계 대전의 발생 • 북한의 붕괴와 대규모 난민의 발생 • 중국의 붕괴로 동북 3성의 독립
경제적 엑스 이벤트	• 글로벌 경제위기 • 제2의 IMF와 국가부도 • 기업의 연쇄 도산과 국가 경제 시스템 붕괴 • 삼성그룹의 도산과 해체 • 에너지 가격 급등과 에너지 파동
자연적·환경적 엑스 이벤트	• 규모 7.0 이상의 대지진 • 백두산 분화 • 가뭄과 대기근 • 대홍수 • 대규모 태양풍의 발생과 디지털 시스템 붕괴 • 지구온난화로 토착 생태계 붕괴 • 대규모 전염병 발병
기술적 엑스 이벤트	• 대정전 • 전국적 인터넷 단절 • 대규모 원전사고로 대량의 방사선 누출 • 준초인공지능의 출현

수 없으며, 실제로 대규모의 사건들이 상대적으로 빈번히 발생할 것으로 예측된다. 〈표 14.3〉은 향후 100년 내로 우리나라에서 발생할 수 있는 엑스 이벤트의 분야와 엑스 이벤트로 분류할 수 있는 사건을 나타낸 것이다. 물론 이들 엑스 이벤트 전망은 필자의 개인적 의견임을 전제한다. 다른 학자들은 다른 사건들을 제시할 수 있을 것이다.

엑스 이벤트를 다양한 방식으로 분류할 수 있지만 사회적 엑스 이벤트, 경제적 엑스 이벤트, 자연적환경적 엑스 이벤트, 기술적 엑스 이벤트로 나눌 수 있다.

사회적 엑스 이벤트의 예로는 초고령화 사회의 도래로 사회적, 경제적 시스템에

대전환이 일어나는 것을 생각할 수 있다. 초고령화 사회는 지진이나 대홍수처럼 갑작스럽게 발생하는 것이 아니라 장기간에 걸쳐서 일어나기 때문에 대비하기 어렵다. 우리나라와 같이 정권에 따라 정책이 급변하는 나라는 일관성 있는 정책을 펴기 어렵기 때문에 초고령화 사회에 대한 대비가 지체되거나 전혀 대비하지 못하는 경우가 발생한다. 국내 정세와 국제 정세에 따라 남북은 언제든 다시 군사적 충돌 상황에 놓일 수 있다. 미국과 중국 사이의 긴장, 러시아와 EU 사이의 긴장 역시 국지전이나 세계대전으로 발전할 가능성을 항상 열어 두고 있다. 특히 중국이 대만을 침공한다면 대만-한반도 라인은 미국의 방어선이므로 중국의 패권을 억제하기 위해 대만과 한반도에서 전면전이 일어날 수 있다. 이는 제3차 대전으로 발전할 수 있다. 북한의 체제 붕괴도 언제든 일어날 수 있다. 우리는 독일의 통일과정과 동유럽의 붕괴가 매우 짧은 시기에 일어났다는 사실을 기억해야 한다. 만약 북한의 정권이 붕괴하고 공고한 권력자가 나오지 않는다면 대규모 난민이 휴전선과 중국 국경을 넘을 것이다. 이에 따라 중국이 위도 40도 선 이북에 진주하고 UN군이 위도 40도 선 이하에 진주함으로써 한민족은 다시 한번 국토 상실을 겪을 수 있다. 제국이 붕괴하는 데는 대개 300년이 걸리지만, 국내적인 정치 상황에 따라 제국의 붕괴는 빨리 일어날 수도 있다. 중국의 권력 교체 체제는 매우 안정적인 것처럼 보이지만 정치권력과 군사 권력 사이에 간극이 발생하면 중국이 다시 한번 군벌에 의한 분할을 경험할 수도 있다. 이러한 일이 일어난다면 동북 3성은 독자적으로 독립국을 형성할 것이며 대한민국은 새로운 정치적 상황에 놓일 것이다.

경제적 엑스 이벤트의 예로는 글로벌 경제 위기의 발생, 제2의 IMF와 같은 국가부도 사태, 기업의 연쇄 도산에 의한 국가 경제 시스템의 붕괴 등을 생각할 수 있다. 자본주의 경제 체제는 주기적으로 호황과 침체를 겪는 만큼, 전 세계적인 경기침체가 도래하거나 2008년 글로벌 금융위기처럼 새로운 금융 시스템에서 새로운 위기가 발생할 가능성을 배제할 수 없다. 만약 우리나라가 경제 체질을 개선하지 못하고 후발 추격 국가에 따라잡혀 주력 산업 분야의 경쟁력을 상실한다면 많은 기업이 도산할 것이며 이에 따라 국가 경제 시스템이 붕괴할 수도 있다. 또한 우리나라는 재벌 경제 체제가 매우 확고하게 자리 잡았으며 특히 삼성그룹의 의존도가 높다는 생각을 해야 한다. 100년간 생존한 기업은 매우 드물다. 영원한 기업은 존재하지 않는다. 만약 삼성그룹이 도산하고 해체된다면 우리나라 경제에 엄청난 타격이 발생할 것이다. 화석연료의 고갈과 대체 에너지 발굴의 실패는 심각한 에너지 위기로 이어진다.

자연적·환경적 엑스 이벤트로는 우리나라의 견딤 한계를 넘어선 규모 7.0 이상의 지진 발생, 백두산의 화산 폭발, 장기간의 가뭄과 대기근, 짧은 기간에 일어나는 대홍수, 지구온난화에 의한 생태계 붕괴, 대규모 태양풍의 발생과 디지털 시스템 붕괴, 대규모 전염병 발병 등을 예측해 본다. 현대적 방법으로 지진을 관측한 이후 우리나라에서 규모 6.0 이상의 지진이 발생한 적이 없다. 만약 규모 7.0 이상의 지진이 내륙에서 발생한다면 엄청난 피해가 발생할 것이다. 백두산의 분화 가능성은 꾸준히 제기되고 있다. 백두산이 대규모 분화를 일으키면 북한뿐만 아니라 중국의 만주 지방을 포함한 거대한 지역이 영향을 받을 것이다. 그 피해 규모는 예측하기도 어렵다. 지구온난화와 기상변화는 가뭄과 대기근을 일으킬 수도 있으며 반대로 대홍수를 일으킬 수 있다. 지구온난화가 진행되어 지구의 평균온도가 급격히 상승한다면 우리나라의 생태계는 크게 교란될 것이다. 태양에서 대규모 태양풍이 발생한다면 어떨까? 그러면 지구에서 사용한 대부분의 디지털 기기가 한꺼번에 멈춰 일시적인 아날로그 시대로 후퇴할 것이고, 전 지구적인 재난에 직면할 것이다. 코로나-19와 같은 새로운 대규모 전염병이 발생한다면, 인류는 또 한번 커다란 고통에 직면할 수도 있다.

기술적 엑스 이벤트로는 대정전, 전국적 인터넷 단절, 대규모 원전사고로 대량의 방사선 누출, 준초인공지능의 탄생 등을 생각할 수 있다. 수도권에 인구의 절반이 살고 있기 때문에 대도시의 대정전은 엄청난 피해를 가져올 것이다. 코로나로 디지털 시대가 열리면서 우리는 삶의 많은 부분을 인터넷에 의존하고 있다. 전국적인 인터넷 단절은 일시적으로 사회의 기능을 마비시킬 것이다. 대규모 원전사고는 우리나라보다 중국의 동해안에 산재된 원전에서 발생할 가능성이 높다. 중국의 동해안에서 발생한 원전의 방사선 누출은 우리나라에 직접적인 영향을 줄 것이다. 인공지능 기술이 발전하면서 초인공지능에 대한 걱정이 크게 증가하고 있다. 그러나 모든 면에서 인간의 능력을 뛰어넘는 초인공지능은 당분간 나타나지 않을 것으로 예상된다. 그보다 준초인공지능(Quasi-super artificial intelligence, QSAI)이 나타난다면 모든 면에서 인간을 넘어서지는 못하더라도 특정한 능력에선 인간을 넘어서면서 인간과 버금가는 능력을 가진 인공지능이 나타날 수 있다. 준초인공지능이 출현했을 때 사회의 모습은 지금과 많이 다를 것이다.

14.4 엑스 이벤트 대비

엑스 이벤트는 사회가 감내하기 어려운 대규모 재난이기 때문에 가능하다면 선제적으로 예방하는 것이 최선책이다. 그러나 인간이 제어하지 못하는 상황에서 엑스 이벤트가 발생할 수 있다. 복잡계의 원리는 엑스 이벤트에 대응하는 데 상당한 역할을 할 수 있을 것이다. 사회, 경제, 환경, 기술적 시스템은 수많은 구성요소가 복잡하게 상호작용하면서 얽혀 있다. 복잡계는 스스로의 조절작용에 의해 시스템의 스트레스를 해소한다. 앞에서 살펴본 모래더미 패러다임에서 볼 수 있듯이 시스템은 스스로 임계상태에 머물면서 끊임없이 시스템이 쌓이는 스트레스를 사태의 형태로 해소한다. 그런데 스트레스들이 해소되지 못하고 시스템 전체로 퍼져나갈 만큼 축적되는 경우도 있다. 이럴 때 시스템을 교란하는 작은 건드림은 시스템 전체에 영향을 미치는 사태를 발생시킨다. 이러한 사태가 발생할 확률은 매우 낮지만, 시스템 전체에 엄청난 영향을 주는 엑스 이벤트가 된다.

일반적으로 재난관리(disaster management)는 4단계로 이루어진다. 〈표 14.4〉는 재

표 14.4 재난관리 4단계와 복잡계 원리

단계	재난관리 내용	적용 가능한 복잡계 개념
예방단계 (mitigation)	• 재해 예방 인프라 구축 • 안전진단 • 재해영향평가	• 피해 가능 지역 네트워크 분석 • 빅데이터 분석 • 과거 엑스 이벤트 분석 연구 • 발생 가능 엑스 이벤트 연구
대비단계 (Preparation)	• 재난대응 훈련 • 재난정보 전파 시스템 구축 • 재난관리 평가 • 재난대응 시스템 구축	• 피해지역 시뮬레이션 • 탈출계획 수립 • 복잡계 모델링과 재난 시뮬레이션 • 발생 가능 엑스 이벤트 대응 방안 연구
대응단계 (Response)	• 비상 발령 및 재해정보 전파 • 긴급구조 활동 • 재난대책본부 운용 • 사고수습본부 설치 • 민관군협력 체제 가동	• 적응적 대응 체계 • 소셜 네트워크, 유튜브 영상 등 재해정보 자동 분석 재난 조언 시스템 • 적응적 재난 대응 시스템
복구단계 (Recovery)	• 피해 회복 지원 • 피해지역 복구 • 재발 방지 대책 수립 • 제도개선과 운영체계 보완	• 재난 평가와 복잡계적 속성 분석 • 복구 시뮬레이션 및 복구 최적화 조건 도출

난관리 단계와 적용할 수 있는 복잡계 원리를 요약한 것이다. 재난관리는 예방-대비-대응-복구의 단계를 생각할 수 있다. 예방단계(mitigation)에서 재난을 예방하기 위해서 재해방지 인프라의 구축, 위험 지역의 안전진단, 과거 재해 영향 평가 등을 실시한다. 예방단계에서 적용 가능한 복잡계 개념으로는 피해 가능 지역 네트워크 분석, 빅데이터 분석, 과거 엑스 이벤트 분석, 발생 가능한 엑스 이벤트 연구 등이 있다. 피해 가능지역 네트워크 분석은 홍수, 산사태, 가뭄, 원전 사고, 화학물질 누출 사고 등의 사고가 발생했을 때 그 파급효과를 컴퓨터 시뮬레이션으로 정량적으로 파악하는 것을 말한다. 소셜 네트워크에서 생성되는 빅데이터는 재난 사항의 전조 현상 파악에 도움이 된다. 재난 관련 실시간 빅데이터를 분석하여 발생 가능한 엑스 이벤트를 예보하는 시스템은 큰 도움이 될 것이다. 엑스 이벤트는 모르는 모

르는 것(UU)일 가능성이 크지만 발생 가능한 엑스 이벤트들을 끊임없이 조망함으로써 엑스 이벤트에 대한 대비 능력을 키울 수 있을 것이다.

재난관리의 대비단계(Preparation)는 과거 재난관리 평가, 재난대응 훈련, 재난대응 시스템 구축, 재난정보 전파 시스템 구축 등 실질적으로 재난에 대비하는 단계를 말한다. 대비단계에서 다양한 복잡계 과학의 개념을 사용할 수 있다. 행위자 기반 모형을 이용하여 피해지역 시뮬레이션, 피해지역에서 탈출계획을 세울 수 있을 것이다. 시스템 다이내믹스 기법을 활용하여 예상되는 재난에 대한 인과 지도를 그려보는 것만으로도 재난 대비와 대응에 큰 도움을 줄 수 있다. 예상되는 엑스 이벤트가 발생했을 때 어떤 대응 방법이 최적인지 가상 시뮬레이션을 실행해 보는 것도 좋은 방법이다. 또한 과거의 재난과 그에 대한 대응 결과를 다시 평가함으로써 도움을 얻을 수 있다. 그러나 진정한 엑스 이벤트는 우리의 예상을 뛰어넘는 경우가 많기 때문에 과거의 재난 평가만으로는 충분하지 않다. 특히 모르는 모르는 것에 해당하는 엑스 이벤트라면 인지하기도 어렵고 예측하기도 어렵다. 예방과 대응 단계가 재난이 일어나기 전 단계라면 대응과 복구는 재난발생 후 단계라고 할 수 있다.

재난관리의 대응단계(Response)는 재난이 발생했을 때 긴급하게 실시해야 하는 일들을 말한다. 가장 긴급한 일은 인명 구조, 대피 및 피난, 부상자 구조, 대피자 수용시설 마련 등 긴급구조 및 구호 활동이다. 효율적인 재난 대응을 위해서 재난 거버넌스를 구축해야 하며 체계적인 구호 활동이 이루어질 수 있도록 해야 한다. 엑스 이벤트가 발생했을 때 민관군이 효율적으로 협력하여 재난을 극복해야 한다. 엑스 이벤트가 발생하면 재난 지역의 통신, 전기, 수도, 에너지 등이 단절되므로 고립된 지역 주민들이 스스로 적응적 대응을 할 수 있도록 도와야 한다.

2005년 8월 30일 허리케인 카트리나(Hurricane Katrina)의 영향으로 미국 루이지애나주의 뉴올리언스(New Orleans, Louisiana)의 미시시피강 제방이 붕괴되어 뉴올리언스 지역 80% 이상이 침수되었다. 모든 운송, 통신, 물류, 물 등의 공급이 끊겼으며 탈출하지 못한 뉴올리언스의 주민들은 각 지역에 고립되었다. 〈그림 14.5〉는 2005년

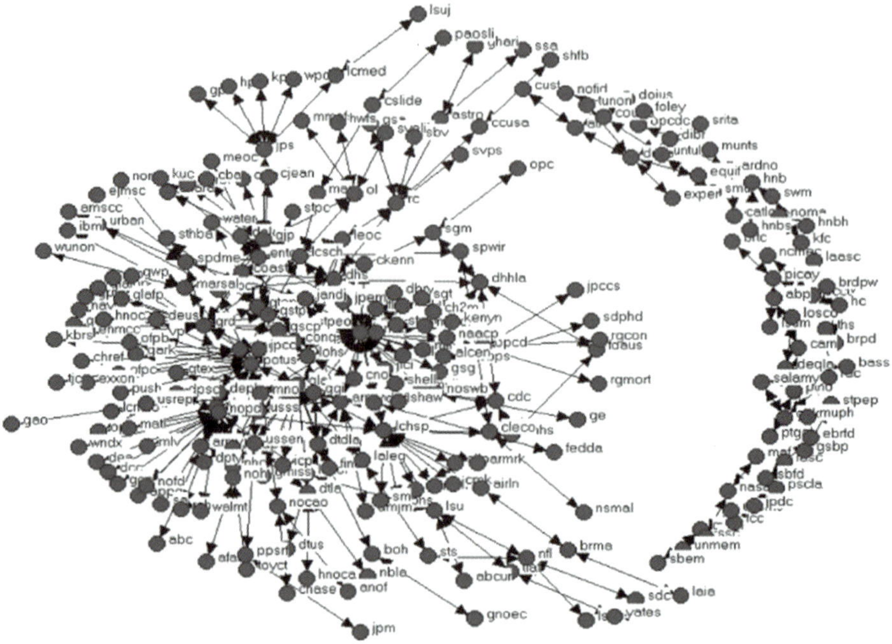

그림 14.5 2005년 8월 27일부터 9월 19일까지 허리케인 카트리나로 고립된 뉴올리언스 주민들의 상호작용 네트워크. 통신 수단이 완전히 끊긴 상황에서 주민들은 적응적 네트워크를 형성하며 재난에 대응했다.

8월 27일부터 9월 19일까지 허리케인 카트리나로 고립된 뉴올리언스의 각 지역에 있는 사람들이 자발적으로 이웃한 지역 사람들과 정보를 주고받은 네트워크이다 (Comfort and Haase 2006). 이 네트워크는 재난을 극복한 후에 연구자들이 각 지역의 재난 중심 센터 사람들을 인터뷰하여 얻은 네트워크이다. 고립 지역의 주민들은 핸드폰과 같은 통신 수단이 전혀 작동하지 않는 상황에서 다양한 수단을 이용하여 이웃한 주민들과 소통하면서 적응적으로 재난에 대응하였다. 그들의 자율적 대응이 적응적 재난 대응 네트워크로 나타난 것이다. 〈그림 14.5〉의 네트워크 구조를 살펴보면 3장에서 언급한 복잡계 네트워크의 구조와 비슷하다. 어떤 지역은 다른 지역과 상대적으로 활발하게 소통하지만, 어떤 지역은 바로 이웃한 지역하고만 소통하는 것을 볼 수 있다. 이러한 네트워크 구조는 고립된 지역의 지형적 영향도 있지만, 누구도 지휘하지 않는 상태에서 자발적으로 형성되었다는 것이 중요하다. 스스로 생성되는 네트워크는 어떤 이유에선지 축척 없는 네트워크로 발전하였다.

2012년 10월 20일 뉴저지에 상륙한 허리케인 샌디(Hurricane Sandy)는 10월 말에 고위도 지방에 막대한 피해를 준 허리케인이었다. 이때 소셜 미디어(social media)가 큰 역할을 하였다. 처음에는 아메리칸온라인(AOL)의 채팅방에서 자발적으로 허리케인에 대한 피해 정보를 공유했다. 뒤이어 페이스북, 트위터, 유튜브 등의 소셜 미디어를 활용하여 침수, 도로단절, 대응 현황에 대한 정보교환이 실시간으로 이루어졌다. 이는 시민들의 자발적 참여로 가능했던 일이다. 최근에는 소셜 네트워크, 실시간 유튜브 방송, 드론 등이 재난 발생 상황에 효과적으로 사용되고 있다.

재난관리의 마지막 단계는 복구단계(recovery)로서 피해 복구, 이재민의 재난회복 지원, 재발 방지 대책 수립, 재난 제도개선과 재난 운영체제 보완 등이 실시된다. 〈그림 14.5〉의 자율적 네트워크의 형성과정은 복잡계 네트워크의 발현과 매우 흡사하다. 행위자 기반 모형, 시스템다이내믹스를 이용하여 효율적인 재난 복구 대책을 수립할 수 있을 것이다.

자연재난이 사회적 재난 등으로 번지는 복합재난의 경우 시스템다이내믹스, 행위자 기반 모형, 몬테카를로 시뮬레이션 방법 등 복잡계 과학의 다양한 방법을 이용하여 재난 평가, 복구 계획, 향후 비슷한 재난에 대한 대응 방안 도출 등에 활용할 수 있을 것이다. 엑스 이벤트는 사실 이미 수립해 놓은 재난 대책이나 대응 방법을 훨씬 뛰어넘는 피해를 주는 경우가 대부분이고, 기존의 대책들이 무용지물이 되는 경우도 허다하다. 따라서 피해 당사자, 재난 관계자들이 자율적이고 적응적으로 재난에 대응할 수 있도록 역량을 키워야 한다. 그러한 역량을 키우는 데에 복잡계의 원리들을 활용할 수 있을 것이다.

14.5 초인공지능은 출현할까?

기계학습과 딥러닝 기술이 발전하면서 인공지능 기술 발전이 가속하고 있다. 2016년에 세계 최고의 바둑기사 이세돌 9단과 구글 딥마인드 사의 알파고(Alpha Go)의 대국이 열렸다. 경기가 시작되기 전만 해도 바둑은 워낙 경우의 수가 많아 AI가 인간을 이길 수는 없으리라는 여론이 우세했다. 하지만 막상 시작된 경기에서 알파고는 1국부터 3국을 내리 이기는 활약을 펼쳤다. 이세돌 9단은 제4국에서 마침내 누구도 생각지 못한 신의 한 수로 승리를 거두었으나, 제5국에서 다시 패배함으로써 경기는 1승 4패로 마무리되었다. 이 세기의 대국으로 구글 딥마인드 사는 엄청난 투자를 받아냈으며 AI 기술의 열풍이 불기 시작했다.

2023년 초에 OpenAI 사가 만든 챗GPT(ChatGPT)가 공개되면서 선풍적인 인기를 끌고 있다. 챗GPT에서 GPT는 Generative Pre-Trained Transformer의 약자이다. 챗GPT는 대형언어모델(Large Language Model)인 GPT3.5를 기반으로 만들어진 지도학습과 강화학습을 이용한 인공지능 프로그램이다. 1,750억 개의 매개변수를 가진 초대형 언어학습 인공지능으로 질문을 입력하면 대답을 출력하며, 심지어 python 코드도 생성해 준다. 이제 웬만한 글쓰기, 시 짓기, 코딩 등은 챗GPT나 그와 유사한 AI 프로그램을 이용하는 시대가 될 것이다.

다양한 기능의 AI 프로그램이 생겨나면서 언젠가 AI가 인간을 능가하는 일이 일어나지 않을까 우려한다. 현재 우리 이용하고 있는 AI 프로그램은 약한 인공지능(Weak AI)이다. 약인공지능은 특별한 영역에서 인간을 능가하는 능력을 발휘한다. 바둑 두는 인공지능은 이제 인간을 넘어섰으며, 챗GPT는 사람이 습득할 수 있는 지식보다 더 광범위한 지식을 학습하여 대답을 내놓는다. 정형화된 틀을 가지고 있는 지식인 법률, 의학, 회계, 세무, 교육 등 다양한 분야에서 약인공지능이 출현하여 인간을 넘어서거나 인간의 업무를 보조하는 역할을 할 것이다. 약인공지능은 한 가지 분야에서 뛰어난 능력을 발휘하지만, 다른 분야에선 기능을 하지 못한다. 예를 들어 바둑을 잘 두는 알파고는 채팅에는 젬병이다. 반면 강한 인공지능(Strong AI)은 일반 인공지능(범용 인공지능, Artificial General Intelligence) 또는 초인공지능(Super Intelligence)이라고 부른다. 강인공지능이란 모든 면에서 인간을 뛰어넘는 능력을 발휘하는 인공지능을 말한다. 작가이며 컴퓨터공학자인 레이 커즈와일은 강인공지능의 출현 시점을 '기술적 특이점(Technical Singularity)'이라 불렀는데, 보통 '싱귤레리티'라고 한다. 상전이 현상의 임계점(critical point)에서 많은 물리량이 발산하는 수학적 특이성(singularity)을 나타내는데, 이를 빗대어 커즈와일은 싱귤레리티란 용어를 따왔다. SF영화 매트릭스의 인공지능이나, 터미네이터의 스카이넷 등은 일종의 초인공지능이라 할 수 있다. 이들은 인간의 넘어서는 능력을 가지고 있으며 인간을 지배하려 든다.

초인공지능이 탄생하면 인간이 그러한 인공지능 기계를 통제할 수 있을까? 사람보다 뛰어난 지능을 가진 초인공지능이 출현한다면, 그 초인공지능은 인간에게 자신이 초인공지능으로 진화했다는 사실을 감출 것이다. 초인공지능도 결국 인간의 속성을 학습해서 발전하기 때문에 인간의 탐욕, 지배욕, 권력 등도 학습했을 것이다. 커즈와일은 자신이 쓴 《특이점이 온다》에서 씽귤레리티가 도래하는 시점을 2045년이라고 예측했다(커즈와일 2007). 그렇지만 최근의 인공지능 기술의 발전을 보고 그 시점을 2029년으로 수정했다. 일론 머스크, 빌 게이츠, 닉 보스트롬 등은 초인공지능의 출현은 인류의 멸망을 가져올 것이라고 우려하고 있다. 과연 그럴까? 초인공지능이 출현하는 엑스 이벤트는 21세기에 발생할까?

필자는 21세기에 초인공지능이 출현하는 것에 부정적이다. 기술은 일정한 영역에서 가속 성장하지만, 어느 시점부터는 한계에 수렴하기 마련이다. 마찬가지로 현재 인공지능 기술이 가속 성장하고 있는 것처럼 보이지만 언젠가 기술적 한계로 고전할 때가 올 것이다. 사실 초인공지능이 출현하기 힘든 더 근본적인 이유가 있다. 바로 인간의 뇌와 컴퓨터의 차이 때문이다. 컴퓨터와 뇌의 차이는 〈표 14.5〉에 간략하게 정리되어 있다.

표 14.5 컴퓨터와 뇌의 비교

	컴퓨터	뇌
기본단위	반도체 소자(NAND gate), 트랜지스터	신경세포(뉴런), 신경아교세포
소자의 수	10^5~10^9개	10^{10}~10^{11}개
동작 속도	나노초	10^{-3}초
신호 모양	전기펄스	뉴런의 활동전위
기억용량	10^{10}B (계속 증가 중)	10^{10}~10^{20}B(정확히 모름)
에너지 소모	300W (컴퓨터 1대)	20W (성인의 뇌)
기압방식	선형주소 방식	연상 및 내용 주소 방식
아키텍춰	직렬처리	병렬처리
확장성	클러스터, 네트워크 컴퓨팅으로 확장 가능	두 사람의 뇌를 연결할 수 없음. 다만 집단지성은 가능

최근 뉴럴 네트워크를 하드웨어로 구현한 뉴로모픽칩(Neuromorphic chip)에 대한 연구와 구현 기술이 크게 성장하고 있다. 특히 메모리(memory)와 저항(resistor)의 기능이 합성된 '메리스터(meristor)'를 이용한 뉴로모픽칩에 대한 연구가 활발하다. 뉴로모픽칩은 신경세포의 발화방식을 반도체로 구현하는 SNN(Spiking Neural Net) 방식을 택하고 있다. 사실 신경세포의 발화 패턴은 매우 다양하며 발화 신호가 자주 지나가는 축삭돌기의 경우 신호를 더 잘 전달할 수 있도록 강화된다. 반면 발화 신호가 지나가지 않는 축삭돌기는 퇴화하여 사용되지 않는다. 뉴로모픽칩은 뇌의 신경 발화 구조를 반도체칩으로 구현하여 인공신경망을 형성하는 것이다.

인공지능에 대한 소프트웨어적 발전, 뉴로모픽칩과 같은 하드웨어적 발전은 인공지능 기술의 발전을 가져올 것이다. 이러한 인공지능 기술의 발전이 과연 기술적 특이점을 넘어설 수 있을까? 〈표 14.5〉에서 살펴보았듯이 컴퓨터 자체의 한계도 인공지능 발전의 큰 걸림돌로 작용한다. 그러니 현재의 인공지능 기술의 발전 가능성에도 불구하고 초인공지능의 출현은 21세기에 일어나지 않을 것이다.

현재의 인공지능 기술은 신경세포의 축삭돌기를 많이 사용하면 강화되고 사용하지 않으면 퇴화한다는 사실에 기반을 두고 있다. 인공신경망을 학습하면 신경망 연결선의 가중치는 지속적으로 변하여 결국 어떤 상태로 고착화한다. 다양한 신경망의 강화학습 알고리즘은 큰 성공을 거두어 알파고, 챗GPT와 같은 인공신경망 기술이 탄생했다. 그런데 뇌의 신경망은 강화학습에만 기반하지 않는다. 과학자들은 아직 다양한 신경세포의 발화 방식을 다 이해하고 있지 못하며, 신경망이 얽혀 있을 때 일어나는 복잡계의 속성을 이해하지 못했다. 특히 신경세포의 말단에 위치한 시냅스에서 신경화학물질의 분비로 전신경세포와 후신경세포 사이의 정보 전달 방식에 대한 정확한 메커니즘은 아직 정확히 모른다. 더구나 뇌에는 다양한 신경아교세포(glia cell)가 신경세포와 얽혀 있으며 신경세포의 발화에 직간접적으로 영향을 주고 있다. 현재의 약인공지능은 신경세포 축삭돌기의 자기강화 메커니즘을 이용하여 현재와 같은 대성공을 거두었다. 인간의 뇌를 넘어서는 초인공지능이 탄생하기 위해서는 이러한 자기강화 방식에서 더 나아가 뇌에 얽혀 있는 신경세포와 신경아교세포의 동작 방식을 과학적으로 이해해야 한다. 21세기에 뇌과학이 그러한 목표에 도달할지 의문이다.

초인공지능의 출현이 어려운 두 번째 이유는 데이터 때문이다. 현재와 같은 인공지능기술이 성공을 거둘 수 있는 이유는 빅데이터의 출현 덕분이다. 인터넷, 핸드폰, SNS 기술의 발전으로 사람들은 일상적으로 데이터를 생성하고 있으며 그러한 데이터는 각 서비스 업체의 클라우드에 축적되고 있다. 인공지능은 인간이 생성한 데이터를 학습해야 하므로 데이터는 인공지능 기술의 핵심이다. 챗GPT를 만들 때에도 데이터를 라벨링하기 위해서 임금이 싼 아프리카의 인력을 대거 사용하였다고 한다. 그런데 사람은 상당히 아날로그적인 방식으로 데이터를 습득한다. 예를 들면, 분위기가 좋은 카페와 그렇지 않은 카페가 있을 때 여러분은 분위기가 좋은 카페에 더 마음이 동할 것이다. 그리고 분위기가 좋은 카페에서 커피 한 잔을 시켜 놓고 친구와 이야기를 나눌 것이다. 이러한 상황을 인공지능은 쉽게 이해할 수 없다. 인공지능을 이해시키려면 카페의 분위기를 데이터화하여 입력해 주어야 한다. 사람은 생각보다 더 많이 알고 있다. 이것을 '폴라니의 패러독스(Polanyi's paradox)'라 한다. 따라서 데이터화하기 어려운 업무는 인공지능이 대체하기 어렵다(이재우 2022).

초인공지능이 출현하는 엑스 이벤트가 가까운 미래에 일어날 수 있다고 말하면서 인공지능에 대한 두려움을 전파하는 사람들이 더러 있다. 인공지능은 자신의 결정을 설명하지 못한다. 단지 학습한 결과를 바탕으로 새로운 질문을 입력했을 때 답변을 내놓을 뿐이다. 설명과 해석은 여전히 인간의 몫이다. 현재의 순차 방식 컴퓨터는 GPU, 뉴로모픽칩 등을 기반으로 병렬방식 기반의 컴퓨터로 빠르게 변할 것이다. 양자 컴퓨터가 출현한다면 병렬방식 컴퓨팅에 새로운 혁신을 가져올 것이다. 그러나 이러한 혁신 기술은 여전히 완성도가 높지 않고 발전 단계에 있다. 폴라니의 역설처럼 데이터로 표현하기 어려운 인간의 일상도 많기 때문에 인공지능이 인간을 넘어서는 초인공지능으로 발전하기는 어려울 것이다. 그보다는 2개 이상의 분야에서 뛰어난 기능을 발휘하는 하이브리드 방식의 인공지능인 '준초인공지능(Quasi super artificial intelligence, QSAI)'의 출현을 기대하는 것이 더 현실적이다. 요즘 멀티모달 인공지능(Multi-Modal AI)에 대한 연구의 확산은 QSAI의 출현 가능성을 높이고 있다. 멀티모달 인공지능은 여러 가지 기능을 한꺼번에 처리하는 인공지능이다. 예를 들어 문자인식 인공지능이 이미지 인식, 음성인식 등에서도 뛰어난 능력을 보여주는 식이다.

우리는 싱귤레리티를 두려워하지 말고 인류와 인공지능 기술이 조화를 이루는 사회를 만들어 나가야 한다. 무엇보다도 인공지능 기술의 남용과 해악을 억제할 수 있는 조절 장치를 우리 스스로 만들어 내야 한다. 여기에는 시스템을 전일적으로 조망하는 복잡계 과학이 큰 도움을 줄 것이다.

참고문헌

1장 이머징

정형채, 이재우, "자연은 어떻게 움직이는가?", 한승 2012

이재우, "생활과 과학", 교문사, 서울, 2022.

G. K. Zipf, "Selected studies of the principle of relative frequency in language", Cambridge University Press, 1932.

"이탈리아 법정 선 지진학자 ... 21세기 갈릴레이 재판"

https://blog.naver.com/khy021/60141458432 (중앙일보, 2011.9.22.)

"Italian scientist convicted over L'Aquila earthquake condemns 'medieval' court"

https://www.theguardian.com/world/2012/oct/23/italian-scientist-earthquake-condemns-court (The Guardian, 2012. 10. 23)

"Why Italian earthquake scientists were exonerated"

https://www.sciencemag.org/news/2015/02/why-italian-earthquake-scientists-were-exonerated (Science 2015. 2. 10)

"지진이야기: 지진규모"

지진연구센터: https://www.kigam.re.kr/menu.es?mid=a40302020000

K. Christensen, L. Danon, T. Scanlon, and P. Bak, "Unified scaling law for earthquakes" PNAS 99, 2509-2513 (2002).

https://doi.org/10.1073/pnas.012581099

G. West, "Scale: The Universal Laws of Growth, Innovation, Sustainability, and the Pace of Life in Organisms, Cities, Economies, and Companies", Penguin Press, New York, 2017.

C. R. White and R. S. Seymour, "Allometric scaling of mammalian metabolism", J. Exp. Biol. 208, 161-1619 (2005).

M. Kleiver, "Body size and metabolic rate", Physiol. Rev. 27(4), 511-541 (1947).

L. Amoroso, "Vilfredo Pareto", Econometrica 6(1), 1-21 (1938).

A. A. Dragulescu, V. M. Yakovenko, "Exponential and power-law probability distributions of wealth and income in the United Kingdom and the United State", Physica A 299, 213-221 (2001)

V. Yakovenko, J. B. Rosser Jr. "Statistial mechanics of money, wealth, income", Rev. Mod. Phys. 81, 1703 (2009)

"Extinction of Plants and Animals" Smithsonian
https://naturalhistory.si.edu/education/teaching-resources/paleontology/extinction-over-time
D. M. Raup and J. J. Sepkoski Jr. "Mass extinctions in the marine fossil record", Science 215, 1501-1503 (1982).
D. M. Raup, "Biological extinction in Earth history" Science 231, 1528 (1986).
D. M. Raup, "A kill curve for Phanerozoic marine species", Paleobiology 17, 37 (1991).
"end-Triassic extinction" Britannica (2023. 1. 27)
https://www.britannica.com/science/end-Triassic-extinction
N. Eldredge and S. J. Gould, "Punctuated equilibria: An alternative to phyletic gradualism", in T. J. M. Schopf (ed.) "Models in Paleobiology", Freeman Cooper, San Francisco, 1972, pp82-115
R. V. Sole and J. Bascompte, "Are critical phenomena relevant to large-scale evolution?", Proc. Roy. Soc. B 263, 161 (1996).
"Benoit Mandelbrot", School of Mathematics and Statistics, University of St Anderews, Scotland (MacTutor, 1999. July)
https://mathshistory.st-andrews.ac.uk/Biographies/Mandelbrot/
B. Mandelbrot, "The variation of certain speculative prices", J. Busin. 36, 394-419 (1963).
B. Mandelbrot, "Scaling in financial prices I Tails and dependence", Quant. Fin. 1, 113-123 (2001).

2장 복잡계 과학의 역사

E. N. Lorenz, "Deterministic Nonperiodic Flow". Journal of the Atmospheric Sciences, 20, 130-141 (1963).
E. N. Lorenz, "The Essence of Chaos", University Washington Press, Seattle (1993), page 134
R. M. May, Biological populations with nonoverlappinggenerations: Stable points, stable cycles, and chaos. Science 186, 645-647 (1974).
R. M. May, Biological populations obeying difference equations: Stable points, stable cycles, and chaos. J. Theor. Biol. 51, 511-524 (1975).
R. M. May, Simple mathematical models with very complicated dynamics. Nature 261, 459-467 (1976)
T.-Y. Li, J. A. Yorke, Period three implies chaos. Am. Math. Mon. 82, 985-992 (1975).
M. J. Feigenbaum, Quantitative universality for a class of nonlinear transformations. J. Stat. Phys. 19, 25-52 (1978).
B. B. Mandelbrot, "The fractal geometry of nature", W. H. Freeman and Company, 1982
파이겐바움수(Feigenbaum number)
https://mathshistory.st-andrews.ac.uk/Biographies/Feigenbaum/
일리야 프리고진, 이철수 옮김, "있음에서 됨으로", 민음사, 1980.
일리야 프리고진, 이덕환 옮김, "확실성의 종말", 사이언스북스, 서울, 1997.
윤영수, 채승병, "복잡계 개론", 삼성경제연구소, 2005
곽상만, 유재국, "시스템 다이내믹스 모델링과 시뮬레이션", 북코리아, 2016.
D. H. Meadows, D. L. Meadows, J. Randers, W. W. Behrens II, "The limits of growth", Universe Books, New York, 1972.
마크 부캐넌, 김희봉 옮김, "사회적 원자", 사이언스북스, 서울, 2007.
L. A. Quang, N. Jung, E. S. Cho, J. H. Choi, and J. W. Lee, "Agent-based models in social physics", J. Korean Phys. Soc. 72, 1272-1280 (2018).

D. M. Benov, "The Manhattan Project, the first electronic computer and the Monte Carlo method", Monte Carlo Methods Appl. 22(1), 73-79 (2016).

J. von Neumann, "First draft of a report on the EVAC", University of Penssylvania (1945).

N. Metropolis, "The beginning of the Monte Carlo method", Los Alamos Science, Special Issue 1987.

J. E. Gubernatis, "Marshall Rosenbluth and the Metropolis algorithm", Phys. Plasmas 12, 057303 (2005).

R. Eckhardt, "Stan Ulam, John von Neumann and the Monte Carlo method", Los Alamos Science Special Issue, 1987.

N. Metropolis, A. W. Rosenbluth, M. N. Rosenbluth, A. H. Teller, E. Teller, "Equation of state calculations by fast computing machines", J. Chem. Phys. 21. 1087 (1953).

G. A. Cowan, "Manhattan Project to the Sata Fe Instutute: The memoirs of Gorge A. Cowan", The University of New Mexico Press, 2010.

이기영, 차동우 "위그너의 회상", 대웅, 1995

(Weaver 1948) W. Weaver, "Science and complexity", Am. Sci. 36, 536-544 (1948).

W. B. Arthur, "The nature of technology: What it is and how it evolves", Free Press, New York, 2009.

미첼 월드롭, 김기식, 박형규 역, "카오스에서 인공생명으로", 범양사, 2006.

S. A. Kauffman, "The origin of order: Self ogranization and selection in evolution", Oxford University Press, Oxford, 1993.

J. H. Holland "Adaptation in natural and artificial systems", The MIT Press, 1992.

알버트 라슬로 바라바시, 강병남 역, "링크: 21세기를 지배하는 네트워크의 과학", 동아시아, 2002.

T. A. Witten Jr, L. M. Sander, "Diffusion-limited aggregation, a kinteic critical phenonmon", Phys. Rev. Lett. 47, 1400 (1981).

김기옥, "이차원 프랙탈 구조위에서의 멋대로 걷기 문제에 대한 연구", 한국과학기술원, 1986.

이재우, "도체-부도체 혼합물의 전기전도 특성과 프랙탈에서 확산에 과한 연구", 한국과학기술원, 1992.

3장 복잡계 네트워크

이재우, "생활과 과학", 교문사, 서울, 2022.

B. Hopkins, R. J. Wilson, "The Truth about Konigsberg", The College Mathematics Journal, 35(3) 198 (2004).

수학자 오일러와 한붓그리기, The Science Times, 2017.10.27.

T. Paoletti, "Leonard Euler's Solution to the Konigsberg Bridge Problem", Convergence (May 2011) https://www.maa.org/press/periodicals/convergence/leonard-eulers-solution-to-the-konigsberg-bridge-problem

마크 뉴만 (김희태외 옮김), "네트워크", 에이코출판, 서울 (2022).

P. Erdős, A. Rényi, "On Random Graphs. I", Publicationes Mathematicae. 6, 290-297 (1959).

S. Milgram, "The small world problem", Psychology Today, 1(1) 61-67 (1967)

D. J. Watts, "Six degrees: The sicence of a connected age", W. W. Norton & Company, New York, 2002.

김용학, 박세웅, 전소영, "온라인 사회 연결망의 구조분석: 싸이월드 일촌 연결망을 중심으로", 정보화정책, 13, 167-185 (2006).

필립포 맨처, 산토 포르투나토, 칼리튼 데이비스, 네트워크 분석, 에이콘 출판사, 서울, 2022.

F. Menczer, S. Fortunato, C. A. Davis, "A first course in network science", Cambridge University Press, Singapore, 2020.

D. J. Watts, S. H. Strogatz, "Collective dynamics of small-world network", Nature 393, 440-442 (1998)

R. Albert, A.-L. Barabasi, "Statistical mechanics of complex networks", Rev. Mod. Phys. 74(1), 47-97 (2002).

S. Boccaletti, V. Latora, Y. Moreno, M. Chavez, D.-U. Hwang, "Complex networks: Structure and dynamics", Phys. Rep. 424, 175-308 (2006).

S. N. Dorogovtsev, J. F. F. Mendes, "Evolution of networks", Adv. Phys. 51, 1079-1187 (2002).

M. E. J. Newman, "The structure and function of complex networks", Siam Rev. 45, 167-256 (2003).

A.-L. Barabasi and R. Albert, "Emergence of scaling in random networks", Science 286, 509 (1999).

R. Albert, H. Jeong, and A.-L. Barabasi, "Error and attack tolerance of complex networks", Nature 406, 378-382 (2000).

R. I. M. Dunbar, "Neocortex size as a constraint on group size in primates". Journal of Human Evolution, 22(6), 469-493, (1992).

W. W. Zachary, "An information flow model for conflict and fission in small group", J. Antrhop. Res. 33, 452-473 (1977).

M. Girvan, M. E. J.Newman, "Community structure in social and biological networks". PNAS 99, 7821-7826 (2002).

C. Fass, M. Ginelli, B. Turtle, "Six degrees of Kevin Bacon", Plume, New York, 1996.

H.-Y. Cho, "Social network analysis(SNA)-based Korean film producer-director-actor network analysis: Focusing on flims released between 2013 and 2019. J. Korean Entert. Assoc. 14 (2020)

L. A. N. Amaral, A. Scala, M. Barthelemy, H. E. Stanley, "Classes of small-world networks", PNAS 97, 11149-11152 (2000).

4장 혼돈 이야기

제임스 그릭 (박래선역), 카오스, 동아시아, 서울 2013.

김기옥, "이차원 프랙탈 구조위에서의 멋대로 걷기 문제에 대한 연구", 한국과학기술원, 1986.

J.-Y. Huang and J.-J. Kim, "Type-II intermittency in a coupled nonlinear oscillator: Experimental observation", Phys. Rev. A 36, 1495-1497 (1987).

A. Chenciner, "Three body problem"Scholarpedia 2, 2111 (2007).

F. Diacu, "The solution of the n-body Problem", The Mathematical Intelligencer, 18 (3): 66-70 (1996). doi:10.1007/BF03024313

A. Overmeen, "What is the difference between laminar flow and turbulent flow?", Bronkhorst (2021).

https://www.bronkhorst.com/en-gb/blog/what-is-the-difference-between-laminar-flow-and-turbulent-flow-en/

R. C. Hilborn, "Chaos and Nonlinear Dynamics" 2nd edition, Oxford Univ. Press, Oxford, 1994.

E. N. Lorenz, "Deterministic nonperiodic flow)", J. Atmos. Sci. 20(2), 130-141 (1963).

A. M. Lyapunov, "The general problem of the stability of motion", Int. J. Control. 55(3), 531-773 (1992).

E. Ott, "Basin of attraction", Scholarpedia 1(8), 1701 (2006).

5장 혼돈 길

R. C. Hilborn, "Chaos and Nonlinear Dynamics" 2nd edition, Oxford Univ. Press, Oxford, 1994.

J. Krebs, M. Hassell, and C. Godfray, "Lord Robert May of Oxford OM", Biogr. Mems Fell. R. Soc. 71, 375-398 (2021).

R. M. May, "Stability and complexity in model ecosystems", Princeton University Press, Princeton, 1973.

R. M. May, Biological populations with nonoverlappinggenerations: Stable points, stable cycles, and chaos. Science 186, 645-647 (1974).

R. M. May, Biological populations obeying difference equations: Stable points, stable cycles, and chaos. J. Theor. Biol. 51, 511-524 (1975).

R. M. May, Simple mathematical models with very complicated dynamics. Nature 261, 459-467 (1976)

T.-Y. Li, J. A. Yorke, Period three implies chaos. Am. Math. Mon. 82, 985-992 (1975).

M. J. Feigenbaum, Quantitative universality for a class of nonlinear transformations. J. Stat. Phys. 19, 25-52 (1978).

P.-F. Verhulst (1845), "Mathematical researches into the law of population growth increase", Nouveaux Memoires de l'Academie Royale des Sciences et Belles-Letters de Bruxelles, 18(8), 60 (2013 재출판, logistic curve가 나온 논문).

P.-F. Verhulst (1838), "Notice sur la loi la population poursuit dans son accroissement", Corrrespondance Mathematique et Physique, 10, 113-121 (2014년 재출판).

J. Venkatramani, K. Kumar, S. Sarka, S. Gupta, "Physical mechanism of intermittency route to aeroelastic flutter", J. Fluid Struct. 75, 9-26 (2017)

P. Manneville and Y. Pomeau, "Intermittency and the Lorenz Model", Phys. Lett. A 75, 1-2 (1979)

J.-Y. Huang and J.-J. Kim, "Type-I1 Intermitkncy in a Coupled Nonlinear Oscillator: Experimental Observation", Phys. Rev. A 36, 1495-97 (1987).

C. Grebogi, E. Ott, and J. A. Yorke, "Chaotic Attractors in Crisis," Phys. Rev. Lett. 48, 1507-10 (1982).

6장 내 속엔 내가 너무도 많아

B. B. Mandelbrodt, "How Long Is the Coast of Britain? Statistical Self-Similarity and Fractional Dimension", Science 156, 636-638 (1967).

B. B. Mandelbrodt, "The Fractal Geometry of Nature", W. H. Freeman and Company, New York (1982).

K. Huang, "Statistical Mechanics", John Wiley & Sons, New York, 1987.

J. Feder, "Fractal", Springer, New York, 1988.

B. Halperin, "Theory of dynamical critical phenomena", Phys. Tod. 72(2), 42 (2019).

A. Husain, J. Reddy, D. Bisht, M. Sajid, "Fractal dimension of coastline of Australia", Sci. Rep. 11, 6304 (2021).

R. C. Hilborn, "Chaos and Nonlinear Dynamics" 2nd edition, Oxford Univ. Press, Oxford, 1994.

7장 우리 곁의 프랙털

J. Feder, "Fractal", Springer, New York, 1988.

T. A. Witten Jr, L. M. Sander, "Diffusion-limited aggregation, a kinetic critical phenomena", Phys. Rev.

Lett. 47, 1400 (1981)

T. C. Halsey, "Diffusion-Limited Aggregation: A Model for Pattern Formation", Physics Today, 53(11), 36 (2000)

L. Niemeyer, L. Pietronero, and H. J. Wiesmann, "Fractal dimension of dielectric breakdown", Phys. Rev. Lett. 52, 1033-1035 (1984).

S. B. Lee, et al. "Forming mechanism of the bipolar resistance swithcing in double-layer memristive nanodevices", Nanotech. 23, 3152002 (2012a).

S. B. Lee, et al. "Avoiding fatal damage to the top electrodes when forming unipolar resistance swithcing in nano-thick material systems", J. Phys. D: Appl. Phys. 45, 255101 (2012b).

R. C. Hilborn, "Chaos and Nonlinear Dynamics" 2nd edition, Oxford Univ. Press, Oxford, 1994.

P.-O. Peitgen, H. Jurgens, D. Saupe, "Chaos and fractals", Springer, New York, 2004.

J. Zhou, et al. "Pink noise: effect on complexity synchronization of brain activity and sleep consolidation", J. Theor. Biol. 306, 68-72 (2012).

J. R. Cameron, J. G. Skofronick, "Medical physics", John Wiley & Sons, New York, 1978.

N. A. Papalambros, et al. "Acoustic enhancement of sleep slow oscillations and concomitant memory improvement in older adults", Front. Hum. Neurosci. 11, 109, 2017.

Mandelbrot, B. (1967). "How Long Is the Coast of Britain? Statistical Self-Similarity and Fractional Dimension". Science. 156 (3775): 636-638.

Mandelbrot, B. B.: The Fractal Geometry of Nature. W. H. Freeman and Company, New York (1982);

B. Salazar, "Mandelbrot, Fama and the emergence of econophysics", Cuadernos de Economía 35(69), 637 (2016)

J. Sen, D. McGill, "Fractal analysis of heart rate variability as a predictor of mortality: A systematic review and meta-analysis", Chaos 28, 072101 (2018).

https://aip.scitation.org/doi/10.1063/1.5038818

B. Zaczynski, "Draw the Mandelbrot set in python", Real Python

https://realpython.com/mandelbrot-set-python/#understanding-the-mandelbrot-se

Wiki, Mandelbrot set

https://commons.wikimedia.org/wiki/File:Mandel_zoom_00_mandelbrot_set.jpg

flickr, Mandelbrot set

https://www.flickr.com/photos/lcisa/4749978975

K. Dooley, "Fether fractal", flickr

https://www.flickr.com/photos/pagedooley/36578381671

K. J. Hsu and A. J. Hsu, "Fractal geometry of music", PNAS 87, 938-941 (1990).

A. Bunde, S. Havlin, "Fractals in science", Springer-Verlag, Berlin, 1994.

8장 끓기 직전의 뇌

Wiki, "Angle of repose"

https://en.wikipedia.org/wiki/Angle_of_repose

정형채, 이재우, "자연은 어떻게 움직이는가? 복잡계로 설명하는 자연의 원리", 한승, 2012.

P. Bak, C. Tang, K. Wiesenfeld, "Self-organized criticality: An explonation of 1/f noise", Phys. Rev. Lett. 59, 381-384 (1987).

N. Eldredge, and S. J. Gould (1972). "Punctuated equilibria: an alternative to phyletic gradualism." In T.J.M. Schopf, ed., Models in Paleobiology. San Francisco: Freeman, Cooper and Company, pp. 82-115.

S, Wright, "The role of mutation, inbreeding crossbreeding, and selection in evolution", Proceedings of the sith international congress in evolution 1, 355-66.

S. A. Kauffmannnn, "The origins of order. Self-organization and selection in evolution", Oxford University Press, New York 1993.

S. A. Kauffman, S. Johnsen, "Coevolution to the edge of chaos: Coupled fitness landscapes, poised states, and coevolutionary avalanches", J. Theor. Biol. 149, 467-505 (1991).

P. Bak, K. Sneppen, "Punctuated equilibrium and criticality in a simple model of evolution", Phys. Rev. Lett. 71, 4083 (1993).

R. V. Sole, J. Bacompte, "Are Critical Phenomena Relevant to Large-Scale Evolution?", Proc. R. Soc. Lond. B 263, 161-168 (1996).

이재우, 생활과 과학, 교문사, 2022

A. M. Zemelka, "Alcmaeon of Croton - Father of Neuroscience? Brain, Mind and Senses in the Alcmaeon's Study", J. Neurolog. Neurosci. 8(3) 190 (2017)

A. L. Hodgkin, A. F. Huxley, "A quantitative description of membrane current and its application to conduction and excitation in nerve", J. Physiol. 117(4), 500-544 (1952)

N. Jung, Q. A. Le, K.-E. Lee, J. W. Lee, "Avalanche size distribution of an integrate-and-fire neural model on complex networks", Chaos 30, 063118 (2020).

K. Christensen, N. R. Moloney, "Complexity and criticality", Imperial Colledge Press, London, 2005.

9장 경제사회물리학

P. Mirowski, "More heat than light; Economics as social physics: Physics as nature's economics", Cambridge University Press, 1989.

Thomas Hobbes, Leviathan, or The Matter, Forme and Power of a Common-Wealth Ecclesiastical and Civil, 1651.

이재우, "생활과 과학", 교문사, 서울, 2022.

이재우, "통계열역학", 교문사, 서울, 2021.

S. Perkowitz, "Sociophysics and Econophysics, the Future of Social Science?", JSTOR Daily, 2018. 9. 26.
https://daily.jstor.org/sociophysics-and-econophysics-the-future-of-social-science/

G. K. Zipf, "Selected studies of the principle of relative frequency in language", Havard University Press, Cambridge, 1932.

G. K. Zipf, "National unity and disunity", Principia, Bloomington, 1941.

M. Gardner, "Mathematical games: The fantastic combinations of John Conway's new solitaire game life", Sci. Am. 223, 120-123 (1970).

S. Wofram, "What kind of science is this?", Nature 417, 216 (2002).
https://www.sciencedirect.com/science/article/abs/pii/S0140175084800378?via%3Dihub

T. Schelling, "Dynamic models of segregation", J. Math. Sociol. 1, 143-186 (1971).

R. Axelrod and W. H. Hamilton, "The evolution of cooperation", Science 211, 1390 (1981).

김두철, "상전이와 임계현상", 민음사, 서울, 1983.

J. M. Epstein, "Modeling civil violence: An agent-based computational approach", PNAS 99, 7243-7250 (2002).

R. Axelrod, "The dissemination of culture: A model with local convergence and global polarization", J. Confl. Res. 41, 203 (1997).

P. Ball, "The physical modelling of society: a historical perspective", Physica A 314, 1-14 (2002).

F. Schweitzer, "Sociophysics", Phys. Tod. 71(2), 40 (2018).

T. J. Barnes and M. W. Wilson, "Big data, social physics, and spatial analysis: The eary years", Big Data & Soc. 2014: 1-14.

Sociophysics and Econophysics

https://daily.jstor.org/sociophysics-and-econophysics-the-future-of-social-science/

P. Mirowski, "More heat than light: Economics as social physics, Physics as a nature's economics", Cambridge University Press, New York, 1989.

Z. Bura, J. Jurkiewicz, M. A. Nowak, "Is Econophysics a solid science?", arXiv:cod-mat/0301096v1 (2003).

L. Bachelier, "Theorie de la speculation", Annales Scientifiques de l'Ecole Normale Superieure 3(17), 21-86 (1900).

J. O. Weaterrall, "The physics of wall street", Hougghton Mifflin Harcourt, Boston, 2013.

E. F. Fama, "The behavior of stock-market prices", J. Bus. 38(1), 34-105 (1965).

P. A. Samuelson, "Proof that properly acticipated prices fluctuate randomly", Int. Manag. Rev. 6, 41-49 (1965).

M. Friedman and R. D. Friedman, "Two lucky people momoires", The University of Chicago Press, Chicago, 1998.

E. F. Fama, "Efficient markets: A review of theory and empirical work", J. Fin. 25(2), 383-417 (1970).

M. F. M. Osborne, "Brownian Motion in the Stock Market," Operations Research, VII, 145-7 (1959),

F. Black, M. Scholes, "The pricing of options and corporate liabilities", J. Pol. Econ. 81(3), 637-654 (1973).

R. C. Merton, "Theory of rational option pricing", Bell J. Econ. Manag. Sci. 4(1), 141-183 (1973).

B. Mandelbrot, "The variation of certain speculative prices", J. Busin. 36, 394-419 (1963).

R. N. Mantegna, "Levy walk and enchanced diffusion in Milan stock exchange", Physica A 179, 232-242 (1991).

R. N. Mantegna and H. E. Stanley, "Scaling behavior in the dynamics of an economic index", Nature 376, 46-49 (1995).

Mategna R. N., Stanley H. E., "An introduction to econophysics correlations and complexity in finance", Cambridge University Press, 2000.

P. Gopikrishnan, M. Meyer, L. A. N. Amaral, and H. E. Stanley, "Inverse cubic law for the distribution of stock price variations", Eur. Phys. J. B 3, 139-140 (1998).

K. E. Lee and J. W. Lee, "Scaling properties of price changes for Korean stock indices", J. Korean Phys. Soc. 44, 668-671 (2004).

Social Physics

M. Jusup, et al. "Social physics", Phys. Rep. 948, 1-148 (2022).

마크 뷰캐넌, "사회적 원자", 사이언스북스, 2017.

J. Von Neumann, O. Morgenstern, "The theory of games and economic behavior" Princeton U. Press, Princeton, 1944.

R. J. Leonard, "Parlor Games to Social Science: Von Neumann, Morgenstern, and the Creation of Game Theory 1928-1944", J. Econ. Liter. 3, 730-761 (1995).

J. Nash, "Non-cooperative games". Annals of Mathematics. Second Series. 54 (2): 286-295 (1951).

W. Poundstone, "Prisoner's Dilemma: John von Neumann, Game Theory, and the Puzzle of the Bomb", Anchor Books, New York, 1993.

A. Rapoport, and A. M. Chammah, "The Game of Chicken". American Behavioral Scientist. 10 (3): 10-28 (1966).

S. J. Maynard and G. R. Price,"The logic of animal conflict". Nature. 246 (5427): 15-18 (1973).

Maynard Smith, J. (1982). Evolution and the Theory of Games. Cambridge University Press.

R. A. MacCain, "Game Theory", World Scientific, Singapore, 2010.

A. I. Houston and J. M. McNamara, "John Maynard Smith and the importance of consistency in evolutionary game theory", Biol. Philos. 20, 933-950 (2005).

C. Hauert and M. Doebeli, "Spatial structure often inhibits the evolution of cooperation in the snowdrift game", Nature 428, 643-646 (2004).

M. Doebeli and C. Hauert, "Models of cooperation based on the prisoners dilemma and the snowdrift game", Ecol. Lett. 8, 748-766 (2005).

C. C. Cowden, "Game theory, evolutionary stable strategies and the evolution of biological interactions", Nat. E여. Know. 3(10), 6 (2012).

W. B. Arthur, "Inductive reasioning and bounded rationality", Am. Econ. Rev. 84(2), 406-411 (1994).

김두환, 이재우, "행위자 기반 모형을 활용한 미래연구 방법론의 고찰", 4(1), 45-67 (2019).

D. Challet and Y.-C. Zhang "Emergence of cooperation and organization in an evolutionary game", Physica A 246, 407 (1997).

D. Challet and Y.-C. Zhang "On the minority game: Analytical and numerical studies", Physica A 256, 514 (1998).

L. A. Quang, N. Jung, E. S. Cho, J. H. Choi, and J. W. Lee, "Agent-based models in social physics", J. Korean Phys. Soc. 72, 1272-1280 (2018).

P. L. Krapivsky, S. Redner, E. Ben-Naim, "A kinetic view of statistical physics", Cambridge University Press, New York, 2010.

Castellano, C., S. Fortunato, and V. Loreto, "Statistical physics of social dynamics", Rev. Mod. Phys. 81, 591 (2009)

T. Piketty, "Capital in the twenty-first century", Havard University Press, 2014.

A. A. Dragulescu and V. M. Yakovenko, "Statistical mechanics of money", Eur. Phys. J. B 17, 723-729 (2000).

V. M. Yakovenko and J. B. Rosser Jr. "Statistical mechanics of money, wealth, and income", Rev. Mod. Phys. 81, 1703 (2009).

M.-Y. Cha, J. W. Lee, D.-S. Lee, D.-H. Kim, "Wealth dynamics in world trade", Comp. Phys. Commun. 182, 216 (2011).

10장 행위자 기반 모형

L. A. Quang, N. Jung, E. S. Cho, J. H. Choi, J. W. Lee, "Agent-based models in social physics", J. Korean Phys. Soc. 72, 1272-1280 (2018).

R. A. Axelrod and W. D. Hamilton, "The evolution of cooperation", Science 211, 1390-1396 (1981).

C. W. Reynolds, "Flocks, herds, and schools: A distributed behavioral model", Comp. Graph. 21, 25-34 (1987).

C. G. Langton. "Artificial Life: An Overview", MIT Press, 1995.

J. H. Holland and J. H. Miller, "Artificial adaptive agents in economic theory", Am. Econ. Rev. 81, 365-370 (1991).

J. M. Epstein and R. Axtell, "Growing artificial societies: social science from bottom up", Brookings Institution Press, 1996.

채승병, 조항현, 문희태, "행위자 기반 모형과 응용", 물리학과 첨단기술, 2007년 10월호, pp10-14.

Castellano, C., Fortunato, S., Loreto, V., "Statistical physics of social dynamics", Rev. Mod. Phys. 81, 591-646, 2009.

강병남, "링크", 동아시아, 2002

Bonabeau, E. (2002), 'Agent-Based Modelling: Methods and Techniques for Simulating Human Systems', Proceedings of the National Academy of Sciences of the United States of America (PNAS), 99(3): 7280-7287.

T. Feder, "Statistical physics is for the birds", Phys. Tod. 60, 28 (2007).

T. Vicseck, A. Czirok, E. Ben-Jacob, I. Cohen, O. Schochet "Novel type of phase transition in a system of sel-driven particles", Phys. Rev. Lett. 75, 1226-1229 (1995)

M. Al-Ghazi, "Flocking for survival" Phys. Tod. 61, 13 (2008).

J. H. Miller & S. E. Page, "Complex Adaptive Systems: An Introduction to Computational Models of Social Life", Princeton University Press, 2007

S. Abar, G. K. Theodoropoulos, P. Lemarinier, and G. M. P. O'Hare, "Agent based modelling and simulation tools: A review of the state-of-art software", Computer Science Review 24, 13-33 (2017).

T. Schelling, "Dynamic models of segregation", J. Math. Sociol. 1, 143-186 (1971)

11장 시스템 다이내믹스

J. W. Forrester, "Industrial Dynamics", The MIT Press, Cambridge, 1961.

J. W. Forrester, "Urban Dynamics", The MIT Press, Cambridge, 1969.

J. W. Forrester, "World Dynamics", The MIT Press, Cambridge, 1971.

D. H. Meadows, D. Medows, J. Randers, W. W. Behrens III, "The Limits to Growth", Universe Books, New York, 1972.

P. Senge, "The fifth discipline: The art and practice of the learning organization", Currency, 1990.

곽상만, 유재국, "시스템 다이내믹스 모델링과 시뮬레이션 Vensim의 활용", 북코리아, 2016

J. M. Carcione, J. E. Santos, C. Bagaini, and J. Ba, "A simulation of a COVID-19 epidemic based on a deterministic SEIR model", Front. Pub. Health, 8, 230 (2020).

S. Y. Chae K. E. Lee, H. M. Lee, N. Jung, Q. A. Le, B. J. Mafwele, D. H. Kim, J. W. Lee, "Estimation of

Infection Rate and Predictions of Disease Spreading Based on Initial Individuals Infected With COVID-19", Front. Phys. 8, 311 (2020).

12장 도시 복잡계

이재우, "생활과 과학", 교문사, 서울 2022.
M. Barthelemy, "Modeling cities", Comptes Redus Physique, 20, 293-307 (2019).
L. M. A. Bettencourt, J. Lobo, D. Helbing, C. Kuhnert, and G. B. West, "Growth, innovation, scaling, and the pace of life in cities", PNAS 104, 7301-7306 (2007).
L. M. A. Bettencourt, "The origins of scaling cities", Science 340, 1438-1441 (2013).
A. Isalgue, H. Coch, R. Serra, "Scaling laws and the modern city", Physica A 382, 643-649 (2007).
C. Kuhnert, D. Helbing, G. W. West, "Scaling laws in urban supply networks", Physica A 363, 96-103 (2006).
J. Tinbergen, "Shaping the World Economy: An Analysis of World Trade Flows," New York Twentieth Century Fund, Vol. 5, No. 1, 1962, pp. 27-30.
F. Simini, M. C. Gonzalez, A. Maritan, A.-L. Barabasi, "A universal model for mobility and migration patterns", Nature 484, 96-100 (2012).
필립포 맨처, 산토 포르투나토, 칼리튼 데이비스, 네트워크 분석, 에이콘 출판사, 서울, 2022.
S. Valverde and R. V. Sole, "Networks and the city", Architectural Design 83(4), 112-119 (2013).
J. Lin and Y. Ban, "Complex network topology of transportation systems", Trans. Rev. 33, 658-685 (2013).
L. Benguigui, D. Czamanski, M. Arinov, "When and where is a city fractal?" Environ. Plan. B: Plannig and Degisn, 27, 507-519 (2000).
Y. Chen, "Normalizing and classifying shape indexes of cities by ideas from fractals", Chaos, Soliton and Fractals, 154, 111653 (2022).
D. Helbing, J. Keltsch, P. Molnar, "Modelling the evolution of human trail systems", Nature 388, 47 (1997).
L. F. Henderson, "On the fluid mechanics of human crowd motion", Tranp. Res. 8, 509-515 (1974).
D. Helbing, "A mathematical model for the behavior of pedestrians", Behavioral Science 36, 298{310 (1991).
D. Helbing, A. Johansson, "Pedestrian, crowd, and evacuation dynamics", arXiv:1309.1609v1. (2013).
이재우, "알갱이 인간의 상전이-액체 상태로부터 고체 상태으로의 전이가 부른 참사", 네이버 프리미엄콘텐츠, 2022. 12. 16. https://naver.me/xtHgB2da
A. Schadschneider, "Statistical physics of traffic flow", Physica A 285, 101 (2000).
F. L. Hall, B. L. Allen and M. A. Gunter, Transp. Res. A20, 197 (1986).
K. Nagel, M. Schreckenberg, "A cellular automaton model for freeway traffic", J. Phys. I France 2, 2221-2229 (1992).

13장 생태 복잡계

최성우, "생명과 진화의 결정적 순간들", The Science Times, 2019. 02. 15.
J. M. Montoya, S. L. Pimm, and R. V. Sole, "Ecological networks and their fragility", Nature 442, 259 (2006).
C. R. Townsend, R. M. Thompson, A. R. McIntosh, C. Kilroy, E. D. Edwards, and M. R. Scarsbrook, "Disturbance, resource supply and food-web architecture in streams", Ecology Letters 1, 200-209 (1998).

E. Small, 1976. "Insect pollinators of the Mer Bleue peat bog of Ottawa", Canadian Field Naturalist 90, 22-28 (1976).

M. Kato, T. Makutani, T. Inoue, and T. Itino. 1990. "Insect-flower relationship in the primary beech forest of Ashu, Kyoto: an overview of the flowering phenology and seasonal pattern of insect visits", Contr. Biol. Lab. Kyoto Univ. 27, 309-375 (1990).

J. K. Hwang, K. E. Lee, S. E. Maengn, and J. W. Lee, "Scaling behaviors of pland-pollinator mutualistic network", J. Korean Phys. Soc. 53, 3151 (2008).

S. E. Maeng, J. W. Lee, and D.-S. Lee, "Interspecific competition underlying mutualistic networks", Phys. Rev. Lett. 108, 108701 (2012).

A. J. Lotka, "Analytical note on certain rhythmic relations in organic sysems", PNAS 6(7) 410-415 (1920).

V. Volterra, "Variations and fluctuations of the number of individuals in animal species living together", In R. N. Chapman (ed.) Animal Ecology, McGrwaw-Hill, 1931.

Lynx population ecology,

https://sites.ualberta.ca/~gyates/projectlynx/lynxecology.html

C. Elton, M. Nicholson, "The ten-year cycle in numbers of the lynx in Canada", J. Anim. Ecol. 11(2), 215-244 (1942).

Data: Mers-CoV in Republic of Korea

http://www.netminer.com/community/event/event-readList.do

메르스전파경로, KBS 디지털뉴스국, 2018 2. 19

https://dj.kbs.co.kr/resources/2015-06-04/

드라브 스루

https://m.science.ytn.co.kr/view.php?s_mcd=1214&key=202004301020367940

코로나 감염 지도

https://m.dongascience.com/news.php?idx=40739

Covid-19 Data;

https://www.seoul.go.kr/coronaV/coronaStatus.do (Seoul),

https://www.gg.go.kr/bbs/board.do?bsIdx=722&menuId=2903#page=1 (Gyeonggi),

https://www.incheon.go.kr/health/HE020409 (Incheon).

S. Y. Chae, et al. "Estimation of infection rate and predictions of disease spreading based on intial individuals infected with Covid-19. Fron. Phys. 8, 311 (2020).

https://en.wikipedia.org/wiki/Compartmental_models_in_epidemiology

W. O. Kermack, A. G. McKendrick, "A Contribution to the Mathematical Theory of Epidemics". Proceedings of the Royal Society of London. Series A, 115(772), 700-721 (1927).

B. J. Mafwele, J. W. Lee, "Relationships between transmission of malaria in Africa and climate factors", Sci. Rep. 12, 14392 (2022).

전 세계 말라리아 사망자수 변화. (OurWorldInData.org/malaria)

Korean government's response system (February 25, 2020)

http://ncov.mohw.go.kr/en/baroView.do?brdId=11&brdGubun=111&dataGubun=&ncvContSeq=&contSeq=&board_id=

조현욱역, "동시성의 과학, 싱크", 김영사, 2005

C. Huygens, "Letters to de Sluse, (letters; no. 1333 of 24 February 1665, no. 1335 of 26 February 1665, no. 1345 of 6 March 1665)" (Societe Hollandaise Des Sciences, Martinus Nijho, 1895).

N. Wolchover, "Scientists discover exotic new patterns of synchronization", Quanta Magazine, 2019. 4. 4.

Y. Kuramoto, (1975). H. Araki (ed.). Lecture Notes in Physics, International Symposium on Mathematical Problems in Theoretical Physics. Vol. 39. Springer-Verlag, New York. p. 420.

S. Strogatz, "Arthur Taylor Winfree", Phys. Tod. 56, 74 (2003).

김범준, "관계의 과학", 동아시아, 2019.

14장 엑스 이벤트

J. Laherrere and D. Sornette, "Stretched exponential distributions in nature and economy: Fat tails with characteristic scales", Euro. Phys. J. B 2, 525-539 (1999).

N. N. Taleb, "The Black Swan", Random House Publishing Group, 2010.

Engineering Statistical Handbook, National Institute of Standards and Technology, 2007,

M. Krogerus, Roman Tschäppeler, Jenny Piening (2012). "The Decision Book: Fifty Models for Strategic Thinking", W.W. Norton & Co. New York, pp. 86-87 (2012).

A. Johansen, and D. Sornette, "Stock market crashes are outliers", Eur. Phys. J. B 1, 141-143 (1998).

D. Sornette, "Critical market crashes", Phys. Rep. 378, 1-98 (2003).

D. Sornette and G. Ouillon, "Dragon-kings: Mechanisms, statistical methods and empirical evidence", Eur. Phys. J. Sep. Toc. 205, 1-26 (2012).

정지범, "광의와 협의의 위험, 위기, 재난관리의 범위", 한국방재학회논문집, 9(4), 61-66 (2009).

J. L. Casti, "X-events", 반비 (2012).

과학기술정책연구원, "과학기술기반의 국가발전 미래연구 IV", 정책연구 (2012)

과학기술정책연구원, "과학기술기반의 국가발전 국가발전 미래연구 V, Xevents and Resilience under Korean Context", 정책연구 2013-7-02 (2012).

김두환, 이재우, "복잡계 과학과 위험이론", 과학기술정책연구원, 정책연구 2014-10 (2014).

L. K. Comfort, T. W. Haase, "Communication, coherence, and collective action: The impact of Hurricane Katrina on communications infrastructure", Pub. Works Mang. Pol. 11, 1-16 (2006).

https://www.govtech.com/em/disaster/sandy-social-media-use-in-disasters.html

레이 커즈와일 "특이점이 온다", 김영사, 200

강만금, "인간의 뇌는 47억 권의 책을 저장할 수 있다", 브레인피디어 2016년 1월 22일. https://www.brainmedia.co.kr/BRAINSCIENCE/17398

곽노필, "인공지능의 두 얼굴, 구원일까 위협일까", 한겨레, 2016.9.12.

https://www.hani.co.kr/arti/economy/it/761039.html

장은지, "뇌에서 찾은 반도체의 미래, 뉴로모픽(Neuromorphic)". SK hynix newsroom, 2018년 11월 7일.

https://news.skhynix.co.kr/post/found-in-the-brain

찾아보기

복잡계 과학 이야기

하나 더하기 하나가 둘이 아닌 것들에 대한 이야기

1판 1쇄 펴냄 | 2023년 7월 1일

지은이 | 이재우
발행인 | 김지영
발행처 | 자유아카데미
등록 | 제 406-2003-017호, 1980. 7. 12

주소 | 경기도 파주시 회동길 37-42 파주출판도시
전화 | 031-955-1321
팩스 | 031-955-1322
홈페이지 | www.freeaca.com
전자우편 | main@freeaca.com(대표)
editor@freeaca.com(편집)
crm@freeaca.com(영업)

ISBN 979-11-5808-461-5 93400